应用技术型高等教育“十三五”精品规划教材

微积分导学

主编　王海棠　马彦君
副主编　李丽　董爱君　于学光

中国水利水电出版社
www.waterpub.com.cn
·北京·

内 容 提 要

本书内容包括函数与极限、一元函数微分学及其应用、一元函数积分学及其应用、常微分方程、多元函数微分学及其应用、多元函数积分学及其应用、无穷级数。

本书内容分按章节编写，与教材同步。每章开头是知识结构图、学习目标，每节包含知识点分析、典例解析、习题详解三个部分，最后配有单元练习题。本书融入了编者多年来的教学经验，汲取了众多参考书的优点，注重概括总结、循序渐进、重点突出，充分考虑到了学生的学习基础和学习能力，同时兼顾了教学要求。

本书是与中国水利水电出版社出版，曹海军主编的《经济数学——微积分》(第二版)相配套的学习指导书，主要面向使用该教材的教师和学生。同时本书可以单独使用，可作为其他经管类学生学习微积分的参考书。

图书在版编目（CIP）数据

微积分导学/王海棠，马彦君主编．—北京：中国水利水电出版社，2019.3

应用技术型高等教育“十三五”精品规划教材

ISBN 978-7-5170-7424-3

Ⅰ．①微… Ⅱ．①王… ②马… Ⅲ．①微积分—高等学校—教学参考资料 Ⅳ．①O172

中国版本图书馆CIP数据核字（2019）第029351号

书　　名	应用技术型高等教育“十三五”精品规划教材 **微积分导学 WEIJIFEN DAOXUE**
作　　者	主　编　王海棠　马彦君
出版发行	中国水利水电出版社 （北京市海淀区玉渊潭南路1号D座 100038） 网址：www.waterpub.com.cn E-mail：sales@waterpub.com.cn 电话：（010）68367658（营销中心）
经　　售	北京科水图书销售中心（零售） 电话：（010）88383994、63202643、68545874 全国各地新华书店和相关出版物销售网点
排　　版	北京智博尚书文化传媒有限公司
印　　刷	三河市龙大印装有限公司
规　　格	170mm×240mm　16开本　18.25印张　388千字
版　　次	2019年3月第1版　2019年3月第1次印刷
印　　数	0001—3000册
定　　价	49.00元

前　言

微积分是高等教育中一门重要的基础课，是经济类、管理类各专业的必修课。与初等数学相比，微积分的理论更加抽象，推理更加严密，初学者往往感到难以理解，不能很好地把握和理解学习的重点，缺乏解题的思想和方法，无法灵活运用所学知识。基于这种现状，为了解决学生的学习困扰，帮助学生更好地学习微积分这门课程，提高学习效果和教学质量，我们编写了这本书。

本书是与中国水利水电出版社出版，曹海军主编的《经济数学——微积分》（第二版）相配套的学习指导书，内容按章节编排，与教材同步。书中每章前面是知识结构图、学习目标；每节包含知识点分析、典例解析、习题详解三个部分；最后配有单元练习题。

知识结构图：展示本章主要知识点及彼此间的内在联系。旨在让学生能更好地掌握学科基本知识结构，对各章节关系有整体的认识；

学习目标：明确每章具体的学习任务和学习要求，使学生能够知道重点和难点，有的放矢。使用的动词“掌握”“理解”“会”表示要求较高，“了解”表示要求相对较低；

知识点分析：梳理每节的知识点，简单明了，重点突出，对教材内容作了概括总结，并适当进行了知识的综合和延伸；

典例解析：精心选取典型例题，对思想和方法进行剖析、点拨，力求使学生在牢固掌握基础知识和技能的基础上，能够把握问题的实质和规律，做到举一反三，灵活运用。例题的选取具有代表性、示范性，注重分析和一题多解，注重数学与经济学相结合，注重对教材的内容作适当的扩展和延伸，为教师上习题课和学生自学提供了丰富的资料；

习题详解：对配套教材中的课后习题和每章的课后复习题作了详细分析和解答。旨在引导学生先独立思考，自己做题，然后通过对照习题详解，对问题有更正确、更透彻的理解；

单元练习题：每章后面配有单元练习 A 和 B，供学生学完一章后复习、总结、提高之用。题目主要考查本章必须掌握的知识点，并强调知识点的综合性，注重运用主要的解题思路、解题方法，学生可用来自测。

参加本书编写的有王海棠（第 6、8 章），马彦君（第 7 章），于学光（第 2、3 章），董爱君（第 4、5 章），李丽（第 1、9 章）。全书由王海棠和马彦君统稿。本书的编写参考和借鉴了许多国内外相关资料，得到了山东交通学院各级领导和同行的支持和帮助。另外，尹金生院长、黄玉娟院长和曹海军老师为本书提出了很多中肯的建议，中国水利水电出版社的相关人员为本书的出版付出了辛勤的劳动，在此表示衷心的感谢！

本书汲取了多年来微积分教学改革和教学实践的成果，融入了编者多年来的教学经验，但由于编者水平有限，加之撰稿时间仓促，书中难免存在不足之处，敬请读者批评改正！

编　者

2018 年 12 月

目　录

第 1 章

函数与极限

知识结构图

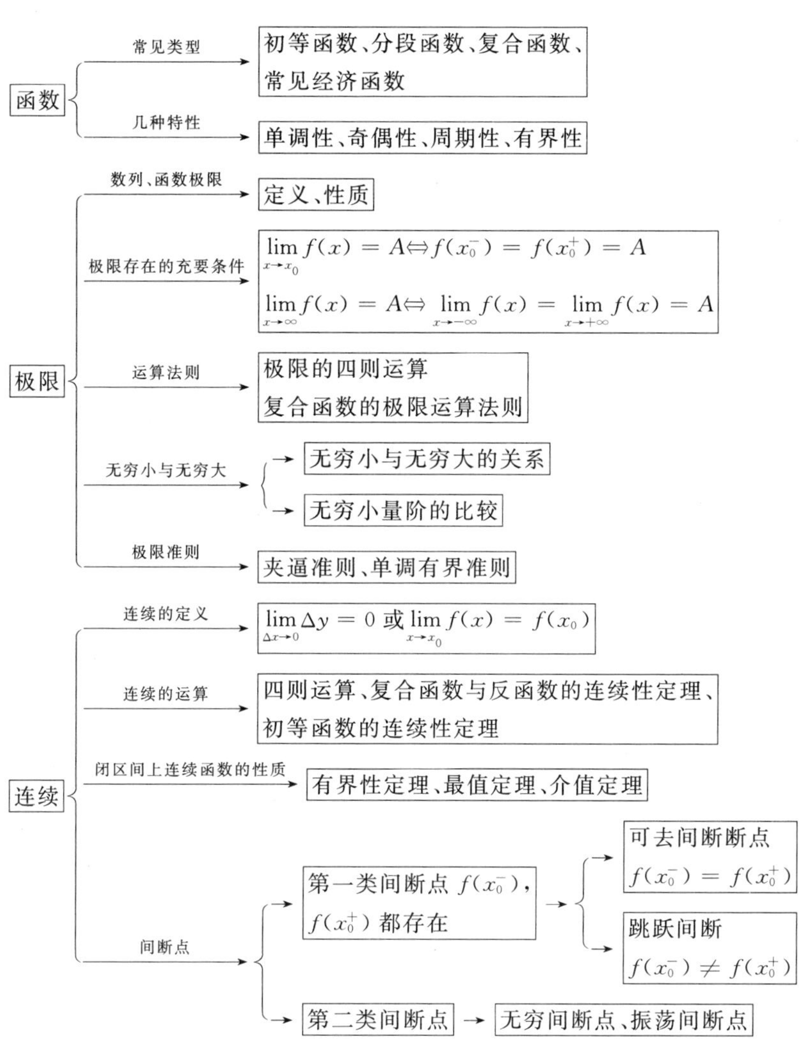

函数
常见类型
初等函数、分段函数、复合函数、常见经济函数
几种特性
单调性、奇偶性、周期性、有界性
极限
数列、函数极限
定义、性质
极限存在的充要条件
$\lim_{x\to x_0} f(x)=A \Leftrightarrow f(x_0^-)=f(x_0^+)=A$
$\lim_{x\to\infty} f(x)=A \Leftrightarrow \lim_{x\to-\infty} f(x)=\lim_{x\to+\infty} f(x)=A$
运算法则
极限的四则运算
复合函数的极限运算法则
无穷小与无穷大
无穷小与无穷大的关系
无穷小量阶的比较
极限准则
夹逼准则、单调有界准则
连续
连续的定义
$\lim_{\Delta x\to 0}\Delta y=0$ 或 $\lim_{x\to x_0} f(x)=f(x_0)$
连续的运算
四则运算、复合函数与反函数的连续性定理、初等函数的连续性定理
闭区间上连续函数的性质
有界性定理、最值定理、介值定理
间断点
第一类间断点 $f(x_0^-)$，$f(x_0^+)$ 都存在
可去间断断点
$f(x_0^-)=f(x_0^+)$
跳跃间断
$f(x_0^-)\neq f(x_0^+)$
第二类间断点
无穷间断点、振荡间断点

本章学习目标

- 理解函数的概念，会建立简单实际问题的函数关系式；
- 了解极限的概念，掌握简单的极限运算法则；
- 理解无穷小与无穷大的概念，掌握无穷小量的比较；
- 理解函数连续的概念，理解初等函数的连续性和闭区间上连续函数的性质（介值定理和最大、最小值定理）.

1.1 函数

1.1.1 知识点分析

1. 集合的概念与运算、区间与邻域

2. 函数的概念

设 x 和 y 是两个变量，D 是一个给定的非空数集. 若对于 D 中每个确定的变量 x 的取值，按照一定的法则 f，变量 y 总有确定的数值与之对应，则称 y 是 x 的函数，记作 $y=f(x)$，$x\in D$，其中 x 叫作自变量，y 叫作因变量，D 叫作函数的定义域，全体函数值的集合 $R_f=\{y\,|\,y=f(x),\ x\in D\}$ 称为函数的值域.

注 构成函数的两要素：定义域 D_f 及对应法则 f；从而当且仅当两个函数的定义域和对应法则完全相同时，两个函数才相同.

例如，函数 $f(x)=x+1$ 与 $g(x)=\dfrac{x^2-1}{x-1}$ 表示不同的函数，因为定义域不相同，$g(x)$ 的定义域为 $x\neq 1$.

3. 函数的几种特性

（1）单调性：设函数 $f(x)$ 在数集 I 上有定义，若对于 $\forall x_1,x_2\in I$，当 $x_1<x_2$ 时，恒有 $f(x_1)<f(x_2)$（或 $f(x_1)>f(x_2)$），则称 $f(x)$ 在 I 上是单调增加（或单调减少）的；单调增加和单调减少的函数统称为单调函数，I 称为单调区间.

（2）奇偶性：设 $f(x)$ 的定义域 D 关于原点对称，若对于 $\forall x\in D$，都有 $f(-x)=f(x)$（或 $f(-x)=-f(x)$）恒成立，则称 $f(x)$ 为偶函数（或奇函数）.

偶函数的图形关于 y 轴对称，奇函数的图形关于原点对称.

奇偶函数的运算性质：

① 奇函数的代数和仍为奇函数，偶函数的代数和仍为偶函数；

② 偶数个奇函数之积为偶函数，奇数个奇函数之积为奇函数；

③ 一个奇函数与一个偶函数之积为奇函数.

（3）周期性：设函数 $f(x)$ 的定义域为 D，若存在一个正数 T，使得对

$\forall x \in D$，有 $x+T \in D$，且恒有 $f(x+T)=f(x)$，则称 $f(x)$ 为周期函数，T 称为 $f(x)$ 的一个周期.

一般将 $f(x)$ 的最小正周期简称为 $f(x)$ 的周期，但周期函数不一定存在最小正周期，如常数函数.

(4) 有界性：设函数 $f(x)$ 在 X 上有定义，若存在正数 M，使得对 $\forall x \in X$，恒有 $|f(x)| \leqslant M$，则称 $f(x)$ 在 X 上有界. 若这样的 M 不存在，则称 $f(x)$ 在 X 上无界；也就是说，若对于 $\forall M>0$，总存在 $x_1 \in X$，使得 $|f(x_1)|>M$，则 $f(x)$ 在 X 上无界.

4. 分段函数

在自变量的不同变化范围内，对应法则用不同的式子来表示的函数，通常称为分段函数.

常见的分段函数：

(1) 绝对值函数 $y=|x|=\begin{cases} x, & x \geqslant 0, \\ -x, & x<0. \end{cases}$

(2) 符号函数 $y=\operatorname{sgn} x=\begin{cases} 1, & x>0, \\ 0, & x=0, \\ -1, & x<0. \end{cases}$

(3) 取整函数 $y=[x]$，$[x]$ 表示不超过 x 的最大整数部分.

5. 反函数

设函数 $y=f(x)$ 的定义域为 D，值域为 R，如果对于 R 中的每一个 y，D 中总有唯一的 x，使 $f(x)=y$，则在 R 上确定了以 y 为自变量，x 为因变量的函数 $x=\varphi(y)$，称为 $y=f(x)$ 的反函数，记作 $x=f^{-1}(y)$，$y \in R$，或称 $y=f(x)$ 与 $x=f^{-1}(y)$ 互为反函数.

习惯上用 x 表示自变量，用 y 表示因变量，因此函数 $y=f(x)$，$x \in D$ 的反函数通常表示为

$$y=f^{-1}(x), x \in R.$$

注 (1) $y=f(x)$ 的图像与其反函数 $x=f^{-1}(y)$ 的图像重合，而 $y=f(x)$ 的图像与其反函数 $y=f^{-1}(x)$ 的图像关于直线 $y=x$ 对称.

(2) $y=f(x)$ 的定义域是其反函数 $y=f^{-1}(x)$ 的值域.

(3) 单调函数 $y=f(x)$ 必存在单调的反函数 $y=f^{-1}(x)$，且 $y=f(x)$ 与 $y=f^{-1}(x)$ 具有相同的单调性.

6. 复合函数

设函数 $y=f(u)$ 的定义域为 D_f，而 $u=\varphi(x)$ 的值域为 R_φ，若 $D_f \cap R_\varphi \neq \varnothing$，则称函数 $y=f[\varphi(x)]$ 是由 $y=f(u)$ 和 $u=\varphi(x)$ 复合而成的复合函数. 其中 x 称为自变量，y 称为因变量，u 称为中间变量.

f 与 φ 能构成复合函数 $f \circ \varphi$ 的条件是：$D_f \cap R_\varphi \neq \varnothing$.

7. 初等函数

(1) 基本初等函数：幂函数、指数函数、对数函数、三角函数、反三角函数.

(2) 初等函数：由常数和基本初等函数经过有限次的四则运算和有限次的函数复合所构成，并且可以用一个式子表示的函数.

注 一般地，分段函数不是初等函数.

1.1.2 典例解析

例 1 求下列函数的定义域.

(1) $y=\sqrt{16-x^2}+\ln\sin x$；　　(2) $y=\arcsin\dfrac{2x}{x+1}$.

解 (1) 要使函数有意义，需满足 $\begin{cases}16-x^2\geqslant 0,\\ \sin x>0.\end{cases}$ 解得

$$\begin{cases}-4\leqslant x\leqslant 4,\\ 2n\pi<x<2n\pi+\pi,\ n\in Z.\end{cases}$$

则所求函数定义域为 $[-4,-\pi)\cup(0,\pi)$.

(2) 要使函数有意义，需满足 $\begin{cases}\left|\dfrac{2x}{x+1}\right|\leqslant 1,\\ 1+x\neq 0,\end{cases}$ 解得 $\begin{cases}-\dfrac{1}{3}\leqslant x\leqslant 1,\\ x\neq -1.\end{cases}$

则所求函数定义域为 $\left[-\dfrac{1}{3},1\right]$.

点拨 求初等函数的定义域有下列原则：① 分母不能为零；② 偶次根式的被开方数须为非负数；③ 对数的真数须为正数；④ $\arcsin x$ 或 $\arccos x$ 的定义域为 $|x|\leqslant 1$. 求复合函数的定义域，通常将复合函数看成一系列的初等函数的复合，然后考查每个初等函数的定义域和值域，得到对应的不等式组，通过联立求解不等式组，就可以得到复合函数的定义域.

例 2 设 $f(e^x-1)=x^2+1$，求 $f(x)$.

解 变量代换法，令 $e^x-1=t$，则 $x=\ln(1+t)$，代入原式得，$f(t)=\ln^2(1+t)+1$，从而 $f(x)=\ln^2(1+x)+1$.

点拨 由函数概念的两要素可知，函数的表示法只与定义域和对应法则有关，而与用什么字母表示变量无关，这种特性被称为函数表示法的“无关特性”. 据此，求函数 $f(x)$ 表达式有两种方法：一种是拼凑法，将给出的表达式凑成对应符号 $f()$ 内的中间变量的表达式，然后用“无关特性”即可得出 $f(x)$ 的表达式；另一种是先作变量代换，再用“无关特性”可得出 $f(x)$ 的表达式.

例 3 已知 $f(x)=\dfrac{1-x}{1+x}(x\neq-1)$，$g(x)=1-x$，求 $f[g(x)]$，$g[f(x)]$.

解 代入法，由题意得，$f[g(x)]=\frac{1-g(x)}{1+g(x)}$，$g(x)\neq -1$，再将 $g(x)$ 代入得

$$f[g(x)]=\frac{1-(1-x)}{1+(1-x)}=\frac{x}{2-x}\ (x\neq 2),$$

同理，$g[f(x)]=1-f(x)=1-\frac{1-x}{1+x}=\frac{2x}{1+x}\ (x\neq -1)$.

点拨 复合函数求解的方法主要有两种：① 代入法：将一个函数中的自变量用另一个函数的表达式来代替，适用于初等函数的复合；② 分析法：抓住最外层函数定义域的各区间段，结合中间变量的表达式及中间变量的定义域进行分析，适用于初等函数与分段函数的复合或两个分段函数的复合.

例 4 求 $y=\sqrt{\pi+4\arcsin x}$ 的反函数.

解 函数的定义域为 $\left[-\frac{\sqrt{2}}{2},1\right]$，值域为 $[0,\sqrt{3\pi}]$，由 $y=\sqrt{\pi+4\arcsin x}$ 解得 $x=\sin\frac{1}{4}(y^2-\pi)$，故反函数为 $y=\sin\frac{1}{4}(x^2-\pi)$，$x\in[0,\sqrt{3\pi}]$.

点拨 由函数 $y=f(x)$ 出发解出 x 的表达式，然后交换 x 与 y 的位置，即可求出反函数 $y=f^{-1}(x)$.

点拨 求分段函数的反函数，只要求出各区间段的反函数及定义域即可.

例 5 判定函数 $f(x)=\varphi(x)\left(\frac{1}{e^x-1}+\frac{1}{2}\right)$ 的奇偶性，其中 $\varphi(x)$ 为奇函数.

解 令 $F(x)=\frac{1}{e^x-1}+\frac{1}{2}$，则 $F(-x)=\frac{1}{e^{-x}-1}+\frac{1}{2}=\frac{-e^x}{e^x-1}+\frac{1}{2}$，从而

$$F(x)+F(-x)=\frac{1}{e^x-1}+\frac{1}{2}+\frac{-e^x}{e^x-1}+\frac{1}{2}=0,$$

所以 $F(x)$ 为奇函数，又 $\varphi(x)$ 为奇函数，故 $f(x)$ 为偶函数.

例 6 下列函数中非奇非偶的函数是（　　）.

A. $f(x)=3^x-3^{-x}$　　　　B. $f(x)=x(1-x)$

C. $f(x)=\ln\frac{x+1}{x-1}$　　　　D. $f(x)=x^2\cos x$

解 易验证 A 为奇函数，B 为非奇非偶函数，C 为奇函数，D 为偶函数.

点拨 判定函数奇偶性常用的方法：① 根据奇偶性的定义或者利用运算性质；② 证明 $f(x)+f(-x)=0$ 或者 $f(x)-f(-x)=0$.

例 7 设 $g(x)$ 是以正数 T 为周期的函数，证明 $g(ax)(a>0)$ 是以 $\frac{T}{a}$ 为周期的函数.

证明 令 $G(x)=g(ax)$，则

$$G\left(x+\frac{T}{a}\right)=g\left[a\left(x+\frac{T}{a}\right)\right]=g(ax+T)=g(ax)=G(x),$$

故 $\frac{T}{a}$ 为 $g(ax)$ 的周期.

点拨 利用周期函数的定义及周期函数的运算性质求解或证明.

例 8 证明函数 $f(x)=\frac{x}{1+x^2}$ 在其定义域内有界.

证明 $\forall x\in R$，$|f(x)|=\left|\frac{x}{1+x^2}\right|\leqslant\left|\frac{x}{2x}\right|=\frac{1}{2}$，由有界性的定义可知，$f(x)$ 在其定义域内有界.

点拨 这是利用函数有界性的定义进行证明，对函数取绝对值，然后对不等式进行放缩处理；另外，后续章节还可以利用连续函数的性质和导数等证明函数有界性.

例 9 某商场以每件 a 元的价格出售某商品，若顾客一次购买 50 件以上，则超出 50 件的商品以每件 $0.8a$ 元的优惠价出售.（1）试将一次成交的销售收入 R 表示成销售量 x 的函数；（2）若每件商品的进价为 b 元，试写出一次成交的销售利润 L 与销售量 x 之间的函数关系式.

解 （1）由题意知，当 $0\leqslant x\leqslant 50$ 时，售价为 a 元/件，故

$$R(x)=ax;$$

当 $x>50$ 时，50 件内售价为 a 元/件，其余 $x-50$ 件售价 $0.8a$ 元/件，故

$$R(x)=50a+0.8a(x-50)=0.8ax+10a,$$

即

$$R(x)=\begin{cases}ax, & 0\leqslant x\leqslant 50,\\ 0.8ax+10a, & x>50.\end{cases}$$

（2）易知销售 x 件商品的成本为 bx 元，故

$$L(x)=R(x)-bx=\begin{cases}ax-bx, & 0\leqslant x\leqslant 50,\\ 0.8ax-bx+10a, & x>50.\end{cases}$$

1.1.3 习题详解

1. 求下列函数的定义域.

（1）$y=\frac{\ln 3}{\sqrt{x^2-1}}$；（2）$y=\ln(x^2-3x+2)$；

（3）$y=\arcsin\sqrt{x^2-1}$；（4）$y=\ln(x-1)+\frac{1}{\sqrt{x+1}}$；

（5）$y=\sqrt{3-x}+\arctan\frac{1}{x}$；（6）$y=\ln\sqrt[3]{x^2-4}+\tan x$.

解 （1）$|x|>1\Rightarrow(-\infty,-1)\cup(1,+\infty)$；

（2）$x^2-3x+2>0\Rightarrow(x-1)(x-2)>0\Rightarrow(-\infty,1)\cup(2,+\infty)$；

(3) $0\leqslant x^2-1\leqslant 1\Rightarrow 1\leqslant x^2\leqslant 2\Rightarrow\left[-\sqrt{2},\ -1\right]\cup\left[1,\ \sqrt{2}\right]$ 所以 $1\leqslant|x|\leqslant\sqrt{2}$；

(4) $\begin{cases}x-1>0\\x+1>0\end{cases}\Rightarrow(1,\ +\infty)$；

(5) $\begin{cases}3-x>0\\x\neq 0\end{cases}\Rightarrow(-\infty,\ 0)\cup(0,\ 3]$；

(6) $\begin{cases}\sqrt[3]{x^2-4}>0\\x\neq n\pi+\dfrac{\pi}{2},\ n\in Z\end{cases}\Rightarrow\left\{x\,\middle|\,|x|>2,\ x\neq n\pi+\dfrac{\pi}{2},\ n\in Z\right\}$.

2. 已知 $f(x)=\begin{cases}-1, & x<0,\\0, & x=0,\\1, & x>0,\end{cases}$ 求 $f(x-1)$，$f(x^2-1)$.

解 $f(x-1)=\begin{cases}-1, & x<1(x-1<0),\\0, & x=1(x-1=0),\\1, & x>1(x-1>0),\end{cases}$

$$f(x^2-1)=\begin{cases}-1, & |x|<1(x^2-1<0),\\0, & |x|=1(x^2-1=0),\\1, & |x|>1(x^2-1>0).\end{cases}$$

3. 判断下列函数的单调性.

(1) $y=2x+1$；　　(2) $y=1+x^2$；　　(3) $y=\ln(x+2)$.

解 (1) 在 $(-\infty,+\infty)$ 上单调增加.

(2) 在 $(-\infty,0]$ 上单调减少，在 $[0,+\infty)$ 上单调增加.

(3) 在 $(-2,+\infty)$ 上单调增加.

4. 判断下列函数的奇偶性.

(1) $y=x\sin x$；　　(2) $y=\dfrac{e^x+e^{-x}}{2}$；

(3) $y=2x-x^2$；　　(4) $y=\ln(x+\sqrt{1+x^2})$.

解 (1) 偶函数. 提示：$y(-x)=-x\sin(-x)=x\sin x=y(x)$.

(2) 偶函数. 提示：$y(-x)=\dfrac{e^{-x}+e^x}{2}=y(x)$.

(3) 非奇非偶函数.

(4) 奇函数. 提示：

$$y(-x)=\ln(-x+\sqrt{1+x^2})=\ln\left(\frac{-1}{-x-\sqrt{1+x^2}}\right)$$

$$=-\ln(x+\sqrt{1+x^2})=-y(x).$$

5. 判断下列函数是否为周期函数，如果是周期函数，求其周期.

(1) $y=\cos(x-2)$；　　(2) $y=|\sin x|$；

(3) $y=\sin 3x+\tan\frac{x}{2}$；　　(4) $y=x\cos x$.

解　(1) 是周期函数，周期 $T=2\pi$.

(2) 是周期函数，周期 $T=\pi$.

(3) 是周期函数，周期 $T=2\pi$.

提示：$y=\sin 3(x+2k\pi)+\tan\frac{x+2k\pi}{2}=\sin 3x+\tan\left(\frac{x}{2}+k\pi\right)=\sin 3x+\tan\frac{x}{2}$.

(4) 不是周期函数.

6. 设 $f\left(\frac{1}{x}\right)=x+\sqrt{1+x^2}\ (x\neq 0)$，求 $f(x)$.

解　令 $\frac{1}{x}=u$，则 $f(u)=\frac{1}{u}+\sqrt{1+\frac{1}{u^2}}=\begin{cases}\frac{1}{u}+\frac{\sqrt{1+u^2}}{u}, & u>0,\\ \frac{1}{u}-\frac{\sqrt{1+u^2}}{u}, & u<0.\end{cases}$

故 $f(x)=\begin{cases}\frac{1}{x}+\frac{\sqrt{1+x^2}}{x}, & x>0,\\ \frac{1}{x}-\frac{\sqrt{1+x^2}}{x}, & x<0.\end{cases}$

7. 求下列函数的反函数.

(1) $y=\sqrt[3]{x+1}$；　　(2) $y=\frac{x-1}{x+1}$；

(3) $y=1+\ln(x-1)$；　　(4) $y=\frac{1}{3}\sin 2x\ \left(-\frac{\pi}{4}<x<\frac{\pi}{4}\right)$.

解　(1) 解出 $x=y^3-1$，故反函数为 $y=x^3-1$.

(2) 解出 $x=-\frac{y+1}{y-1}$，故反函数为 $y=-\frac{x+1}{x-1}$.

(3) 由 $\ln(x-1)=y-1$ 解出 $x=e^{y-1}+1$，故反函数为 $y=1+e^{x-1}$.

(4) 由 $\sin 2x=3y$ 解出 $x=\frac{1}{2}\arcsin 3y$，故反函数为 $y=\frac{1}{2}\arcsin 3x$.

8. 在下列各题中，求由所给函数复合而成的复合函数.

(1) $y=\sqrt{u}$，$u=1-x^2$；　　(2) $y=u^3$，$u=\ln v$，$v=x+1$；

(3) $y=\arctan u$，$u=e^v$，$v=x^2$.

解　(1) $y=\sqrt{1-x^2}$；

(2) $y=\ln^3(x+1)$；

(3) $y=\arctan e^{x^2}$.

9. 下列函数可以看作由哪些简单函数复合而成的?

(1) $y=\sin(x^n)$;　　(2) $y=\left(\arcsin\dfrac{x}{2}\right)^2$;

(3) $y=\sin^5(3x)$;　　(4) $y=\dfrac{1}{\sqrt{a^2+x^2}}$.

解 (1) $y=\sin u$，$u=x^n$;

(2) $y=u^2$，$u=\arcsin v$，$v=\dfrac{x}{2}$;

(3) $y=u^5$，$u=\sin v$，$v=3x$;

(4) $\begin{cases} y=\dfrac{1}{u},\ u=\sqrt{v},\ v=a^2+x^2, \\ y=u^{-\frac{1}{2}},\ u=a^2+x^2. \end{cases}$

10. 收音机每台售价为 90 元，成本为 60 元，厂商为鼓励销售商大量采购，决定凡是订购量超过 100 台以上的，每多订购 100 台，售价就降低 1 分，但最低价为每台 75 元.

(1) 将每台的实际售价 p 表示成订购量 x 的函数;

(2) 将厂方所获得的利润 L 表示成订购量 x 的函数;

(3) 某一销售商订购了 1 000 台，厂方可获利润多少?

解 设订购 x 台，实际售价每台 p 元，厂方所获利润 L 元. 则按题意，有

当 $x\in[0, 100]$ 时，$p=90$，$L=(90-60)x=30x$.

当 $x>100$ 时，超过 100 台的订购量为 $x-100$，售价降低 $0.01(x-100)$，但最低价为 75，即降价数不超过 $90-75=15$，故 $0.01(x-100)\leqslant 15\Rightarrow x\leqslant 1\,600$. 于是，当 $x\in[100, 1\,600]$ 时，$p=90-0.01(x-100)=91-0.01x$，$L=(91-0.01x-60)x=31x-0.01x^2$.

当 $x\in(1\,600, +\infty)$ 时，$p=75$，$L=(75-60)x=15x$. 因此，有

(1) $p=\begin{cases} 90, & 0\leqslant x\leqslant 100, \\ 91-0.01x, & 100<x<1\,600, \\ 75, & x\geqslant 1\,600; \end{cases}$

(2) $L=(p-60)x=\begin{cases} 30x, & 0\leqslant x\leqslant 100, \\ 31x-0.01x^2, & 100<x<1\,600, \\ 15x, & x\geqslant 1\,600; \end{cases}$

(3) $x=1\,000$，$p=91-0.01\times 1\,000$，故 $L=31\times 10^3-0.01\times 10^6=21\,000$ (元).

1.2 数列的极限

1.2.1 知识点分析

1. 通过刘徽割圆术的思想引出极限的概念

2. 数列的概念

如果按照某一法则，对每个 $n \in \mathbf{N}^*$，对应着一个确定的实数 u_n，这些实数 u_n 按照下标 n 从小到大排列得到一个序列

$$u_1, u_2, u_3, \cdots, u_n, \cdots$$

称为数列，简记为 $\{u_n\}$.

数列中的每一个数称为数列的项，第 n 项 u_n 称为数列的一般项或通项.

注 数列 $\{u_n\}$ 又可以理解为定义在正整数集合上的函数 $u_n=f(n)$，$n\in\mathbf{N}^*$.

3. 极限的概念

设 $\{u_n\}$ 为一数列，如果当 n 无限增大时，u_n 无限接近于某个确定的常数 a，则称 a 为数列 $\{u_n\}$ 的极限，记作

$$\lim_{n\to\infty} u_n = a \text{ 或 } u_n \to a \ (n\to\infty),$$

此时也称数列 $\{u_n\}$ 收敛.

如果当 n 无限增大时，u_n 不接近于任一常数，则称数列 $\{u_n\}$ 没有极限，或者数列 $\{u_n\}$ 发散，习惯上也称 $\lim\limits_{n\to\infty} u_n$ 不存在.

注 该定义的语言缺少了数学的严谨性与精确性.

下面给出数列极限的精确定义.

ε—N 定义 设 $\{u_n\}$ 为一数列，如果存在常数 a，对于任意给定的正数 ε（不论它多么小），总存在正整数 N，使当 $n>N$ 时，不等式 $|u_n-a|<\varepsilon$ 恒成立，则称常数 a 为数列 $\{u_n\}$ 的极限，或者称数列 $\{u_n\}$ 收敛于 a. 记作

$$\lim_{n\to\infty} u_n = a \text{ 或 } u_n \to a \ (n\to\infty).$$

如果不存在这样的常数 a，则称数列 $\{u_n\}$ 发散，也称 $\lim\limits_{n\to\infty} u_n$ 不存在.

注 (1) 定义中的正整数 N 是与任意给定的正数 ε 有关的，它随 ε 的给定而选定.

(2) $\lim\limits_{n\to\infty} u_n = a \Leftrightarrow \forall \varepsilon>0$，$\exists$ 正整数 N，当 $n>N$ 时，有 $|u_n-a|<\varepsilon$.

4. 收敛数列的性质

性质 1（极限的唯一性） 如果数列 $\{u_n\}$ 收敛，则其极限必唯一.

性质 2（收敛数列的有界性） 如果数列 $\{u_n\}$ 收敛，则 $\{u_n\}$ 一定有界.

注 (1) 若数列 $\{u_n\}$ 无界，则数列 $\{u_n\}$ 一定发散.

(2) 数列有界仅是数列收敛的必要条件，而不是充分条件.

例如，数列 $\{(-1)^{n-1}\}$ 有界，但却是发散的.

性质 3（收敛数列的保号性） 如果 $\lim\limits_{n\to\infty}u_n=a$，且 $a>0$（或 $a<0$），则存在正整数 N，当 $n>N$ 时，有 $u_n>0$（或 $u_n<0$）.

性质 4（收敛数列与其子数列间的关系） 如果数列 $\{u_n\}$ 收敛于 a，则其任一子数列也收敛，且极限也是 a.

注 常用此定理的逆否命题证明原数列发散.

例如，数列 $\{(-1)^{n-1}\}$ 的子数列 $\{u_{2k-1}\}$ 收敛于 1，而子数列 $\{u_{2k}\}$ 收敛于 -1，因此数列 $\{(-1)^{n-1}\}$ 是发散的.

1.2.2 典例解析

例 1 根据数列极限的定义证明.

(1) $\lim\limits_{n\to\infty}\dfrac{3n+1}{2n+1}=\dfrac{3}{2}$； (2) $\lim\limits_{n\to\infty}\dfrac{2n-1}{n^2+n-4}=0$.

解 (1) 对 $\forall\varepsilon>0$，找 N，使得 $\left|\dfrac{3n+1}{2n+1}-\dfrac{3}{2}\right|<\varepsilon$，即 $\dfrac{1}{2(2n+1)}<\varepsilon$，故 $2(2n+1)>\dfrac{1}{\varepsilon}$，即 $n>\dfrac{1}{2}\left(\dfrac{1}{2\varepsilon}-1\right)$，取 $N=\left[\dfrac{1}{2}\left(\dfrac{1}{2\varepsilon}-1\right)\right]$，所以 $\forall\varepsilon>0$，取 $N=\left[\dfrac{1}{2}\left(\dfrac{1}{2\varepsilon}-1\right)\right]$，当 $n>N$ 时，有 $\left|\dfrac{3n+1}{2n+1}-\dfrac{3}{2}\right|<\varepsilon$；

(2) 对 $\forall\varepsilon>0$，找 N，使得 $\left|\dfrac{2n-1}{n^2+n-4}-0\right|<\varepsilon$，而 $\left|\dfrac{2n-1}{n^2+n-4}\right|<\left|\dfrac{2n}{n^2+n-4}\right|$，限制 $n>4$，则 $\dfrac{2n}{n^2+n-4}<\dfrac{2n}{n^2}=\dfrac{2}{n}<\varepsilon$，取 $N=\left[\dfrac{2}{\varepsilon}\right]$，所以 $\forall\varepsilon>0$，取 $N=\max\left\{4,\left[\dfrac{2}{\varepsilon}\right]\right\}$，当 $n>N$ 时，有 $\left|\dfrac{2n-1}{n^2+n-4}-0\right|<\varepsilon$.

点拨 验证数列极限的方法一般为：给定任意的 $\varepsilon>0$，找 N，使得当 $n>N$ 时，$|u_n-a|<\varepsilon$. 而一般都是通过解不等式 $|u_n-a|<\varepsilon$ 并放大不等式或加限制条件来求 N，因为定义中只需要存在这样的 N 即可.

例 2 判定数列 0，1，0，1，…，$\dfrac{1+(-1)^n}{2}$，…是否收敛.

解 奇数项列所成子列 $\{u_{2k-1}\}$ 每项全是 0，当然收敛于 0；偶数项所成子列 $\{u_{2k}\}$ 每项全是 1，由于两个子列具有不同极限，因而原数列发散.

1.2.3 习题详解

1. 观察下列数列的变化趋势，如果有极限，写出其极限.

(1) $u_n=\dfrac{1}{2^n}$； (2) $u_n=\dfrac{n-1}{n+1}$；

(3) $u_n=2(-1)^n$； (4) $u_n=(-1)^{n-1}\dfrac{1}{n}$；

(5) $u_n = \frac{\sin n\pi}{n}$;　　　　(6) $u_n = \ln\frac{1}{n}$.

解　(1) $u_n \to 0$;

(2) $u_n \to 1$;

(3) 不存在;

(4) $u_n \to 0$;

(5) $u_n \to 0$;

(6) $u_n \to -\infty$.

2. 用数列极限的定义证明下列极限.

(1) $\lim\limits_{n\to\infty}\frac{2n+3}{n+1} = 2$;　　　　(2) $\lim\limits_{n\to\infty}\frac{1}{\sqrt{n}} = 0$.

证　(1) $\left|\frac{2n+3}{n+1}-2\right| = \frac{1}{n+1} < \varepsilon \Leftrightarrow n+1 > \frac{1}{\varepsilon}$. 对 $\forall\varepsilon > 0, \exists N = \left[\frac{1}{\varepsilon}\right]-1$, 使得 $n > N$ 时，有 $\left|\frac{2n+3}{n+1}-2\right| = \frac{1}{n+1} < \varepsilon$，即 $\lim\limits_{n\to\infty}\frac{2n+3}{n+1} = 2$.

(2) $\left|\frac{1}{\sqrt{n}}-0\right| = \frac{1}{\sqrt{n}} < \varepsilon \Leftrightarrow n > \frac{1}{\varepsilon^2}$. 对 $\forall\varepsilon > 0, \exists N = \left[\frac{1}{\varepsilon^2}\right]$, 使得 $n > N$ 时，有 $\left|\frac{1}{\sqrt{n}}-0\right| = \sqrt{\frac{1}{n}} < \varepsilon$，即 $\lim\limits_{n\to\infty}\frac{1}{\sqrt{n}} = 0$.

3. 如果 $\lim\limits_{n\to\infty}u_n = a$，证明：$\lim\limits_{n\to\infty}|u_n| = |a|$，举例说明反之未必.

证　若 $\lim\limits_{n\to\infty}u_n = a$, 则对 $\forall\varepsilon > 0, \exists$ 正整数 N, 使得 $n > N$ 时, $|u_n - a| < \varepsilon$. 而 $||u_n| - |a|| \leqslant |u_n - a| < \varepsilon$. 即 $\lim\limits_{n\to\infty}|u_n| = |a|$. 反之，若 $\lim\limits_{n\to\infty}|u_n| = |a|$. 不一定有 $\lim\limits_{n\to\infty}u_n = a$. 例: $u_n = (-1)^n$, $\lim\limits_{n\to\infty}|u_n| = 1$, 但 $\lim\limits_{n\to\infty}u_n$ 不存在.

1.3　函数的极限

1.3.1　知识点分析

1. 自变量趋于无穷大时函数的极限

给定函数 $y = f(x)$，当 $|x|$ 无限增大时，如果函数 $f(x)$ 无限接近于确定的常数 A，则称 A 为 $x \to \infty$ 时函数 $f(x)$ 的极限，记作

$$\lim_{x\to\infty}f(x) = A \text{ 或 } f(x) \to A(x \to \infty).$$

注　$\lim\limits_{x\to\infty}f(x) = A$ 成立的充要条件是 $\lim\limits_{x\to+\infty}f(x) = \lim\limits_{x\to-\infty}f(x) = A$.

$\varepsilon - X$ 定义　设函数 $f(x)$ 当 $|x|$ 大于某一正数时有定义，如果存在常数 A，对于任意给定的正数 ε（不论它多么小），总存在着正数 X，使得当 $|x| > X$ 时，不等式

$$|f(x) - A| < \varepsilon$$

恒成立，则称 A 为 $f(x)$ 当 $x\to\infty$ 时的极限．记作

$$\lim_{x\to\infty}f(x)=A \text{ 或 } f(x)\to A(x\to\infty).$$

注 该定义可以简单地表达为 $\lim\limits_{x\to\infty}f(x)=A\Leftrightarrow \forall\varepsilon>0$，$\exists X>0$，当 $|x|>X$ 时，有 $|f(x)-A|<\varepsilon$.

2. 水平渐近线

若 $\lim\limits_{x\to\infty}f(x)=A$（或 $\lim\limits_{x\to+\infty}f(x)=A$，或 $\lim\limits_{x\to-\infty}f(x)=A$），则称直线 $y=A$ 为曲线 $y=f(x)$ 的水平渐近线.

3. 自变量趋于有限值时函数的极限

设函数 $f(x)$ 在 x_0 的某邻域内有定义，如果存在常数 A，当 x 无限接近于 x_0 时，函数 $f(x)$ 无限接近于 A，则称 A 为 $f(x)$ 当 x 趋向于 x_0 时的极限．记作 $\lim\limits_{x\to x_0}f(x)=A$ 或 $f(x)\to A(x\to x_0)$.

注 定义中极限存在与否与函数 $f(x)$ 在 x_0 处的函数值无关，也与 $f(x)$ 在 x_0 点有无定义无关.

$\varepsilon-\delta$ 定义 设函数 $f(x)$ 在 x_0 的某邻域内有定义，如果存在常数 A，对于任给 $\varepsilon>0$，总存在 $\delta>0$，使当 $0<|x-x_0|<\delta$ 时，不等式 $|f(x)-A|<\varepsilon$ 恒成立，则称 A 为函数 $f(x)$ 当 $x\to x_0$ 时的极限，记作 $\lim\limits_{x\to x_0}f(x)=A$ 或 $f(x)\to A(x\to x_0)$.

注 (1) 正数 δ 并不是由 ε 唯一确定的，但通常 ε 越小，δ 越小.

(2) 该定义可以简单地表达为 $\lim\limits_{x\to x_0}f(x)=A\Leftrightarrow\forall\varepsilon>0$，$\exists\delta>0$，当 $0<|x-x_0|<\delta$ 时，有 $|f(x)-A|<\varepsilon$.

(3) $\lim\limits_{x\to x_0}f(x)=A\Leftrightarrow\lim\limits_{x\to x_0^-}f(x)=\lim\limits_{x\to x_0^+}f(x)=A$（该结论常用于判定分段函数在分段点处极限的存在性）.

4. 函数极限的性质

性质 1（函数极限的唯一性） 如果 $\lim\limits_{x\to x_0}f(x)$ 存在，则其极限必唯一.

性质 2（函数极限的局部有界性） 如果 $\lim\limits_{x\to x_0}f(x)=A$，则存在常数 $M>0$ 和 $\delta>0$，使得当 $0<|x-x_0|<\delta$ 时，有 $|f(x)|\leqslant M$.

性质 3（函数极限的局部保号性） 如果 $\lim\limits_{x\to x_0}f(x)=A(A\neq0)$ 且 $A>0$（或 $A<0$），则存在常数 $\delta>0$，使得当 $0<|x-x_0|<\delta$ 时，有 $f(x)>0$（或 $f(x)<0$）.

1.3.2 典例解析

例 1 根据函数极限的定义证明.

(1) $\lim\limits_{x\to1}(3x-1)=2$； (2) $\lim\limits_{x\to4}\sqrt{x}=2$；

(3) $\lim\limits_{x\to\infty}\dfrac{\sin x}{x}=0$； (4) $\lim\limits_{x\to\infty}\dfrac{1-x}{x+1}=-1$.

解 (1) 对 $\forall\varepsilon>0$，找 $\delta>0$，使得当 $0<|x-1|<\delta$ 时，有 $|(3x-1)-2|<\varepsilon$，即 $|3(x-1)|<\varepsilon$，$|(x-1)|<\dfrac{\varepsilon}{3}$，故取 $\delta=\dfrac{\varepsilon}{3}$，所以 $\forall\varepsilon>0$，取 $\delta=\dfrac{\varepsilon}{3}$，当 $0<|x-1|<\delta$ 时，有 $|(3x-1)-2|<\varepsilon$.

(2) 对 $\forall\varepsilon>0$，找 δ，使得当 $0<|x-4|<\delta$ 时，有 $|\sqrt{x}-2|<\varepsilon$，而 $|\sqrt{x}-2|=\left|\dfrac{x-4}{\sqrt{x}+2}\right|<\dfrac{|x-4|}{2}<\varepsilon$，即 $|(x-4)|<2\varepsilon$，故取 $\delta=2\varepsilon$，所以 $\forall\varepsilon>0$，取 $\delta=2\varepsilon$，当 $0<|x-4|<\delta$ 时，有 $|\sqrt{x}-2|<\varepsilon$.

(3) 对 $\forall\varepsilon>0$，找 X，使得当 $|x|>X$ 时，有 $\left|\dfrac{\sin x}{x}-0\right|<\varepsilon$，而 $\left|\dfrac{\sin x}{x}\right|<\dfrac{1}{|x|}<\varepsilon$，即 $|x|>\dfrac{1}{\varepsilon}$，故取 $X=\dfrac{1}{\varepsilon}$，所以 $\forall\varepsilon>0$，取 $X=\dfrac{1}{\varepsilon}$，当 $|x|>X$ 时，有 $\left|\dfrac{\sin x}{x}-0\right|<\varepsilon$.

(4) 对 $\forall\varepsilon>0$，找 X，使得当 $|x|>X$ 时，有 $\left|\dfrac{1-x}{x+1}-(-1)\right|<\varepsilon$，而 $\left|\dfrac{1-x}{x+1}+1\right|=\left|\dfrac{2}{x+1}\right|$，限制 $|x|>1$，则 $\left|\dfrac{2}{x+1}\right|<\dfrac{2}{|x|-1}<\varepsilon$，即 $|x|>\dfrac{2}{\varepsilon}+1$，故取 $X=\dfrac{2}{\varepsilon}+1$，所以 $\forall\varepsilon>0$，取 $X=\max\left\{1,\dfrac{2}{\varepsilon}+1\right\}=\dfrac{2}{\varepsilon}+1$，当 $|x|>X$ 时，有 $\left|\dfrac{1-x}{x+1}-(-1)\right|<\varepsilon$.

点拨 证明函数极限存在同样也有类似的“放大”“加限制条件”等方法.

例 2 设 $f(x)=\begin{cases}-x+1, & 0\leqslant x<1,\\ 1, & x=1,\\ -x+3, & 1<x\leqslant 2.\end{cases}$ 问 $\lim\limits_{x\to1}f(x)$ 是否存在？

解 $\lim\limits_{x\to1^-}f(x)=\lim\limits_{x\to1^-}(-x+1)=0$，$\lim\limits_{x\to1^+}f(x)=\lim\limits_{x\to1^+}(-x+3)=2$，故 $\lim\limits_{x\to1}f(x)$ 不存在.

点拨 分段函数在分段点处的极限是否存在常常用该函数在分段点处的左右极限是否存在且相等来判断.

1.3.3 习题详解

1. 对图 1.1 所示的函数 $f(x)$，下列陈述中哪些是对的、哪些是错的？

(1) $\lim\limits_{x\to0}f(x)$ 不存在； (2) $\lim\limits_{x\to1}f(x)=0$；

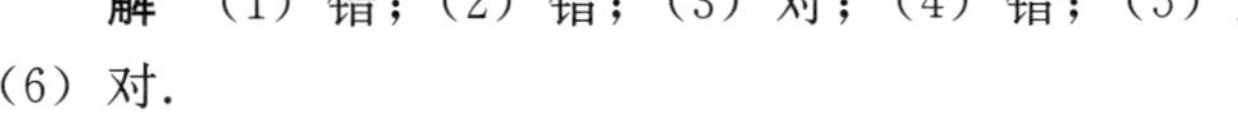
(3) $\lim\limits_{x\to 2^-} f(x)=1$； (4) $\lim\limits_{x\to -1^+} f(x)$ 不存在；

(5) 对每个 $x_0\in(-1,1)$，$\lim\limits_{x\to x_0} f(x)$ 存在；

(6) 对每个 $x_0\in(1,2)$，$\lim\limits_{x\to x_0} f(x)$ 存在.

解 (1) 错；(2) 错；(3) 对；(4) 错；(5) 对；(6) 对.

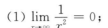

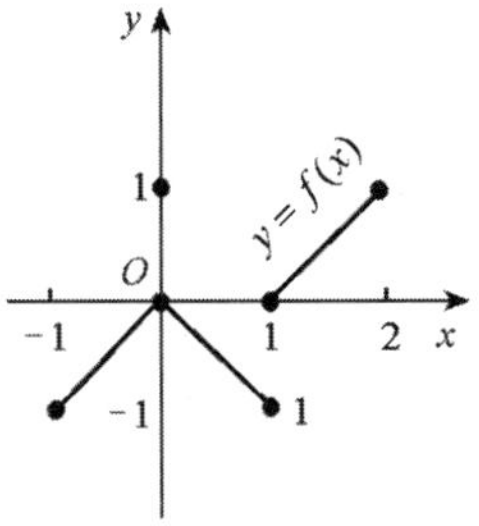

图 1.1

2. 用函数极限的定义证明下列极限.

(1) $\lim\limits_{x\to\infty}\dfrac{1}{x^2}=0$； (2) $\lim\limits_{x\to 3}(3x-1)=8$.

证 (1) 对 $\forall\varepsilon>0$，要使 $\left|\dfrac{1}{x^2}-0\right|=\dfrac{1}{x^2}<\varepsilon$，只要 $|x|>\dfrac{1}{\sqrt{\varepsilon}}$. 因此取 $X=\sqrt{\dfrac{1}{\varepsilon}}$，则当 $|x|>X$ 时，有 $\left|\dfrac{1}{x^2}-0\right|=\dfrac{1}{x^2}<\varepsilon$，即 $\lim\limits_{x\to\infty}\dfrac{1}{x^2}=0$；

(2) 对 $\forall\varepsilon>0$，要使 $|3x-1-8|=3|x-3|<\varepsilon$，只要 $|x-3|<\dfrac{\varepsilon}{3}$，因此取 $\delta=\dfrac{\varepsilon}{3}$，则当 $0<|x-3|<\delta$ 时，有 $|3x-1-8|<\varepsilon$，即 $\lim\limits_{x\to 3}(3x-1)=8$.

3. 设函数 $f(x)=\begin{cases}\dfrac{1}{x-1}, & x<0,\\ x, & 0\leqslant x\leqslant 1,\\ 1, & x>1.\end{cases}$ 问极限 $\lim\limits_{x\to 0}f(x)$ 与 $\lim\limits_{x\to 1}f(x)$ 是否存在？

解 $\lim\limits_{x\to 0}f(x)$ 不存在. 提示：因为 $\lim\limits_{x\to 0^-}f(x)=\lim\limits_{x\to 0^-}\dfrac{1}{x-1}=-1$，$\lim\limits_{x\to 0^+}f(x)=\lim\limits_{x\to 0^+}x=0$.

$\lim\limits_{x\to 1}f(x)=1$. 提示：因为 $\lim\limits_{x\to 1^-}f(x)=\lim\limits_{x\to 1^-}x=1$，$\lim\limits_{x\to 1^+}f(x)=\lim\limits_{x\to 1^+}1=1$.

4. 已知函数 $f(x)=\begin{cases}x^3, & x\leqslant 1,\\ x-5k, & x>1,\end{cases}$ 确定常数 k 的值，使极限 $\lim\limits_{x\to 1}f(x)$ 存在.

解 $\lim\limits_{x\to 1^-}f(x)=\lim\limits_{x\to 1^-}x^3=1$，$\lim\limits_{x\to 1^+}f(x)=\lim\limits_{x\to 1^+}(x-5k)=1-5k$，因为 $\lim\limits_{x\to 1}f(x)$ 存在，故 $1-5k=1$，即 $k=0$.

5. 证明：$\lim\limits_{x\to 0}\dfrac{|x|}{x}$ 不存在.

证 $\lim\limits_{x\to 0^-}\dfrac{|x|}{x}=\lim\limits_{x\to 0^-}\dfrac{-x}{x}=-1$，$\lim\limits_{x\to 0^+}\dfrac{|x|}{x}=\lim\limits_{x\to 0^-}\dfrac{x}{x}=1$，因为 $\lim\limits_{x\to 0^-}\dfrac{|x|}{x}\neq\lim\limits_{x\to 0^+}\dfrac{|x|}{x}$，故 $\lim\limits_{x\to 0}\dfrac{|x|}{x}$ 不存在.

1.4 无穷小与无穷大

1.4.1 知识点分析

1. 无穷小

如果函数 $f(x)$ 在自变量 x 的某一变化过程中的极限为零，则称函数 $f(x)$ 为该变化过程中的无穷小量，简称无穷小，记作 $\lim f(x)=0$.

注 (1) 无穷小是极限为零的变量.

(2) 无穷小是相对于自变量的某一变化过程而言的.

例如 $x\to\infty$ 时 $\dfrac{1}{x}$ 是无穷小，而 $x\to 1$ 时 $\dfrac{1}{x}$ 就不是无穷小.

(3)"0"是作为无穷小的唯一常数.

2. 无穷小的性质

性质 1 有限个无穷小的代数和仍是无穷小.

注 无限个无穷小之和不一定是无穷小!

例如 $\lim\limits_{n\to\infty} n\left(\dfrac{1}{n^2+\pi}+\dfrac{1}{n^2+2\pi}+\cdots+\dfrac{1}{n^2+n\pi}\right)=1$.

性质 2 有限个无穷小的乘积仍是无穷小.

性质 3 无穷小与有界变量的乘积仍是无穷小. 特别地，常量与无穷小的乘积仍是无穷小.

注 此性质可作为求极限的一种方法.

3. 无穷大

在自变量的某一变化过程中，如果 $|f(x)|$ 无限增大，则称函数 $f(x)$ 为该变化过程中的无穷大量，简称无穷大，记作 $\lim f(x)=\infty$. 特别地，如果当 $n\to\infty$ 时，$|u_n|$ 无限增大，则称数列 $\{u_n\}$ 称为 $n\to\infty$ 时的无穷大.

注 无穷大是变量而不是常数.

4. 垂直渐近线

如果 $\lim\limits_{x\to x_0} f(x)=\infty$，则称直线 $x=x_0$ 是曲线 $y=f(x)$ 的垂直渐近线.

5. 无穷小与无穷大的关系

在自变量的同一变化过程中，如果 $f(x)$ 为无穷大，则 $\dfrac{1}{f(x)}$ 为无穷小；反之，如果 $f(x)$ 为无穷小且 $f(x)\neq 0$，则 $\dfrac{1}{f(x)}$ 为无穷大.

注 根据无穷小与无穷大的关系，可将对无穷大的研究转化为对无穷小的研究.

1.4.2 典例解析

例 1 求极限 $\lim\limits_{x\to0}x^2\arctan\dfrac{1}{x}$.

解 因为 $\left|\arctan\dfrac{1}{x}\right|\leqslant\dfrac{\pi}{2}$，即 $\arctan\dfrac{1}{x}$ 有界，且 $\lim\limits_{x\to0}x^2=0$，即 $x\to0$ 时，x^2 是无穷小量，由于有界变量与无穷小量的乘积仍是无穷小量，故 $\lim\limits_{x\to0}x^2\arctan\dfrac{1}{x}=0$.

点拨 利用性质 3 可求得极限.

例 2 （是非题）两个无穷大的和仍是无穷大.

解 非.

点拨 两个正无穷大的和仍是正无穷大，两个负无穷大的和仍是负无穷大，但是正无穷大与负无穷大的和不一定是无穷大，而是有多种可能的结果.

1.4.3 习题详解

1. 两个无穷小的商是否一定是无穷小？举例说明.

解 否，例如：$\alpha=4x$，$\beta=2x$，当 $x\to0$ 时都是无穷小，但 $\dfrac{\alpha}{\beta}$ 当 $x\to0$ 时不是无穷小.

2. 两个无穷大的和是否一定是无穷大？举例说明.

解 否，例如：$\alpha=n$，$\beta=-n$，当 $n\to\infty$ 时都是无穷大，但 $\alpha+\beta$，$n\to\infty$ 时不是无穷大.

3. 下列函数在什么变化过程中是无穷小，在什么变化过程中是无穷大.

(1) $y=\dfrac{1}{x^2}$； (2) $y=\ln x$； (3) $y=\dfrac{x+2}{x^2-1}$.

解 (1) $\lim\limits_{x\to\infty}\dfrac{1}{x^2}=0$，$\lim\limits_{x\to0}\dfrac{1}{x^2}=\infty$；

(2) $\lim\limits_{x\to0^+}\ln x=-\infty$，$\lim\limits_{x\to+\infty}\ln x=+\infty$，$\lim\limits_{x\to1}\ln x=0$；

(3) $\lim\limits_{x\to\pm1}\dfrac{x+2}{x^2-1}=\infty$，$\lim\limits_{x\to-2}\dfrac{x+2}{x^2-1}=0$.

4. 下列各题中，哪些是无穷小、哪些是无穷大？

(1) $\ln x$，当 $x\to0^+$ 时； (2) $\dfrac{1+(-1)^n}{n^2}$，当 $n\to\infty$ 时；

(3) $\dfrac{1}{\sqrt{x-2}}$，当 $x\to2^+$ 时； (4) e^x，当 $x\to-\infty$ 及 $x\to+\infty$ 时.

解 (1) $\lim\limits_{x\to0^+}\ln x=-\infty$；

(2) $\lim\limits_{n\to\infty}\dfrac{(-1)^n+1}{n^2-1}=0$;

(3) $\lim\limits_{x\to 2^+}\dfrac{1}{\sqrt{x-2}}=+\infty$;

(4) $\lim\limits_{x\to-\infty}\mathrm{e}^x=0$, $\lim\limits_{x\to+\infty}\mathrm{e}^x=+\infty$.

5. 求下列函数的极限.

(1) $\lim\limits_{x\to\infty}\dfrac{1+\sin x}{2x}$;　　　　(2) $\lim\limits_{x\to 0}(x^4+10x)\cos x$.

解　(1) 因为 $\lim\limits_{x\to\infty}\dfrac{1}{2x}=0$，$|1+\sin x|\leqslant 2$，所以 $\lim\limits_{x\to\infty}\dfrac{1+\sin x}{2x}=0$.

(2) 因为 $\lim\limits_{x\to 0}(x^4+10x)=0$，$|\cos x|\leqslant 1$，所以 $\lim\limits_{x\to 0}(x^4+10x)\cos x=0$.

1.5　极限的运算法则

1.5.1　知识点分析

1. 极限的四则运算法则

在自变量同一变化过程中，设 $\lim f(x)=A$，$\lim g(x)=B$，那么

(1) $\lim[f(x)\pm g(x)]=\lim f(x)\pm\lim g(x)=A\pm B$;

(2) $\lim[f(x)\cdot g(x)]=\lim f(x)\cdot\lim g(x)=A\cdot B$;

(3) 若 $B\neq 0$，则 $\lim\dfrac{f(x)}{g(x)}=\dfrac{\lim f(x)}{\lim g(x)}=\dfrac{A}{B}$.

注　上述定理中的 (1)、(2) 可以推广到有限个函数的情形，即若极限 $\lim f_1(x)$，$\lim f_2(x)$，…，$\lim f_n(x)$ 均存在，则有

(1) $\lim[f_1(x)\pm f_2(x)\pm\cdots\pm f_n(x)]=\lim f_1(x)\pm\lim f_2(x)\pm\cdots\pm\lim f_n(x)$;

(2) $\lim[f_1(x)\cdot f_2(x)\cdot\cdots\cdot f_n(x)]=\lim f_1(x)\cdot\lim f_2(x)\cdot\cdots\cdot\lim f_n(x)$.

推论 1　如果 $\lim f(x)$ 存在，C 为常数，则 $\lim[Cf(x)]=C\lim f(x)$.

推论 2　如果 $\lim f(x)$ 存在，$n\in\mathbf{N}^*$，则有 $\lim[f(x)]^n=[\lim f(x)]^n$.

2. 复合函数极限的运算法则

设函数 $y=f[\varphi(x)]$ 是由 $y=f(u)$，$u=\varphi(x)$ 复合而成，$f[\varphi(x)]$ 在点 x_0 的某去心邻域内有定义，若 $\lim\limits_{x\to x_0}\varphi(x)=u_0$，$\lim\limits_{u\to u_0}f(u)=A$，且当 $x\in\mathring{U}(x_0)$ 时，$\varphi(x)\neq u_0$，则 $\lim\limits_{x\to x_0}f[\varphi(x)]=\lim\limits_{u\to u_0}f(u)=A$.

注　计算复合函数的极限 $\lim\limits_{x\to x_0}f[\varphi(x)]$ 时，可令 $u=\varphi(x)$，先求中间变量的极限 $\lim\limits_{x\to x_0}\varphi(x)=u_0$，再求 $\lim\limits_{u\to u_0}f(u)$ 即可.

1.5.2 典例解析

例 求下列极限.

(1) $\lim\limits_{x\to 0}\left[\dfrac{\ln(x+e^2)}{a^x+\sin x}\right]^{\frac{1}{2}}$；(2) $\lim\limits_{x\to 4}\dfrac{\sqrt{2x+1}-3}{\sqrt{x-2}-\sqrt{2}}$；

(3) $\lim\limits_{n\to\infty}\dfrac{2^n+3^n}{2^{n+1}+3^{n+1}}$； (4) $\lim\limits_{n\to\infty}\left(1+\dfrac{1}{2}\right)\left(1+\dfrac{1}{2^2}\right)\left(1+\dfrac{1}{2^4}\right)\cdots\left(1+\dfrac{1}{2^{2^n}}\right)$.

解 (1) 因为 $\lim\limits_{x\to 0}\ln(x+e^2)=\ln e^2=2$，且 $\lim\limits_{x\to 0}(a^x+\sin x)=1$，故原式 $=\lim\limits_{x\to 0}\left(\dfrac{2}{1}\right)^{\frac{1}{2}}=\sqrt{2}$.

点拨 指数是常数，只需看分子和分母，只要分母极限不为0，便可直接计算极限.

$$(2)\ \lim_{x\to 4}\frac{\sqrt{2x+1}-3}{\sqrt{x-2}-\sqrt{2}}=\lim_{x\to 4}\frac{2(x-4)(\sqrt{x-2}+\sqrt{2})}{(x-4)(\sqrt{2x+1}+3)}=\frac{2(\sqrt{2}+\sqrt{2})}{3+3}=\frac{2\sqrt{2}}{3}.$$

点拨 分母趋于0，且分子、分母都有根号，使用分子、分母同时有理化计算.

$$(3)\ \lim_{n\to\infty}\frac{2^n+3^n}{2^{n+1}+3^{n+1}}=\lim_{n\to\infty}\frac{\left(\frac{2}{3}\right)^n+1}{2\left(\frac{2}{3}\right)^n+3}=\frac{1}{3}.$$

点拨 分子、分母均为无穷大量，使用生成无穷小量法计算.

$$(4)\ 原式=\lim_{n\to\infty}\frac{1}{1-\frac{1}{2}}\left(1-\frac{1}{2}\right)\left(1+\frac{1}{2}\right)\left(1+\frac{1}{2^2}\right)\left(1+\frac{1}{2^4}\right)\cdots\left(1+\frac{1}{2^{2^n}}\right)$$

$$=\lim_{n\to\infty}2\left(1-\frac{1}{2^{2^{n+1}}}\right)=2.$$

1.5.3 习题详解

1. 求下列极限.

(1) $\lim\limits_{n\to\infty}\dfrac{n}{\sqrt{2n^2-n}}$； (2) $\lim\limits_{x\to\infty}\dfrac{2x^2-3x-1}{4x^2+10x+1}$；

(3) $\lim\limits_{x\to 1}\dfrac{x^2-3x+2}{1-x^2}$； (4) $\lim\limits_{x\to 0}\dfrac{x^2}{1-\sqrt{1+x^2}}$；

(5) $\lim\limits_{x\to\infty}\dfrac{x-100}{x^2+10x+9}$； (6) $\lim\limits_{x\to -3}(9-6x-x^2)$；

(7) $\lim\limits_{x\to1}\left(\dfrac{3}{1-x^3}-\dfrac{1}{1-x}\right)$； (8) $\lim\limits_{x\to\infty}\dfrac{2x-\cos x}{x}$；

(9) $\lim\limits_{x\to1}\dfrac{\sqrt{x+2}-\sqrt{3}}{x-1}$； (10) $\lim\limits_{x\to+\infty}x(\sqrt{1+x^2}-x)$.

解 (1) $\lim\limits_{n\to\infty}\dfrac{n}{\sqrt{2n^2-n}}=\lim\limits_{n\to\infty}\dfrac{1}{\sqrt{2-\dfrac{1}{n}}}=\dfrac{\sqrt{2}}{2}$；

(2) $\lim\limits_{x\to\infty}\dfrac{2x^2-3x-1}{4x^2+10x+1}=\lim\limits_{x\to\infty}\dfrac{2-\dfrac{3}{x}-\dfrac{1}{x^2}}{4+\dfrac{10}{x}+\dfrac{1}{x^2}}=\dfrac{1}{2}$；

(3) $\lim\limits_{x\to1}\dfrac{x^2-3x+2}{1-x^2}=\lim\limits_{x\to1}\dfrac{(x-1)(x-2)}{(1-x)(1+x)}=-\lim\limits_{x\to1}\dfrac{x-2}{1+x}=\dfrac{1}{2}$；

(4)
$$\lim_{x\to0}\frac{x^2}{1-\sqrt{1+x^2}}=\lim_{x\to0}\frac{x^2(1+\sqrt{1+x^2})}{(1-\sqrt{1+x^2})(1+\sqrt{1+x^2})}$$
$$=\lim_{x\to0}\frac{x^2(1+\sqrt{1+x^2})}{-x^2}$$
$$=-\lim_{x\to0}(1+\sqrt{1+x^2})=-2;$$

(5) $\lim\limits_{x\to\infty}\dfrac{x-100}{x^2+10x+9}=\lim\limits_{x\to\infty}\dfrac{\dfrac{1}{x}-\dfrac{1}{x^2}}{1+\dfrac{10}{x}+\dfrac{9}{x^2}}=0$；

(6) $\lim\limits_{x\to-3}(9-6x-x^2)=18$；

(7)
$$\lim_{x\to1}\left(\frac{3}{1-x^3}-\frac{1}{1-x}\right)=\lim_{x\to1}\frac{2-x-x^2}{1-x^3}=\lim_{x\to1}\frac{(1-x)(x+2)}{(1-x)(1+x+x^2)}$$
$$=\lim_{x\to1}\frac{x+2}{1+x+x^2}=1;$$

(8) 由于 $\lim\limits_{x\to\infty}\dfrac{2x-\cos x}{x}=\lim\limits_{x\to\infty}\left(2-\dfrac{\cos x}{x}\right)$，而 $\lim\limits_{x\to\infty}\dfrac{1}{x}=0$，$\cos x$ 为有界函数，则 $\lim\limits_{x\to\infty}\dfrac{\cos x}{x}=0$，所以 $\lim\limits_{x\to\infty}\dfrac{2x-\cos x}{x}=2$；

(9)
$$\lim_{x\to1}\frac{\sqrt{x+2}-\sqrt{3}}{x-1}=\lim_{x\to1}\frac{(\sqrt{x+2}-\sqrt{3})(\sqrt{x+2}+\sqrt{3})}{(x-1)(\sqrt{x+2}+\sqrt{3})}$$
$$=\lim_{x\to1}\frac{x-1}{(x-1)(\sqrt{x+2}+\sqrt{3})}$$
$$=\lim_{x\to1}\frac{1}{\sqrt{x+2}+\sqrt{3}}=\frac{\sqrt{3}}{6};$$

(10)
$$\lim_{x\to+\infty}x(\sqrt{1+x^2}-x)=\lim_{x\to+\infty}\frac{x(\sqrt{1+x^2}-x)(\sqrt{1+x^2}+x)}{\sqrt{1+x^2}+x}$$

$$= \lim_{x\to+\infty}\frac{x}{\sqrt{1+x^2}+x} = \lim_{x\to+\infty}\frac{1}{\sqrt{\frac{1}{x^2}+1}+1}$$

$$= \frac{1}{2}.$$

2. 若极限 $\lim\limits_{x\to1}\frac{x^2+ax-b}{1-x}=5$，求常数 a，b 的值.

解 设 $x^2+ax-b=(x-1)(x+t)$，故 $\lim\limits_{x\to1}\frac{x^2+ax-b}{1-x}=\lim\limits_{x\to1}-(x+t)=-1-t=5$，即 $t=-6$，将 $t=-6$ 代入 $x^2+ax-b=(x-1)(x+t)$ 得 $x^2+ax-b=x^2-7x+6$，故 $a=-7$，$b=-6$.

3. 下列陈述中，哪些是对的、哪些是错的？如果是对的，说明理由；如果是错的，试举出一个反例.

(1) 如果 $\lim\limits_{x\to x_0}f(x)$ 存在，$\lim\limits_{x\to x_0}g(x)$ 不存在，那么 $\lim\limits_{x\to x_0}[f(x)+g(x)]$ 不存在；

(2) 如果 $\lim\limits_{x\to x_0}f(x)$ 和 $\lim\limits_{x\to x_0}g(x)$ 都不存在，那么 $\lim\limits_{x\to x_0}[f(x)+g(x)]$ 不存在；

(3) 如果 $\lim\limits_{x\to x_0}f(x)$ 存在，但 $\lim\limits_{x\to x_0}g(x)$ 不存在，那么 $\lim\limits_{x\to x_0}f(x)g(x)$ 不存在.

解 (1) 对. 反证法，假设 $\lim\limits_{x\to x_0}[f(x)+g(x)]$ 存在，而 $\lim\limits_{x\to x_0}f(x)$ 存在，所以 $\lim\limits_{x\to x_0}g(x)=\lim\limits_{x\to x_0}[f(x)+g(x)-f(x)]$ 存在，产生矛盾，故假设不成立.

(2) 错，例如：$f(x)=\frac{1}{x}$，$g(x)=-\frac{1}{x}$，$\lim\limits_{x\to0}f(x)$ 和 $\lim\limits_{x\to0}g(x)$ 都不存在，而 $\lim\limits_{x\to0}[f(x)+g(x)]=0$.

(3) 错，例如：$f(x)=x$，$g(x)=\frac{1}{2x}$，$\lim\limits_{x\to0}f(x)=0$，$\lim\limits_{x\to0}g(x)$ 不存在，而 $\lim\limits_{x\to x_0}f(x)g(x)=\frac{1}{2}$.

1.6 极限存在准则 两个重要极限

1.6.1 知识点分析

1. 夹逼准则

准则Ⅰ 如果数列 $\{x_n\}$，$\{y_n\}$，$\{z_n\}$ 满足以下两个条件：

(1) $y_n\leqslant x_n\leqslant z_n$ ($n=1$，2，3，$\cdots$)；

(2) $\lim\limits_{n\to\infty}y_n=\lim\limits_{n\to\infty}z_n=a$.

则数列 $\{x_n\}$ 的极限存在，且 $\lim\limits_{n\to\infty}x_n=a$.

准则Ⅰ′ 在自变量的同一变化过程，设函数 $f(x)$，$g(x)$，$h(x)$ 满足：

(1) $g(x)\leqslant f(x)\leqslant h(x)$，$x\in \mathring{U}(x_0)$（或 $|x|>M$）时；

(2) $\lim g(x)=\lim h(x)=A$.

则 $f(x)$ 的极限存在，且 $\lim f(x)=A$.

准则Ⅰ和准则Ⅰ′称为极限的夹逼准则.

2. 第一个重要极限

$$\lim_{x\to 0}\frac{\sin x}{x}=1.$$

注 此极限可引申为 $\lim\limits_{\varphi(x)\to 0}\dfrac{\sin\varphi(x)}{\varphi(x)}=1$.

3. 单调有界收敛准则

准则Ⅱ 单调有界数列必有极限.

通过前面的学习我们知道：收敛数列一定有界，但有界数列却不一定收敛. 准则Ⅱ表明：如果数列不仅有界，并且是单调的，则该数列的极限必定存在，即该数列一定收敛.

准则Ⅱ包含以下两个结论：

(1) 若数列 $\{x_n\}$ 单调增加且有上界，则该数列必有极限.

(2) 若数列 $\{x_n\}$ 单调减少且有下界，则该数列必有极限.

准则Ⅱ称为极限的单调有界收敛准则.

注 (1) 单增＋有上界 ⇒ 收敛，单减＋有下界 ⇒ 收敛；

(2) 证明单调时常用的方法是：作差、作商、数学归纳法.

4. 第二个重要极限

$$\lim_{x\to\infty}\left(1+\frac{1}{x}\right)^x=\mathrm{e}$$

注 (1) 对于数列有 $\lim\limits_{n\to\infty}\left(1+\dfrac{1}{n}\right)^n=\mathrm{e}$；

(2) 此极限可推广为 $\lim\limits_{f(x)\to\infty}\left(1+\dfrac{1}{f(x)}\right)^{f(x)}=\mathrm{e}$；

(3) 第二个重要极限可写成另外一种形式：$\lim\limits_{z\to 0}(1+z)^{\frac{1}{z}}=\mathrm{e}$.

1.6.2 典例解析

例 1 利用极限存在准则证明 $\lim\limits_{n\to\infty}\left(\dfrac{n}{n^2+1}+\dfrac{n}{n^2+2}+\cdots+\dfrac{n}{n^2+n}\right)=1$.

证 因为 $n\cdot\dfrac{n}{n^2+n}\leqslant\left(\dfrac{n}{n^2+1}+\dfrac{n}{n^2+2}+\cdots+\dfrac{n}{n^2+n}\right)\leqslant n\cdot\dfrac{n}{n^2+1}$，

且 $\lim\limits_{n\to\infty}n\cdot\dfrac{n}{n^2+n}=\lim\limits_{n\to\infty}\dfrac{n^2}{n^2+n}=1$，$\lim\limits_{n\to\infty}n\cdot\dfrac{n}{n^2+1}=\lim\limits_{n\to\infty}\dfrac{n^2}{n^2+1}=1$，

故由夹逼准则得 $\lim\limits_{n\to\infty}\left(\frac{n}{n^2+1}+\frac{n}{n^2+2}+\cdots+\frac{n}{n^2+n}\right)=1$.

例 2 求下列函数的极限.

(1) $\lim\limits_{x\to 0}\frac{1-\cos x}{x^2}$；　(2) $\lim\limits_{x\to\infty}\left(1+\frac{2}{x}\right)^x$；

(3) $\lim\limits_{x\to\infty}\left(\frac{x+a}{x-a}\right)^x$；　(4) $\lim\limits_{x\to 0}(1-2x)^{\frac{2}{x}}$.

解 (1) $\lim\limits_{x\to 0}\frac{1-\cos x}{x^2}=\lim\limits_{x\to 0}\frac{2\sin^2\frac{x}{2}}{x^2}=\lim\limits_{x\to 0}\frac{1}{2}\left[\frac{\sin\frac{x}{2}}{\frac{x}{2}}\right]^2=\frac{1}{2}\left[\lim\limits_{x\to 0}\frac{\sin\frac{x}{2}}{\frac{x}{2}}\right]^2$

$=\frac{1}{2}$.

点拨 $\lim\limits_{x\to 0}\frac{\sin x}{x}=1$.

(2) $\lim\limits_{x\to\infty}\left(1+\frac{2}{x}\right)^x=\lim\limits_{x\to\infty}\left[\left(1+\frac{2}{x}\right)^{\frac{x}{2}}\right]^2=e^2$.

点拨 $\lim\limits_{z\to 0}(1+z)^{\frac{1}{z}}=e$.

(3) $\lim\limits_{x\to\infty}\left(\frac{x+a}{x-a}\right)^x=\lim\limits_{x\to\infty}\left(1+\frac{2a}{x-a}\right)^x=\lim\limits_{x\to\infty}\left[\left(1+\frac{2a}{x-a}\right)^{\frac{x-a}{2a}}\right]^{\frac{2ax}{x-a}}$

$=e^{\lim\limits_{x\to\infty}\frac{2ax}{x-a}}=e^{2a}$.

(4) $\lim\limits_{x\to 0}(1-2x)^{\frac{2}{x}}=\lim\limits_{x\to 0}\left[(1-2x)^{\frac{1}{-2x}}\right]^{-4}=e^{-4}$.

1.6.3 习题详解

1. 求下列极限.

(1) $\lim\limits_{x\to 0}x\cot 3x$；　(2) $\lim\limits_{n\to\infty}2^n\sin\frac{\pi}{2^n}$；

(3) $\lim\limits_{x\to 1}\frac{\sin(x-1)}{x^2-1}$；　(4) $\lim\limits_{x\to+\infty}\frac{x^2\sin\frac{1}{x}}{\sqrt{x^2-1}}$；

(5) $\lim\limits_{x\to 0}\frac{x-\sin 2x}{x+\sin 3x}$；　(6) $\lim\limits_{x\to 0}\frac{\tan x-\sin x}{x}$；

(7) $\lim\limits_{x\to 0}\frac{\sin 2x}{\sin 5x}$；　(8) $\lim\limits_{x\to 0}\frac{1-\sqrt{1+x^2}}{\tan^2 x}$.

解 (1) $\lim\limits_{x\to 0}x\cot 3x=\lim\limits_{x\to 0}\frac{x}{\tan 3x}=\frac{1}{3}\lim\limits_{x\to 0}\frac{3x}{\sin 3x}\cdot\cos 3x=\frac{1}{3}$；

(2) $\lim\limits_{n\to\infty}2^n\sin\frac{\pi}{2^n}=\pi\lim\limits_{n\to\infty}\frac{\sin\frac{\pi}{2^n}}{\frac{\pi}{2^n}}=\pi$；

(3) $\lim\limits_{x\to1}\dfrac{\sin(x-1)}{x^2-1}=\lim\limits_{x\to1}\dfrac{\sin(x-1)}{x-1}\cdot\dfrac{1}{x+1}=\dfrac{1}{2}$；

(4) $\lim\limits_{x\to+\infty}\dfrac{x^2\sin\dfrac{1}{x}}{\sqrt{x^2-1}}=\lim\limits_{x\to+\infty}\dfrac{\dfrac{\sin\dfrac{1}{x}}{\dfrac{1}{x}}}{\sqrt{1-\dfrac{1}{x^2}}}=1$；

(5) $\lim\limits_{x\to0}\dfrac{x-\sin2x}{x+\sin3x}=\lim\limits_{x\to0}\dfrac{1-2\dfrac{\sin2x}{2x}}{1+3\dfrac{\sin3x}{3x}}=\dfrac{1-2}{1+3}=-\dfrac{1}{4}$；

(6) $\lim\limits_{x\to0}\dfrac{\tan x-\sin x}{x}=\lim\limits_{x\to0}\dfrac{\tan x(1-\cos x)}{x}=\lim\limits_{x\to0}\dfrac{\sin x}{x}\cdot\dfrac{1-\cos x}{\cos x}$

$=\lim\limits_{x\to0}\dfrac{1-\cos x}{\cos x}=\dfrac{0}{1}=0$；

(7) $\lim\limits_{x\to0}\dfrac{\sin2x}{\sin5x}=\dfrac{2}{5}\lim\limits_{x\to0}\dfrac{\sin2x}{2x}\cdot\dfrac{5x}{\sin5x}=\dfrac{2}{5}$；

(8) $\lim\limits_{x\to0}\dfrac{1-\sqrt{1+x^2}}{\tan^2x}=\lim\limits_{x\to0}\dfrac{1-\sqrt{1+x^2}}{\tan^2x}\cdot\dfrac{1+\sqrt{1+x^2}}{1+\sqrt{1+x^2}}$

$=\lim\limits_{x\to0}\dfrac{-x^2}{\sin^2x}\cdot\dfrac{\cos^2x}{1+\sqrt{1+x^2}}$

$=\lim\limits_{x\to0}\dfrac{-1}{1+\sqrt{1+x^2}}=-\dfrac{1}{2}.$

2. 求下列极限.

(1) $\lim\limits_{x\to\infty}\left(1-\dfrac{3}{x}\right)^x$；　　(2) $\lim\limits_{x\to\infty}\left(\dfrac{2x+1}{2x-1}\right)^x$；

(3) $\lim\limits_{x\to\infty}\left(1-\dfrac{1}{x^2}\right)^x$；　　(4) $\lim\limits_{x\to\infty}\left(1-\dfrac{4}{x}\right)^{\sqrt{x}}$.

解 (1) $\lim\limits_{x\to\infty}\left(1-\dfrac{3}{x}\right)^x=\lim\limits_{x\to\infty}\left[\left(1-\dfrac{3}{x}\right)^{-\frac{x}{3}}\right]^{-3}=e^{-3}$；

(2) $\lim\limits_{x\to\infty}\left(\dfrac{2x+1}{2x-1}\right)^x=\lim\limits_{x\to\infty}\left[\left(1+\dfrac{2}{2x-1}\right)^{\frac{2x-1}{2}}\right]^{\frac{2x}{2x-1}}=e^{\lim\limits_{x\to\infty}\frac{2x}{2x-1}}=e$；

(3) $\lim\limits_{x\to\infty}\left(1-\dfrac{1}{x^2}\right)^x=\lim\limits_{x\to\infty}\left[\left(1-\dfrac{1}{x^2}\right)^{-x^2}\right]^{-\frac{1}{x}}=e^{-\lim\limits_{x\to\infty}\frac{1}{x}}=e^0=1$；

(4) $\lim\limits_{x\to\infty}\left(1-\dfrac{4}{x}\right)^{\sqrt{x}}=\lim\limits_{x\to\infty}\left[\left(1-\dfrac{4}{x}\right)^{-\frac{x}{4}}\right]^{-\frac{4}{\sqrt{x}}}=e^{\lim\limits_{x\to\infty}-\frac{4}{\sqrt{x}}}=e^0=1.$

3. 利用极限的夹逼准则求下列极限.

(1) $\lim\limits_{n\to\infty}\left(\dfrac{1}{\sqrt{n^2+1}}+\dfrac{1}{\sqrt{n^2+2}}+\cdots+\dfrac{1}{\sqrt{n^2+n}}\right)$；

(2) $\lim\limits_{n\to\infty}(1+2^n+3^n+4^n+5^n)^{\frac{1}{n}}$.

解 (1) 因为 $n\cdot\dfrac{1}{\sqrt{n^2+n}}\leqslant\dfrac{1}{\sqrt{n^2+1}}+\dfrac{1}{\sqrt{n^2+2}}+\cdots+\dfrac{1}{\sqrt{n^2+n}}\leqslant n\cdot\dfrac{1}{\sqrt{n^2+1}}$，并且有 $\lim\limits_{n\to\infty}\dfrac{n}{\sqrt{n^2+n}}=1$，$\lim\limits_{n\to\infty}\dfrac{n}{\sqrt{n^2+1}}=1$，故由夹逼准则可得 $\lim\limits_{n\to\infty}\left(\dfrac{1}{\sqrt{n^2+1}}+\dfrac{1}{\sqrt{n^2+2}}+\cdots+\dfrac{1}{\sqrt{n^2+n}}\right)=1$；

(2) 因为 $5=(5^n)^{\frac{1}{n}}\leqslant(1+2^n+3^n+4^n+5^n)^{\frac{1}{n}}\leqslant(5\cdot5^n)^{\frac{1}{n}}=5\cdot5^{\frac{1}{n}}$，且 $\lim\limits_{n\to\infty}5\cdot5^{\frac{1}{n}}=5$，故由夹逼准则得 $\lim\limits_{n\to\infty}(1+2^n+3^n+4^n+5^n)^{\frac{1}{n}}=5$.

4. 设某人把 15 万元人民币存入银行，若银行的年利率为 2.25%，按照连续复利计算，问第 20 年末的本息和是多少？

解 $f(x)=15\cdot e^{0.0225x}$，则 $f(20)=15\cdot e^{0.0225\cdot20}\approx23.52$（万元）.

1.7 无穷小

1.7.1 知识点分析

1. 无穷小的比较

设无穷小 α,β 及极限 $\lim\dfrac{\beta}{\alpha}$ 都是对于同一个自变量的变化过程而言的，且 $\alpha\neq0$.

(1) 如果 $\lim\dfrac{\beta}{\alpha}=0$，则称 β 是比 α 高阶的无穷小，记作 $\beta=o(\alpha)$.

(2) 如果 $\lim\dfrac{\beta}{\alpha}=\infty$，则称 β 是比 α 低阶的无穷小.

(3) 如果 $\lim\dfrac{\beta}{\alpha}=c(c\neq0)$，则称 β 与 α 是同阶的无穷小. 特别地，如果 $\lim\dfrac{\beta}{\alpha}=1$，则称 β 与 α 是等价无穷小，记作 $\alpha\sim\beta$.

(4) 如果 $\lim\dfrac{\beta}{\alpha^k}=c\neq0$，则称 β 是 α 的 k 阶无穷小.

2. 常用的等价无穷小

当 $x\to0$ 时，$\sin x\sim x$，$\tan x\sim x$，$\arcsin x\sim x$，$\arctan x\sim x$，$\ln(1+x)\sim x$，$e^x-1\sim x$，$1-\cos x\sim\dfrac{x^2}{2}$，$(1+x)^\alpha-1\sim\alpha x$（$\alpha$ 为常数）.

3. α 与 β 是等价无穷小的充要条件为 $\beta=\alpha+o(\alpha)$

4. 等价无穷小替换

设 α，β，α'，β' 均为 x 的同一变化过程中的无穷小，且 $\alpha\sim\alpha'$，$\beta\sim\beta'$，则

$$\lim \frac{\beta}{\alpha}=\lim \frac{\beta'}{\alpha'}.$$

1.7.2 典例解析

例 1 求 $\lim\limits_{x\to 0}\dfrac{1-\cos x}{(e^{2x}-1)\ln(1-x)}$.

解 当 $x\to 0$ 时，$1-\cos x\sim\dfrac{1}{2}x^2$，$e^{2x}-1\sim 2x$，$\ln(1-x)\sim -x$.

所以 $\lim\limits_{x\to 0}\dfrac{1-\cos x}{(e^{2x}-1)\ln(1-x)}=\lim\limits_{x\to 0}\dfrac{\frac{1}{2}x^2}{2x\cdot(-x)}=-\dfrac{1}{4}$.

例 2 求 $\lim\limits_{x\to 0}\dfrac{\sqrt{1+x}-1}{1-\cos\sqrt{x}}$.

解 当 $x\to 0$ 时，$\sqrt{1+x}-1\sim\dfrac{1}{2}x$，$1-\cos\sqrt{x}\sim\dfrac{1}{2}(\sqrt{x})^2$. 所以

$$\lim_{x\to 0}\frac{\sqrt{1+x}-1}{1-\cos\sqrt{x}}=\lim_{x\to 0}\frac{\frac{1}{2}x}{\frac{1}{2}(\sqrt{x})^2}=1.$$

点拨 在乘除运算时可使用等价代换，在加减运算时要谨慎使用，否则可能会得到错误的答案. 如 $\lim\limits_{x\to 0}\dfrac{2\sin x-\sin 2x}{x^3}=\lim\limits_{x\to 0}\dfrac{2x-2x}{x^3}$，已无法运算，但可作如下运算：

$$\lim_{x\to 0}\frac{2\sin x-\sin 2x}{x^3}=\lim_{x\to 0}\frac{2\sin x}{x}\cdot\frac{1-\cos x}{x^2}=\lim_{x\to 0}\frac{2x}{x}\cdot\frac{\frac{x^2}{2}}{x^2}=2\cdot\frac{1}{2}=1.$$

1.7.3 习题详解

1. 当 $x\to 0$ 时，下列函数都是无穷小，试确定哪些是 x 的高阶无穷小、同阶无穷小或等价无穷小?

(1) $x-\sin x$；　　(2) x^3+x；

(3) $\sqrt{1+x}-\sqrt{1-x}$；　　(4) $1-\cos 2x$；

(5) $\arcsin x^2$；　　(6) $\tan 2x$.

解 (1) 高阶，提示：$\lim\limits_{x\to 0}\dfrac{(x-\sin x)}{x}=\lim\limits_{x\to 0}\left(1-\dfrac{\sin x}{x}\right)=0$；

(2) 等价，提示：$\lim\limits_{x\to 0}\dfrac{x^3+x}{x}=\lim\limits_{x\to 0}(x^2+1)=1$；

(3) 等价，提示：$\lim\limits_{x\to 0}\dfrac{\sqrt{1+x}-\sqrt{1-x}}{x}$

$$= \lim_{x \to 0} \frac{(\sqrt{1+x}-\sqrt{1-x})(\sqrt{1+x}+\sqrt{1-x})}{x(\sqrt{1+x}+\sqrt{1-x})}$$

$$= \lim_{x \to 0} \frac{2}{(\sqrt{1+x}+\sqrt{1-x})} = 1;$$

(4) 高阶，提示：$\lim\limits_{x \to 0} \dfrac{1-\cos 2x}{x} = \lim\limits_{x \to 0} \dfrac{\frac{1}{2}(2x)^2}{x} = \lim\limits_{x \to 0} 2x = 0$；

(5) 高阶，提示：$\lim\limits_{x \to 0} \dfrac{\arcsin x^2}{x} = \lim\limits_{x \to 0} \dfrac{x^2}{x} = 0$；

(6) 同阶，提示：$\lim\limits_{x \to 0} \dfrac{\tan 2x}{x} = \lim\limits_{x \to 0} \dfrac{2x}{x} = 2$.

2. 证明当 $x \to 0$ 时，有：

(1) $\sec x - 1 \sim \dfrac{1}{2}x^2$；　　(2) $\sqrt{1+x\sin x} - 1 \sim \dfrac{1}{2}x^2$.

证 (1) $\lim\limits_{x \to 0} \dfrac{\sec x - 1}{\frac{1}{2}x^2} = \lim\limits_{x \to 0} \dfrac{\frac{1}{\cos x} - 1}{\frac{1}{2}x^2} = \lim\limits_{x \to 0} \dfrac{\frac{1-\cos x}{\cos x}}{\frac{1}{2}x^2} = \lim\limits_{x \to 0} \dfrac{1}{\cos x} \cdot \dfrac{\frac{1}{2}x^2}{\frac{1}{2}x^2} = 1$；

(2) $\lim\limits_{x \to 0} \dfrac{\sqrt{1+x\sin x} - 1}{\frac{1}{2}x^2} = \lim\limits_{x \to 0} \dfrac{\frac{1}{2}x\sin x}{\frac{1}{2}x^2} = 1$.

3. 利用无穷小的等价代换，求下列极限.

(1) $\lim\limits_{x \to 0} \dfrac{\sin(x^n)}{(\sin x)^m}$（$m$，$n$ 为正整数）；　　(2) $\lim\limits_{x \to 0} \dfrac{\sin 2x}{\arcsin 3x}$；

(3) $\lim\limits_{x \to 0} \dfrac{1-\cos mx}{x^2}$；　　(4) $\lim\limits_{x \to 0} \dfrac{\tan x - \sin x}{\sin^3 x}$.

解 (1) $\lim\limits_{x \to 0} \dfrac{\sin(x^n)}{(\sin x)^m} = \lim\limits_{x \to 0} \dfrac{x^n}{x^m} = \begin{cases} 0, & n > m, \\ 1, & n = m, \\ \infty, & n < m; \end{cases}$

(2) $\lim\limits_{x \to 0} \dfrac{\sin 2x}{\arcsin 3x} = \lim\limits_{x \to 0} \dfrac{2x}{3x} = \dfrac{2}{3}$；

(3) $\lim\limits_{x \to 1} \dfrac{1-\cos mx}{x^2} = \lim\limits_{x \to 1} \dfrac{\frac{1}{2}m^2x^2}{x^2} = \dfrac{1}{2}m^2$；

(4) $\lim\limits_{x \to 0} \dfrac{\tan x - \sin x}{\sin^3 x} = \lim\limits_{x \to 0} \dfrac{\tan x(1-\cos x)}{\sin^3 x} = \lim\limits_{x \to 0} \dfrac{x \cdot \frac{1}{2}x^2}{x^3} = \dfrac{1}{2}$.

4. 证明无穷小的等价关系具有下列性质.

(1) 自反性：$\alpha \sim \alpha$；

(2) 对称性：若 $\alpha \sim \beta$，则 $\beta \sim \alpha$；

(3) 传递性：若 $\alpha\sim\beta,\beta\sim\gamma$，则 $\alpha\sim\gamma$.

证 (1) 若 $\lim\alpha=0$，则 $\lim\frac{\alpha}{\alpha}=1$，所以 $\alpha\sim\alpha$；

(2) 若 $\lim\alpha=0,\lim\beta=0$ 且 $\lim\frac{\alpha}{\beta}=1$，则 $\lim\frac{\beta}{\alpha}=\lim\frac{1}{\frac{\alpha}{\beta}}=\frac{1}{\lim\frac{\alpha}{\beta}}=\frac{1}{1}=1$，所以 $\beta\sim\alpha$；

(3) 若 $\lim\alpha=0,\lim\beta=0,\lim\gamma=0$，则 $\lim\frac{\alpha}{\gamma}=\lim\frac{\alpha}{\beta}\cdot\frac{\beta}{\gamma}=\lim\frac{\alpha}{\beta}\cdot\lim\frac{\beta}{\gamma}=1$，所以 $\alpha\sim\gamma$.

1.8 函数的连续性与间断点

1.8.1 知识点分析

1. 函数的连续性

设函数 $y=f(x)$ 在 x_0 的某邻域内有定义，如果 $\lim\limits_{\Delta x\to 0}\Delta y=\lim\limits_{\Delta x\to 0}[f(x_0+\Delta x)-f(x_0)]=0$，则称函数 $y=f(x)$ 在点 x_0 连续，并称 x_0 为 $f(x)$ 的连续点.

$$\lim_{x\to x_0}f(x)=f(x_0).$$

因此，函数 $y=f(x)$ 在点 x_0 连续的定义可等价叙述如下.

函数在点 x_0 连续的等价定义　设函数 $y=f(x)$ 在 x_0 的某邻域内有定义，如果 $\lim\limits_{x\to x_0}f(x)=f(x_0)$，则称函数 $y=f(x)$ 在点 x_0 连续.

2. 左连续、右连续

当 $\lim\limits_{x\to x_0^-}f(x)=f(x_0)$ 时，称 $f(x)$ 在点 x_0 左连续；

当 $\lim\limits_{x\to x_0^+}f(x)=f(x_0)$ 时，称 $f(x)$ 在点 x_0 右连续.

注 函数 $f(x)$ 在点 x_0 连续的充要条件是 $f(x)$ 在点 x_0 既左连续又右连续.

如果函数 $y=f(x)$ 在 (a,b) 内每一点都连续，则称函数 $f(x)$ 在 (a,b) 内连续；如果 $f(x)$ 在 (a,b) 内连续，且在 a 点右连续，b 点左连续，则称 $f(x)$ 在 $[a,b]$ 上连续.

3. 函数的间断点

设函数 $f(x)$ 在 x_0 的某去心邻域内有定义，如果 x_0 满足下列条件之一：

(1) $f(x)$ 在 x_0 处无定义；

(2) $f(x)$ 在 x_0 处有定义，$\lim\limits_{x\to x_0}f(x)$ 不存在；

(3) $f(x)$ 在 x_0 处有定义，且 $\lim\limits_{x\to x_0}f(x)$ 存在，但 $\lim\limits_{x\to x_0}f(x)\neq f(x_0)$，则称 $f(x)$ 在 x_0 不连续. x_0 称为 $f(x)$ 的间断点.

4. 间断点的几种常见类型

(1) 可去间断点　若 $\lim\limits_{x\to x_0^-}f(x)=\lim\limits_{x\to x_0^+}f(x)$，$x=x_0$ 为可去间断点.

(2) 跳跃间断点　若 $\lim\limits_{x\to x_0^-}f(x)\neq\lim\limits_{x\to x_0^+}f(x)$，$x=x_0$ 为跳跃间断点.

注　可去间断点和跳跃间断点统称为第一类间断点.

(3) 无穷间断点　若 $\lim\limits_{x\to x_0^-}f(x)$ 或 $\lim\limits_{x\to x_0^+}f(x)$ 至少有一个为无穷大，$x=x_0$ 为无穷间断点.

(4) 振荡间断点　若 $\lim\limits_{x\to x_0^-}f(x)$ 或 $\lim\limits_{x\to x_0^+}f(x)$ 至少为振荡不存在，$x=x_0$ 为振荡间断点.

注　无穷间断点和振荡间断点统称为第二类间断点.

5. 连续函数的运算法则

如果函数 $f(x)$，$g(x)$ 均在 x_0 连续，则函数 $f(x)\pm g(x)$，$f(x)\cdot g(x)$，$\dfrac{f(x)}{g(x)}(g(x)\neq 0)$ 也在点 x_0 处连续.

6. 幂指函数的极限

对于幂指函数 $[f(x)]^{g(x)}$，如果 $\lim f(x)=A>0$，$\lim g(x)=B$，则可以证明 $\lim[f(x)]^{g(x)}=A^B$.

7. 初等函数的连续性

(1) 基本初等函数在其定义域内都是连续的.

(2) 初等函数在其定义区间内都是连续的. 所谓定义区间是包含在定义域内的区间.

1.8.2 典例解析

例 1　设函数 $f(x)=\begin{cases}x+1, & x\geqslant 0,\\ 1-x, & x<0,\end{cases}$ 讨论 $f(x)$ 在 $x=0$ 处的连续性.

解　函数 $f(x)$ 在 $x=0$ 处有定义 $f(0)=1$，且

$$\lim_{x\to 0^-}f(x)=\lim_{x\to 0^-}(1-x)=1.\ \lim_{x\to 0^+}f(x)=\lim_{x\to 0^+}(1-x)=1.$$

所以 $f(x)$ 在 $x=0$ 处连续.

例 2　确定常数 a，b，使函数 $f(x)=\begin{cases}\dfrac{\sin ax}{\sqrt{1-\cos x}}, & x<0,\\ -1, & x=0,\\ \dfrac{1}{x}\ln\dfrac{1}{1+bx}, & x>0,\end{cases}$ 在 $x=0$ 处

连续.

解 $\lim\limits_{x\to0^-}f(x)=\lim\limits_{x\to0^-}\dfrac{\sin ax}{\sqrt{1-\cos x}}=\lim\limits_{x\to0^-}\dfrac{ax}{\sqrt{\dfrac{x^2}{2}}}=\lim\limits_{x\to0^-}\dfrac{\sqrt{2}ax}{-x}=-\sqrt{2}a$,

$\lim\limits_{x\to0^+}f(x)=\lim\limits_{x\to0^+}\dfrac{1}{x}\ln\dfrac{1}{1+bx}=\lim\limits_{x\to0^+}\dfrac{-\ln(1+bx)}{x}=\lim\limits_{x\to0^+}\dfrac{-bx}{x}=-b$,

由于 $f(0)=-1$，故 $-\sqrt{2}a=-1$，$-b=-1$，得：$a=\dfrac{\sqrt{2}}{2}$，$b=1$，所以当 $a=\dfrac{\sqrt{2}}{2}$，$b=1$ 时，函数 $f(x)$ 在 $x=0$ 连续.

点拨 讨论分段函数的连续，仅需讨论其分段点处的连续性，往往需讨论左、右连续性.

例 3 讨论函数 $f(x)=\dfrac{1}{1-e^{\frac{x}{1-x}}}$ 的连续性，若有间断点，判断其类型.

解 $f(x)=\dfrac{1}{1-e^{\frac{x}{1-x}}}$ 在 $x=1$，$x=0$ 处均无定义，故 $x=1$，$x=0$ 为间断点.

而 $\lim\limits_{x\to0}f(x)=\lim\limits_{x\to0}\dfrac{1}{1-e^{\frac{x}{1-x}}}=\infty$，所以 $x=0$ 是无穷间断点，属于第二类间断点.

又因为 $\lim\limits_{x\to1^-}f(x)=\lim\limits_{x\to1^-}\dfrac{1}{1-e^{\frac{x}{1-x}}}=0$，$\lim\limits_{x\to1^+}f(x)=\lim\limits_{x\to1^+}\dfrac{1}{1-e^{\frac{x}{1-x}}}=1$，所以 $x=1$ 为跳跃间断点，属于第一类间断点.

点拨 若 $a>1$，则 $\lim\limits_{x\to+\infty}a^x=\infty$，$\lim\limits_{x\to-\infty}a^x=0$；若 $0<a<1$，则 $\lim\limits_{x\to+\infty}a^x=0$，$\lim\limits_{x\to-\infty}a^x=\infty$.

例 4 求 $\lim\limits_{x\to3}\dfrac{e^x+5}{x^2+\ln x}$.

解 显然 $\dfrac{e^x+5}{x^2+\ln x}$ 在 $x=3$ 处连续，故 $\lim\limits_{x\to3}\dfrac{e^x+5}{x^2+\ln x}=\dfrac{e^3+5}{3^2+\ln3}=\dfrac{e^3+5}{9+\ln3}$.

例 5 求 $\lim\limits_{x\to1}\sin\dfrac{x^2-1}{x-1}$.

解 $\lim\limits_{x\to1}\sin\dfrac{x^2-1}{x-1}=\sin\left(\lim\limits_{x\to1}\dfrac{x^2-1}{x-1}\right)=\sin2$.

1.8.3 习题详解

1. 讨论下列函数的连续区间.

(1) $f(x)=\begin{cases}x, & -1\leqslant x\leqslant 1,\\ 1, & x<-1 \text{ 或 } x>1;\end{cases}$ (2) $f(x)=\sqrt{x-4}+\sqrt{6-x}$;

(3) $f(x)=\begin{cases}3x+2, & x<0,\\ x^2+1, & 0\leqslant x\leqslant 1,\\ \dfrac{2}{x}, & x>1;\end{cases}$ (4) $f(x)=\dfrac{x^2-1}{x^2-3x+2}$.

解 (1) 显然 $(-\infty,-1)\cup(-1,1)\cup(1,+\infty)$ 内的点均为连续点，故只需判断 $x=\pm 1$ 这两点的连续性，$\lim\limits_{x\to -1^-}f(x)=\lim\limits_{x\to -1^-}1=1$，$\lim\limits_{x\to -1^+}f(x)=\lim\limits_{x\to -1^+}x=-1$，故 $x=-1$ 为间断点，又 $\lim\limits_{x\to 1^-}f(x)=\lim\limits_{x\to 1^-}x=1$，$\lim\limits_{x\to 1^+}f(x)=\lim\limits_{x\to 1^+}1=1$，故 $x=1$ 为连续点，所以连续区间为 $(-\infty,-1)\cup(-1,+\infty)$；

(2) 定义区间为 $[4,6]$，由于初等函数在其定义区间内都是连续的，故连续区间为 $[4,6]$；

(3) 显然 $(-\infty,0)\cup(0,1)\cup(1,+\infty)$ 内的点均为连续点，故只需判断 $x=0$，$x=1$ 这两点的连续性，$\lim\limits_{x\to 0^-}f(x)=\lim\limits_{x\to 0^-}(3x+2)=2$，$\lim\limits_{x\to 0^+}f(x)=\lim\limits_{x\to 0^+}(x^2+1)=1$，故 $x=0$ 为间断点，$\lim\limits_{x\to 1^-}f(x)=\lim\limits_{x\to 1^-}(x^2+1)=2$，$\lim\limits_{x\to 1^+}f(x)=\lim\limits_{x\to 1^+}\dfrac{2}{x}=2$，故 $x=1$ 为连续点，故连续区间为 $(-\infty,0)\cup(0,+\infty)$；

(4) $f(x)=\dfrac{x^2-1}{x^2-3x+2}=\dfrac{x^2-1}{(x-1)(x-2)}$，定义区间为 $(-\infty,1)\cup(1,2)\cup(2,+\infty)$，由于初等函数在其定义区间内都是连续的，故连续区间为 $(-\infty,1)\cup(1,2)\cup(2,+\infty)$.

2. 求下列函数的间断点，并指出其类型，如果是可去间断点，则补充或改变函数的定义使其连续.

(1) $f(x)=x\sin\dfrac{1}{x}$； (2) $f(x)=\begin{cases}\dfrac{x^2-x}{x^2-1}, & x\neq 1,\\ 1, & x=1.\end{cases}$

解 (1) $x=0$ 为间断点，又 $\lim\limits_{x\to 0}f(x)=\lim\limits_{x\to 0}x\sin\dfrac{1}{x}=0$，故 $x=0$ 为可去间断点，补充定义，令 $f(0)=0$；

(2) 显然只需讨论 $x=\pm 1$ 这两点的连续性，其他点均为连续点，$\lim\limits_{x\to 1}f(x)=\lim\limits_{x\to 1}\dfrac{x^2-x}{x^2-1}=\lim\limits_{x\to 1}\dfrac{x}{x+1}=\dfrac{1}{2}$，由于 $\lim\limits_{x\to 1}f(x)\neq f(1)=\dfrac{1}{2}$，故 $x=1$ 为可去间断点，

补充定义，令 $f(1)=\frac{1}{2}$；$\lim\limits_{x\to-1}f(x)=\lim\limits_{x\to-1}\frac{x^2-x}{x^2-1}=\lim\limits_{x\to-1}\frac{x}{x+1}=\infty$，故 $x=1$ 为无穷间断点.

3. 确定常数 a，使下列函数在其定义域内连续.

(1) $f(x)=\begin{cases}\frac{\tan ax}{x}, & x\neq 0,\\ 2, & x=0;\end{cases}$ (2) $f(x)=\begin{cases}e^x, & x<0,\\ a+x, & x\geqslant 0;\end{cases}$

(3) $f(x)=\begin{cases}\frac{\sin 2x}{x}, & x<0,\\ 3x^2-2x+a, & x\geqslant 0.\end{cases}$

解 (1) 根据题意知 $\lim\limits_{x\to 0}f(x)=\lim\limits_{x\to 0}\frac{\tan ax}{x}=\lim\limits_{x\to 0}\frac{ax}{x}=a=f(0)=2$，故 $a=2$；

(2) $\lim\limits_{x\to 0^-}f(x)=\lim\limits_{x\to 0^-}e^x=1$，$\lim\limits_{x\to 0^+}f(x)=\lim\limits_{x\to 0^+}(a+x)=a$，根据题意知 $a=1$；

(3) $\lim\limits_{x\to 0^-}f(x)=\lim\limits_{x\to 0^-}\frac{\sin 2x}{x}=\lim\limits_{x\to -1}\frac{2x}{x}=2$，$\lim\limits_{x\to 0^+}f(x)=\lim\limits_{x\to 0^+}(3x^2-2x+a)=a$，根据题意知 $a=2$.

4. 求下列函数的极限.

(1) $\lim\limits_{x\to 0}\ln\frac{\sin x}{x}$； (2) $\lim\limits_{x\to\pi}\tan\left(\frac{x}{4}+\sin x\right)$；

(3) $\lim\limits_{x\to 5}\frac{\sqrt{x-1}-2}{x-5}$； (4) $\lim\limits_{x\to 0}\frac{\ln(1+2x)}{\sin 3x}$.

解 (1) $\lim\limits_{x\to 0}\ln\frac{\sin x}{x}=\ln\lim\limits_{x\to 0}\frac{\sin x}{x}=\ln 1=0$；

(2) $\lim\limits_{x\to\pi}\tan\left(\frac{x}{4}+\sin x\right)=\tan\left(\lim\limits_{x\to\pi}\left(\frac{x}{4}+\sin x\right)\right)=\tan\left(\frac{\pi}{4}-0\right)=1$；

(3) $$\begin{aligned}\lim_{x\to 5}\frac{\sqrt{x-1}-2}{x-5}&=\lim_{x\to 5}\frac{(\sqrt{x-1}-2)(\sqrt{x-1}+2)}{(x-5)(\sqrt{x-1}+2)}\\&=\lim_{x\to 5}\frac{x-5}{(x-5)(\sqrt{x-1}+2)}\\&=\lim_{x\to 5}\frac{1}{\sqrt{x-1}+2}=\frac{1}{4};\end{aligned}$$

(4) $\lim\limits_{x\to 0}\frac{\ln(1+2x)}{\sin 3x}=\lim\limits_{x\to 0}\frac{2x}{3x}=\frac{2}{3}$.

5. 已知 $f(x)$ 连续，$f(2)=3$，求 $\lim\limits_{x\to 0}\frac{\sin 3x}{x}f\left(\frac{\sin 2x}{x}\right)$.

解 $\lim\limits_{x\to 0}\frac{\sin 3x}{x}f\left(\frac{\sin 2x}{x}\right)=\lim\limits_{x\to 0}\frac{\sin 3x}{x}\cdot\lim\limits_{x\to 0}f\left(\frac{\sin 2x}{x}\right)$

$$= \lim_{x\to 0}\frac{3x}{x}\cdot f\left(\lim_{x\to 0}\frac{\sin 2x}{x}\right)$$
$$= 3\cdot f(2) = 3\cdot 3 = 9.$$

1.9 闭区间上连续函数的性质

1.9.1 知识点分析

1. 最大值与最小值

设函数 $f(x)$ 在区间 I 上有定义，如果存在 $x_0\in I$，使得对于任一 $x\in I$，都有 $f(x)\leqslant f(x_0)$（或 $f(x)\geqslant f(x_0)$），则称 $f(x)$ 在 x_0 处取得最大值（或最小值），$f(x_0)$ 称为 $f(x)$ 在区间 I 上的最大值（或最小值），x_0 称为 $f(x)$ 在区间 I 上的最大值点（或最小值点）.

2. 最大值与最小值定理与有界性定理

闭区间上的连续函数在该区间上一定能取得最大值和最小值.

注 闭区间 $[a, b]$ 及 $f(x)$ 在 $[a, b]$ 上连续这两个条件缺少一个都可能导致结论不成立.

例如 $y=x$ 在区间 $(-1, 1)$ 内连续，但在 $(-1, 1)$ 内既无最大值也无最小值；

又如函数 $f(x)=\begin{cases}1-x, & 0\leqslant x<1,\\ 1, & x=1,\\ 3-x, & 1<x\leqslant 2,\end{cases}$ 在闭区间 $[0, 2]$ 上有间断点 $x=1$，该函数在 $[0, 2]$ 上同样既无最大值又无最小值.

推论（有界性定理） 闭区间上的连续函数在该区间上一定有界.

注 该推论的两个条件缺一不可.

3. 零点定理与介值定理

如果 x_0 使 $f(x_0)=0$，则称 x_0 为函数 $f(x)$ 的零点.

零点定理 设 $f(x)$ 在闭区间 $[a, b]$ 上连续，且 $f(a)$ 与 $f(b)$ 异号（即 $f(a)\cdot f(b)<0$），那么在开区间 (a, b) 内至少存在一点 ξ，使 $f(\xi)=0$.

注 零点定理的几何解释为：如果连续曲线弧 $y=f(x)$ 的两个端点位于 x 轴的不同侧，那么该曲线弧与 x 轴至少有一个交点.

介值定理 设函数 $f(x)$ 在闭区间 $[a, b]$ 上连续，且 $f(a)\neq f(b)$，则对于 $f(a)$ 与 $f(b)$ 之间的任意一个数 C，在 (a, b) 内至少存在一点 ξ，使得 $f(\xi)=C$.

1.9.2 典例解析

例 1 证明方程 $x^5-3x=1$ 在 $(-1, 1)$ 之间至少有一个根.

证 令 $f(x)=x^5-3x-1$，则 $f(x)$ 在 $[-1,1]$ 上连续，且 $f(-1)=1>0$，$f(1)=-3<0$. 根据零点定理，在 $(-1,1)$ 内至少存在一点 ξ，使 $f(\xi)=0$，即 $\xi^5-3\xi-1=0$. 这说明方程 $x^5-3x=1$ 在 $(-1,1)$ 内至少有一个根 ξ.

例2 设 $f(x)$ 在 $[0,2a]$ 上连续，且 $f(0)=f(2a)$，证明：在区间 $[0,a]$ 上至少存在一点 ξ，使得 $f(\xi)=f(\xi+a)$.

证 令 $F(x)=f(x)-f(x+a)$，由于 $f(x)$ 在 $[0,2a]$ 上连续，所以 $F(x)$ 在 $[0,a]$ 上连续，且 $F(0)=f(0)-f(a)$，$F(a)=f(a)-f(2a)=-[f(0)-f(a)]$.

当 $f(0)=f(a)$ 时，有 $f(a)=f(0)=f(2a)$，即 $f(a)=f(a+a)$，所以存在 $\xi=0$，$\xi=a$ 满足结论；

当 $f(0)\neq f(a)$ 时，$F(0)F(a)<0$，由零点定理知，至少存在一点 $\xi\in(0,a)$，使得 $F(\xi)=0$. 即 $f(\xi)=f(\xi+a)$.

点拨 先构造辅助函数，对辅助函数使用零点定理.

1.9.3 习题详解

1. 证明：方程 $x^3-4x^2+1=0$ 在区间 $(0,1)$ 内至少有一个根.

证 令 $f(x)=x^3-4x^2+1$，显然 $f(x)$ 在 $[0,1]$ 上连续，且 $f(0)=1>0$，$f(1)=-2<0$. 根据零点定理，在 $(0,1)$ 内至少存在一点 ξ，使 $f(\xi)=0$，即 $\xi^3-4\xi^2+1=0$. 这说明方程 $x^3-4x^2+1=0$ 在 $(0,1)$ 内至少有一个根 ξ.

2. 设函数 $f(x)$ 在 $[a,b]$ 上连续，且 $f(a)<a$，$f(b)>b$，证明：在 (a,b) 内至少有一点 ξ，使得 $f(\xi)=\xi$.

证明 令 $F(x)=f(x)-x$，显然 $F(x)$ 在 $[a,b]$ 上连续，且 $F(a)=f(a)-a<0$，$F(b)=f(b)-b>0$. 根据零点定理，在 (a,b) 内至少存在一点 ξ，使 $F(\xi)=0$，即 $f(\xi)=\xi$. 这说明在 (a,b) 内至少有一点 ξ，使得 $f(\xi)=\xi$.

3. 一个登山运动员从早晨7:00开始攀登某座山峰，在晚上7:00到达山顶，第二天早晨7:00再从山顶沿着原路下山，晚上7:00到达山脚. 利用介值定理说明，这个运动员必在这两天的某一相同时刻经过登山路线的同一地点.

解 设 $y_1(t)$ 为上山时运动员距离山脚的距离，$y_2(t)$ 为下山时运动员距离山脚的距离，s 为山脚到山顶的距离，则 $y_1(t)$ 单调增加，且 $y_1(7)=0$，$y_1(19)=s$. $y_2(t)$ 单调减少，且 $y_2(7)=s$，$y_2(19)=0$. 令 $f(t)=y_1(t)-y_2(t)$，则 $f(t)$ 在 $[7,19]$ 上连续，而且 $f(7)=-s$，$f(19)=s$，则至少存在一点 $t_0\in(7,19)$，使得 $f(t_0)=y_1(t_0)-y_2(t_0)=0$，即 $y_1(t_0)=y_2(t_0)$. 即

这个运动员必在这两天的 t_0 这一时刻经过登山路线的同一地点.

复习题 1 解答

1. 在“充分”“必要”“充分必要”“无关”四者选择一个正确的填入下列空格内.

(1) 数列 $\{x_n\}$ 有界是数列 $\{x_n\}$ 收敛的______条件. 数列 $\{x_n\}$ 收敛是数列 $\{x_n\}$ 有界的______条件.

(2) $f(x)$ 在点 x_0 处有极限是 $f(x)$ 在 $x=x_0$ 处连续的______条件.

(3) $f(x)$ 在点 x_0 处有定义是当 $x\to x_0$ 时，$f(x)$ 有极限的______条件.

解 (1) 必要，充分；(2) 必要；(3) 无关.

2. 选择题.

(1) 函数 $y=1+\sin x$ 是（　　）.

A. 无界函数　　B. 有界函数

C. 单调增加函数　　D. 单调减少函数

(2) 设 $\{x_n\}$、$\{y_n\}$ 的极限分别为 1 和 2，则数列 $x_1, y_1, x_2, y_2, \cdots$ 的极限是（　　）.

A. 1　　B. 2

C. 3　　D. 不存在

(3) 当 $x\to 0$ 时，$2x^2+\sin x$ 是 x 的（　　）.

A. 高阶无穷小　　B. 低阶无穷小

C. 等价无穷小　　D. 同阶但不等价无穷小

(4) 下列变量在给定变化过程中（　　）是无穷小.

A. $\dfrac{\sin 2x}{x}\ (x\to 0)$　　B. $\dfrac{x}{\sqrt{x+1}}\ (x\to+\infty)$

C. $2^{-x}-1\ (x\to+\infty)$　　D. $\dfrac{x^2}{x+1}\left(2+\cos\dfrac{1}{x}\right)\ (x\to 0)$

(5) 下列变量在给定变化过程中（　　）是无穷大.

A. $\dfrac{x}{\sqrt{x^2+1}}\ (x\to+\infty)$　　B. $e^{\frac{1}{x}}\ (x\to 0^-)$

C. $\ln x\ (x\to 0^+)$　　D. $\dfrac{\ln(1+x^2)}{\sin x}\ (x\to 0)$

(6) 设 $f(x)=\begin{cases} e^{\frac{1}{x}}, & x<0, \\ 1, & x\geqslant 0, \end{cases}$ 则 $x=0$ 是 $f(x)$ 的（　　）.

A. 跳跃间断点　　B. 连续点

C. 可去间断点　　D. 无穷间断点

(7) 若 $\lim\limits_{x\to x_0^-} f(x)$ 与 $\lim\limits_{x\to x_0^+} f(x)$ 均存在，则（　　）.

A. $\lim\limits_{x\to x_0}f(x)$ 存在　　B. $\lim\limits_{x\to x_0}f(x)=f(x_0)$

C. $\lim\limits_{x\to x_0}f(x)\neq f(x_0)$　　D. $\lim\limits_{x\to x_0}f(x)$ 不一定存在

(8) 若 $\lim\limits_{x\to x_0}f(x)$ 存在，则(　　).

A. $f(x)$ 在 x_0 的某邻域内有界　B. $f(x)$ 在 x_0 的任一邻域内有界

C. $f(x)$ 在 x_0 的某邻域内无界　D. $f(x)$ 在 x_0 的任一邻域内无界

解　(1) B. 提示：$|1+\sin x|\leqslant 2$.

(2) D.

(3) C. 提示：$\lim\limits_{x\to 0}\dfrac{2x^2+\sin x}{x}=\lim\limits_{x\to 0}2x+\lim\limits_{x\to 0}\dfrac{\sin x}{x}=1$.

(4) D. 提示：A. $\lim\limits_{x\to 0}\dfrac{\sin 2x}{x}=\lim\limits_{x\to 0}\dfrac{2x}{x}=2$；B. $\lim\limits_{x\to+\infty}\dfrac{x}{\sqrt{x+1}}=\lim\limits_{x\to+\infty}\dfrac{1}{\sqrt{\dfrac{1}{x}+\dfrac{1}{x^2}}}$ $=\infty$；C. $\lim\limits_{x\to+\infty}(2^{-x}-1)=-1$；D. $\lim\limits_{x\to 0}\dfrac{x^2}{x+1}=0$，$1\leqslant\left(2+\cos\dfrac{1}{x}\right)\leqslant 3$，故 $\lim\limits_{x\to 0}\dfrac{x^2}{x+1}\left(2+\cos\dfrac{1}{x}\right)=0$.

(5) C. 提示：A. $\lim\limits_{x\to+\infty}\dfrac{x}{\sqrt{x^2+1}}=\lim\limits_{x\to+\infty}\dfrac{1}{\sqrt{1+\dfrac{1}{x^2}}}=1$；B. 因为 $\lim\limits_{x\to 0^-}\dfrac{1}{x}=-\infty$，所以 $\lim\limits_{x\to 0^-}\mathrm{e}^{\frac{1}{x}}=0$；C. $\lim\limits_{x\to 0^+}\ln x=-\infty$；D. $\lim\limits_{x\to 0}\dfrac{\ln(1+x^2)}{\sin x}=\lim\limits_{x\to 0}\dfrac{x^2}{x}=\lim\limits_{x\to 0}x=0$.

(6) A. 提示：$\lim\limits_{x\to 0^-}f(x)=\lim\limits_{x\to 0^-}\mathrm{e}^{\frac{1}{x}}=0$，$\lim\limits_{x\to 0^+}f(x)=\lim\limits_{x\to 0^+}1=1$，$\lim\limits_{x\to 0^-}f(x)\neq\lim\limits_{x\to 0^+}f(x)$.

(7) D.

(8) A.

3. 求下列极限.

(1) $\lim\limits_{n\to\infty}\dfrac{6n^2+10n}{5n^2+3n-12}$；　　(2) $\lim\limits_{x\to 1}\dfrac{x^2-1}{2x^2-x-1}$；

(3) $\lim\limits_{n\to\infty}\left(1+\dfrac{1}{3}+\dfrac{1}{9}+\cdots+\dfrac{1}{3^n}\right)$；　　(4) $\lim\limits_{n\to\infty}(\sqrt{n+\sqrt{n}}-\sqrt{n-\sqrt{n}})$；

(5) $\lim\limits_{x\to\infty}\dfrac{x^2}{x^3+x}(3+\cos x)$；　　(6) $\lim\limits_{x\to\infty}\left(\dfrac{x-2}{x+1}\right)^x$；

(7) $\lim\limits_{x\to 1}x^{\frac{1}{1-x}}$；　　(8) $\lim\limits_{x\to 0}\dfrac{\ln(1-2x^2)}{x\sin x}$.

解　(1) $\lim\limits_{n\to\infty}\dfrac{6n^2+10n}{5n^2+3n-12}=\lim\limits_{n\to\infty}\dfrac{6+\dfrac{10}{n}}{5+\dfrac{3}{n}-\dfrac{12}{n^2}}=\dfrac{6}{5}$；

(2) $\lim\limits_{x\to1}\dfrac{x^2-1}{2x^2-x-1}=\lim\limits_{x\to1}\dfrac{(x+1)(x-1)}{(2x+1)(x-1)}=\dfrac{2}{3}$；

(3) $$\lim\limits_{n\to\infty}\left(1+\frac{1}{3}+\frac{1}{9}+\cdots+\frac{1}{3^n}\right)=\lim\limits_{n\to\infty}\frac{1-\left(\frac{1}{3}\right)^{n+1}}{1-\frac{1}{3}}$$
$$=\frac{3}{2}\lim\limits_{n\to\infty}\left(1-\left(\frac{1}{3}\right)^{n+1}\right)=\frac{3}{2}；$$

(4) $$\lim\limits_{n\to\infty}(\sqrt{n+\sqrt{n}}-\sqrt{n-\sqrt{n}})$$
$$=\lim\limits_{n\to\infty}\frac{(\sqrt{n+\sqrt{n}}-\sqrt{n-\sqrt{n}})(\sqrt{n+\sqrt{n}}+\sqrt{n-\sqrt{n}})}{\sqrt{n+\sqrt{n}}+\sqrt{n-\sqrt{n}}}$$
$$=\lim\limits_{n\to\infty}\frac{2\sqrt{n}}{\sqrt{n+\sqrt{n}}+\sqrt{n-\sqrt{n}}}=\lim\limits_{n\to\infty}\frac{2}{\sqrt{1+\frac{1}{\sqrt{n}}}+\sqrt{1-\frac{1}{\sqrt{n}}}}=1；$$

(5) $\lim\limits_{x\to\infty}\dfrac{x^2}{x^3+x}=0, 2\leqslant 3+\cos x\leqslant 4$，故 $\lim\limits_{x\to\infty}\dfrac{x^2}{x^3+x}(3+\cos x)=0$；

(6) $\lim\limits_{x\to\infty}\left(\dfrac{x-2}{x+1}\right)^x=\lim\limits_{x\to\infty}\left[\left(1-\dfrac{3}{x+1}\right)^{-\frac{x+1}{3}}\right]^{-\frac{3x}{x+1}}=\mathrm{e}^{\lim\limits_{x\to\infty}-\frac{3x}{x+1}}=\mathrm{e}^{-3}$；

(7) $\lim\limits_{x\to1}x^{\frac{1}{1-x}}=\lim\limits_{x\to1}\{[1-(1-x)]^{-\frac{1}{1-x}}\}^{-1}=\mathrm{e}^{-1}$；

(8) $\lim\limits_{x\to0}\dfrac{\ln(1-2x^2)}{x\sin x}=\lim\limits_{x\to0}\dfrac{-2x^2}{x^2}=-2$.

4. 已知 $\lim\limits_{x\to-1}\dfrac{x^2+ax+b}{x+1}=5$，确定常数 a 和 b 的值.

解 令 $x^2+ax+b=(x+1)(x+t)$，代入原极限得 $\lim\limits_{x\to-1}(x+t)=-1+t=5$，故 $t=6$，将 $t=6$ 代入 $x^2+ax+b=(x+1)(x+t)$，得 $x^2+ax+b=x^2+7x+6$，故 $a=7$，$b=6$.

5. 已知当 $x\to0$ 时，$\sqrt{1+ax^2}-1$ 与 $\sin^2x$ 是等价无穷小，求 a 的值.

解 $\lim\limits_{x\to0}\dfrac{\sqrt{1+ax^2}-1}{\sin^2x}=\lim\limits_{x\to0}\dfrac{\frac{1}{2}ax^2}{x^2}=\dfrac{1}{2}a$，根据题意知 $\dfrac{a}{2}=1$，即 $a=2$.

6. 若函数 $f(x)=\begin{cases}1+x^2, & x<0,\\ ax+b, & 0\leqslant x\leqslant 1,\\ x^3-2, & x>1\end{cases}$ 在 $(-\infty,+\infty)$ 内连续，求 a 和 b 的值.

解 根据题意知函数 $f(x)$ 在 $x=0$，$x=1$ 两点均连续，而 $\lim\limits_{x\to0^-}f(x)=\lim\limits_{x\to0^-}(1+x^2)=1$，$\lim\limits_{x\to0^+}f(x)=\lim\limits_{x\to0^+}(ax+b)=b$，故 $b=1$；$\lim\limits_{x\to1^-}f(x)=$

$\lim\limits_{x\to 1^-}(ax+b)=a+b$，$\lim\limits_{x\to 1^+}f(x)=\lim\limits_{x\to 1^+}(x^3-2)=-1$，故 $a+b=-1$，所以 $a=-2$，$b=1$.

7. 一个池塘现有鱼苗 a 条，若以年增长率 1.2%均匀增长，问 t 年时，这个鱼塘有多少条鱼？

解 鱼塘鱼的条数为 $a(1+0.012)^t$.

8. 国家向某企业投资 2 万元，该企业将投资作为抵押品向银行贷款，得到相当于抵押品价格 80%的贷款，该企业将这笔贷款再次进行投资，并且又将投资作为抵押品向银行贷款，得到相当于新抵押品价格 80%的贷款，该企业又将新贷款进行再投资，这样贷款—投资—再贷款—再投资，如此反复扩大投资，问其实际效果相当于国家投资多少万元所产生的直接效果？

解 相当于：$2+2\times 0.8+2\times 0.8^2+\cdots+2\times 0.8^n+\cdots=\lim\limits_{n\to\infty}\dfrac{2-2\times 0.8^{n+1}}{1-0.8}=\dfrac{2}{0.2}=10$（万元）.

本章练习 A

1. 填空题.

(1) 若 $f(x)=\dfrac{1}{1-x}$，则 $f[f(x)]=$ ______；

(2) 设 $f(x)=\begin{cases}\arctan\dfrac{1}{x-1}, & x>1,\\ ax, & x\leqslant 1,\end{cases}$ 如果 $\lim\limits_{x\to 1}f(x)$ 存在，则 $a=$ ______；

(3) $\lim\limits_{x\to 0}\dfrac{x\sin x}{\ln(1+2x^2)}=$ __________；

(4) $\lim\limits_{x\to+\infty}(\sqrt{x^2+x}-x)=$ __________；

(5) 设 $f(x)=\begin{cases}(1+kx)^{\frac{m}{x}}, & x\neq 0,\\ b, & x=0,\end{cases}$ 且已知 $f(x)$ 在 $x=0$ 处连续，则 $b=$ ______.

2. 选择题.

(1) $y=\dfrac{1}{x}\ln\dfrac{1-x}{1+x}$的定义域是（　　）.

A. $x\neq 0$ 且 $x\neq 1$　　　　B. $x>0$

C. $0<|x|<1$　　　　D. $(-1, 0)$ 或 $(0, +\infty)$

(2) $\lim\limits_{n\to\infty}x_n$存在是数列 $\{x_n\}$ 有界的（　　）.

A. 必要非充分条件　　　　B. 充分非必要条件

C. 充分必要条件　　　　D. 既非充分又非必要条件

(3) 当 $x\to 0$ 时，$\cos x-1$ 与 $\sqrt{1+ax^2}-1$ 是等价无穷小，则 $a=$(　　).

A. 1　　B. -1　　C. 2　　D. -2

(4) 下列各式中正确的是（　　）.

A. $\lim\limits_{x\to\infty}\dfrac{\sin x}{x}=1$　　B. $\lim\limits_{x\to\infty}x\sin\dfrac{1}{x}=0$

C. $\lim\limits_{x\to 0}x\sin\dfrac{1}{x}=1$　　D. $\lim\limits_{x\to 0}\dfrac{\sin x}{x}=1$

(5) $x=0$ 是函数 $f(x)=e^{\frac{1}{x}}$ 的（　　）.

A. 可去间断点　　B. 跳跃间断点

C. 无穷间断点　　D. 振荡间断点

3. 计算题.

(1) 求极限 $\lim\limits_{x\to 0}x^2\sin\dfrac{1}{x}$；

(2) 求极限 $\lim\limits_{x\to 0^+}\dfrac{1-\sqrt{\cos x}}{x(1-\cos\sqrt{x})}$；

(3) 求极限 $\lim\limits_{x\to 0}(1-2x)^{\frac{3}{\sin x}}$；

(4) 求极限 $\lim\limits_{n\to\infty}\left(\dfrac{1}{n^2+n+1}+\dfrac{2}{n^2+n+2}+\cdots+\dfrac{n}{n^2+n+n}\right)$；

(5) 讨论 $f(x)=\dfrac{x^2-1}{x^2-3x+2}$ 的连续性，若有间断点，判断其类型.

4. 证明方程 $\sin x+x+1=0$ 在开区间 $\left(-\dfrac{\pi}{2},\ \dfrac{\pi}{2}\right)$ 内至少有一个根.

本章练习 B

1. 填空题.

(1) $\lim\limits_{x\to 0}\dfrac{\sin x-\tan x}{\ln(1+2x^3)}=$______.

(2) $\lim\limits_{x\to 1}\dfrac{\sqrt{3-x}-\sqrt{1+x}}{x^2+x-2}=$______.

(3) 已知 $\lim\limits_{x\to -1}\dfrac{2x^2+ax+b}{x+1}=3$，其中 a，b 为常数，则 $a=$______，$b=$______.

(4) 若 $f(x)=\begin{cases}\dfrac{\sin 2x+e^{2ax}-1}{x}, & x\neq 0,\\ a, & x=0\end{cases}$ 在 $(-\infty,+\infty)$ 上连续，则 $a=$______.

(5) 曲线 $f(x)=\dfrac{x-1}{x^2-4x+3}$ 的水平渐近线是______，铅直渐近线是______.

2. 选择题.

(1)“对任意给定的 $\varepsilon\in(0,1)$，总存在整数 N，当 $n\geqslant N$ 时，恒有 $|x_n-a|\leqslant 2\varepsilon$”是数列 $\{x_n\}$ 收敛于 a 的（　　）.

A. 充分条件但非必要条件　　B. 必要条件但非充分条件

C. 充分必要条件　　D. 既非充分也非必要条件

(2) 设 $g(x)=\begin{cases}2-x, & x\leqslant 0,\\ x+2, & x>0,\end{cases}$ $f(x)=\begin{cases}x^2, & x<0,\\ -x, & x\geqslant 0,\end{cases}$ 则 $g[f(x)]=$（　　）.

A. $\begin{cases}2+x^2, & x<0\\ 2-x, & x\geqslant 0\end{cases}$　　B. $\begin{cases}2-x^2, & x<0\\ 2+x, & x\geqslant 0\end{cases}$

C. $\begin{cases}2-x^2, & x<0\\ 2-x, & x\geqslant 0\end{cases}$　　D. $\begin{cases}2+x^2, & x<0\\ 2+x, & x\geqslant 0\end{cases}$

(3) 下列各式中正确的是（　　）.

A. $\lim\limits_{x\to\infty}\left(1-\dfrac{1}{x}\right)^x=\mathrm{e}$　　B. $\lim\limits_{x\to 0^+}\left(1+\dfrac{1}{x}\right)^x=\mathrm{e}$

C. $\lim\limits_{x\to\infty}\left(1-\dfrac{1}{x}\right)^x=-\mathrm{e}$　　D. $\lim\limits_{x\to\infty}\left(1+\dfrac{1}{x}\right)^{-x}=\mathrm{e}^{-1}$

(4) 设 $x\to 0$ 时，$\mathrm{e}^{\tan x}-1$ 与 x^n 是等价无穷小，则正整数 $n=$（　　）.

A. 1　　B. 2　　C. 3　　D. 4

(5) 曲线 $y=\dfrac{1+\mathrm{e}^{-x^2}}{1-\mathrm{e}^{-x^2}}$（　　）.

A. 没有渐近线　　B. 仅有水平渐近线

C. 仅有铅直渐近线　　D. 既有水平渐近线，又有铅直渐近线

3. 计算题.

(1) $\lim\limits_{x\to 2}\dfrac{x^2-x-2}{\sqrt{4x+1}-3}$；　　(2) $\lim\limits_{x\to 0}(\cos x)^{\frac{1}{\ln(1+x^2)}}$；

(3) $\lim\limits_{n\to\infty}(1+2^n+3^n)^{\frac{1}{n}}$；　　(4) $\lim\limits_{x\to+\infty}\dfrac{x^2\sin\dfrac{1}{x}}{\sqrt{2x^2-1}}$；

(5) 设函数 $f(x)=a^x(a>0,a\neq 1)$，求 $\lim\limits_{n\to\infty}\dfrac{1}{n^2}\ln[f(1)f(2)\cdots f(n)]$；

(6) $\lim\limits_{x\to 0}\left(\dfrac{2+\mathrm{e}^{\frac{1}{x}}}{1+\mathrm{e}^{\frac{4}{x}}}+\dfrac{\sin x}{|x|}\right)$；

(7) 已知 $\lim\limits_{x\to-\infty}(x+\sqrt{ax^2+bx-2})=1$，求 a，b.

4. 讨论函数 $f(x)=\begin{cases}\dfrac{a^x-b^x}{x}, & x\neq 0\\ 0, & x=0\end{cases}$ $(a>0,b>0,a\neq 1,b\neq 1)$ 在 $x=0$

处的连续性，若不连续，指出该间断点的类型.

本章练习 A 答案

1. 填空题.

解 (1) $\dfrac{x-1}{x}$. 提示：因为 $f(x)=\dfrac{1}{1-x}$，因为 $f[f(x)]=\dfrac{1}{1-\dfrac{1}{1-x}}=\dfrac{x-1}{x}$.

(2) $\dfrac{\pi}{2}$. 提示：$\lim\limits_{x\to1^-}f(x)=\lim\limits_{x\to1^-}ax=a$，$\lim\limits_{x\to1^+}f(x)=\lim\limits_{x\to1^+}\arctan\dfrac{1}{x-1}=\dfrac{\pi}{2}$，所以由 $\lim\limits_{x\to1}f(x)$ 存在，可知 $a=\dfrac{\pi}{2}$.

(3) $\dfrac{1}{2}$. 提示：$\lim\limits_{x\to0}\dfrac{x\sin x}{\ln(1+2x^2)}=\lim\limits_{x\to0}\dfrac{x^2}{2x^2}=\dfrac{1}{2}$.

(4) $\dfrac{1}{2}$. 提示：$\lim\limits_{x\to++\infty}(\sqrt{x^2+x}-x)=\lim\limits_{x\to+\infty}\dfrac{(\sqrt{x^2+x}-x)(\sqrt{x^2+x}+x)}{\sqrt{x^2+x}+x}=\lim\limits_{x\to+\infty}\dfrac{x}{\sqrt{x^2+x}+x}=\lim\limits_{x\to+\infty}\dfrac{1}{\sqrt{1+\dfrac{1}{x}}+1}=\dfrac{1}{2}$.

(5) e^{km}. 提示：$f(x)$ 在 $x=0$ 处连续$\Leftrightarrow\lim\limits_{x\to0}f(x)=f(0)$，即 $\lim\limits_{x\to0}(1+kx)^{\frac{m}{x}}=b$，因为 $\lim\limits_{x\to0}(1+kx)^{\frac{m}{x}}=\lim\limits_{x\to0}(1+kx)^{\frac{1}{kx}\cdot\frac{kx}{1}\cdot\frac{m}{x}}=e^{km}$.

2. 选择题.

解 (1) C；(2) B.

(3) B. 提示：$\lim\limits_{x\to0}\dfrac{\cos x-1}{\sqrt{1+ax^2}-1}=\lim\limits_{x\to0}\dfrac{-\dfrac{1}{2}x^2}{\dfrac{ax^2}{2}}=-\dfrac{1}{a}=1$，故 $a=-1$.

(4) D. 提示：A. $\lim\limits_{x\to\infty}\dfrac{\sin x}{x}=0$；B. $\lim\limits_{x\to\infty}x\sin\dfrac{1}{x}=\lim\limits_{x\to\infty}\dfrac{\sin\dfrac{1}{x}}{\dfrac{1}{x}}=1$；C. $\lim\limits_{x\to0}x\sin\dfrac{1}{x}=0$.

(5) C. 提示：$\lim\limits_{x\to0^-}e^{\frac{1}{x}}=0$，$\lim\limits_{x\to0^+}e^{\frac{1}{x}}=+\infty$.

3. 计算题.

解 (1) 因为 $\left|\sin\dfrac{1}{x}\right|\leqslant1$，即 $\sin\dfrac{1}{x}$ 有界，且 $\lim\limits_{x\to0}x^2=0$，即 $x\to0$ 时，x^2 是无穷小量，由于有界变量与无穷小量的乘积仍是无穷小量，故 $\lim\limits_{x\to0}x^2\sin\dfrac{1}{x}=0$.

(2) $\lim\limits_{x\to0^+}\dfrac{1-\sqrt{\cos x}}{x(1-\cos\sqrt{x})}=\lim\limits_{x\to0^+}\dfrac{(1-\sqrt{\cos x})(1+\sqrt{\cos x})}{x(1-\cos\sqrt{x})(1+\sqrt{\cos x})}$

$$=\lim_{x\to0^+}\frac{1-\cos x}{x(1-\cos\sqrt{x})}\lim_{x\to0^+}\frac{1}{1+\sqrt{\cos x}}$$

$$=\frac{1}{2}\lim_{x\to0^+}\frac{\frac{1}{2}x^2}{\frac{1}{2}x(\sqrt{x})^2}=\frac{1}{2}.$$

(3) $\lim\limits_{x\to0}(1-2x)^{\frac{3}{\sin x}}=\lim\limits_{x\to0}\left\{\left[1+(-2x)\right]^{\frac{1}{-2x}}\right\}^{\frac{-2x\cdot3}{\sin x}}=e^{\lim\limits_{x\to0}\frac{-6x}{\sin x}}=e^{-6}.$

(4) 记 $x_n=\frac{1}{n^2+n+1}+\frac{2}{n^2+n+2}+\cdots+\frac{n}{n^2+n+n}$，则 $\frac{1}{n^2+n+n}+\frac{2}{n^2+n+n}+\cdots+\frac{n}{n^2+n+n}\leqslant x_n\leqslant\frac{1}{n^2+n+1}+\frac{2}{n^2+n+1}+\cdots+\frac{n}{n^2+n+1}$，而

$$\lim_{n\to\infty}\left(\frac{1}{n^2+n+n}+\frac{2}{n^2+n+n}+\cdots+\frac{n}{n^2+n+n}\right)=\lim_{n\to\infty}\left(\frac{\frac{1}{2}n(n+1)}{n^2+n+n}\right)=\frac{1}{2},$$

$$\lim_{n\to\infty}\left(\frac{1}{n^2+n+1}+\frac{2}{n^2+n+1}+\cdots+\frac{n}{n^2+n+1}\right)=\lim_{n\to\infty}\left(\frac{\frac{1}{2}n(n+1)}{n^2+n+1}\right)=\frac{1}{2},$$

由夹逼准则知原式$=\frac{1}{2}$.

(5) $f(x)=\frac{x^2-1}{x^2-3x+2}=\frac{(x-1)(x+1)}{(x-1)(x-2)}$，在 $x=1$，$x=2$ 处无定义，故 $x=1$，$x=2$ 为间断点．由于 $\lim\limits_{x\to1}f(x)=\lim\limits_{x\to1}\frac{(x-1)(x+1)}{(x-1)(x-2)}=\lim\limits_{x\to1}\frac{x+1}{x-2}=-2$，故 $x=1$ 为可去间断点，属第一类间断点；而 $\lim\limits_{x\to2}f(x)=\lim\limits_{x\to2}\frac{(x-1)(x+1)}{(x-1)(x-2)}=\lim\limits_{x\to2}\frac{x+1}{x-2}=\infty$，故 $x=2$ 为无穷间断点，属第二类间断点.

4. **证**：设 $f(x)=\sin x+x+1$，显然 $f(x)$ 在 $\left[-\frac{\pi}{2},\frac{\pi}{2}\right]$ 上连续.

$f\left(-\frac{\pi}{2}\right)=\sin\left(-\frac{\pi}{2}\right)-\frac{\pi}{2}+1=-\frac{\pi}{2}<0$ 且 $f\left(\frac{\pi}{2}\right)=\sin\left(\frac{\pi}{2}\right)+\frac{\pi}{2}+1=\frac{\pi}{2}+2>0$．由零点定理知，存在 $\xi\in\left(-\frac{\pi}{2},\frac{\pi}{2}\right)$，使得 $f(\xi)=0$，即方程 $\sin x+x+1=0$ 在开区间 $\left(-\frac{\pi}{2},\frac{\pi}{2}\right)$ 内至少有一个根.

本章练习 B 答案

1. 填空题.

解 (1) $-\frac{1}{4}$.

提示：$\lim\limits_{x\to0}\dfrac{\sin x-\tan x}{\ln(1+2x^3)}=\lim\limits_{x\to0}\dfrac{\tan x(\cos x-1)}{\ln(1+2x^3)}=\lim\limits_{x\to0}\dfrac{x\cdot\left(-\dfrac{x^2}{2}\right)}{2x^3}=-\dfrac{1}{4}$；

（2）$-\dfrac{\sqrt{2}}{6}$.

提示：$\lim\limits_{x\to1}\dfrac{\sqrt{3-x}-\sqrt{1+x}}{x^2+x-2}=\lim\limits_{x\to1}\dfrac{(\sqrt{3-x}-\sqrt{1+x})(\sqrt{3-x}+\sqrt{1+x})}{(x-1)(x+2)(\sqrt{3-x}+\sqrt{1+x})}$

$$=\lim_{x\to1}\frac{2(1-x)}{(x-1)(x+2)(\sqrt{3-x}+\sqrt{1+x})}$$

$$=\lim_{x\to1}\frac{-2}{(x+2)(\sqrt{3-x}+\sqrt{1+x})}=-\frac{\sqrt{2}}{6}.$$

（3）$a=7$，$b=5$.

提示：设 $2x^2+ax+b=(x+1)(2x+t)$，故 $\lim\limits_{x\to-1}\dfrac{2x^2+ax+b}{x+1}=\lim\limits_{x\to-1}(2x+t)=-2+t=3$，即 $t=5$，将 $t=5$ 代入 $2x^2+ax+b=(x+1)(2x+t)$ 得 $2x^2+ax+b=2x^2+7x+5$，故 $a=7$，$b=5$.

（4）$a=-2$. 提示：根据题意知 $\lim\limits_{x\to0}\dfrac{\sin2x+e^{2ax}-1}{x}=\lim\limits_{x\to0}\dfrac{\sin2x}{x}+\lim\limits_{x\to0}\dfrac{e^{2ax}-1}{x}=2+2a=a$，故 $a=-2$.

（5）水平渐近线是 $y=0$. 提示：$\lim\limits_{x\to\infty}\dfrac{x-1}{x^2-4x+3}=0$.

铅直渐近线是 $x=3$. 提示：$\lim\limits_{x\to3}\dfrac{x-1}{(x-1)(x-3)}=\infty$.

2. 选择题.

（1）C. （2）D.

（3）D. 提示：A. $\lim\limits_{x\to\infty}\left(1-\dfrac{1}{x}\right)^x=\lim\limits_{x\to\infty}\left[\left(1-\dfrac{1}{x}\right)^{-x}\right]^{-1}=e^{-1}$；B. 应将 $x\to0^+$ 改为 $x\to\infty$；C. 参见 A.

（4）A. 提示：根据题意知 $\lim\limits_{x\to0}\dfrac{e^{\tan x}-1}{x^n}=\lim\limits_{x\to0}\dfrac{\tan x}{x^n}=\lim\limits_{x\to0}\dfrac{x}{x^n}=1$，故 $n=1$.

（5）D. 提示：$\lim\limits_{x\to\infty}\dfrac{1+e^{-x^2}}{1-e^{-x^2}}=1$，故 $y=1$ 为水平渐近线；$\lim\limits_{x\to0}\dfrac{1+e^{-x^2}}{1-e^{-x^2}}=\infty$，故 $x=0$ 为铅直渐近线.

3. 计算题.

解 （1）$\lim\limits_{x\to2}\dfrac{x^2-x-2}{\sqrt{4x+1}-3}=\lim\limits_{x\to2}\dfrac{(x+1)(x-2)(\sqrt{4x+1}+3)}{4(x-2)}$

$$=\lim_{x\to2}\frac{(x+1)(\sqrt{4x+1}+3)}{4}=\frac{9}{2}.$$

(2) $\lim\limits_{x\to0}(\cos x)^{\frac{1}{\ln(1+x^2)}}=\lim\limits_{x\to0}(1+\cos x-1)^{\frac{1}{\cos x-1}\cdot\frac{\cos x-1}{\ln(1+x^2)}}=e^{\lim\limits_{x\to0}\frac{\cos x-1}{\ln(1+x^2)}}$

$$=e^{\lim\limits_{x\to0}\frac{-\frac{1}{2}x^2}{x^2}}=e^{-\frac{1}{2}}.$$

(3) 因为 $3^n<1+2^n+3^n<3\cdot3^n$，所以 $3<(1+2^n+3^n)^{\frac{1}{n}}<3\cdot\sqrt[n]{3}$，又 $\lim\limits_{n\to\infty}\sqrt[n]{3}=1$，所以 $\lim\limits_{n\to\infty}(1+2^n+3^n)^{\frac{1}{n}}=3.$

(4) $$\lim_{x\to+\infty}\frac{x^2\sin\frac{1}{x}}{\sqrt{2x^2-1}}=\lim_{x\to+\infty}\frac{\sin\frac{1}{x}}{\frac{1}{x}}\cdot\frac{x}{\sqrt{2x^2-1}}=\lim_{x\to+\infty}\frac{\sin\frac{1}{x}}{\frac{1}{x}}\cdot\lim_{x\to+\infty}\frac{1}{\sqrt{2-\frac{1}{x^2}}}$$

$$=\frac{\sqrt{2}}{2}.$$

(5) $$\lim_{n\to\infty}\frac{1}{n^2}\ln[f(1)f(2)\cdots f(n)]=\lim_{n\to\infty}\frac{\ln f(1)+\ln f(2)+\cdots+\ln f(n)}{n^2}$$

$$=\lim_{n\to\infty}\frac{(1+2+\cdots+n)\ln a}{n^2}$$

$$=\lim_{n\to\infty}\frac{(n^2+n)\ln a}{2n^2}=\frac{\ln a}{2}.$$

(6) $$\lim_{x\to0^-}\left(\frac{2+e^{\frac{1}{x}}}{1+e^{\frac{4}{x}}}+\frac{\sin x}{|x|}\right)=\lim_{x\to0^-}\left(\frac{2+e^{\frac{1}{x}}}{1+e^{\frac{4}{x}}}-\frac{\sin x}{x}\right)=\frac{2}{1}-1=1,$$

$$\lim_{x\to0^+}\left(\frac{2+e^{\frac{1}{x}}}{1+e^{\frac{4}{x}}}+\frac{\sin x}{|x|}\right)=\lim_{x\to0^+}\left(\frac{2+e^{\frac{1}{x}}}{1+e^{\frac{4}{x}}}+\frac{\sin x}{x}\right)$$

$$=\lim_{x\to0^+}\left(\frac{e^{\frac{1}{x}}\ (2e^{-\frac{1}{x}}+1)}{e^{\frac{4}{x}}\ (e^{-\frac{4}{x}}+1)}+\frac{\sin x}{x}\right)$$

$$=1+\lim_{x\to0^+}e^{-\frac{3}{x}}=1,$$

所以，原式=1.

(7) 左边 $$=\lim_{x\to-\infty}\frac{(1-a)x^2-bx+2}{x-\sqrt{ax^2+bx-2}}=\lim_{x\to-\infty}\frac{(1-a)x-b+\frac{2}{x}}{1+\sqrt{a+\frac{b}{x}-\frac{2}{x^2}}}$$

$$=\frac{\lim\limits_{x\to-\infty}\left[(1-a)x-b+\frac{2}{x}\right]}{1+\sqrt{a}},$$

右边 $=1$，故 $\lim\limits_{x\to-\infty}\left[(1-a)x-b+\frac{2}{x}\right]=1+\sqrt{a}$，则 $a=1,b=-2$.

4. **解** 当 $a=b$ 时，$f(x)\equiv0$，此时 $f(x)$ 在 $x=0$ 处连续；当 $a\neq b$ 时，$\lim\limits_{x\to0}f(x)=\lim\limits_{x\to0}\frac{a^x-b^x}{x}=\lim\limits_{x\to0}\frac{a^x-1}{x}-\lim\limits_{x\to0}\frac{b^x-1}{x}=\ln\frac{a}{b}\neq f(0)=0$，故 $f(x)$ 在$x=0$ 处不连续，此时 $x=0$ 为 $f(x)$ 的第一类（可去）间断点.

第 2 章

导数与微分

知识结构图

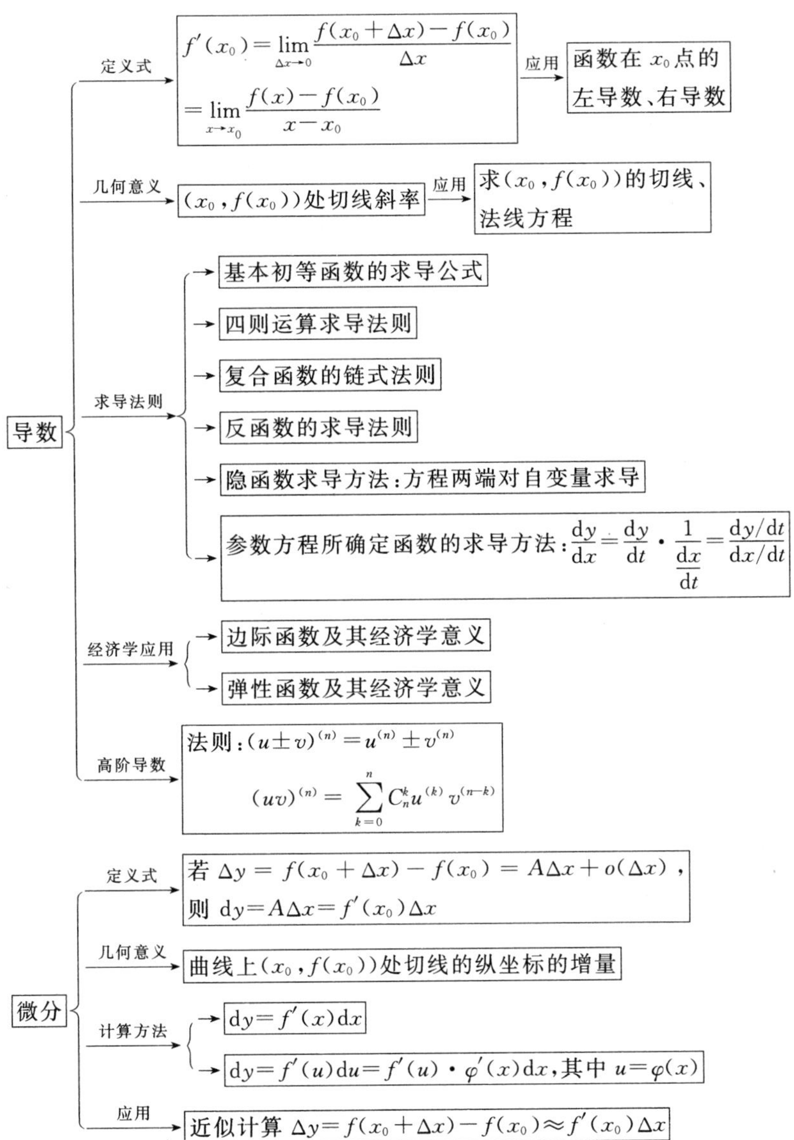

本章学习目标

- 掌握导数的概念、定义式、几何意义及应用；
- 理解可导、连续、可微之间的关系，并会用导数表示一些物理量及经济学概念的变化率；
- 掌握导数的四则运算法则及链式法则，掌握基本初等函数的求导公式；
- 了解高阶导数的概念，会求初等函数的二阶导数，隐函数及参数方程确定的函数的一阶及二阶导数、微分；
- 理解微分的定义、几何意义，掌握微分的四则运算法则及微分的形式不变性.

2.1 导数的概念

2.1.1 知识点分析

1. 导数的概念

(1) 函数在一点处的导数的定义：

$$f'(x_0)=\lim_{\Delta x\to 0}\frac{\Delta y}{\Delta x}=\lim_{\Delta x\to 0}\frac{f(x_0+\Delta x)-f(x_0)}{\Delta x}=\lim_{x\to x_0}\frac{f(x)-f(x_0)}{x-x_0},$$

亦可记为$y'\big|_{x=x_0}=\dfrac{\mathrm{d}y}{\mathrm{d}x}\Big|_{x=x_0}=\dfrac{\mathrm{d}f(x)}{\mathrm{d}x}\Big|_{x=x_0}$.

注 $f'(x_0)=\lim\limits_{x\to x_0}\dfrac{f(x)-f(x_0)}{x-x_0}$通常用来讨论分段函数在分段点处的导数.

(2) 导函数（简称为导数）

$$f'(x)=\lim_{\Delta x\to 0}\frac{\Delta y}{\Delta x}=\lim_{\Delta x\to 0}\frac{f(x+\Delta x)-f(x)}{\Delta x}=\lim_{h\to 0}\frac{f(x+h)-f(x)}{h},$$

亦可记为 $y'=\dfrac{\mathrm{d}y}{\mathrm{d}x}=\dfrac{\mathrm{d}f(x)}{\mathrm{d}x}$.

2. 单侧导数

(1) 左导数的定义式：

$$f'_-(x_0)=\lim_{\Delta x\to 0^-}\frac{f(x_0+\Delta x)-f(x_0)}{\Delta x}=\lim_{x\to x_0^-}\frac{f(x)-f(x_0)}{x-x_0};$$

(2) 右导数的定义式：

$$f'_+(x_0)=\lim_{\Delta x\to 0^+}\frac{f(x_0+\Delta x)-f(x_0)}{\Delta x}=\lim_{x\to x_0^+}\frac{f(x)-f(x_0)}{x-x_0}.$$

注 左导数和右导数统称为单侧导数，$f(x)$ 在 x_0处可导的充要条件为左导数、右导数都存在且相等.

3. 导数的几何意义

函数 $f(x)$ 在 x_0处的导数 $f'(x_0)$ 等于 $f(x)$ 的曲线在点 $(x_0, f(x_0))$

处的切线的斜率. 由此可得该点的切线方程为 $y-f(x_0)=f'(x_0)(x-x_0)$，法线方程为 $y-f(x_0)=-\dfrac{1}{f'(x_0)}(x-x_0)$.

4. 可导与连续的关系

可导必连续，因为 $f'(x_0)=\lim\limits_{\Delta x\to 0}\dfrac{f(x_0+\Delta x)-f(x_0)}{\Delta x}$存在，则$\lim\limits_{\Delta x\to 0}[f(x_0+\Delta x)-f(x_0)]=0$，即 $f(x)$ 在 x_0处连续；反之连续不一定可导，因为连续时有$\lim\limits_{\Delta x\to 0}[f(x_0+\Delta x)-f(x_0)]=0$，但$\lim\limits_{\Delta x\to 0}\dfrac{f(x_0+\Delta x)-f(x_0)}{\Delta x}$不一定存在.

2.1.2 典例解析

例 1 设 $f(x)=\begin{cases}x^2, & x>0,\\ \sin x, & x\leqslant 0.\end{cases}$ 讨论 $f(x)$ 在 $x=0$ 处的可导性.

解 因为 $f(0)=0$，所以 $f'_-(0)=\lim\limits_{x\to 0^-}\dfrac{\sin x}{x}=1$，$f'_+(0)=\lim\limits_{x\to 0^+}\dfrac{x^2}{x}=0$. $f(x)$ 在 $x=0$ 处的左右导数都存在但不相等，所以 $f(x)$ 在 $x=0$ 处不可导.

例 2 $f(x)=\begin{cases}ax+b, & x>0\\ \sin x, & x\leqslant 0\end{cases}$ 在 $x=0$ 处可导，求 a，b 的值.

解 因为 $f(x)$ 在 $x=0$ 处可导，所以 $f(x)$ 在 $x=0$ 处连续.
$f(0^+)=\lim\limits_{x\to 0^+}(ax+b)=b$，$f(0^-)=\lim\limits_{x\to 0^-}\sin x=0$，所以 $b=0$.

$f'_+(0)=\lim\limits_{x\to 0^+}\dfrac{ax}{x}=a$，$f'_-(0)=\lim\limits_{x\to 0^-}\dfrac{\sin x}{x}=1$，所以 $a=1$. 综上所述 $a=1$，$b=0$.

点拨 不能利用导函数 $f'(x)=\begin{cases}a, & x>0\\ \cos x, & x\leqslant 0\end{cases}$ 在 $x=0$ 处连续，得到$a=1$.

例 3 利用导数的定义求 $y=\tan x$ 的导数.

解 方法一：

$$y'=\lim_{h\to 0}\frac{\tan(x+h)-\tan x}{h}=\lim_{h\to 0}\frac{\sin(x+h)\cos x-\cos(x+h)\sin x}{h\cos(x+h)\cos x}$$

$$=\lim_{h\to 0}\frac{\sin h}{h\cos(x+h)\cos x}=\frac{1}{\cos^2 x}=\sec^2 x.$$

方法二：

$$y'=\lim_{h\to 0}\frac{\tan(x+h)-\tan x}{h}=\lim_{h\to 0}\frac{\dfrac{\tan x+\tan h}{1-\tan x\tan h}-\tan x}{h}$$

$$=\lim_{h\to 0}\frac{\tan x+\tan h-\tan x(1-\tan x\tan h)}{h(1-\tan x\tan h)}=\lim_{h\to 0}\frac{\tan h(1+\tan^2 x)}{h(1-\tan x\tan h)}$$

$$=1+\tan^2 x=\sec^2 x.$$

2.1.3 习题详解

1. 求下列函数在指定点的导数.

(1) $y=\cos x$，$x=\frac{\pi}{2}$；　　(2) $y=\ln x$，$x=5$.

解 (1) 因为 $y'=-\sin x$，所以 $y'\left(\frac{\pi}{2}\right)=-\sin\frac{\pi}{2}=-1$；

(2) 因为 $y'=\frac{1}{x}$，所以 $y'(5)=\frac{1}{5}$.

2. 求下列函数的导数.

(1) $y=\log_2 x$；　　(2) $y=\frac{x^2}{\sqrt{x^5}}$；

(3) $y=\sqrt[5]{x^2}$；　　(4) $y=2^x$.

解 (1) $y'=\frac{1}{x\ln 2}$；

(2) $y=\frac{x^2}{\sqrt{x^5}}=x^{-\frac{1}{2}}$，所以 $y'=-\frac{1}{2}x^{-\frac{3}{2}}$；

(3) 因为 $y=\sqrt[5]{x^2}=x^{\frac{2}{5}}$，所以 $y'=\frac{2}{5}x^{-\frac{3}{5}}$；

(4) $y'=2^x\ln 2$.

3. 判断下列命题是否正确？为什么？

(1) 如果 $f(x)$ 在 x_0 处可导，则 $f(x)$ 在 x_0 处连续；

(2) 如果 $f(x)$ 在 x_0 处连续，则 $f(x)$ 在 x_0 处可导；

(3) 如果 $f(x)$ 在 x_0 处不连续，则 $f(x)$ 在 x_0 处不可导；

(4) 如果 $f(x)$ 在 x_0 处不可导，则 $f(x)$ 在 x_0 处不连续.

解 (1) 正确. 因为若 $\lim\limits_{\Delta x\to 0}\frac{f(x_0+\Delta x)-f(x_0)}{\Delta x}$ 存在，则 $\lim\limits_{\Delta x\to 0}[f(x_0+\Delta x)-f(x_0)]=0$，所以 $f(x)$ 在 x_0 处连续；

(2) 错误. 因为若 $\lim\limits_{\Delta x\to 0}[f(x_0+\Delta x)-f(x_0)]=0$，$\lim\limits_{\Delta x\to 0}\frac{f(x_0+\Delta x)-f(x_0)}{\Delta x}$ 不一定存在，$f(x)$ 在 x_0 处不一定可导；

(3) 正确. 因为若 $\lim\limits_{\Delta x\to 0}[f(x_0+\Delta x)-f(x_0)]\neq 0$，$\lim\limits_{\Delta x\to 0}\frac{f(x_0+\Delta x)-f(x_0)}{\Delta x}$ 不存在，所以 $f(x)$ 在 x_0 处不可导；

(4) 错误. 如 $f(x)=|x|$ 在 $x=0$ 处不可导但连续.

4. 下列各题中均假定 $f'(x_0)$ 存在，按导数定义观察下列极限.

(1) $\lim\limits_{\Delta x\to 0}\frac{f(x_0-\Delta x)-f(x_0)}{2\Delta x}$；　　(2) $\lim\limits_{h\to 0}\frac{f(x_0+2h)-f(x_0-h)}{h}$.

解 (1) $\lim\limits_{\Delta x\to 0}\dfrac{f(x_0-\Delta x)-f(x_0)}{2\Delta x}=-\dfrac{1}{2}\lim\limits_{\Delta x\to 0}\dfrac{f(x_0-\Delta x)-f(x_0)}{-\Delta x}$

$$=-\frac{f'(x_0)}{2};$$

(2) $\lim\limits_{h\to 0}\dfrac{f(x_0+2h)-f(x_0-h)}{h}=2\lim\limits_{h\to 0}\dfrac{f(x_0+2h)-f(x_0)}{2h}+\lim\limits_{h\to 0}\dfrac{f(x_0-h)-f(x_0)}{-h}=2f'(x_0)+f'(x_0)=3f'(x_0)$.

5. 求曲线 $y=\dfrac{1}{x}$在点(1，1)处的切线方程.

解 因为 $y'=-\dfrac{1}{x^2}$，所以 $y'(1)=-1$，即切线斜率为-1，切线方程为$y-1=-(x-1)$. 即 $y=-x+2$.

6. 讨论下列函数在 $x=0$ 处是否连续、是否可导?

(1) $y=x^3|x|$； (2) $y=2|\sin x|$；

(3) $y=\begin{cases}x^3\sin\dfrac{1}{x}, & x\neq 0,\\ 0, & x=0;\end{cases}$ (4) $y=\begin{cases}x\sin\dfrac{1}{x}, & x\neq 0,\\ 0, & x=0.\end{cases}$

解 (1) 函数在 $x=0$ 处连续，且可导. 因为 $f'_-(0)=\lim\limits_{x\to 0^-}\dfrac{-x^4}{x}=0$，$f'_+(0)=\lim\limits_{x\to 0^+}\dfrac{x^4}{x}=0$.

(2) 函数在 $x=0$ 处连续，但不可导. 因为 $f'_-(0)=\lim\limits_{x\to 0^-}\dfrac{-2\sin x}{x}=-2$，$f'_+(0)=\lim\limits_{x\to 0^+}\dfrac{2\sin x}{x}=2$.

(3) 函数在 $x=0$ 处连续，且可导. 因为 $f'(0)=\lim\limits_{x\to 0}\dfrac{x^3}{x}\sin\dfrac{1}{x}=0$.

(4) 函数在 $x=0$ 处连续，但不可导. 因为 $f'(0)=\lim\limits_{x\to 0}\dfrac{x}{x}\sin\dfrac{1}{x}=\lim\limits_{x\to 0}\sin\dfrac{1}{x}$不存在.

2.2 导数的运算

2.2.1 知识点分析

1. 函数的和差积商的求导法则

(1) $(u\pm v)'=u'\pm v'$；

(2) $(uv)'=u'v+uv'$；

(3) $\left(\dfrac{u}{v}\right)'=\dfrac{u'v-uv'}{v^2}$ $(v\neq 0)$.

2. 复合函数的链式法则

$y=f(u)$，$u=\varphi(x)\Rightarrow y=f[\varphi(x)]$，

$y'=f'(u)\cdot\varphi'(x)=f'[\varphi(x)]\cdot\varphi'(x)$ 亦可记为$\frac{\mathrm{d}y}{\mathrm{d}x}=\frac{\mathrm{d}y}{\mathrm{d}u}\cdot\frac{\mathrm{d}u}{\mathrm{d}x}=y'_u\cdot u'_x$.

注 使用链式法则前先明确函数的复合过程，自外而内看进去，即可确定函数是由哪几个基本初等函数复合而成，求导时也自外而内逐个函数求导，依次相乘即可.

3. 反函数求导法则

单调且连续的函数 $x=f(y)$ 在定义区间内可导，且 $f'(y)\neq0$，则它的反函数 $y=\varphi(x)$ 在相应的区间内可导，且$\frac{\mathrm{d}y}{\mathrm{d}x}=\varphi'(x)=\frac{1}{f'(y)}=\frac{1}{\frac{\mathrm{d}x}{\mathrm{d}y}}$.

2.2.2 典例解析

例 1 $y=\sin x^2-\cos x+\ln4$，求 y'.

解 $y'=(\sin x^2)'-(\cos x)'+(\ln4)'=\cos x^2\cdot(x^2)'-(-\sin x)+0=2x\cos x^2+\sin x$.

例 2 $y=\frac{x^2-x}{x+\sqrt{x}}$，求$\frac{\mathrm{d}y}{\mathrm{d}x}$.

解 因为 $y=\frac{(x+\sqrt{x})(x-\sqrt{x})}{x+\sqrt{x}}=x-\sqrt{x}$，所以 $y'=(x)'-(x^{\frac{1}{2}})'=1-\frac{1}{2}x^{-\frac{1}{2}}=1-\frac{1}{2\sqrt{x}}$.

点拨 有些函数需化简后再求导，直接使用公式很麻烦.

例 3 $y=\mathrm{e}^{2x}\sin3x$，求 y'.

解 $y'=(\mathrm{e}^{2x})'\cdot\sin3x+\mathrm{e}^{2x}\cdot(\sin3x)'=\mathrm{e}^{2x}\cdot(2x)'\sin3x+\mathrm{e}^{2x}\cos3x\cdot(3x)'=\mathrm{e}^{2x}(2\sin3x+3\cos3x)$.

例 4 已知 $y=f(u)$ 可导，求 $y=f(\sin^2x)$ 的导数.

解
$$y'=f'(\sin^2x)\cdot(\sin^2x)'=f'(\sin^2x)\cdot2\sin x\cdot(\sin x)'$$
$$=f'(\sin^2x)\cdot2\sin x\cdot\cos x=f'(\sin^2x)\cdot\sin2x.$$

2.2.3 习题详解

1. 求下列函数的导数.

(1) $y=xa^x+7\mathrm{e}^x$；　　(2) $y=3x\tan x+\ln x-4$；

(3) $y=x^3+3x\sin x$；　　(4) $y=x^2\ln x$；

(5) $y=3\mathrm{e}^x\sin x$；　　(6) $y=\frac{\ln x}{x}$；

(7) $y=\frac{e^x}{x^2}+\sin 3$； (8) $y=\frac{1+\sin x}{1-\cos x}$.

解 (1) $y'=1\cdot a^x+x\cdot a^x\ln a+7e^x$；

(2) $y'=3\tan x+3x\sec^2 x+\frac{1}{x}$；

(3) $y'=3x^2+3\sin x+3x\cos x$；

(4) $y'=2x\ln x+x^2\cdot\frac{1}{x}=2x\ln x+x$；

(5) $y'=3e^x\sin x+3e^x\cos x$；

(6) $y'=\frac{\frac{1}{x}\cdot x-\ln x\cdot 1}{x^2}=\frac{1-\ln x}{x^2}$；

(7) $y=\frac{e^x\cdot x^2-e^x\cdot 2x}{x^4}=\frac{e^x(x-2)}{x^3}$；

(8) $y'=\frac{\cos x\cdot(1-\cos x)-(1+\sin x)\cdot\sin x}{(1-\cos x)^2}=\frac{\cos x-\sin x-1}{(1-\cos x)^2}$.

2. 设 $f(x)$ 可导，求下列函数的导数.

(1) $y=f(\sqrt{x}+2)$； (2) $y=[f(x)]^3$；

(3) $y=e^{-f(x)}$； (4) $y=\arctan[2f(x)]$.

解 (1) $y'=f'(\sqrt{x}+2)\cdot\frac{1}{2\sqrt{x}}$； (2) $y'=3[f(x)]^2\cdot f'(x)$；

(3) $y'=e^{-f(x)}\cdot[-f'(x)]$； (4) $y'=\frac{1}{1+4f^2(x)}\cdot 2f'(x)$.

3. 求下列函数的导数.

(1) $y=(x^2+x)^4$； (2) $y=3\cos(2x+5)$；

(3) $y=\cos^2 x$； (4) $y=\ln(\sin x)$；

(5) $y=(x+3\sqrt{x})^2$； (6) $y=xe^{2x}$；

(7) $y=\ln\ln\ln x$； (8) $y=e^{\arctan\sqrt[3]{x}}$.

解 (1) $y'=4(x^2+x)^3\cdot(2x+1)$；

(2) $y'=-3\sin(2x+5)\cdot 2=-6\sin(2x+5)$；

(3) $y'=2\cos x\cdot[-\sin x]=-\sin 2x$；

(4) $y'=\frac{\cos x}{\sin x}=\cot x$；

(5) $y'=2(x+3\sqrt{x})\cdot\left(1+\frac{3}{2\sqrt{x}}\right)$；

(6) $y'=e^{2x}+2xe^{2x}$；

(7) $y'=\frac{1}{\ln\ln x}\cdot\frac{1}{\ln x}\cdot\frac{1}{x}=\frac{1}{x\ln x\ln\ln x}$；

(8) $y'=\mathrm{e}^{\arctan\sqrt[3]{x}}\cdot\dfrac{1}{1+(\sqrt[3]{x})^2}\cdot\dfrac{1}{3}x^{-\frac{2}{3}}=\dfrac{\mathrm{e}^{\arctan\sqrt[3]{x}}}{3\sqrt[3]{x^2}(1+\sqrt[3]{x^2})}$.

2.3 高阶导数

2.3.1 知识点分析

1. 高阶导数的概念与记号

若函数 $y'=f'(x)$ 在 x 点仍可导，则称其导数为 $y=f(x)$ 的二阶导（函）数，记为 $y''=f''(x)=\dfrac{\mathrm{d}^2y}{\mathrm{d}x^2}=\dfrac{\mathrm{d}^2f(x)}{\mathrm{d}x^2}$. 类似地，可定义 $y=f(x)$ 的三阶、四阶…n 阶导数，可记为 y'''，$y^{(4)}$，…，$y^{(n)}$ 或 $f'''(x)$，$f^{(4)}(x)$，…，$f^{(n)}(x)$ 或 $\dfrac{\mathrm{d}^3y}{\mathrm{d}x^3}$，$\dfrac{\mathrm{d}^4y}{\mathrm{d}x^4}$，…，$\dfrac{\mathrm{d}^ny}{\mathrm{d}x^n}$.（注意记号里的括号）

2. 高阶导数的求法

没有新的求导公式，只将函数逐阶求导即可.

求一些简单函数的 n 阶导数时，可以先求几个低阶的导数 y'，y''，y'''，$y^{(4)}$ 等，找出规律，递推而得函数的 n 阶导数.

几个基本初等函数的 n 阶导数：

(1) $(x^n)^{(n)}=n!$；(2) $(\mathrm{e}^x)^{(n)}=\mathrm{e}^x$；$(a^x)^{(n)}=a^x\ln^n a$；(3) $(\ln x)^{(n)}=(-1)^{n-1}(n-1)!x^{-n}$；(4) $(\sin x)^{(n)}=\sin\left(x+\dfrac{n\pi}{2}\right)$，$(\cos x)^{(n)}=\cos\left(x+\dfrac{n\pi}{2}\right)$.

注 简单的复合函数也可相应给出，如：$(\mathrm{e}^{2x})^{(n)}=2^n\mathrm{e}^{2x}$，$(\cos 4x)^{(n)}=4^n\cos\left(4x+\dfrac{n\pi}{2}\right)$.

3. 运算律

(1) $(u\pm v)^{(n)}=u^{(n)}\pm v^{(n)}$；

(2) 莱布尼茨公式：$(uv)^{(n)}=\sum\limits_{k=0}^{n}C_n^k u^{(n-k)}v^{(k)}=C_n^0u^{(n)}v+C_n^1u^{(n-1)}v'+\cdots+C_n^ku^{(n-k)}v^{(k)}+\cdots+C_n^nuv^{(n)}$.

2.3.2 典例解析

例 1 用递推法求 $y=x\mathrm{e}^x$ 的 n 阶导数.

解 $y'=1\cdot\mathrm{e}^x+x\cdot\mathrm{e}^x=(x+1)\mathrm{e}^x$；

$y''=1\cdot\mathrm{e}^x+(x+1)\cdot\mathrm{e}^x=(x+2)\mathrm{e}^x$；

$y'''=1\cdot\mathrm{e}^x+(x+2)\cdot\mathrm{e}^x=(x+3)\mathrm{e}^x,\cdots$；

所以 $y^{(n)}=(x+n)\mathrm{e}^x$.

例 2 求 $y=\mathrm{e}^{2x}\sin 3x$ 的二阶导数.

解 $y'=2e^{2x}\sin3x+3e^{2x}\cos3x$；

$y''=4e^{2x}\sin3x+6e^{2x}\cos3x+6e^{2x}\cos3x-9e^{2x}\sin3x=e^{2x}(12\cos3x-5\sin3x)$.

例 3 求 $y=\sin^4x+\cos^4x$ 的 n 阶导数.

解 方法一：$y=(\sin^2x+\cos^2x)^2-2\sin^2x\cos^2x=1-\frac{1}{2}\sin^2 2x=\frac{3}{4}+\frac{1}{4}\cos4x$.

由 $(\cos4x)^{(n)}=4^n\cos\left(4x+\frac{n\pi}{2}\right)$可得 $y^{(n)}=4^{n-1}\cos\left(4x+\frac{n\pi}{2}\right)$.

方法二：直接用递推法. $y'=4\sin^3x\cos x-4\cos^3x\sin x=4\sin x\cos x(\sin^2x-\cos^2x)=-2\sin2x\cos2x=-\sin4x=\cos\left(4x+\frac{\pi}{2}\right)$；

$y''=-4\cos4x=4\cos\left(4x+\frac{2\pi}{2}\right)$；

$y'''=16\sin4x=4^2\cos\left(4x+\frac{3\pi}{2}\right)$，…，$y^{(n)}=4^{n-1}\cos\left(4x+\frac{n\pi}{2}\right)$.

例 4 已知 $y=x^3\ln x$，利用莱布尼茨公式，计算 $y^{(6)}(1)$ 的值.

解 令 $u=\ln x$，$v=x^3$，则 $u'=x^{-1}$，$u''=-x^{-2}$，$u'''=2x^{-3}$，…，$u^{(n)}=(-1)^{n-1}(n-1)!x^{-n}$；

$v'=3x^2$，$v''=6x$，$v'''=6$，$v^{(n)}=0(n\geqslant4)$；

代入莱布尼茨公式，得 $y^{(6)}=-5!x^{-6}\cdot x^3+C_6^1 4!x^{-5}\cdot 3x^2-C_6^2 3!x^{-4}\cdot 6x+C_6^3 2!x^{-3}\cdot 6$.

将 $x=1$ 代入上式，得 $y^{(6)}(1)=12$.

2.3.3 习题详解

1. 求下列函数的二阶导数.

(1) $y=xe^x$；　　(2) $y=x^2\ln x$；

(3) $y=e^{2x-1}$；　　(4) $y=3e^x\cos x$；

(5) $y=\ln\sin x$；　　(6) $y=\arctan x^2$；

(7) $y=x\cos x$；　　(8) $y=(1+x^2)\arctan x$.

解 (1) $y'=e^x+xe^x$，所以 $y''=e^x+e^x+xe^x=e^x(x+2)$；

(2) $y'=2x\ln x+x^2\cdot\frac{1}{x}=2x\ln x+x$，所以 $y''=2\ln x+2x\cdot\frac{1}{x}+1=2\ln x+3$；

(3) $y'=e^{2x-1}\cdot2=2e^{2x-1}$，所以 $y''=4e^{2x-1}$；

(4) $y'=3e^x\cos x+3e^x\cdot(-\sin x)$，所以 $y''=3e^x\cos x-3e^x\sin x-3e^x\sin x-3e^x\cos x=-6e^x\sin x$；

(5) $y'=\frac{\cos x}{\sin x}=\cot x$，所以 $y''=-\csc^2 x$；

(6) $y'=\frac{1}{1+x^4}\cdot 2x$，所以 $y''=\frac{2\cdot(1+x^4)-2x\cdot 4x^3}{(1+x^4)^2}=\frac{2(1-3x^4)}{(1+x^4)^2}$；

(7) $y'=\cos x-x\sin x$，所以 $y''=-\sin x-\sin x-x\cos x=-2\sin x-x\cos x$；

(8) $y'=2x\arctan x+(1+x^2)\cdot\frac{1}{1+x^2}=2x\arctan x+1$，所以 $y''=2\arctan x+2x\cdot\frac{1}{1+x^2}=2\arctan x+\frac{2x}{1+x^2}$.

2. 求下列函数所指定的阶的导数.

(1) $y=e^x x^2$，求 $y^{(4)}$；　(2) $y=x^2\sin x$，求 $y^{(20)}$.

解　(1) 令 $u=e^x$，$v=x^2$，则 $u^{(k)}=e^x$，$v'=2x$，$v''=2$，$v'''=0$，$v^{(4)}=0$，代入莱布尼茨公式，得 $y^{(4)}=e^x x^2+4e^x\cdot 2x+6e^x\cdot 2=e^x(x^2+8x+12)$.

(2) 令 $u=\sin x$，$v=x^2$，则 $u^{(k)}=\sin\left(x+k\cdot\frac{\pi}{2}\right)$，$v'=2x$，$v''=2$，$v'''=0$，$v^{(4)}=0$，代入莱布尼茨公式，得

$$y^{(20)}=\sin\left(x+20\cdot\frac{\pi}{2}\right)\cdot x^2+20\sin\left(x+19\cdot\frac{\pi}{2}\right)\cdot 2x+\frac{20\cdot 19}{2}\cdot\sin\left(x+18\cdot\frac{\pi}{2}\right)\cdot 2=x^2\sin x-40x\cos x-380\sin x.$$

2.4　隐函数及由参数方程所确定的函数的导数

2.4.1　知识点分析

1. 隐函数及其求导方法

1) 概念

如果变量 x 和 y 满足方程 $F(x, y)=0$，在一定条件下，对于 $\forall x\in I$，总有满足该方程的唯一的 y 值与之对应，则称该方程在 I 内确定了一个隐函数 $y=y(x)$. 即 $F(x, y(x))\equiv 0$，$x\in I$.

2) 求导方法

没有新的求导公式，只需将方程 $F(x, y)=0$ 两端对自变量 x 求导即可. 注意方程中的 $y=y(x)$ 求导时要用链式法则.

2. 对数求导法

对于一些幂指函数，或解析式中有连乘、除及复杂的无理式的显函数时，可采用等式两端取自然对数使显函数变为隐函数，然后方程两端对自变量 x 求导.

如 $y=x^x(x>0)$ 可化为 $\ln y=x\ln x$，方程两端对 x 求导得：$\frac{1}{y}\cdot y'=$

$1\cdot\ln x+x\cdot\dfrac{1}{x}=\ln x+1$，所以 $y'=x^x(\ln x+1)$.

3. 由参数方程确定的函数的导数

若变量 x 和 y 都是参变量 t 的函数，$x=\varphi(t)$，$y=\psi(t)$，且 $x=\varphi(t)$，$t\in(\alpha,\beta)$ 单调，那么自变量 x 与因变量 y 通过参变量 t 产生联系，即由方程 $\begin{cases}x=\varphi(t),\\ y=\psi(t),\end{cases}$ $t\in(\alpha,\beta)$ 确定一个函数 $y=y(x)$，且有

$$\frac{\mathrm{d}y}{\mathrm{d}x}=\frac{\dfrac{\mathrm{d}y}{\mathrm{d}t}}{\dfrac{\mathrm{d}x}{\mathrm{d}t}}=\frac{\psi'(t)}{\varphi'(t)};$$

$$\frac{\mathrm{d}^2y}{\mathrm{d}x^2}=\frac{\dfrac{\mathrm{d}}{\mathrm{d}t}\left(\dfrac{\mathrm{d}y}{\mathrm{d}x}\right)}{\dfrac{\mathrm{d}x}{\mathrm{d}t}}=\frac{(y')'_t}{x'_t}=\frac{\psi''(t)\varphi'(t)-\psi'(t)\varphi''(t)}{[\varphi'(t)]^3}.$$

2.4.2 典例解析

例 1 求由方程 $y=\cos(x+y)$ 确定的函数的导数.

解 方程两端对 x 求导得：$y'=-\sin(x+y)\cdot(1+y')$，所以 $y'=\dfrac{-\sin(x+y)}{1+\sin(x+y)}$

例 2 求由方程 $\mathrm{e}^{\arctan\frac{y}{x}}=\sqrt{x^2+y^2}$ 确定的函数 $y=y(x)$ 的二阶导数 $\dfrac{\mathrm{d}^2y}{\mathrm{d}x^2}$.

解 方程两端取对数得：$\arctan\dfrac{y}{x}=\dfrac{1}{2}\ln(x^2+y^2)$，再将上述方程两端对 x 求导 $\dfrac{1}{1+\left(\dfrac{y}{x}\right)^2}\cdot\dfrac{y'\cdot x-y\cdot 1}{x^2}=\dfrac{1}{2}\dfrac{1}{x^2+y^2}\cdot(2x+2y\cdot y')$，化简得 $xy'-y=x+yy'$，所以 $y'=\dfrac{x+y}{x-y}$.

所以
$$y''=\frac{(1+y')\cdot(x-y)-(x+y)\cdot(1-y')}{(x-y)^2}=\frac{-2y+2xy'}{(x-y)^2}$$
$$=\frac{2(x^2+y^2)}{(x-y)^3}.$$

例 3 $y=\dfrac{(x^2+2)(x+1)^3}{x^3+4}$，求 $y'(0)$.

解 将 $x=0$ 代入解析式得 $y(0)=\dfrac{1}{2}$，方程两端取对数得

$$\ln y=\ln(x^2+2)+3\ln(x+1)-\ln(x^3+4).$$

再将上述方程两端对 x 求导 $\dfrac{1}{y}\cdot y'=\dfrac{2x}{x^2+2}+\dfrac{3}{x+1}-\dfrac{3x^2}{x^3+4}$.

将 $y(0)=\frac{1}{2}$ 和 $x=0$ 代入上式得 $y'(0)=\frac{3}{2}$.

例 4 求星形线 $\begin{cases} x=a\cos^3 t \\ y=a\sin^3 t \end{cases}$ 在 $t=\frac{\pi}{4}$ 处的切线和法线方程.

解 $\frac{\mathrm{d}y}{\mathrm{d}x}=\frac{\frac{\mathrm{d}y}{\mathrm{d}t}}{\frac{\mathrm{d}x}{\mathrm{d}t}}=\frac{3a\sin^2 t\cdot\cos t}{3a\cos^2 t\cdot(-\sin t)}=-\tan t.$

所以曲线在参数 $t=\frac{\pi}{4}$ 处的切线和法线的斜率分别为 -1 和 1，而切点坐标为 $\left(\frac{\sqrt{2}a}{4}, \frac{\sqrt{2}a}{4}\right)$.

切线方程为 $y-\frac{\sqrt{2}a}{4}=-\left(x-\frac{\sqrt{2}a}{4}\right)$，即 $x+y-\frac{\sqrt{2}a}{2}=0$；

法线方程为 $y-\frac{\sqrt{2}a}{4}=\left(x-\frac{\sqrt{2}a}{4}\right)$，即 $y=x$.

2.4.3 习题详解

1. 求下列方程所确定的隐函数的导数 $\frac{\mathrm{d}y}{\mathrm{d}x}$.

(1) $x^2+y^2=xy$； (2) $x^2\sin y=\cos(x+y)$；

(3) $x^2 y=\mathrm{e}^{3x+2y}$； (4) $y=1+\mathrm{e}^y\sin x$.

解 (1) 方程两边对 x 求导，得 $2x+2y\cdot y'=1\cdot y+xy'$. 解得 $y'=\frac{2x-y}{x-2y}$；

(2) 方程两边对 x 求导，得 $2x\cdot\sin y+x^2\cdot\cos y\cdot y'=-\sin(x+y)\cdot(1+y')$，解得 $y'=-\frac{2x\sin y+\sin(x+y)}{\sin(x+y)+x^2\cos y}$；

(3) 方程两边对 x 求导，得 $2x\cdot y+x^2\cdot y'=\mathrm{e}^{3x+2y}\cdot(3+2y')$，解得 $y'=\frac{2xy-3\mathrm{e}^{3x+2y}}{2\mathrm{e}^{3x+2y}-x^2}$；

(4) 方程两边对 x 求导，得 $y'=\cos x\cdot\mathrm{e}^y+\sin x\cdot\mathrm{e}^y\cdot y'$，解得 $y'=\frac{\mathrm{e}^y\cos x}{1-\mathrm{e}^y\sin x}$.

2. 求曲线 $\mathrm{e}^y-xy-2=0$ 在点 $(0, \ln 2)$ 处的切线方程.

解 曲线方程两边对 x 求导，得 $\mathrm{e}^y\cdot y'-(1\cdot y+x\cdot y')=0$；将 $(0, \ln 2)$ 代入上式得 $(0, \ln 2)$ 点处的斜率为 $y'(0)=\frac{\ln 2}{2}$，所以 $(0, \ln 2)$ 点处的切线方程为 $y-\ln 2=\frac{\ln 2}{2}x$.

3. 用对数求导法求下列函数的导数.

(1) $y=\left(\frac{x}{1+x}\right)^{x}$；　　(2) $y=\left(1+\frac{1}{3x}\right)^{x}$；

(3) $y=\frac{\sqrt{x+2}(3-x)^{4}}{(x+1)^{5}}$；　　(4) $y=\frac{\sqrt{x^{2}+2x}}{\sqrt[3]{x^{2}-2}}$.

解 (1) 将函数两边取自然对数，得 $\ln y=x[\ln x-\ln(1+x)]$.

两边对 x 求导，得$\frac{1}{y}\cdot y'=1\cdot[\ln x-\ln(1+x)]+x\cdot\left(\frac{1}{x}-\frac{1}{1+x}\right)$.

所以 $y'=\left(\frac{x}{1+x}\right)^{x}\left(\ln\frac{x}{1+x}+\frac{1}{1+x}\right)$.

(2) 将函数两边取自然对数，得 $\ln y=x[\ln(1+3x)-\ln 3x]$.

两边对 x 求导，得$\frac{1}{y}\cdot y'=1\cdot[\ln(1+3x)-\ln 3x]+x\cdot\left(\frac{3}{1+3x}-\frac{1}{x}\right)$.

所以 $y'=\left(1+\frac{1}{3x}\right)^{x}\left(\ln\frac{1+3x}{3x}-\frac{1}{1+3x}\right)$.

(3) 将函数两边取自然对数，得

$$\ln y=\frac{1}{2}\ln(x+2)+4\ln(3-x)-5\ln(x+1).$$

两边对 x 求导，得$\frac{1}{y}\cdot y'=\frac{1}{2}\cdot\frac{1}{x+2}+4\cdot\frac{-1}{3-x}-5\cdot\frac{1}{x+1}$.

所以 $y'=\frac{\sqrt{x+2}(3-x)^{4}}{(x+1)^{5}}\left(\frac{1}{2(x+2)}-\frac{4}{3-x}-\frac{5}{x+1}\right)$.

(4) 将函数两边取自然对数，得

$$\ln y=\frac{1}{2}\ln(x^{2}+2x)-\frac{1}{3}\ln(x^{2}-2).$$

两边对 x 求导，得$\frac{1}{y}\cdot y'=\frac{1}{2}\cdot\frac{2x+2}{x^{2}+2x}-\frac{1}{3}\cdot\frac{2x}{x^{2}-2}$.

所以 $y'=\frac{\sqrt{x^{2}+2x}}{\sqrt[3]{x^{2}-2}}\left(\frac{x+1}{x^{2}+2x}-\frac{2x}{3(x^{2}-2)}\right)$.

4. 已知$\begin{cases}x=e^{t}\sin t,\\ y=e^{t}\cos t.\end{cases}$ 求当 $t=\frac{\pi}{3}$ 时$\frac{dy}{dx}$的值.

解 $\frac{dy}{dx}=\frac{\frac{dy}{dt}}{\frac{dx}{dt}}=\frac{e^{t}\cos t-e^{t}\sin t}{e^{t}\sin t+e^{t}\cos t}=\frac{\cos t-\sin t}{\cos t+\sin t}$.

将 $t=\frac{\pi}{3}$代入上式得$\left.\frac{dy}{dx}\right|_{t=\frac{\pi}{3}}=\frac{1-\sqrt{3}}{1+\sqrt{3}}$.

2.5 函数的微分

2.5.1 知识点分析

1. 微分的概念

如果函数 $y=f(x)$ 在 x_0 点的增量 $\Delta y=f(x_0+\Delta x)-f(x_0)$ 可以写成 $\Delta y=A\Delta x+o(\Delta x)$，其中 A 是与 Δx 无关的常数，$o(\Delta x)$ 是比 Δx 高阶的无穷小，则称 $f(x)$ 在 x_0 点可微分，并称 $A\Delta x$ 为 $y=f(x)$ 在 x_0 点的微分，记为 $\mathrm{d}y\big|_{x=x_0}$，即 $\mathrm{d}y\big|_{x=x_0}=A\Delta x$.

2. 可微与可导的关系

函数 $f(x)$ 在点 x_0 处可微的充要条件是 $f(x)$ 在点 x_0 处可导，且 $A=f'(x_0)$.

3. 微分的计算

(1) $f(x)$ 在点 x_0 处的微分可写成 $\mathrm{d}y\big|_{x=x_0}=f'(x_0)\Delta x=f'(x_0)\mathrm{d}x$；

(2) 若 $y=f(x)$ 在 x 点可微，则 $f(x)$ 的微分为 $\mathrm{d}y=f'(x)\mathrm{d}x$.

注 上式可变化为 $\dfrac{\mathrm{d}y}{\mathrm{d}x}=f'(x)$，即为 2.1 节中导数的记号.

4. 微分的几何意义

$f(x)$ 在 $x=x_0$ 处的微分在几何上表示曲线 $f(x)$ 上的点 $(x_0,f(x_0))$ 处的切线的纵坐标的增量，所以在计算曲线弧长时用该切线上对应的线段近似.

5. 微分的形式不变性

设函数 $y=f(u),u=\varphi(x)$ 都是可导函数，则复合函数 $y=f[\varphi(x)]$ 的微分为 $\mathrm{d}y=f'[\varphi(x)]\varphi'(x)\mathrm{d}x$ 或 $\mathrm{d}y=f'(u)\mathrm{d}u$，其中 $\mathrm{d}u=\varphi'(x)\mathrm{d}x$.

可见不论 u 是自变量还是中间变量，函数 $y=f(u)$ 的微分总保持同一形式，这个性质称为一阶微分形式不变性.

2.5.2 典例解析

例 1 求函数 $y=\ln\sin\sqrt{x}$ 的微分.

解 $y'=\dfrac{1}{\sin\sqrt{x}}\cdot\cos\sqrt{x}\cdot\dfrac{1}{2\sqrt{x}}=\dfrac{\cos\sqrt{x}}{2\sqrt{x}\sin\sqrt{x}}=\dfrac{\cot\sqrt{x}}{2\sqrt{x}}$.

所以 $\mathrm{d}y=\dfrac{\cot\sqrt{x}}{2\sqrt{x}}\mathrm{d}x$.

例 2 求由方程 $\mathrm{e}^y=\cos(x^2+y^2)$ 确定的函数 $y=y(x)$ 的微分.

解 方程两边对 x 求导，得

$$\mathrm{e}^y\cdot y'=-\sin(x^2+y^2)\cdot(2x+2y\cdot y').$$

所以 $y'=\dfrac{-2x\sin(x^2+y^2)}{\mathrm{e}^y+2y\sin(x^2+y^2)}$，即 $\mathrm{d}y=\dfrac{-2x\sin(x^2+y^2)}{\mathrm{e}^y+2y\sin(x^2+y^2)}\mathrm{d}x$.

2.5.3 习题详解

1. 已知 $y=x^2-x$，计算在当 x 等于1，Δx 等于0.1时的 Δy，$\mathrm{d}y$.

解 $\Delta y=(x+\Delta x)^2-(x+\Delta x)-(x^2-x)=2x\Delta x+(\Delta x)^2-\Delta x, \mathrm{d}y=(2x-1)\Delta x$.

所以当 x 等于1，Δx 等于0.1时，$\Delta y=0.11$，$\mathrm{d}y=0.1$.

2. 求下列函数的微分：

(1) $y=\dfrac{1}{x}+2\sqrt{x}$； (2) $y=x\sin 2x$；

(3) $y=\dfrac{x}{\sqrt{x^2+1}}$； (4) $y=\ln^2(1-x)$；

(5) $y=x^2\mathrm{e}^{2x}$； (6) $y=f(\mathrm{e}^x)$.

解 (1) 因为 $y'=\dfrac{-1}{x^2}+\dfrac{2}{2\sqrt{x}}$，所以 $\mathrm{d}y=\left(-\dfrac{1}{x^2}+\dfrac{1}{\sqrt{x}}\right)\mathrm{d}x$；

(2) 因为 $y'=1\cdot\sin 2x+x\cdot\cos 2x\cdot 2=\sin 2x+2x\cos 2x$，所以 $\mathrm{d}y=(\sin 2x+2x\cos 2x)\mathrm{d}x$；

(3) 因为 $y'=\dfrac{1\cdot\sqrt{x^2+1}-x\cdot\dfrac{2x}{2\sqrt{x^2+1}}}{x^2+1}=(x^2+1)^{-\frac{3}{2}}$，所以 $\mathrm{d}y=(x^2+1)^{-\frac{3}{2}}\mathrm{d}x$；

(4) 因为 $y'=2\ln(1-x)\cdot\dfrac{1}{1-x}\cdot(-1)=\dfrac{2\ln(1-x)}{x-1}$，所以 $\mathrm{d}y=\dfrac{2\ln(1-x)}{x-1}\mathrm{d}x$；

(5) 因为 $y'=2x\cdot\mathrm{e}^{2x}+x^2\cdot\mathrm{e}^{2x}\cdot 2=2x\mathrm{e}^{2x}(x+1)$，所以 $\mathrm{d}y=2x\mathrm{e}^{2x}(x+1)\mathrm{d}x$；

(6) 因为 $y'=f'(\mathrm{e}^x)\cdot\mathrm{e}^x$，所以 $\mathrm{d}y=\mathrm{e}^x f'(\mathrm{e}^x)\mathrm{d}x$.

3. 在括号内填入适当的函数，使等式成立.

(1) $\dfrac{1}{a^2+x}\mathrm{d}x=\mathrm{d}(\underline{\ln(a^2+x)+C})$； (2) $x\mathrm{d}x=\mathrm{d}\left(\underline{\dfrac{x^2}{2}+C}\right)$；

(3) $\dfrac{1}{\sqrt{x}}\mathrm{d}x=\mathrm{d}(\underline{2\sqrt{x}+C})$； (4) $\dfrac{1}{\sqrt{1-x^2}}\mathrm{d}x=\mathrm{d}(\underline{\arcsin x+C})$.

4. 已知下列方程所确定的函数 $y=f(x)$，求 $\mathrm{d}y$.

(1) $xy=1+x\mathrm{e}^y$； (2) $\mathrm{e}^{x+y}+\cos(xy)=0$.

解 (1) 方程两边对 x 求导，得 $1\cdot y+x\cdot y'=1\cdot\mathrm{e}^y+x\cdot\mathrm{e}^y\cdot y'$.

所以 $y'=\dfrac{\mathrm{e}^y-y}{x(1-\mathrm{e}^y)}$，$\mathrm{d}y=\dfrac{\mathrm{e}^y-y}{x(1-\mathrm{e}^y)}\mathrm{d}x$.

(2) 方程两边对 x 求导，得 $\mathrm{e}^{x+y}(1+y')-\sin(xy)\cdot(1\cdot y+x\cdot y')=0$.

所以 $y'=\dfrac{y\sin(xy)-e^{x+y}}{e^{x+y}-x\sin(xy)}$，$dy=\dfrac{y\sin(xy)-e^{x+y}}{e^{x+y}-x\sin(xy)}dx$.

5. 设 $y=y(x)$ 是由方程 $\ln(x^2+y^2)=x+y-1$ 所确定的隐函数，求 dy 及 $dy|_{(0,1)}$.

解 方程两边对 x 求导，得 $\dfrac{2x+2y\cdot y'}{x^2+y^2}=1+y'$.

所以 $y'=\dfrac{2x-x^2-y^2}{x^2+y^2-2y}$，$dy=\dfrac{2x-x^2-y^2}{x^2+y^2-2y}dx$，$dy|_{(0,1)}=dx$.

2.6 边际与弹性

2.6.1 知识点分析

1. 边际的概念

设函数 $y=f(x)$ 在 x 处可导，则称导数 $f'(x)$ 为 $f(x)$ 的边际函数. $f'(x)$ 在 x_0 处的值 $f'(x_0)$ 称为边际函数值. 其含义是：当 $x=x_0$ 时，x 改变一个单位，y 相应改变了 $f'(x_0)$ 个单位.

注 通常把各种经济函数前面加“边际”即为该经济函数的导函数. 例如边际成本函数、边际需求函数、边际收益函数、边际利润函数等.

2. 弹性的概念

设函数 $y=f(x)$ 可导，函数的相对变化量 $\dfrac{\Delta y}{y}=\dfrac{f(x+\Delta x)-f(x)}{f(x)}$ 与自变量的相对变化量 $\dfrac{\Delta x}{x}$ 之比 $\dfrac{\Delta y/y}{\Delta x/x}$，称为函数 $f(x)$ 在 x 与 $x+\Delta x$ 两点之间的弹性（或相对变化率）. 而极限 $\lim\limits_{\Delta x\to 0}\dfrac{\Delta y/y}{\Delta x/x}$ 称为函数 $f(x)$ 在 x 处的弹性（或相对变化率），记为

$$\frac{E}{Ex}f(x)=\frac{Ey}{Ex}=\lim_{\Delta x\to 0}\frac{\Delta y/y}{\Delta x/x}=\frac{\dfrac{dy}{dx}}{\dfrac{y}{x}}=\frac{xy'}{y}.$$

注 通常把各种经济函数后面加“弹性”即为某经济函数的弹性. 例如成本弹性、需求弹性、收益弹性、利润弹性等.

2.6.2 典例解析

例 1 某产品的需求函数为 $P=Q^{-\frac{1}{2}}(12-Q)$，P 为价格（元/kg），Q 为需求量（kg）. 若 $Q=4$ 时，每千克产品提价 1 元，需求将如何变化？

解 方程两端对价格 P 求导得

$1=\left(-6Q^{-\frac{3}{2}}-\dfrac{1}{2}Q^{-\frac{1}{2}}\right)\dfrac{dQ}{dP}$，所以 $\dfrac{dQ}{dP}=\dfrac{-1}{6Q^{-\frac{3}{2}}+\dfrac{1}{2}Q^{-\frac{1}{2}}}=\dfrac{-2Q^{\frac{3}{2}}}{12+Q}$. 将 $Q=4$

代入边际需求函数即得

所以$\left.\frac{\mathrm{d}Q}{\mathrm{d}P}\right|_{Q=4}=-1$，即此时提价1元，需求量将减少1 kg.

例2 某产品的需求函数为$Q=12-0.5P$.（1）求$P=6$，12，18时的边际收益.（2）当价格分别为6、12、18时的收益弹性分别是多少？价格提高4%时的收益将如何变化？

解 （1）收益为$R=PQ=P(12-0.5P)=12P-0.5P^2$，所以边际$\frac{\mathrm{d}R}{\mathrm{d}P}=12-P$，$\left.\frac{\mathrm{d}R}{\mathrm{d}P}\right|_{P=6}=6$，$\left.\frac{\mathrm{d}R}{\mathrm{d}P}\right|_{P=12}=0$，$\left.\frac{\mathrm{d}R}{\mathrm{d}P}\right|_{P=18}=-6$，即$P=6$，12，18时的边际收益分别为6，0，$-6$；

（2）$\frac{ER}{EP}=\frac{P}{R}\cdot\frac{\mathrm{d}R}{\mathrm{d}P}=\frac{P}{P(12-0.5P)}\cdot(12-P)=\frac{12-P}{12-0.5P}$，

$$\left.\frac{ER}{EP}\right|_{P=6}=\frac{2}{3},\quad \left.\frac{ER}{EP}\right|_{P=12}=0,\quad \left.\frac{ER}{EP}\right|_{P=18}=-2.$$

当$P=6$时，价格提高4%，$\frac{2}{3}\times 4\approx 2.66$，即此时提价4%，会使收益增加2.66%.

当$P=12$时，价格提高4%，由于弹性为零，则价格在12附近小幅度涨跌基本不影响收益.

当$P=18$时，价格提高4%，$-2\times 4=-8$，即此时提价4%，会使收益减少8%.

2.6.3 习题详解

1. 设某商品的总收益R关于销售量Q的函数为$R(Q)=104Q-0.4Q^2$.求：（1）销售量为Q时的边际收益；（2）销售量$Q=50$个单位时总收入的边际收益；（3）销售量$Q=100$个单位时总收入对Q的弹性.

解 （1）$\frac{\mathrm{d}R}{\mathrm{d}Q}=104-0.8Q$.

（2）将$Q=50$代入上式得$\left.\frac{\mathrm{d}R}{\mathrm{d}Q}\right|_{Q=50}=64$.

（3）$\frac{ER}{EQ}=\frac{Q}{R}\cdot\frac{\mathrm{d}R}{\mathrm{d}Q}=\frac{Q}{104Q-0.4Q^2}\cdot(104-0.8Q)=\frac{104-0.8Q}{104-0.4Q}$，

所以$\left.\frac{ER}{EQ}\right|_{Q=100}=\frac{3}{8}=37.5\%$.

2. 某商品的价格P关于需求量Q的函数为$P=10-\frac{Q}{5}$，求：（1）总收益函数、平均收益函数和边际收益函数；（2）当$Q=20$个单位时的总收益和边际收益.

解 （1）总收益函数为：$R=PQ=\left(10-\frac{Q}{5}\right)Q=10Q-\frac{Q^2}{5}$，

平均收益函数为：$\overline{R}=\frac{R}{Q}=10-\frac{Q}{5}$，

边际收益函数为：$R'=10-\frac{2}{5}Q$；

（2）当 $Q=20$ 个单位时的总收益为：$R=10\times 20-\frac{20^2}{5}=120$，

当 $Q=20$ 个单位时的边际收益为：$R'=10-\frac{2}{5}\times 20=2$.

3. 设某商品的需求函数为 $Q=\mathrm{e}^{-\frac{P}{5}}$，求：（1）需求弹性函数；（2）$P=3$，5，6 时的需求弹性，并说明其经济意义.

解 （1）$\frac{EQ}{EP}=\frac{P}{Q}\cdot\frac{\mathrm{d}Q}{\mathrm{d}P}=\frac{P}{\mathrm{e}^{-\frac{P}{5}}}\cdot\left(-\frac{1}{5}\right)\cdot\mathrm{e}^{-\frac{P}{5}}=-\frac{1}{5}P$.

（2）$\left.\frac{EQ}{EP}\right|_{P=3}=-0.6$，$\left.\frac{EQ}{EP}\right|_{P=5}=-1$，$\left.\frac{EQ}{EP}\right|_{P=6}=-1.2$.

经济意义：当价格分别为 3，5，6 时，每当价格提高 1%，其需求量分别减少 0.6%，1%，1.2%.

4. 某厂每周生产 Q 单位（单位：百件）的产品，产品的总成本 C（单位：万元）是产量的函数 $C=C(Q)=100+12Q-Q^2$，如果每百件产品销售价格为 4 万元，试写出利润函数及边际利润为零时每周产量.

解 $L(Q)=R-C(Q)=4Q-(100+12Q-Q^2)=Q^2-8Q-100$.

$L'(Q)=2Q-8$，令 $L'(Q)=0$ 得 $Q=4$，即每周生产 400 件时，边际利润为零.

5. 设某商品的供给函数为 $Q=4+5P$，求供给弹性函数及 $P=2$ 时的供给弹性.

解 $\frac{EQ}{EP}=\frac{P}{Q}\cdot\frac{\mathrm{d}Q}{\mathrm{d}P}=\frac{P}{4+5P}\cdot 5=\frac{5P}{4+5P}$. 所以 $\left.\frac{EQ}{EP}\right|_{P=2}=\frac{5}{7}$.

6. 某企业生产一种商品，年需求量是价格 P 的线性函数 $Q=a-bP$，其中 a，$b>0$，试求：（1）需求弹性；（2）需求弹性等于 1 时的价格.

解 （1）$\eta=-\frac{P}{Q}\cdot\frac{\mathrm{d}Q}{\mathrm{d}P}=-\frac{P}{a-bP}\cdot(-b)=\frac{bP}{a-bP}$.

（2）当 $\eta=1$ 时，即 $\frac{bP}{a-bP}=1$，此时 $P=\frac{a}{2b}$，即需求弹性为 1 时，价格是 $\frac{a}{2b}$.

复习题 2 解答

1. 判断下列命题是否正确？为什么？

(1) 若 $f(x)$ 在 x_0 处不可导，则曲线 $y=f(x)$ 在 $(x_0, f(x_0))$ 点处必无切线；

(2) 若曲线 $y=f(x)$ 处处有切线，则函数 $y=f(x)$ 必处处可导；

(3) 若 $f(x)$ 在 x_0 处可导，则 $|f(x)|$ 在 x_0 处必可导；

(4) 若 $|f(x)|$ 在 x_0 处可导，则 $f(x)$ 在 x_0 处必可导.

解 (1) 错误，如：$y=x^{\frac{1}{3}}$ 在 $x=0$ 点处不可导，但在点 $(0, 0)$ 处有切线 $x=0$；

(2) 错误，如上题举例；

(3) 错误，如：$y=x$ 在 $x=0$ 处可导，而 $y=|x|$ 在 $x=0$ 处不可导；

(4) 正确.

2. 求下列函数 $f(x)$ 的 $f'_-(0)$、$f'_+(0)$ 及 $f'(0)$ 是否存在.

(1) $f(x)=\begin{cases}\sin x, & x<0,\\ \ln(1+x), & x\geqslant 0;\end{cases}$

(2) $f(x)=\begin{cases}\dfrac{x}{1+e^{\frac{1}{x}}}, & x\neq 0,\\ 0, & x=0.\end{cases}$

解 (1) 因为 $f'_-(0)=\lim\limits_{x\to 0^-}\dfrac{\sin x-0}{x-0}=1$，$f'_+(0)=\lim\limits_{x\to 0^+}\dfrac{\ln(1+x)-0}{x-0}=1$，所以 $f'(0)=1$；

(2) 因为 $f'_-(0)=\lim\limits_{x\to 0^-}\dfrac{1}{1+e^{\frac{1}{x}}}=1$，$f'_+(0)=\lim\limits_{x\to 0^+}\dfrac{1}{1+e^{\frac{1}{x}}}=0$，所以 $f'(0)$不存在.

3. 求下列函数的导数.

(1) $y=e^{\frac{1}{x}}$；

(2) $y=\dfrac{\arctan x}{x}$；

(3) $y=\dfrac{1+x+x^2}{1+x}$；

(4) $y=x(\sin x+1)$；

(5) $y=\cot x\cdot(1+\cos x)$；

(6) $y=\dfrac{1}{1+\sqrt{x}}$；

(7) $y=\tan^3(1-2x)$；

(8) $y=\arccos\sqrt{1-3x}$.

解 (1) $y'=e^{\frac{1}{x}}\cdot\dfrac{-1}{x^2}=\dfrac{-e^{\frac{1}{x}}}{x^2}$；

(2) $y'=\dfrac{\dfrac{1}{1+x^2}\cdot x-\arctan x\cdot 1}{x^2}=\dfrac{x-(1+x^2)\arctan x}{x^2(1+x^2)}$；

(3) 因为 $y=\dfrac{1+x+x^2}{1+x}=x+\dfrac{1}{1+x}$，所以 $y'=1-\dfrac{1}{(1+x)^2}$；

(4) $y'=1\cdot(\sin x+1)+x\cdot\cos x=1+\sin x+x\cos x$；

(5) $y'=-\csc^2 x\cdot(1+\cos x)+\cot x\cdot(-\sin x)=-\cos x-\csc^2 x-$

$\csc^2 x\cos x$；

(6) $y'=\dfrac{-1}{(1+\sqrt{x})^2}\cdot\dfrac{1}{2\sqrt{x}}=-\dfrac{1}{2\sqrt{x}(1+\sqrt{x})^2}$；

(7) $y'=3\tan^2(1-2x)\cdot\sec^2(1-2x)\cdot(-2)=-6[\tan(1-2x)\sec(1-2x)]^2$；

(8) $y'=-\dfrac{1}{\sqrt{1-(1-3x)}}\cdot\dfrac{1}{2\sqrt{1-3x}}\cdot(-3)=\dfrac{3}{2\sqrt{3x(1-3x)}}$.

4. 求由下列方程所确定的隐函数的导数$\dfrac{dy}{dx}$.

(1) $ye^x+\ln y=1$；　　(2) $\arctan\dfrac{y}{x}=\ln\sqrt{x^2+y^2}$.

(3) $e^y-e^{-x}+xy=0$.

解 (1) 方程两边对 x 求导，得 $e^x\cdot y+e^x\cdot y'+\dfrac{1}{y}\cdot y'=0$，所以 $y'=\dfrac{-y^2e^x}{ye^x+1}$；

(2) 因为 $\arctan\dfrac{y}{x}=\dfrac{1}{2}\ln(x^2+y^2)$，方程两边对 x 求导，得$\dfrac{1}{1+\left(\dfrac{y}{x}\right)^2}\cdot\dfrac{y'\cdot x-y\cdot 1}{x^2}=\dfrac{1}{2}\dfrac{1}{x^2+y^2}\cdot(2x+2y\cdot y')$，化简得 $y'=\dfrac{x+y}{x-y}$；

(3) 方程两边对 x 求导，得 $e^y\cdot y'-e^{-x}\cdot(-1)+1\cdot y+x\cdot y'=0$，所以 $y'=-\dfrac{y+e^{-x}}{e^y+x}$.

5. 求下列函数的微分 dy.

(1) $y=\ln\sin^2 x$；　　(2) $y=(1+x^2)\arctan x$；

(3) $y=\ln(x^3\cdot\sin x)$；　　(4) $y=\ln^3\sqrt{x}$.

解 (1) 因为 $y'=\dfrac{1}{\sin^2 x}\cdot 2\sin x\cdot\cos x=2\cot x$，所以 $dy=2\cot x dx$；

(2) 因为 $y'=2x\arctan x+(1+x^2)\cdot\dfrac{1}{1+x^2}=1+2x\arctan x$，所以 $dy=(1+2x\arctan x)dx$；

(3) 因为 $y=\ln(x^3\cdot\sin x)=3\ln x+\ln\sin x$，所以 $y'=\dfrac{3}{x}+\dfrac{1}{\sin x}\cdot\cos x=\dfrac{3}{x}+\cot x$，所以 $dy=\left(\dfrac{3}{x}+\cot x\right)dx$；

(4) 因为 $y=\ln^3\sqrt{x}=\dfrac{1}{8}\ln^3 x$，所以 $y'=\dfrac{3}{8}\ln^2 x\cdot\dfrac{1}{x}=\dfrac{3\ln^2 x}{8x}$，所以 $dy=$

$\frac{3\ln^2 x}{8x}dx$.

6. 利用函数的微分代替函数的增量求 $\sqrt[3]{1.02}$ 的近似值.

解 令 $f(x)=\sqrt[3]{x}$，$x_0=1$，$\Delta x=0.02$，则 $f'(x)=\frac{1}{3}x^{\frac{-2}{3}}$，$f(x_0)=1$，$f'(x_0)=\frac{1}{3}$，$\sqrt[3]{1.02}\approx 1+\frac{1}{3}\cdot 0.02\approx 1.0067$.

7. 设某商品的需求函数为 $Q=f(P)=12-\frac{P}{2}$，求：(1) 需求弹性函数；(2) $P=6$ 时的需求弹性；(3) $P=6$ 时，若价格上涨 1%时，总收益增加还是减少？将变化多少？

解 (1) 需求弹性函数 $\eta=-\frac{P}{Q}\cdot\frac{dQ}{dP}=-\frac{P}{12-\frac{P}{2}}\cdot\left(-\frac{1}{2}\right)=\frac{P}{24-P}$；

(2) 当 $P=6$ 时，需求弹性 $\eta=\frac{6}{24-6}\approx 0.33$；

(3) 收益 $R(P)=PQ=12P-\frac{1}{2}P^2$，

收益的价格弹性 $\frac{ER}{EP}=\frac{P}{R}\cdot\frac{dR}{dP}=\frac{P}{12P-\frac{P^2}{2}}\cdot(12-P)=\frac{12-P}{12-\frac{P}{2}}$，

$P=6$ 时，$\frac{ER}{EP}=\frac{2}{3}\approx 0.67$，即若价格上涨 1%时，总收益增加 0.67%.

本章练习 A

1. 选择题.

(1) $f(x)$ 在 $x=x_0$ 处左导数 $f'_-(x_0)$ 和右导数 $f'_+(x_0)$ 存在且相等，是 $f(x)$ 在 $x=x_0$ 处可导的（　　）.

A. 必要非充分条件　　B. 充分非必要条件

C. 充分必要条件　　D. 既非充分又非必要条件

(2) 已知 $f(x)$ 在 $x=x_0$ 处可导，且有 $\lim\limits_{h\to 0}\frac{2h}{f(x_0)-f(x_0-4h)}=-\frac{1}{4}$，则 $f'(x_0)=$（　　）.

A. -4　　B. -2　　C. 2　　D. 4

(3) 已知 $\varphi(x)=\begin{cases}x^2-1, & x>2\\ ax+b, & x\leqslant 2\end{cases}$ 且 $\varphi'(2)$ 存在，则常数 a，b 的值为（　　）.

A. $a=2$，$b=1$　　B. $a=-1$，$b=5$

C. $a=4$，$b=-5$　　D. $a=3$，$b=-3$

(4) 若函数 $y=f(x)$ 有 $f'(x_0)=\frac{1}{2}$，则当 $\Delta x\to 0$ 时，该函数在点 $x=x_0$ 处的微分是（　　）.

A. 与 Δx 等价的无穷小　　B. 与 Δx 同阶的无穷小

C. 与 Δx 低阶的无穷小　　D. 与 Δx 高阶的无穷小

2. 填空题.

(1) 设 $y=\arccos\sqrt{x}$，则 $y'\left(\frac{1}{2}\right)=$________；

(2) 设 $f\left(\frac{1}{x}\right)=\cos x^2$，则 $f'(x)=$________；

(3) 设 $y=f(\ln x)$，其中 f 可导，则 $\mathrm{d}y=$________；

(4) 设某商品的成本函数为 $C(Q)=1\,000+\frac{Q^2}{8}$，则当产量 $Q=120$ 时的边际成本为________.

3. 设 $f(x)=\arcsin x$，$\varphi(x)=x^2$，求 $f[\varphi'(x)]$，$f'[\varphi(x)]$，$[f(\varphi(x))]'$.

4. 求下列函数的导数.

(1) $y=(\sqrt{x}+1)\left(\frac{1}{\sqrt{x}}-1\right)$；　　(2) $y=\sin mx\cos^n x$；

(3) $y=\ln\frac{\sqrt{e^x}}{x^2+1}$；　　(4) $y=\arctan x^2+5^{2x}$.

5. 求下列函数的二阶导数.

(1) $y=\ln(x+\sqrt{x^2+a^2})$；　　(2) $y=(4+x^2)\arctan\frac{x}{2}$.

6. 给定曲线 $y=x^2+5x+4$.

(1) 求过点 (0，4) 的切线；

(2) 确定 b，使直线 $y=3x+b$ 与曲线相切；

(3) 求过 (0，3) 点的切线.

7. 设 $y=(x+e^{-\frac{x}{2}})^{\frac{2}{3}}$，求 $\mathrm{d}y|_{x=0}$.

8. 设 $x^2y-e^{2x}=\sin y$，求 $\frac{\mathrm{d}y}{\mathrm{d}x}$.

9. 求 arctan1.02 的近似值.

本章练习 B

1. 选择题.

(1) 设函数 $f(x)$ 对任意的 x 均满足等式 $f(1+x)=af(x)$，且有 $f'(0)=b$，其中 a，b 为非零常数，则 $f(x)$ 在 $x=1$ 处（　　）.

A. 不可导　　B. 可导，且 $f'(1)=a$

C. 可导，且 $f'(1)=b$　　D. 可导，且 $f'(1)=ab$

(2) 设 $f(x)=\begin{cases}\dfrac{1-\cos x}{\sqrt{x}}, & x>0,\\ x^2 g(x), & x\leqslant 0,\end{cases}$ 其中 $g(x)$ 是有界函数，则 $f(x)$ 在 $x=0$ 处（　　）.

A. 极限不存在　　B. 极限存在，但不连续

C. 连续，但不可导　　D. 可导

(3) 设 $y=x^x$，则 $y''=$(　　).

A. $(1+\ln x)x^x$　　B. $(1+\ln x)^2x^x$

C. $(1+\ln x)x^x+x^{x-1}$　　D. $(1+\ln x)^2x^x+x^{x-1}$

(4) 设 $y=\ln\cos x$，则 $\mathrm{d}y=$(　　).

A. $\sec x\mathrm{d}x$　　B. $-\tan x\mathrm{d}x$

C. $\tan x\mathrm{d}x$　　D. $-\tan x$

2. 填空题.

(1) 设 $f(x)$ 在 x_0 处可导，则 $\lim\limits_{x\to 0}\dfrac{x}{f(x_0)-f(x_0+x)}=$__________；

(2) 设 $y=f(\ln x)$，则 $y''=$__________；

(3) 若 $f(t)=\lim\limits_{x\to\infty}t\left(1+\dfrac{1}{x}\right)^{2tx}$，则 $f'(t)=$__________；

(4) 曲线 $xy=1+x\sin y$ 在点 $\left(\dfrac{1}{\pi},\ \pi\right)$ 的切线方程为__________.

3. 求下列函数的导数.

(1) $y=\sin^4x-\cos^4x$；　　(2) $y=\dfrac{\mathrm{e}^x-\ln x}{\mathrm{e}^x+\ln x}$；

(3) $y=\sqrt{1+\cot(2x+1)}$；　　(4) $y=\ln\left(\arccos\dfrac{1}{x}\right)$.

4. $f(x)=x(x+1)(x+2)\cdots(x+2018)$，求 $f'(0)$.

5. 已知 $y=f\left(\dfrac{3x-2}{3x+2}\right)$，$f'(x)=\arcsin x^2$，求 $\left.\dfrac{\mathrm{d}y}{\mathrm{d}x}\right|_{x=0}$.

6. 设 $f(x)=\begin{cases}x^3\sin\dfrac{1}{x}, & x\neq 0\\ 0, & x=0\end{cases}$，讨论 $f'(x)$ 在 $x=0$ 处的连续性.

7. 设 $y=x^2\sin 2x$，计算 $y^{(10)}$.

8. 求曲线 $\begin{cases}x=\dfrac{1+t}{t^3}\\ y=\dfrac{3}{2t^2}+\dfrac{1}{2t}\end{cases}$ 在 $t=1$ 处的切线方程和法线方程.

9. 设生产某产品的固定成本为 60 000 元，可变成本为每件 20 元，价格函数为 $P=60-\dfrac{Q}{1\ 000}$，其中 Q 为销售量. 设供销平衡，求：

(1) 边际利润；

(2) 当 $P=10$ 元时价格上涨 1%时，收益增加（还是减少）的百分数.

本章练习 A 答案

1. 选择题.

(1) C； (2) B； (3) C； (4) B.

2. 填空题.

(1) -1； (2) $\frac{2}{x^3}\sin\frac{1}{x^2}$； (3) $\frac{f'(\ln x)}{x}\mathrm{d}x$； (4) 30.

3. **解** $\varphi'(x)=2x$，$f[\varphi'(x)]=\arcsin 2x$；

$f'(x)=\frac{1}{\sqrt{1-x^2}}$，$f'[\varphi(x)]=\frac{1}{\sqrt{1-(x^2)^2}}=\frac{1}{\sqrt{1-x^4}}$；

$$[f(\varphi(x))]'=f'[\varphi(x)]\cdot\varphi'(x)=2x\cdot f'[\varphi(x)]$$
$$=\frac{1}{\sqrt{1-x^4}}\cdot 2x=\frac{2x}{\sqrt{1-x^4}}.$$

4. **解** (1) $y=1-\sqrt{x}+\frac{1}{\sqrt{x}}-1$，所以 $y'=-\frac{1}{2}x^{-\frac{1}{2}}-\frac{1}{2}x^{-\frac{3}{2}}=-\frac{1}{2\sqrt{x}}-\frac{1}{2\sqrt{x^3}}$.

(2) $y'=m\cos mx\cdot\cos^n x+\sin mx\cdot n\cos^{n-1}x\cdot(-\sin x)=m\cos mx\cos^n x-n\sin mx\cos^{n-1}x\sin x$.

(3) $y=\ln\sqrt{\mathrm{e}^x}-\ln(x^2+1)=\frac{1}{2}x-\ln(x^2+1)$，所以 $y'=\frac{1}{2}-\frac{2x}{x^2+1}$.

(4) $y=\frac{1}{1+(x^2)^2}\cdot 2x+5^{2x}\ln 5\cdot 2=\frac{2x}{1+x^4}+2\cdot 5^{2x}\ln 5$.

5. **解** (1)
$$y'=\frac{1}{x+\sqrt{x^2+a^2}}\cdot\left(x+\sqrt{x^2+a^2}\right)'$$
$$=\frac{1}{x+\sqrt{x^2+a^2}}\cdot\left(1+\frac{2x}{2\sqrt{x^2+a^2}}\right)$$
$$=\frac{1}{x+\sqrt{x^2+a^2}}\cdot\frac{\sqrt{x^2+a^2}+x}{\sqrt{x^2+a^2}}$$
$$=\frac{1}{\sqrt{x^2+a^2}},$$

$$y''=\left(\frac{1}{\sqrt{x^2+a^2}}\right)'=-\frac{1}{2}(x^2+a^2)^{-\frac{3}{2}}\cdot(x^2+a^2)'=-\frac{x}{(x^2+a^2)^{\frac{3}{2}}};$$

(2) $y'=2x\arctan\frac{x}{2}+(4+x^2)\frac{1}{1+\left(\frac{x}{2}\right)^2}\cdot\frac{1}{2}=2x\arctan\frac{x}{2}+2$,

$$y''=2\arctan\frac{x}{2}+2x\frac{1}{1+\left(\frac{x}{2}\right)^2}\cdot\frac{1}{2}=2\arctan\frac{x}{2}+\frac{4x}{4+x^2}.$$

6. **解** $y'=2x+5$，即在曲线上任一点（x，y）处的切线的斜率为 $2x+5$.

（1）在（0，4）点切线的斜率为 $k=y'|_{x=0}=5$，所以切线方程为 $y-4=5(x-0)$，即 $y=5x+4$；

（2）若直线 $y=3x+b$ 为曲线的切线，则切点处的斜率为 3，则切点处 $x=-1$，$y=0$，代入 $y=3x+b$ 得 $b=3$；

（3）设切点为（x_0，y_0），则该点处的切线方程为 $y-y_0=(2x_0+5)(x-x_0)$，点（0，3）在切线上，故有

$$3-y_0=-(2x_0+5)x_0, \quad ①$$

又

$$y_0={x_0}^2+5x_0+4, \quad ②$$

联立①②，解得$\begin{cases}x_0=-1\\y_0=0\end{cases}$ 或 $\begin{cases}x_0=1,\\y_0=10.\end{cases}$

所以所求切线为 $y=3x+3$ 与 $y=7x+3$.

7. **解** $y'=\frac{2}{3}(x+e^{-\frac{x}{2}})^{-\frac{1}{3}}\cdot\left[1+e^{-\frac{x}{2}}\cdot\left(-\frac{1}{2}\right)\right]$，所以 $y'|_{x=0}=\frac{1}{3}$，故 $dy|_{x=0}=\frac{1}{3}dx$.

8. **解** 方程两边同时对 x 求导，把 y 当成 x 的函数，有 $2xy+x^2\frac{dy}{dx}-2e^{2x}=\cos y\cdot\frac{dy}{dx}$. 解得 $\frac{dy}{dx}=\frac{2(e^{2x}-xy)}{x^2-\cos y}$.

9. **解** 设 $f(x)=\arctan x$，则 $f'(x)=\frac{1}{1+x^2}$，取 $x_0=1$，$\Delta x=0.02$，根据 $f(x)\approx f(x_0)+f'(x_0)(x-x_0)$，可得 $\arctan 1.02\approx\arctan 1+\frac{1}{1+1^2}\cdot 0.02=\frac{\pi}{4}+0.01\approx 0.795$.

本章练习 B 答案

1. 选择题.

（1）D. 提示：由题意 $f(1)=af(0)$，根据定义 $f'(1)=\lim\limits_{\Delta x\to 0}\frac{f(1+\Delta x)-f(1)}{\Delta x}$

$$=\lim_{\Delta x\to 0}\frac{af(\Delta x)-af(0)}{\Delta x}=a\lim_{\Delta x\to 0}\frac{f(\Delta x)-f(0)}{\Delta x}=af'(0)=ab.$$

（2）D；（3）D；（4）B .

2. 填空题.

(1) $-\dfrac{1}{f'(x_0)}$；　　(2) $\dfrac{f''(\ln x)-f'(\ln x)}{x^2}$；

(3) $(1+2t)e^{2t}$；　　(4) $y=-\dfrac{\pi^2}{2}x+\dfrac{3}{2}\pi$.

3. **解** (1) $y=(\sin^2 x+\cos^2 x)(\sin^2 x-\cos^2 x)=\sin^2 x-\cos^2 x=-\cos 2x$，所以 $y'=2\sin 2x$.

(2) $y=1-\dfrac{2\ln x}{e^x+\ln x}$，所以

$$y=-\frac{(2\ln x)'(e^x+\ln x)-2\ln x(e^x+\ln x)'}{(e^x+\ln x)^2}$$

$$=-\frac{\dfrac{2}{x}(e^x+\ln x)-2\ln x\left(e^x+\dfrac{1}{x}\right)}{(e^x+\ln x)^2}=-\frac{2e^x(1-x\ln x)}{x(e^x+\ln x)^2}.$$

(3) $y'=\dfrac{1}{2\sqrt{1+\cot(2x+1)}}\cdot(1+\cot(2x+1))'=\dfrac{1}{2\sqrt{1+\cot(2x+1)}}\cdot$ $[-\csc^2(2x+1)]\cdot 2=-\dfrac{\csc^2(2x+1)}{\sqrt{1+\cot(2x+1)}}$.

(4) $$y'=\frac{1}{\arccos\dfrac{1}{x}}\left(\arccos\frac{1}{x}\right)'=\frac{1}{\arccos\dfrac{1}{x}}\cdot\left(-\frac{1}{\sqrt{1-\left(\dfrac{1}{x}\right)^2}}\right)\cdot\left(-\frac{1}{x^2}\right)$$

$$=\frac{1}{x^2\sqrt{1-\dfrac{1}{x^2}}\arccos\dfrac{1}{x}}.$$

4. **解** 利用导数的定义，

$$f'(0)=\lim_{x\to 0}\frac{f(x)-f(0)}{x-0}=\lim_{x\to 0}\frac{x(x+1)(x+2)\cdots(x+2018)-0}{x-0}$$

$$=\lim_{x\to 0}(x+1)(x+2)\cdots(x+2018)=1\cdot 2\cdot\cdots\cdot 2018=2018!$$

5. **解** $$\frac{dy}{dx}=f'\left(\frac{3x-2}{3x+2}\right)\cdot\left(\frac{3x-2}{3x+2}\right)'$$

$$=\arcsin\left(\frac{3x-2}{3x+2}\right)^2\cdot\frac{3\cdot(3x+2)-(3x-2)\cdot 3}{(3x+2)^2}$$

$$=\arcsin\left(\frac{3x-2}{3x+2}\right)^2\cdot\frac{12}{(3x+2)^2}$$

将 $x=0$ 代入得

$$\left.\frac{dy}{dx}\right|_{x=0}=\arcsin 1\cdot\frac{12}{4}=\frac{\pi}{2}\cdot 3=\frac{3\pi}{2}.$$

6. **解** 当 $x\neq 0$ 时，$f'(x)=\left(x^3\sin\dfrac{1}{x}\right)'=3x^2\sin\dfrac{1}{x}+x^3\cos\dfrac{1}{x}\cdot$

$\left(-\frac{1}{x^2}\right)=3x^2\sin\frac{1}{x}-x\cos\frac{1}{x}$；

当 $x=0$ 时，$f'(0)=\lim\limits_{x\to 0}\frac{f(x)-f(0)}{x-0}=\lim\limits_{x\to 0}\frac{x^3\sin\frac{1}{x}-0}{x-0}=\lim\limits_{x\to 0}x^2\sin\frac{1}{x}=0$；

所以 $f'(x)=\begin{cases}3x^2\sin\frac{1}{x}-x\cos\frac{1}{x}, & x\neq 0,\\ 0, & x=0;\end{cases}$

又 $\lim\limits_{x\to 0}f'(x)=\lim\limits_{x\to 0}3x^2\sin\frac{1}{x}-x\cos\frac{1}{x}=0=f'(0)$，故 $f'(x)$ 在 $x=0$ 处连续.

7. **解** 设 $u=\sin 2x$，$v=x^2$，则 $u^{(k)}=2^k\sin\left(2x+k\cdot\frac{\pi}{2}\right)$ $(k=1,2,\cdots)$，$v'=2x$，$v''=2$，…，$v^{(k)}=0$ $(k=3,4,\cdots)$，代入莱布尼茨公式得：

$$\begin{aligned}y^{(10)}&=2^{10}\sin\left(2x+10\cdot\frac{\pi}{2}\right)\cdot x^2+10\cdot 2^9\sin\left(2x+9\cdot\frac{\pi}{2}\right)\cdot 2x+\\&\quad\frac{10\times 9}{2!}\cdot 2^8\sin\left(2x+8\cdot\frac{\pi}{2}\right)\cdot 2\\&=2^{10}\left(-x^2\sin 2x+10x\cos 2x+\frac{45}{2}\sin 2x\right).\end{aligned}$$

8. **解** $\frac{\mathrm{d}y}{\mathrm{d}x}=\frac{\frac{\mathrm{d}y}{\mathrm{d}t}}{\frac{\mathrm{d}x}{\mathrm{d}t}}=\frac{-\frac{3}{t^3}-\frac{1}{2t^2}}{-\frac{3+2t}{t^4}}=\frac{3t+\frac{1}{2}t^2}{3+2t}$，故 $\left.\frac{\mathrm{d}y}{\mathrm{d}x}\right|_{t=1}=\frac{7}{10}$.

当 $t=1$ 时，$x=2$，$y=2$，故曲线在 $t=1$ 处的切线方程为 $y-2=\frac{7}{10}(x-2)$，即 $7x-10y+6=0$，法线方程为 $y-2=-\frac{10}{7}(x-2)$，即 $10x+7y-34=0$.

9. **解** (1) 利润函数为 $L(Q)=PQ-20Q-60\ 000=\left(60-\frac{Q}{1\ 000}\right)Q-20Q-60\ 000=-\frac{Q^2}{1\ 000}+40Q-60\ 000$；边际利润为 $L'(Q)=-\frac{Q}{500}+40$；

(2) 由已知 $Q=60\ 000-1\ 000P$，得

收益函数为 $R(Q)=PQ=P(60\ 000-1\ 000P)=60\ 000P-1\ 000P^2$；

收益的价格弹性为 $\frac{ER}{EP}=\frac{P}{R}\cdot\frac{\mathrm{d}R}{\mathrm{d}P}=\frac{P}{60\ 000P-1\ 000P^2}\cdot(60\ 000-2\ 000P)$.

当 $P=10$ 时，收益的价格弹性为 0.8. 所以当 $P=10$ 元时价格上涨 1% 时，收益增加 0.8%.

第 3 章

微分中值定理与导数的应用

知识结构图

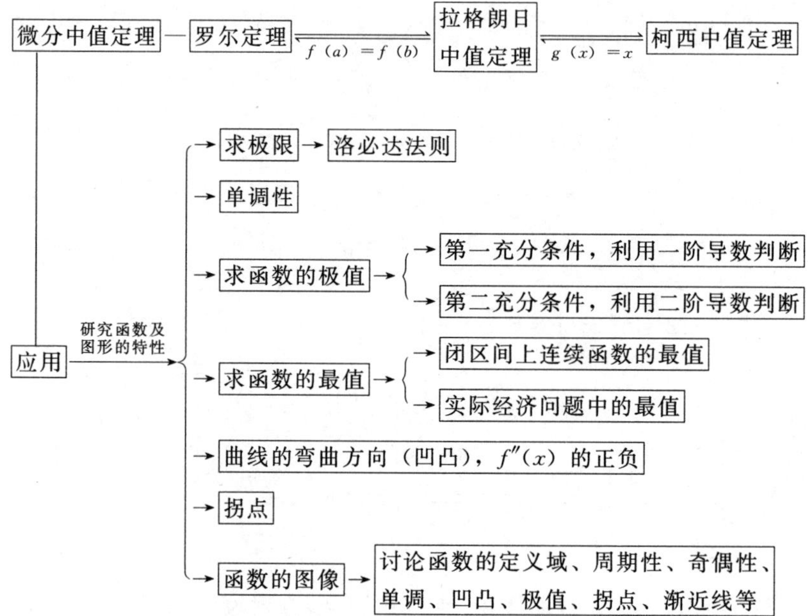

本章学习目标

- 理解罗尔定理、拉格朗日中值公式及其几何意义，会用定理证明方程根的存在性、含导数的等式、不等式，了解柯西中值定理及其应用；
- 熟练掌握利用洛必达法则求各种未定式极限的方法；
- 掌握用一阶导数判断函数的单调性和求极值的方法，会用单调性证明不等式；
- 会用二阶导数判断曲线的凹凸性，曲线的拐点；
- 能建立简单的目标函数并求其最大值或最小值.

3.1 微分中值定理

3.1.1 知识点分析

1. 罗尔定理

定理 函数 $f(x)$ 满足 (1) 在 $[a, b]$ 上连续；(2) 在 (a, b) 内可导；(3) $f(a)=f(b)$，则至少存在一点 $\xi\in(a, b)$，使 $f'(\xi)=0$.

注 (1) 中值定理的条件均为充分条件；

(2) 几何意义：在两端点在同一水平上的一段曲线上，至少有一条水平的切线；

(3) 可利用建立的辅助函数来证明方程的根的情况，证明含有导数的等式及拉格朗日中值定理和柯西中值定理.

2. 拉格朗日中值定理

定理 函数 $f(x)$ 满足 (1) 在 $[a, b]$ 上连续；(2) 在 (a, b) 内可导，则至少存在一点 $\xi\in(a, b)$，使 $f'(\xi)=\dfrac{f(b)-f(a)}{b-a}$. 或 $f(b)-f(a)=f'(\xi)(b-a)$.

注 (1) 几何意义：在一段曲线上至少有一条平行于端点弦的切线；

(2) 推论：若在区间 I 内恒有 $f'(x)=0$，则 $f(x)=C$；

(3) 可利用拉格朗日中值定理证明等式和不等式；

(4) 拉格朗日中值公式也可以写成 $f(x+\Delta x)-f(x)=f'(x+\theta\Delta x)\Delta x\ (0<\theta<1)$.

所以拉格朗日中值定理又称为有限增量定理.

3.1.2 典例解析

例 1 已知 $f(x)=x(x-1)(x-2)(x-3)$，判断方程 $f'(x)=0$ 的实根的情况.

解 因为 $f(x)$ 在 $(-\infty, +\infty)$ 上可导，且 $f(0)=f(1)=f(2)=f(3)=0$，在区间 $[0, 1]$，$[1, 2]$，$[2, 3]$ 上分别使用罗尔定理可得，存在 $\xi_1\in(0, 1)$，$\xi_2\in(1, 2)$，$\xi_3\in(2, 3)$，使 $f'(\xi_1)=0$，$f'(\xi_2)=0$，$f'(\xi_3)=0$. 而方程 $f'(x)=0$ 为三次方程，所以该方程恰好有三个实根，分别在区间 $(0, 1)$、$(1, 2)$、$(2, 3)$ 内.

例 2 证明等式 $\arctan x=\arcsin\dfrac{x}{\sqrt{1+x^2}}$.

证 因为 $-1<\dfrac{x}{\sqrt{1+x^2}}<1$，$x\in(-\infty, +\infty)$ 恒成立，令 $f(x)=$

$\arctan x-\arcsin\dfrac{x}{\sqrt{1+x^2}}$，$x\in(-\infty,\ +\infty)$，则

$$f'(x)=\frac{1}{1+x^2}-\frac{1}{\sqrt{1-\frac{x^2}{1+x^2}}}\cdot\frac{1\cdot\sqrt{1+x^2}-x\cdot\frac{2x}{2\sqrt{1+x^2}}}{1+x^2}=\frac{1}{1+x^2}-\frac{1}{1+x^2}=0.$$

由拉格朗日中值定理的推论知 $f(x)\equiv C$，$x\in(-\infty,\ +\infty)$，又因为 $f(0)=0$，所以 $f(x)=0$，$x\in(-\infty,\ +\infty)$，即 $\arctan x=\arcsin\dfrac{x}{\sqrt{1+x^2}}$.

例 3 函数 $f(x)$ 在 $[a,\ b]$ 上连续，在 $(a,\ b)$ 内可导，证明至少存在一点 $\xi\in(a,\ b)$，使 $f(\xi)+\xi f'(\xi)=\dfrac{bf(b)-af(a)}{b-a}$.

证 令 $F(x)=xf(x)-\dfrac{bf(b)-af(a)}{b-a}x$，则 $F(x)$ 在 $[a,\ b]$ 上连续，在 $(a,\ b)$ 内可导，且 $F(b)=bf(b)-\dfrac{bf(b)-af(a)}{b-a}b=\dfrac{ab(f(a)-f(b))}{b-a}$；$F(a)=af(a)-\dfrac{bf(b)-af(a)}{b-a}a=\dfrac{ab(f(a)-f(b))}{b-a}=F(b)$.

由罗尔定理知，至少存在一点 $\xi\in(a,\ b)$，使 $F'(\xi)=0$，即 $f(\xi)+\xi f'(\xi)-\dfrac{bf(b)-af(a)}{b-a}=0$. 所以 $f(\xi)+\xi f'(\xi)=\dfrac{bf(b)-af(a)}{b-a}$.

3.1.3 习题详解

1. 验证罗尔定理对函数 $y=\sin x$ 在区间 $\left[\dfrac{\pi}{6},\ \dfrac{5\pi}{6}\right]$ 上的正确性.

解 因为 $y'=\cos x$，而 $\sin\dfrac{\pi}{6}=\sin\dfrac{5\pi}{6}=\dfrac{1}{2}$，$\cos\dfrac{\pi}{2}=0$，$\dfrac{\pi}{2}\in\left(\dfrac{\pi}{6},\ \dfrac{5\pi}{6}\right)$，所以罗尔定理对函数 $y=\sin x$ 在区间 $\left[\dfrac{\pi}{6},\ \dfrac{5\pi}{6}\right]$ 上是正确的.

2. 验证拉格朗日中值定理对函数 $y=4x^3-6x^2-2$ 在区间 $[0,\ 1]$ 上的正确性.

解 因为 $y'=12x^2-12x$，$\dfrac{y(1)-y(0)}{1-0}=-2$，$12x^2-12x=-2$，解得 $x_{1,2}=\dfrac{3\pm\sqrt{3}}{6}\in(0,\ 1)$，所以拉格朗日中值定理对函数 $y=4x^3-6x^2-2$ 在区间 $[0,\ 1]$ 上是正确的.

3. 证明方程 $x^3+x-1=0$ 有且仅有一个正实根.

证 令 $f(x)=x^3+x-1$，$x\in R$，则 $f(0)=-1$，$f(1)=1$，由零点定理知，$f(x)$ 在 $(0,\ 1)$ 内有零点. 假设 $f(x)$ 有两个零点 x_1，x_2 即 $f(x_1)=$

$f(x_2)=0$，由罗尔定理知，$\exists\xi\in(x_1, x_2)$ 使 $f'(\xi)=0$，而 $f'(x)=3x^2+1$ 恒大于零，与假设矛盾，所以方程只有唯一的正实根介于 0，1 之间.

4. 不求导数，判别函数 $f(x)=x(x-1)(x-2)(x-3)$ 的导数满足方程 $f'(x)=0$ 的实根个数.

解 因为 $f'(x)=0$ 是三次方程，所以它最多有三个实根，而 $f(0)=f(1)=f(2)=f(3)=0$，在三个区间 (0, 1)，(1, 2)，(2, 3) 上分别使用罗尔定理得，在三个区间上分别有 x_1，x_2，x_3，使得 $f'(x_1)=f'(x_2)=f'(x_3)=0$，即方程 $f'(x)=0$ 有三个实根分别在区间 (0, 1)，(1, 2)，(2, 3) 内.

5. 证明恒等式 $\arctan x+\operatorname{arccot} x=\frac{\pi}{2}$，$x\in(-\infty, +\infty)$.

证 令 $f(x)=\arctan x+\operatorname{arccot} x$，$x\in(-\infty, +\infty)$，则 $f'(x)=\frac{1}{1+x^2}-\frac{1}{1+x^2}=0$，所以 $f(x)$ 是常函数. 又 $f(1)=\frac{\pi}{4}+\frac{\pi}{4}=\frac{\pi}{2}$，所以 $f(x)\equiv\frac{\pi}{2}$，即 $\arctan x+\operatorname{arccot} x\equiv\frac{\pi}{2}$.

6. 证明下列不等式.

(1) 当 $a>b>0$ 时，$3b^2(a-b)<a^3-b^3<3a^2(a-b)$；

(2) 当 $a>b>0$ 时，$\frac{a-b}{a}<\ln\frac{a}{b}<\frac{a-b}{b}$；

(3) $|\arctan a-\arctan b|\leqslant|a-b|$.

证 (1) 令 $f(x)=x^3$，则 $f'(x)=3x^2$，由拉格朗日中值定理知，$\exists\xi\in(b, a)$使 $f'(\xi)=3\xi^2=\frac{a^3-b^3}{a-b}$，$b<\xi<a$，$a^3-b^3=3\xi^2(a-b)$，所以 $3b^2(a-b)<a^3-b^3<3a^2(a-b)$.

(2) 令 $f(x)=\ln x$，$f'(x)=\frac{1}{x}$，由拉格朗日中值定理知，$\exists\xi\in(b, a)$ 使 $f'(\xi)=\frac{1}{\xi}=\frac{\ln a-\ln b}{a-b}$，$b<\xi<a$，$\ln\frac{a}{b}=\frac{a-b}{\xi}$，所以$\frac{a-b}{a}<\ln\frac{a}{b}<\frac{a-b}{b}$.

(3) 当 $a=b$ 时，不等式显然成立；当 $a\neq b$ 时，不妨设 $a>b$. 令 $f(x)=\arctan x$，$x\in(b, a)$，$f'(x)=\frac{1}{1+x^2}$，由拉格朗日中值定理知，$\exists\xi\in(b, a)$ 使 $f'(\xi)=\frac{1}{1+\xi^2}=\frac{\arctan a-\arctan b}{a-b}$，而$\frac{1}{1+\xi^2}\leqslant1$，$\arctan a-\arctan b\leqslant a-b$，当 $b>a$时同样成立，从而$|\arctan a-\arctan b|\leqslant|a-b|$.

3.2 洛必达法则

3.2.1 知识点分析

1. 利用洛必达法则直接求$\frac{0}{0}$和$\frac{\infty}{\infty}$型未定式

$$\lim \frac{f(x)}{g(x)}=\lim \frac{f'(x)}{g'(x)}.$$

2. 将$0\cdot\infty$，$\infty-\infty$，0^0，1^∞，$(+\infty)^0$等型的未定式经恒等变换化成$\frac{0}{0}$或$\frac{\infty}{\infty}$型未定式后再利用洛必达法则求解

注 (1) 使用时要验证是否满足条件；

(2) 可与第1章中学过的方法配合使用；

(3) 如果满足条件可以多次使用.

3.2.2 典例解析

例1 求下列极限.

(1) $\lim\limits_{x\to 0}\left(\frac{1}{\sin^2 x}-\frac{\cos^2 x}{x^2}\right)$；　　(2) $\lim\limits_{x\to 1}(1-x)\tan\frac{\pi}{2}x$；

(3) $\lim\limits_{x\to 0}(1-\cos x)^x$；　　(4) $\lim\limits_{x\to 0}\left(\frac{1+2^x+4^x}{3}\right)^{\frac{1}{x}}$.

解 (1) 该题为$\infty-\infty$型未定式，通分化为$\frac{0}{0}$型未定式.

$$\text{原式}=\lim_{x\to 0}\left(\frac{x^2-\sin^2 x\cos^2 x}{x^2\sin^2 x}\right)=\lim_{x\to 0}\frac{x+\sin x\cos x}{x}\cdot\lim_{x\to 0}\frac{x-\frac{1}{2}\sin 2x}{x^3}$$

$$=2\lim_{x\to 0}\frac{1-\cos 2x}{3x^2}=\frac{2}{3}\lim_{x\to 0}\frac{\frac{(2x)^2}{2}}{x^2}=\frac{4}{3};$$

(2) $\text{原式}=\lim\limits_{x\to 1}\frac{1-x}{\cos\frac{\pi}{2}x}\cdot\lim\limits_{x\to 1}\sin\frac{\pi}{2}x=\lim\limits_{x\to 1}\frac{-1}{-\frac{\pi}{2}\sin\frac{\pi}{2}x}=\frac{2}{\pi}$；

(3) $\lim\limits_{x\to 0}(1-\cos x)^x=e^{\lim\limits_{x\to 0}x\ln(1-\cos x)}$，而

$$\lim_{x\to 0}x\ln(1-\cos x)=\lim_{x\to 0}\frac{\ln(1-\cos x)}{x^{-1}}=\lim_{x\to 0}\frac{\sin x}{-x^{-2}(1-\cos x)},$$

$\lim\limits_{x\to 0}\frac{x}{-x^{-2}\cdot\frac{x^2}{2}}=\lim\limits_{x\to 0}(-2x)=0$，所以原式$=e^0=1$；

（4）$\lim\limits_{x\to 0}\left(\dfrac{1+2^x+4^x}{3}\right)^{\frac{1}{x}}=e^{\lim\limits_{x\to 0}\frac{\ln(1+2^x+4^x)-\ln 3}{x}}$，而 $\lim\limits_{x\to 0}\dfrac{\ln(1+2^x+4^x)-\ln 3}{x}=$ $\lim\limits_{x\to 0}\dfrac{2^x\ln 2+4^x\ln 4}{1+2^x+4^x}=\dfrac{3\ln 2}{3}=\ln 2$，所以原式$=e^{\ln 2}=2$.

3.2.3 习题详解

1. 求下列函数的极限.

（1）$\lim\limits_{x\to\frac{\pi}{2}}\dfrac{\ln\sin x}{(\pi-2x)^2}$；

（2）$\lim\limits_{x\to a}\dfrac{x^5-a^5}{x^3-a^3}$；

（3）$\lim\limits_{x\to 0}\dfrac{e^x-e^{-x}}{\tan x}$；

（4）$\lim\limits_{x\to+\infty}\dfrac{\ln\left(1+\frac{2}{x}\right)}{\operatorname{arccot}x}$；

（5）$\lim\limits_{x\to\frac{\pi}{2}}\dfrac{\tan x}{\tan 5x}$；

（6）$\lim\limits_{x\to+\infty}\dfrac{x^3}{e^x}$；

（7）$\lim\limits_{x\to 0}x\cot 3x$；

（8）$\lim\limits_{x\to 0}x^2e^{\frac{1}{x^2}}$；

（9）$\lim\limits_{x\to 1}\left(\dfrac{2}{x^2-1}-\dfrac{1}{x-1}\right)$；

（10）$\lim\limits_{x\to\infty}\left(\cos\dfrac{1}{x}\right)^x$.

解 （1）$\lim\limits_{x\to\frac{\pi}{2}}\dfrac{\ln\sin x}{(\pi-2x)^2}=\lim\limits_{x\to\frac{\pi}{2}}\dfrac{\frac{\cos x}{\sin x}}{2(\pi-2x)\cdot(-2)}=-\dfrac{1}{4}\lim\limits_{x\to\frac{\pi}{2}}\dfrac{\cos x}{\pi-2x}$

$$=-\frac{1}{4}\lim_{x\to\frac{\pi}{2}}\frac{-\sin x}{-2}=-\frac{1}{8};$$

（2）$\lim\limits_{x\to a}\dfrac{x^5-a^5}{x^3-a^3}=\lim\limits_{x\to a}\dfrac{5x^4}{3x^2}=\dfrac{5a^2}{3}$；

（3）$\lim\limits_{x\to 0}\dfrac{e^x-e^{-x}}{\tan x}=\lim\limits_{x\to 0}\dfrac{e^x+e^{-x}}{\sec^2 x}=2$；

（4）$\lim\limits_{x\to+\infty}\dfrac{\ln\left(1+\frac{2}{x}\right)}{\operatorname{arccot}x}=\lim\limits_{x\to+\infty}\dfrac{\dfrac{\frac{-2}{x^2}}{\frac{x+2}{x}}}{\dfrac{-1}{1+x^2}}=2\lim\limits_{x\to+\infty}\dfrac{1+x^2}{x(x+2)}=2$；

（5）$\lim\limits_{x\to\frac{\pi}{2}}\dfrac{\tan x}{\tan 5x}=\lim\limits_{x\to\frac{\pi}{2}}\dfrac{\sec^2 x}{5\sec^2 5x}=\lim\limits_{x\to\frac{\pi}{2}}\dfrac{\cos^2 5x}{5\cos^2 x}=\lim\limits_{x\to\frac{\pi}{2}}\dfrac{-10\cos 5x\sin 5x}{-10\cos x\sin x}=\lim\limits_{x\to\frac{\pi}{2}}\dfrac{\cos 5x}{\cos x}$

$$=\lim_{x\to\frac{\pi}{2}}\frac{-5\sin 5x}{-\sin x}=5;$$

（6）$\lim\limits_{x\to+\infty}\dfrac{x^3}{e^x}=\lim\limits_{x\to+\infty}\dfrac{3x^2}{e^x}=\lim\limits_{x\to+\infty}\dfrac{6x}{e^x}=\lim\limits_{x\to+\infty}\dfrac{6}{e^x}=0$；

（7）$\lim\limits_{x\to 0}x\cot 3x=\lim\limits_{x\to 0}\dfrac{x\cos 3x}{\sin 3x}=\lim\limits_{x\to 0}\dfrac{x}{\sin 3x}=\lim\limits_{x\to 0}\dfrac{1}{3\cos 3x}=\dfrac{1}{3}$；

(8) $\lim\limits_{x\to 0}x^2e^{x^{-2}}=\lim\limits_{x\to 0}\dfrac{e^{x^{-2}}}{x^{-2}}=\lim\limits_{x\to 0}\dfrac{e^{x^{-2}}(-2x^{-3})}{-2x^{-3}}=+\infty$;

(9) $\lim\limits_{x\to 1}\left(\dfrac{2}{x^2-1}-\dfrac{1}{x-1}\right)=\lim\limits_{x\to 1}\dfrac{1-x}{x^2-1}=\lim\limits_{x\to 1}\dfrac{-1}{2x}=-\dfrac{1}{2}$;

(10) $\lim\limits_{x\to\infty}\left(\cos\dfrac{1}{x}\right)^x=e^{\lim\limits_{x\to\infty}\frac{\ln(\cos\frac{1}{x})}{\frac{1}{x}}}=e^{\lim\limits_{x\to\infty}\frac{\frac{1}{\cos\frac{1}{x}}\cdot(-\sin\frac{1}{x})\cdot(-\frac{1}{x^2})}{-\frac{1}{x^2}}}=e^0=1.$

2. 验证函数$\lim\limits_{x\to\infty}\dfrac{x+\sin x}{x-\sin x}$极限存在，但不能用洛必达法则求出.

解 $\lim\limits_{x\to\infty}\dfrac{x+\sin x}{x-\sin x}=\lim\limits_{x\to\infty}\dfrac{1+\dfrac{\sin x}{x}}{1-\dfrac{\sin x}{x}}=\dfrac{1+0}{1-0}=1.$

但用洛必达法则，得$\lim\limits_{x\to\infty}\dfrac{1+\cos x}{1-\cos x}$，分子和分母的极限都不存在.

3.3 函数的单调性与极值

3.3.1 知识点分析

1. 函数单调性的判断

定理 函数 $f(x)$ 在 $[a, b]$ 上连续，在 (a, b) 内可导，则有：
若$\forall x\in(a, b)$，$f'(x)>0$，那么 $f(x)$ 在 $[a, b]$ 上单调递增；
若$\forall x\in(a, b)$，$f'(x)<0$，那么 $f(x)$ 在 $[a, b]$ 上单调递减.

注 (1) 区间可扩展为任意区间；
(2) 个别点处导数为零或不存在，不影响结论的正确性；
(3) 利用单调性可以证明不等式（构造辅助函数）.

2. 极值

(1) 极值的定义：$\forall x\in\mathring{U}(x_0)$，恒有 $f(x)<f(x_0)$（或 $f(x)>f(x_0)$），则称 $f(x_0)$ 为 $f(x)$ 的一个极大值（或极小值），x_0称为函数的极值点. 极大值与极小值统称为函数的极值.

(2) 函数的驻点和不可导点有可能是其极值点.

(3) 极值的判断.

第一充分条件：设函数 $f(x)$ 在 x_0 处连续，在 $\mathring{U}(x_0)$ 内可导，若当 $x\in(x_0-\delta, x_0)$ 时，$f'(x)>0$，而 $x\in(x_0, x_0+\delta)$ 时，$f'(x)<0$，则 $f(x_0)$ 是 $f(x)$ 的极大值；若当 $x\in(x_0-\delta,x_0)$ 时，$f'(x)<0$，而 $x\in(x_0,x_0+\delta)$ 时，$f'(x)>0$，则 $f(x_0)$ 是 $f(x)$ 的极小值；若当 $x\in\mathring{U}(x_0,\delta)$ 时，$f'(x)$ 的符号保持不变，则 $f(x_0)$ 不是极值.

第二充分条件：$f(x)$ 在 x_0处 $f'(x_0)=0$，$f''(x_0)$ 存在，则有若 $f''(x_0)$

>0，$f(x_0)$ 是 $f(x)$ 的极小值；若 $f''(x_0)<0$，$f(x_0)$ 是 $f(x)$ 的极大值；若$f''(x_0)=0$，不能确定，这时就要由第一充分条件去判断.

注 求函数的极值时，需先求得函数的所有驻点和不可导点，然后再判断.

3.3.2 典例解析

例 1 讨论函数 $f(x)=x^3-3x+1$ 的单调性并求其极值

解 $x\in(-\infty,+\infty)$，$f'(x)=3x^2-3=3(x-1)(x+1)$，令 $f'(x)=0$，得驻点 $x=\pm1$.

x	$(-\infty,-1)$	-1	$(-1,1)$	1	$(1,+\infty)$
$f'(x)$	+	0	−	0	+
$f(x)$	单调递增	极大值 3	单调递减	极小值−1	单调递增

例 2 确定函数 $f(x)=(x-1)x^{\frac{2}{3}}$ 的单调区间与极值.

解 函数的定义域为 $x\in(-\infty,+\infty)$，$f'(x)=\dfrac{5x-2}{3\sqrt[3]{x}}$，令 $f'(x)=0$ 得驻点 $x=\dfrac{2}{5}$，$x=0$ 为不可导点；列表确定函数的单调区间与极值如下：

x	$(-\infty,0)$	0	$\left(0,\frac{2}{5}\right)$	$\frac{2}{5}$	$\left(\frac{2}{5},+\infty\right)$
$f'(x)$	+	不存在	−	0	+
$f(x)$	单调递增	极大值 0	单调递减	极小值$-\frac{3}{25}\sqrt[3]{20}$	单调递增

故极小值为 $f\left(\dfrac{2}{5}\right)=-\dfrac{3}{25}\sqrt[3]{20}$，极大值为 $f(0)=0$；区间$\left[0,\dfrac{2}{5}\right]$上函数单调减少，在区间 $(-\infty,0)$，$\left(\dfrac{2}{5},+\infty\right)$上函数单调增加.

例 3 证明 $1+x\ln(x+\sqrt{1+x^2})\geqslant\sqrt{1+x^2}$，$x\in(-\infty,+\infty)$.

证 令 $f(x)=1+x\ln(x+\sqrt{1+x^2})-\sqrt{1+x^2}$，$x\in(-\infty,+\infty)$，则 $f(0)=0$，$f'(x)=\ln(x+\sqrt{1+x^2})+x\cdot\dfrac{1}{x+\sqrt{1+x^2}}\cdot\left(1+\dfrac{2x}{2\sqrt{1+x^2}}\right)-\dfrac{2x}{2\sqrt{1+x^2}}=\ln(x+\sqrt{1+x^2})$.

当 $x>0$ 时，函数单调递增；

当 $x<0$ 时，$0<x+\sqrt{1+x^2}<1$，$\ln(x+\sqrt{1+x^2})<0$，函数单调递减.

所以 $f(x)$ 在 $x=0$ 处取得极小值，故有 $f(x)\geqslant 0$，

即 $1+x\ln(x+\sqrt{1+x^2})-\sqrt{1+x^2}\geqslant 0$，

所以 $1+x\ln(x+\sqrt{1+x^2})\geqslant\sqrt{1+x^2}$，$x\in(-\infty,+\infty)$.

3.3.3 习题详解

1. 求下列函数的单调区间.

(1) $y=\arctan x-x$；　　(2) $y=x+\sin x$；

(3) $y=2x+\dfrac{8}{x}$；　　(4) $y=x^3+x^2-x-1$.

解 (1) $x\in(-\infty,+\infty)$，因为 $y'=\dfrac{1}{1+x^2}-1=\dfrac{-x^2}{1+x^2}\leqslant 0$，仅有 $y'(0)=0$，所以函数在 $(-\infty,+\infty)$ 上单调递减；

(2) $x\in(-\infty,+\infty)$，因为 $y'=1+\cos x$，所以 $y'\geqslant 0$，仅有 $y'((2k+1)\pi)=0$，k 为整数，所以函数在 $(-\infty,+\infty)$ 上单调递增；

(3) $x\in(-\infty,0)\cup(0,+\infty)$，因为 $y'=2-\dfrac{8}{x^2}=\dfrac{2x^2-8}{x^2}=\dfrac{2(x+2)(x-2)}{x^2}$，令 $y'=0$，得驻点 $x=-2$，$x=2$，当 $x>2$ 和 $x<-2$ 时，$y'>0$，当 $-2<x<0$ 和 $0<x<2$ 时，$y'<0$，所以函数在 $(2,+\infty)$ 和 $(-\infty,-2)$ 上单调递增，在 $[-2,0)$ 和 $(0,2]$ 上单调递减；

(4) $x\in(-\infty,+\infty)$，$y'=3x^2+2x-1=(x+1)(3x-1)$，令 $y'=0$，得驻点 $x=-1$，$x=\dfrac{1}{3}$，当 $x>\dfrac{1}{3}$ 和 $x<-1$ 时，$y'>0$，当 $-1<x<\dfrac{1}{3}$ 时，$y'<0$，所以函数在 $\left(\dfrac{1}{3},+\infty\right)$ 和 $(-\infty,-1)$ 上单调递增，在 $\left[-1,\dfrac{1}{3}\right]$ 上单调递减.

2. 求下列函数的极值.

(1) $y=2x^3-3x^2+6$；　(2) $y=x-\ln(1+x)$；　(3) $y=x+\sqrt{1-x}$；

(4) $y=2-(x+1)^{\frac{2}{3}}$；　(5) $y=e^x+e^{-x}$；　(6) $y=x+\cos x$.

解 (1) $y=2x^3-3x^2+6$，$x\in(-\infty,+\infty)$，$y'=6x^2-6x=6x(x-1)$，令 $y'=0$，得驻点 $x=1$，$x=0$，当 $x>1$ 和 $x<0$ 时，$y'>0$，当 $0<x<1$ 时，$y'<0$，所以 $y(0)=6$ 为函数的极大值，$y(1)=5$ 为函数的极小值；

(2) $y=x-\ln(1+x)$，$x\in(-1,+\infty)$，$y'=1-\dfrac{1}{1+x}=\dfrac{x}{1+x}$，令 $y'=0$，得驻点 $x=0$，当 $x>0$ 时，$y'>0$，当 $-1<x<0$ 时，$y'<0$，所以 $y(0)=0$ 为函数的极小值；

(3) $y=x+\sqrt{1-x}$，$x\in(-\infty,\ 1]$，$y'=1+\dfrac{-1}{2\sqrt{1-x}}=\dfrac{2\sqrt{1-x}-1}{2\sqrt{1-x}}$，令 $y'=0$，得驻点 $x=\dfrac{3}{4}$，当 $x<\dfrac{3}{4}$时，$y'>0$，当$\dfrac{3}{4}<x<1$ 时，$y'<0$，所以 $y\left(\dfrac{3}{4}\right)=\dfrac{5}{4}$为函数的极大值；

(4) $y=2-(x+1)^{\frac{2}{3}}$，$x\in(-\infty,\ +\infty)$，$y'=-\dfrac{2}{3}(x+1)^{-\frac{1}{3}}$，函数在 $x=-1$ 时不可导；当 $x<-1$ 时，$y'>0$，当 $x>-1$ 时，$y'<0$，所以 $y(-1)=2$ 为函数的极大值；

(5) $y=e^{x}+e^{-x}$，$x\in(-\infty,\ +\infty)$，$y'=e^{x}-e^{-x}=e^{-x}\ (e^{2x}-1)$，令 $y'=0$，得驻点 $x=0$，当 $x>0$ 时，$y'>0$，当 $x<0$ 时，$y'<0$，所以 $y(0)=2$ 为函数的极小值；

(6) $y=x+\cos x$，$x\in(-\infty,\ +\infty)$，$y'=1-\sin x$，因为 $y'\geqslant 0$，所以函数没有极值.

3. 证明下列不等式.

(1) 当 $x>0$ 时，$1+\dfrac{1}{2}x>\sqrt{1+x}$；

(2) 当 $0<x<\dfrac{\pi}{2}$时，$\sin x+\tan x>2x$.

证 令 $f(x)=1+\dfrac{1}{2}x-\sqrt{1+x}$，$x\in[0,\ +\infty)$，$f(0)=0$，$f'(x)=\dfrac{1}{2}-\dfrac{1}{2\sqrt{1+x}}=\dfrac{\sqrt{1+x}-1}{2\sqrt{1+x}}>0$，$x\in(0,\ +\infty)$，所以函数单调递增，$f(x)\geqslant 0$，所以当 $x>0$ 时，$1+\dfrac{1}{2}x>\sqrt{1+x}$；

(2) 当 $0<x<\dfrac{\pi}{2}$时，$\sin x+\tan x>2x$.

证 方法一：令 $f(x)=\sin x+\tan x-2x$，$x\in\left[0,\ \dfrac{\pi}{2}\right)$，$f(0)=0$，$f'(x)=\cos^2 x+\dfrac{1}{\cos^2 x}-2=\left(\cos x-\dfrac{1}{\cos x}\right)^2>0$，$x\in\left(0,\ \dfrac{\pi}{2}\right)$，所以函数单调递增，$f(x)\geqslant 0$，所以当 $0<x<\dfrac{\pi}{2}$时，$\sin x+\tan x>2x$；

方法二：接上法 $f'(x)=\cos x+\dfrac{1}{\cos^2 x}-2=\dfrac{\cos^3 x-2\cos^2 x+1}{\cos^2 x}$，再令 $g(x)=\cos^3 x-2\cos^2 x+1$，$x\in\left[0,\ \dfrac{\pi}{2}\right)$，则 $g(0)=0$，$g'(x)=(3\cos^2 x-4\cos x)\cdot(-\sin x)=\sin x\cos x(4-3\cos x)>0$，$x\in\left(0,\ \dfrac{\pi}{2}\right)$，所以 $g(x)$ 在$x\in\left[0,\ \dfrac{\pi}{2}\right)$

上单调递增，当 $x\in\left(0,\ \frac{\pi}{2}\right)$时，$g(x)>g(0)=0$，所以 $f'(x)>0$，所以$f(x)$ 在 $x\in\left[0,\ \frac{\pi}{2}\right)$上单调递增，即 $\forall x\in\left(0,\ \frac{\pi}{2}\right)$，恒有 $f(x)>f(0)=0$，故有当 $x\in\left(0,\ \frac{\pi}{2}\right)$时，$\sin x+\tan x>2x$.

3.4 曲线的凹凸性与拐点　函数图形的描绘

3.4.1 知识点分析

1. 曲线凹凸性的判断

定理：函数 $f(x)$ 在 $[a,\ b]$ 上连续，在 $(a,\ b)$ 内有二阶导数，则有：

(1) 若 $\forall x\in(a,\ b)$，$f''(x)>0$，那么 $f(x)$ 在 $[a,\ b]$ 上的图形是凹的；

(2) 若 $\forall x\in(a,\ b)$，$f'(x)<0$，那么 $f(x)$ 在 $[a,\ b]$ 上的图形是凸的.

2. 拐点

定义：曲线上凹凸曲线弧的分界点 $(x_0,\ f(x_0))$ 称为曲线的拐点.

可能的拐点：二阶导数为零的点和二阶导数不存在的点.

拐点的判断：上述点的左右邻域二阶导数由负变正或由正变负，对应曲线上的点即是拐点.

3. 斜渐近线

若$\lim\limits_{x\to\infty}\frac{f(x)}{x}=k\neq 0$，$\lim\limits_{x\to\infty}[f(x)-kx]=b$，则直线 $y=kx+b$ 是曲线 $y=f(x)$ 的斜渐近线.

3.4.2 典例解析

例 1 确定下列曲线的凹凸区间与拐点.

(1) $f(x)=\frac{1}{x^2-4x+4}$；(2) $f(x)=x(x-1)^{\frac{5}{3}}$；(3) $f(x)=\mathrm{e}^{\arctan x}$.

解 (1) 函数的定义域为 $x\in(-\infty,\ 2)\cup(2,\ +\infty)$，$f'(x)=-2(x-2)^{-3}$，$f''(x)=6(x-2)^{-4}>0$，所以曲线在定义区间上是凹的，没有拐点.

(2) 函数的定义域为 $x\in(-\infty,\ +\infty)$，$f'(x)=(x-1)^{\frac{2}{3}}\left(\frac{8}{3}x-1\right)$，$f''(x)=\frac{10(4x-3)}{9\sqrt[3]{x-1}}$，令 $f''(x)=0$，得 $x=\frac{3}{4}$，而 $x=1$ 时，$f''(x)$ 不存在，列表确定曲线的凹凸区间与拐点如下：

x	$\left(-\infty, \frac{3}{4}\right)$	$\frac{3}{4}$	$\left(\frac{3}{4}, 1\right)$	1	$(1, +\infty)$
$f''(x)$	+	0	−	不存在	+
$f(x)$ 的图形	凹	拐点$\left(\frac{3}{4}, -\frac{3\sqrt[3]{4}}{64}\right)$	凸	拐点 $(1, 0)$	凹

(3) 函数的定义域为 $x\in(-\infty, +\infty)$，$f'(x)=\frac{1}{1+x^2}e^{\arctan x}$，$f''(x)=\frac{1-2x}{(1+x^2)^2}e^{\arctan x}$，令$f''(x)=0$，得 $x=\frac{1}{2}$，当 $x<\frac{1}{2}$时，$f''(x)>0$，所以曲线在 $x\in\left(-\infty, \frac{1}{2}\right)$内凹；当 $x>\frac{1}{2}$ 时，$f''(x)<0$，所以曲线在 $x\in\left(\frac{1}{2}, +\infty\right)$内凸，拐点为$\left(\frac{1}{2}, e^{\arctan\frac{1}{2}}\right)$.

例 2 求曲线 $y=2x+\frac{8}{x}$的斜渐近线.

解 $\lim\limits_{x\to\infty}\frac{y}{x}=\frac{2x+\frac{8}{x}}{x}=\lim\limits_{x\to\infty}\left(2+\frac{8}{x^2}\right)=2$，$\lim\limits_{x\to\infty}[y-2x]=\lim\limits_{x\to\infty}\left(2x+\frac{8}{x}-2x\right)=0$，所以曲线的斜渐近线为 $y=2x$.

3.4.3 习题详解

1. 求下列曲线的凹凸区间和拐点.

(1) $y=3x-2x^2$；　　(2) $y=xe^{-x}$；

(3) $y=(x+1)^2+e^x$；　　(4) $y=\ln(x^2+1)$.

解 (1) $y=3x-2x^2$，$x\in(-\infty, +\infty)$，$y'=3-4x$，$y''=-4<0$，所以曲线在 $(-\infty, +\infty)$ 内凸；

(2) $y=xe^{-x}$，$x\in(-\infty, +\infty)$，$y'=e^{-x}(1-x)$，$y''=(x-2)e^{-x}$，令$y''=0$，得 $x=2$，当 $x\in(-\infty, 2)$ 时，$y''<0$，曲线凸，当 $x\in(2, +\infty)$ 时，$y''>0$，曲线凹，拐点为 $(2, 2e^{-2})$；

(3) $y=(x+1)^2+e^x$，$x\in(-\infty, +\infty)$，$y'=2(x+1)+e^x$，$y''=2+e^x$，因为 $y''>0$，所以曲线在 $(-\infty, +\infty)$ 凹；

(4) $y=\ln(x^2+1)$，$x\in(-\infty, +\infty)$，$y'=\frac{2x}{1+x^2}$，$y''=\frac{2(1-x^2)}{(1+x^2)^2}$，令$y''=0$ 得 $x=-1$，$x=1$，当 $x\in(-\infty, -1)$或$(1, +\infty)$ 时，$y''<0$，曲线凸，当 $x\in(-1, 1)$ 时，$y''>0$，曲线凹，拐点为 $(-1, \ln 2)$，$(1, \ln 2)$.

2. 当 a，b 为何值时，点 $(1, 3)$ 为曲线 $y=ax^3+bx^2$ 的拐点？

解 由题意知 $y(1)=3$，$y''(1)=0$，代入曲线方程得 $a+b=3$，　①

$y'=3ax^2+2bx$，$y''=6ax+2b$，所以 $6a+2b=0$，　②

解方程组①②得 $a=-\frac{3}{2}$，$b=\frac{9}{2}$.

3. 作出函数 $y=x^4-6x^2+8x$ 的图形.

解 $y=x^4-6x^2+8x$，$x\in(-\infty, +\infty)$，$y'=4x^3-12x+8$，$y''=12x^2-12$. 令 $y'=(x-1)^2(x+2)=0$ 得 $x=1$，$x=-2$，$y''=0$ 得 $x=-1$，$x=1$，列表确定曲线的单调及凹凸区间，极值与拐点如下：

x	$(-\infty, -2)$	-2	$(-2, -1)$	-1	$(-1, 1)$	1	$1, +\infty$
y'	$-$	○	$+$		$+$	○	$+$
y''	$+$		$+$	○	$-$	○	$+$
y	减凹	极小值-24	增凹	拐点 $(-1, -13)$	增凸	拐点 $(1, 3)$	增凹

图形如图 3.1 所示。

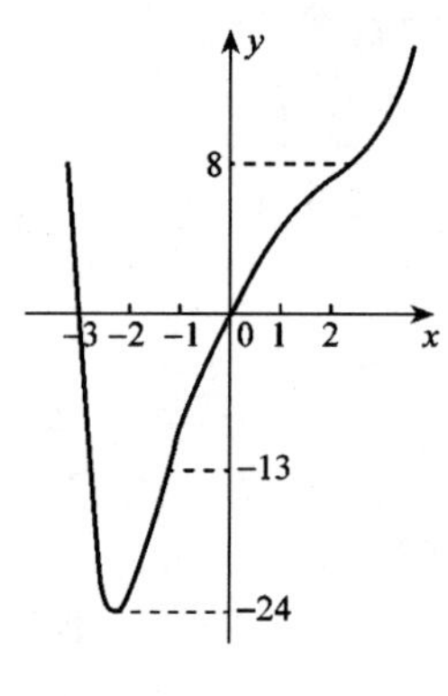

图 3.1

3.5 函数的最大值与最小值及其在经济学上的应用

3.5.1 知识点分析

(1) 最值与极值的区别：极值是局部的概念，可以有多个，极值点只能在区间内部；最大值和最小值是整体的概念，只能有一个，可以在区间内部，也可能在区间的端点取得.

(2) 求最值的步骤：确定函数的定义域，求出其一阶导数，获得所有驻点、不可导点及区间端点，并求出这些点的函数值，比较它们的大小即可得到最值.

(3) 若函数 $f(x)$ 在开区间 I 上连续，并只有一个极值点 x_0，则函数在 x_0处取得最值. 若 $f(x_0)$ 是极大值，那么 $f(x_0)$ 就是 $f(x)$ 在区间 I 上的最大值；若 $f(x_0)$ 是极小值，那么 $f(x_0)$ 就是 $f(x)$ 在区间 I 上的最小值.

（4）应用题需依据题意建立目标函数，并获得其唯一驻点及其驻点处的函数值，即为所求.

3.5.2 典例解析

例 1 求下列函数的最大值、最小值.

（1）$f(x)=|x^2-2x-3|$，$x\in[-2,5]$；

（2）$f(x)=x^2\ln x$，$x\in[e^{-1},4]$.

解 （1）由 $(x^2-2x-3)'=2x-2=0$ 得 $x=1$，函数 $f(x)$ 在 $x=-1$，$x=3$ 处不可导，而 $f(-2)=5, f(-1)=f(3)=0$，$f(1)=4$，$f(5)=12$，所以函数的最大值为 12，最小值为 0.

（2）$f'(x)=2x\ln x+x=x(2\ln x+1)$，令 $f'(x)=0$，得 $x=e^{-\frac{1}{2}}$，而 $\frac{1}{e}<e^{-\frac{1}{2}}<4$，$f(e^{-1})=-\frac{1}{e^2}$，$f(e^{\frac{-1}{2}})=\frac{-1}{2e}$，$f(4)=16\ln 4$. 所以函数的最大值为 $f(4)=16\ln 4$，最小值为 $f(e^{-\frac{1}{2}})=-\frac{1}{2e}$.

例 2 一商家销售某种机械设备，其价格 P 与销售量 x 满足：$P(x)=12-0.5x$(万元/台)，设备的销售成本为 $C(x)=1+2x$（万元），求销售量为多少时商家获得最大利润.

解 由题意知，销售该设备的利润函数为 $L(x)=x(12-0.5x)-(1+2x)=-0.5x^2+10x-1$，令 $L'(x)=-x+10=0$ 得 $x=10$，即商家销售 10 台这种设备时可获得 49 万元的最大利润.

3.5.3 习题详解

1. 求下列函数的最大值、最小值.

（1）$y=2x^3-3x^2-80$，$-1\leqslant x\leqslant 4$；

（2）$y=x^4-8x^2$，$-1\leqslant x\leqslant 3$；

（3）$y=x+\sqrt{1-x}$，$-5\leqslant x\leqslant 1$.

解 （1）$y'=6x^2-6x=6x(x-1)$，令 $y'=0$ 得 $x=1$，$x=0$，$y(-1)=-85$，$y(0)=-80$，$y(1)=-81$，$y(4)=0$，所以，最大值为 $y(4)=0$，最小值为 $y(-1)=-85$.

（2）$y'=4x^3-16x=4x(x-2)(x+2)$，令 $y'=0$ 得 $x=0$，$x=-2$，$x=2$，$y(-1)=-7$，$y(0)=0$，$y(2)=-16$，$y(3)=9$，所以函数的最大值 $y(3)=9$，最小值 $y(2)=-16$；

（3）$y'=1+\frac{-1}{2\sqrt{1-x}}=\frac{2\sqrt{1-x}-1}{2\sqrt{1-x}}$，令 $y'=0$ 得 $x=\frac{3}{4}$，$y(-5)=-5+\sqrt{6}$，$y\left(\frac{3}{4}\right)=\frac{5}{4}$，$y(1)=1$，所以，最大值为 $y\left(\frac{3}{4}\right)=\frac{5}{4}$，最小值为 $y(-5)=$

$-5+\sqrt{6}$.

2. 求下列经济问题中的最大值或最小值.

(1) 设价格函数为 $P=15e^{-\frac{x}{3}}$（x 为产量），求最大收益时的产量、价格和收益；

(2) 假设某种商品的需求量 Q 是单价 P 的函数，$Q=12\ 000-80P$，商品的总成本 C 是需求量 Q 的函数 $C=25\ 000+50Q$，每单位商品需纳税 2. 试求使销售利润最大的商品价格和最大利润；

(3) 设某企业在生产一种产品 x 件时的总收益为 $R(x)=100x-x^2$，总成本函数 $C(x)=200+50x+x^2$，问政府对每件商品征收货物税为多少时，在企业获得最大利润的情况下，总税额最大？

解 (1) 收益 $R=15xe^{\frac{-x}{3}}$，$\frac{dR}{dx}=15e^{\frac{-x}{3}}\left(1-\frac{x}{3}\right)=0$，得唯一驻点 $x=3$，即当产量为 3 时可获最大收益 $R=45e^{-1}$，此时价格为 $P=15e^{-1}$；

(2) 利润函数 $L(P)=(P-2)Q-25\ 000-50Q=-80P^2+16\ 160P-649\ 000$，$\frac{dL}{dP}=-160P+16\ 160=0$，得唯一驻点 $P=101$，即单价为 101 元时可获得最大利润为 $L(101)=167\ 080$ 元；

(3) 设每件产品征收货物税为 t，则利润函数为 $L(x)=R(x)-C(x)-T(x)=100x-x^2-(200+50x+x^2)-tx=-2x^2+(50-t)x-200$，令 $L'(x)=-4x+(50-t)=0$，得 $x=\frac{50-t}{4}$，又 $L''(x)=-4<0$，所以 $L\left(\frac{50-t}{4}\right)$ 为最大利润，此时产量为 $x=\frac{50-t}{4}$，税收为 $T(x)=tx=\frac{t(50-t)}{4}$，令 $T'(t)=\frac{1}{2}(25-t)=0$，得 $t=25$，而 $T''(t)=-\frac{1}{2}<0$，所以当每件产品征收货物税为 25 时，在企业获得最大利润的情况下，总税额最大.

复习题 3 解答

1. 选择题.

(1) 设 a，b 为方程 $f(x)=0$ 的两根，$f(x)$ 在 $[a, b]$ 上连续，(a, b) 内可导，则 $f'(x)=0$ 在 (a, b) 内（　　）.

A. 只有一个实根　　B. 至少有一个实根

C. 没有实根　　D. 至少有两个实根

(2) 设函数 $f(x)$ 在点 x_0 处连续，在 x_0 的某个去心邻域内可导，且在 $x\neq x_0$ 时，$(x-x_0)f'(x)>0$，则 $f(x_0)$ 是（　　）.

A. 极小值　　B. 极大值

C. x_0 为 $f(x)$ 的驻点　　D. x_0 不是 $f(x)$ 的极值点

(3) 设 $f(x)$ 具有二阶连续导数，且 $f'(0)=0$，$\lim\limits_{x\to 0}\dfrac{f''(x)}{|x|}=1$，则(　　).

A. $f(0)$ 是 $f(x)$ 的极大值

B. $f(0)$ 是 $f(x)$ 的极小值

C. $(0, f(0))$ 是曲线的拐点

D. $f(0)$ 不是 $f(x)$ 的极值，$(0, f(0))$ 不是曲线的拐点

解 (1) B　(2) A　(3) C

2. 设 $a_0+\dfrac{a_1}{2}+\cdots+\dfrac{a_n}{n+1}=0$，证明：多项式 $f(x)=a_0+a_1x+\cdots+a_nx^n$ 在 $(0, 1)$ 内至少有一个零点.

证 令 $\varphi(x)=a_0x+\dfrac{a_1}{2}x^2+\cdots+\dfrac{a_n}{n+1}x^{n+1}$，则 $\varphi(1)=a_0+\dfrac{a_1}{2}+\cdots+\dfrac{a_n}{n+1}=0$，$\varphi(0)=0$.

由罗尔定理知至少存在一点 $\xi\in(0, 1)$ 使 $\varphi'(\xi)=0$，即 $a_0+a_1\xi+\cdots+a_n\xi^n=0$，所以 $f(x)$ 在 $(0, 1)$ 在内至少有一个零点.

3. 设函数 $f(x)$ 在 $[0, 1]$ 上连续，在 $(0, 1)$ 内可导，且 $f(1)=0$. 证明：至少存在一点 $\xi\in(0, 1)$，使 $3f(\xi)+\xi f'(\xi)=0$.

证 令 $\varphi(x)=x^3f(x)$，则 $\varphi(x)$ 在 $[0, 1]$ 上连续，在 $(0, 1)$ 内可导，且有 $\varphi(0)=0$，$\varphi(1)=f(1)=0$，由罗尔定理知至少存在一点 $\xi\in(0, 1)$ 使 $\varphi'(\xi)=0$，即 $3\xi^2f(\xi)+\xi^3f'(\xi)=0$，所以 $3f(\xi)+\xi f'(\xi)=0$.

4. 求下列极限.

(1) $\lim\limits_{x\to 0}\dfrac{e^x+e^{-x}-2}{x^2}$；　(2) $\lim\limits_{x\to+\infty}\left(\dfrac{2}{\pi}\arctan x\right)^{2x}$；

(3) $\lim\limits_{x\to\frac{\pi}{2}}(\sec x-\tan x)$.

解 (1) $\lim\limits_{x\to 0}\dfrac{e^x+e^{-x}-2}{x^2}=\lim\limits_{x\to 0}\dfrac{e^x-e^{-x}}{2x}=\lim\limits_{x\to 0}\dfrac{e^x+e^{-x}}{2}=1$；

(2) 令 $y=\left(\dfrac{2}{\pi}\arctan x\right)^{2x}$，则

$$\ln y=2x\ln\left(\frac{2}{\pi}\arctan x\right)=\frac{2\left(\ln\frac{2}{\pi}+\ln\arctan x\right)}{x^{-1}},$$

$$\lim_{x\to+\infty}\ln y=\lim_{x\to+\infty}\frac{2\left(\ln\frac{2}{\pi}+\ln\arctan x\right)}{x^{-1}}=\lim_{x\to+\infty}\frac{\frac{2}{\arctan x}\cdot\frac{1}{1+x^2}}{-x^{-2}},$$

$$=-\frac{4}{\pi}\lim_{x\to+\infty}\frac{x^2}{1+x^2}=-\frac{4}{\pi}\lim_{x\to+\infty}\frac{1}{1+\frac{1}{x^2}}=-\frac{4}{\pi},$$

所以 $\lim\limits_{x\to+\infty}\left(\dfrac{2}{\pi}\arctan x\right)^{2x}=e^{-\frac{4}{\pi}}$；

(3) $\lim\limits_{x\to\frac{\pi}{2}}(\sec x-\tan x)=\lim\limits_{x\to\frac{\pi}{2}}\dfrac{1-\sin x}{\cos x}=\lim\limits_{x\to\frac{\pi}{2}}\dfrac{-\cos x}{-\sin x}=0.$

5. 证明下列不等式：

(1) 当 $0<x_1<x_2<\dfrac{\pi}{2}$时，$\dfrac{x_2}{x_1}<\dfrac{\tan x_2}{\tan x_1}$；

(2) 当 $x>0$ 时，$\ln(1+x)>\dfrac{\arctan x}{1+x}$.

证 (1) 令 $f(x)=\dfrac{\tan x}{x}$，$x\in\left(0,\dfrac{\pi}{2}\right)$，则 $f'(x)=\dfrac{x\sec^2 x-\tan x}{x^2}=\dfrac{x-\sin x\cos x}{(x\cos x)^2}$，再令 $\varphi(x)=x-\sin x\cos x=x-\dfrac{1}{2}\sin 2x$，$x\in\left[0,\dfrac{\pi}{2}\right)$，$\varphi(0)=0$，则在$\left(0,\dfrac{\pi}{2}\right)$内，$\varphi'(x)=1-\cos 2x>0$，所以 $\varphi(x)$ 在 $x\in\left[0,\dfrac{\pi}{2}\right)$上单调递增，$x\in\left(0,\dfrac{\pi}{2}\right)$时，$\varphi(x)>0$，则 $f'(x)>0$，$f(x)$ 单调递增，则 $f(x_1)<f(x_2)$，即$\dfrac{\tan x_1}{x_1}<\dfrac{\tan x_2}{x_2}$，所以$\dfrac{x_2}{x_1}<\dfrac{\tan x_2}{\tan x_1}$；

(2) 令 $f(x)=(1+x)\ln(1+x)-\arctan x$，$x\in[0,+\infty)$，则 $f(0)=0$，$f'(x)=\ln(1+x)+1-\dfrac{1}{1+x^2}>0$，$f(x)$ 在 $[0,+\infty)$ 上单调递增，$f(x)\geqslant f(0)=0$，所以当 $x>0$ 时 $f(x)>0$，即 $(1+x)\ln(1+x)>\arctan x$，故有 $\ln(1+x)>\dfrac{\arctan x}{1+x}$.

6. 求下列经济问题的最大、最小值：

(1) 某超市一年内要分批购进毛巾 2 400 件，每条毛巾批发价为 6 元（购进），每条毛巾每年占用银行资金为 10%利率，每批毛巾的采购费用为160 元，问分几批购进时，才能使上述两项开支之和最少（不包括商品批发价）？

(2) 某企业生产产品 x 件时，总成本函数为 $C(x)=ax^2+bx+c$，总收益函数为 $R(x)=\alpha x^2+\beta x$（a，b，c，α，$\beta>0$，$a>\alpha$），当企业按最大利润投产时，对每件产品征收税额为多少时才能使总税额最大？

解 (1) 设分 x 批购进毛巾，则每批购进的毛巾条数为$\dfrac{2\,400}{x}$，那么两项开支之和为 $C(x)=6\times\dfrac{2\,400}{x}\times 0.1+160x=\dfrac{2\,400}{x}+160x$，求导得 $C'(x)=-\dfrac{2\,400}{x^2}+160$.

令 $C'(x)=0$，解得 $x=3$，又 $C''(x)=\dfrac{2\,880}{x^3}$，$C''(3)>0$，所以 $x=3$ 时函数取极小值，亦取最小值，即分 3 批购进时，才能使两项开支之和最少.

(2) 设每件产品征收税额为 t，则利润函数为 $L(x)=R(x)-C(x)-$

$T(x)=\alpha x^2+\beta x-(ax^2+bx+c)-tx=(\alpha-a)x^2+(\beta-b-t)x-c$，令 $L'(x)=2(\alpha-a)x+(\beta-b-t)=0$，得 $x=\dfrac{\beta-b-t}{2(a-\alpha)}$，又 $L''(x)=2(\alpha-a)<0$，所以 $L\left(\dfrac{\beta-b-t}{2(\alpha-a)}\right)$为最大利润. 此时产量为 $x=\dfrac{\beta-b-t}{2(a-\alpha)}$，税收为 $T(x)=tx=\dfrac{(\beta-b-t)t}{2(a-\alpha)}$，令 $T'(t)=\dfrac{(\beta-b)-2t}{2(a-\alpha)}=0$，得 $t=\dfrac{\beta-b}{2}$，而 $T''(t)=\dfrac{1}{\alpha-a}<0$，所以当企业按最大利润投产且每件产品征收税额为 $t=\dfrac{\beta-b}{2}$时，才能使总税额最大.

本章练习 A

1. 选择题.

(1) 下列求极限的问题中，能够使用洛比达法则的是（　　）.

A. $\lim\limits_{x\to1}\dfrac{x+\ln x}{x-1}$　　B. $\lim\limits_{x\to0}\dfrac{x-\sin x}{x\sin x}$　　C. $\lim\limits_{x\to\infty}\dfrac{x+\cos x}{x-\cos x}$　　D. $\lim\limits_{x\to\infty}\dfrac{\sqrt{1+x^2}}{x}$

(2) 若点 $(x_0, f(x_0))$ 是曲线 $y=f(x)$ 的拐点，则（　　）.

A. 必有 $f''(x_0)$ 存在且等于零

B. 必有 $f''(x_0)$ 存在但不一定等于零

C. 如果 $f''(x_0)$ 存在，必等于零

D. 如果 $f''(x_0)$ 存在，必不等于零

(3) 设在$[0, 1]$上，$f''(x)>0$，则 $f'(1)$，$f'(0)$，$f(1)-f(0)$ 和 $f(0)-f(1)$的大小顺序为（　　）.

A. $f'(1)>f'(0)>f(1)-f(0)$　　B. $f'(1)>f(1)-f(0)>f'(0)$

C. $f(1)-f(0)>f'(1)>f'(0)$　　D. $f'(1)>f(0)-f(1)>f'(0)$

(4) 若 $f(x)=-f(-x)$，在 $(0, +\infty)$ 内 $f'(x)>0$，$f''(x)>0$，则 $f(x)$ 在 $(-\infty, 0)$ 内（　　）.

A. $f'(x)<0, f''(x)<0$　　B. $f'(x)<0$，$f''(x)>0$

C. $f'(x)>0$，$f''(x)<0$　　D. $f'(x)>0$，$f''(x)>0$

2. 填空题.

(1) 设 $f(x)=ax^2+bx+c$，则在 (x_1, x_2) 内存在 ξ，使 $f(x_2)-f(x_1)=f'(\xi)(x_2-x_1)$ 成立，此时 $\xi=$__________.

(2) 极限$\lim\limits_{x\to0}\dfrac{1-x^2-\mathrm{e}^{-x^2}}{\sin^4(2x)}=$__________.

(3) 曲线 $y=\mathrm{e}^{-x^2}$ 的凹区间为__________，凸区间为__________.

3. 求下列极限.

(1) $\lim\limits_{x\to0}\left(\dfrac{1}{x^2}-\dfrac{1}{x\tan x}\right)$；　　(2) $\lim\limits_{x\to+\infty}x\left(\dfrac{\pi}{4}-\arctan\dfrac{x}{1+x}\right)$；

(3) $\lim\limits_{x \to 0^+} (\tan x)^{\sin x}$.

4. 证明不等式：当 $0<x<\frac{\pi}{2}$ 时，$x<\tan x<\frac{x}{\cos^2 x}$.

5. 证明等式：当 $x \geqslant 1$ 时，$\arctan x-\frac{1}{2}\arccos \frac{2x}{1+x^2}=\frac{\pi}{4}$.

6. 求函数 $f(x)=x^3-3x^2-45x+1$ 的极值.

7. 设函数 $f(x)$ 在 $[0，\pi]$ 上连续，在 $(0，\pi)$ 上可导，证明：在 $(0，\pi)$ 内至少存在一点 ξ，使 $f'(\xi)\sin\xi+f(\xi)\cos\xi=0$.

8. 一商家销售某种商品的价格满足关系 $P(x)=7x-0.2x^2$（单位：万元/t），x 为销售量（单位：t），商品的成本函数是 $C(x)=3x+1$（万元).

(1) 若每销售 1 t 商品，政府要征税 t（万元），求该商家获最大利润时的销售量；

(2) 当 t 取何值时，政府税收总额最大？

本章练习 B

1. 选择题.

(1) 在 $[-1，1]$ 上满足罗尔定理所有条件的函数是（　　）.

A. $y=3^x$　　B. $y=\ln|x|$

C. $y=x^2-1$　　D. $y=\frac{1}{x^2-1}$

(2) 曲线 $y=\frac{4x-1}{(x-2)^2}$（　　）.

A. 只有水平渐近线　　B. 只有垂直渐近线

C. 没有渐近线　　D. 既有水平渐近线又有垂直渐近线

(3) 设 $f(x)$ 的导数在点 $x=a$ 连续，又 $\lim\limits_{x \to a}\frac{f'(x)}{x-a}=-1$，则 $x=a$ 是 $f(x)$ 的（　　）.

A. 极大值点　　B. 极小值点

C. 不是极值点　　D. 不能确定是否是极值点

(4) 函数 $f(x)$ 在 $(a，b)$ 内可导，则在 $(a，b)$ 内 $f'(x)>0$ 是函数 $f(x)$ 在 $(a，b)$ 内单调增加的（　　）.

A. 必要非充分条件　　B. 充分非必要条件

C. 充分必要条件　　D. 无关条件

2. 填空题.

(1) 曲线 $y=\frac{\sin x}{x(2x-1)}$ 的水平渐近线为________，垂直渐近线为________.

(2) 极限 $\lim\limits_{x \to +\infty}\left(\frac{\pi}{2}-\arctan x\right)^{\frac{1}{\ln x}}=$__________.

(3) 函数 $y=x^2+\frac{16}{x}$在区间 $(0, +\infty)$ 上的最小值是__________.

3. 求下列极限.

(1) $\lim\limits_{x\to 0}\left(\frac{x}{x-1}-\frac{1}{\ln x}\right)$;

(2) $\lim\limits_{x\to 0}\frac{\ln(1+x^2)}{\sec x-\cos x}$;

(3) $\lim\limits_{x\to 0}\left(\frac{1+3^x+9^x}{3}\right)^{\frac{1}{x}}$.

4. 证明不等式：当 $x>1$ 时，$\frac{\ln(1+x)}{\ln x}>\frac{x}{1+x}$.

5. 求 $y=\frac{2x}{\ln x}$的极值点、单调区间、凹凸区间和拐点.

6. 求函数 $y=x^2\ln x$ 在区间$\left[\frac{1}{4}, 1\right]$上的最大值与最小值.

7. 设 $f(x)$ 在闭区间 $[a, b]$ 上连续，在开区间 (a, b) 内可导，证明：在 (a, b) 内至少存在一点 ξ，使得$\frac{e^b f(b)-e^a f(a)}{b-a}=e^\xi f(\xi)+e^\xi f'(\xi)$.

8. 证明方程 $x\ln x+\frac{1}{e}=0$ 只有一个实根.

本章练习 A 答案

1. 选择题.

(1) B； (2) C； (3) B； (4) C.

2. 填空题.

(1) $\frac{x_1+x_2}{2}$； (2) $-\frac{1}{32}$；

(3) $\left(-\infty, -\frac{\sqrt{2}}{2}\right]$和$\left[\frac{\sqrt{2}}{2}, +\infty\right)$，$\left[-\frac{\sqrt{2}}{2}, \frac{\sqrt{2}}{2}\right]$.

3. **解** (1) $\lim\limits_{x\to 0}\left(\frac{1}{x^2}-\frac{1}{x\tan x}\right)=\lim\limits_{x\to 0}\frac{\tan x-x}{x^2\tan x}=\lim\limits_{x\to 0}\frac{\tan x-x}{x^3}=\lim\limits_{x\to 0}\frac{\sec^2 x-1}{3x^2}$

$$=\lim_{x\to 0}\frac{\tan^2 x}{3x^2}=\frac{1}{3};$$

(2) $$\lim_{x\to+\infty}x\left(\frac{\pi}{4}-\arctan\frac{x}{1+x}\right)=\lim_{x\to+\infty}\frac{\frac{\pi}{4}-\arctan\frac{x}{1+x}}{\frac{1}{x}}$$

$$=\lim_{x\to+\infty}\frac{-\frac{1}{1+\left(\frac{x}{1+x}\right)^2}\frac{1+x-x}{(1+x)^2}}{-\frac{1}{x^2}}$$

$$=\lim_{x\to+\infty}\frac{x^2}{(1+x)^2+x^2}=\frac{1}{2};$$

(3) $$\lim_{x\to0^+}(\tan x)^{\sin x}=\lim_{x\to0^+}e^{\ln\tan x^{\sin x}}=\lim_{x\to0^+}e^{\sin x\ln\tan x}=e^{\lim\limits_{x\to0^+}\frac{\ln\tan x}{\csc x}}=e^{\lim\limits_{x\to0^+}\frac{\frac{1}{\tan x}\sec^2 x}{-\csc x\cot x}}$$

$$=e^{\lim\limits_{x\to0^+}-\frac{\sin x}{\cos^2 x}}=e^0=1.$$

4. **证** 令 $f(t)=\tan t$，则当 $0<x<\frac{\pi}{2}$ 时，$f(t)$ 在 $[0, x]$ 上连续，在 $(0, x)$ 上可导，根据拉格朗日中值定理 $f'(\xi)=\frac{f(x)-f(0)}{x-0}$，$\xi\in(0, x)$，即 $\sec^2\xi=\frac{\tan x}{x}$.

由于 $0<\xi<x$，则 $\sec^2 0<\sec^2\xi=\frac{\tan x}{x}<\sec^2 x$，即 $x<\tan x<x\sec^2 x$，所以当 $0<x<\frac{\pi}{2}$ 时，$x<\tan x<\frac{x}{\cos^2 x}$.

5. **证** 令 $f(x)=\arctan x-\frac{1}{2}\arccos\frac{2x}{1+x^2}-\frac{\pi}{4}$，则

$$f'(x)=\frac{1}{1+x^2}+\frac{1}{2}\frac{1}{\sqrt{1-\left(\frac{2x}{1+x^2}\right)^2}}\cdot\frac{2\cdot(1+x^2)-4x^2}{(1+x^2)^2}$$

$$=\frac{1}{1+x^2}+\frac{1}{2}\cdot\frac{1+x^2}{x^2-1}\cdot\frac{2(1-x^2)}{(1+x^2)^2}\equiv0\quad(x>1).$$

由于 $f(x)$ 在 $[1, +\infty)$ 上连续，所以 $f(x)$ 在 $[1, +\infty)$ 上恒为常数，故 $f(x)=f(1)=0$，即 $\arctan x-\frac{1}{2}\arccos\frac{2x}{1+x^2}=\frac{\pi}{4}$.

6. **解** 令 $f'(x)=3x^2-6x-45=0$ 得 $x_1=-3$，$x_2=5$，又 $f''(x)=6x-6$，$f''(-3)=-24<0$，故 $f(-3)=82$ 为函数的极大值；$f''(5)=24>0$，故 $f(5)=-174$ 为函数的极小值.

7. **证** 令 $\varphi(x)=f(x)\sin x$，则 $\varphi(x)$ 在 $[0, \pi]$ 上连续，在 $(0, \pi)$ 上可导，且 $\varphi(\pi)=\varphi(0)=0$，由罗尔定理，至少存在一点 $\xi\in(0, \pi)$，使得 $\varphi'(\xi)=0$，即 $f'(\xi)\sin\xi+f(\xi)\cos\xi=0$.

8. **解** (1) 总成本：$C(x)=3x+1$，总收益：$R(x)=xP(x)=7x-0.2x^2$，总税收：$T(x)=tx$，总利润：$L(x)=R(x)-C(x)-T(x)=-0.2x^2+(4-t)x-1$，令 $L'(x)=-0.4x+4-t=0$，得 $x=\frac{20-5t}{2}$，又 $L''(x)=-0.4<0$，所以 $L\left(\frac{20-5t}{2}\right)$ 为最大利润，即该商家获最大利润时的销售量为 $\frac{20-5t}{2}$.

(2) 税收为 $T(x)=tx=\frac{t(20-5t)}{2}=\frac{-5t^2+20t}{2}$ $(t>0)$，令 $T'=-5t+10$

$=0$，得 $t=2$（万元）. 又 $T''=-5<0$，所以当 $t=2$（万元）时，总税收取得最大值.

本章练习 B 答案

1. 选择题.

（1）C；　（2）D；　（3）A；　（4）B.

2. 填空题.

（1）$y=0$，$x=\frac{1}{2}$；　（2）e^{-1}；　（3）12.

3. **解**　（1）$\lim\limits_{x\to 1}\left(\frac{x}{x-1}-\frac{1}{\ln x}\right)=\lim\limits_{x\to 1}\frac{x\ln x-x+1}{(x-1)\ln x}=\lim\limits_{x\to 1}\frac{\ln x+x\cdot\frac{1}{x}-1}{\ln x+(x-1)\cdot\frac{1}{x}}$

$$=\lim_{x\to 1}\frac{\ln x}{\ln x+1-\frac{1}{x}}=\lim_{x\to 1}\frac{\frac{1}{x}}{\frac{1}{x}+\frac{1}{x^2}}=\frac{1}{2};$$

（2）$\lim\limits_{x\to 0}\frac{\ln(1+x^2)}{\sec x-\cos x}=\lim\limits_{x\to 0}\frac{x^2}{\sec x-\cos x}=\lim\limits_{x\to 0}\frac{2x}{\sec x\tan x+\sin x}$

$$=\lim_{x\to 0}\frac{2x}{\sin x(\sec^2 x+1)}=\lim_{x\to 0}\frac{2}{\sec^2 x+1}=1;$$

（3）$\lim\limits_{x\to 0}\left(\frac{1+3^x+9^x}{3}\right)^{\frac{1}{x}}=\lim\limits_{x\to 0}e^{\ln\left(\frac{1+3^x+9^x}{3}\right)^{\frac{1}{x}}}=\lim\limits_{x\to 0}e^{\frac{1}{x}\ln\left(\frac{1+3^x+9^x}{3}\right)}=e^{\lim\limits_{x\to 0}\frac{\ln(1+3^x+9^x)-\ln 3}{x}}$

$$=e^{\lim\limits_{x\to 0}\frac{\frac{3^x\ln 3+9^x\ln 9}{1+3^x+9^x}}{1}}=e^{\lim\limits_{x\to 0}\frac{\ln 27}{3}}=e^{\ln 3}=3.$$

4. **证**　不等式即 $(1+x)\ln(1+x)>x\ln x$.

令 $f(x)=x\ln x$，$x>1$，$f'(x)=\ln x+1>0$，所以 $f(x)$ 在 $[1,+\infty)$ 上单调递增.

故有当 $x>1$ 时，$f(1+x)>f(x)$，即 $(1+x)\ln(1+x)>x\ln x$，原不等式成立.

5. **解**　定义域为 $(0,1)\cup(1,+\infty)$；$y'=\frac{2(\ln x-1)}{(\ln x)^2}$，$y''=\frac{2(2-\ln x)}{x(\ln x)^3}$，令 $y'=0$ 得驻点 $x=e$，令 $y''=0$ 得 $x=e^2$. 列表得

x	$(0,1)$	$(1,e)$	e	(e,e^2)	e^2	$(e^2,+\infty)$
y'	$-$	$-$	0	$+$	$+$	$+$
y''	$-$	$+$	$+$	$+$	0	$-$
y	单减凸	单减凹	极小值 2e	单增凹	拐点 (e^2,e^2)	单增凸

故 $x=e$ 为极小值点，极小值为 $f(e)=2e$；在区间 $(0,1)$，$(1,e)$ 上函

数单调减少，在区间（e，$+\infty$）上函数单调增加；凹区间为（1，e^2），凸区间为（0，1），（e^2，$+\infty$）；拐点为（e^2，e^2）.

6. **解** 函数 $y=x^2\ln x$ 在区间$\left[\frac{1}{4}, 1\right]$上连续，故在$\left[\frac{1}{4}, 1\right]$一定存在最大值和最小值，$y'=2x\ln x+x$，令 $y'=x(2\ln x+1)=0$ 得驻点 $x=\frac{1}{\sqrt{e}}\in\left(\frac{1}{4}, 1\right)$，没有不可导点. 而 $y\left(\frac{1}{\sqrt{e}}\right)=-\frac{1}{2e}$，$y\left(\frac{1}{4}\right)=-\frac{\ln 2}{8}$，$y(1)=0$ 比较可得，函数在 $x=1$ 处取得最大值 0，在 $x=\frac{1}{\sqrt{e}}$处取得最小值$-\frac{1}{2e}$.

7. **证** 令 $\varphi(x)=e^x f(x)$，则 $\varphi(x)$在 $[a, b]$ 上连续，在 (a, b) 内可导，由拉格朗日中值定理，至少存在一点 $\xi\in(a, b)$，使得 $\varphi'(\xi)=\frac{\varphi(b)-\varphi(a)}{b-a}$，即$\frac{e^b f(b)-e^a f(a)}{b-a}=e^\xi f(\xi)+e^\xi f'(\xi)$.

8. **证** 令 $f(x)=x\ln x+\frac{1}{e}$，$(x>0)$，则 $f'(x)=1+\ln x$，令 $f'(x)=0$ 得 $x=\frac{1}{e}$，此为唯一的驻点，且 $f\left(\frac{1}{e}\right)=0$，又 $f''(x)=\frac{1}{x}$，$f''\left(\frac{1}{e}\right)=e>0$，所以$f(x)$ 在 $(0, +\infty)$ 上，$x=\frac{1}{e}$时取得极小值，也是函数的最小值，即当 $x\neq\frac{1}{e}$时，$f(x)>f\left(\frac{1}{e}\right)=0$，故方程只有 $x=\frac{1}{e}$一个实根.

第 4 章

不定积分

知识结构图

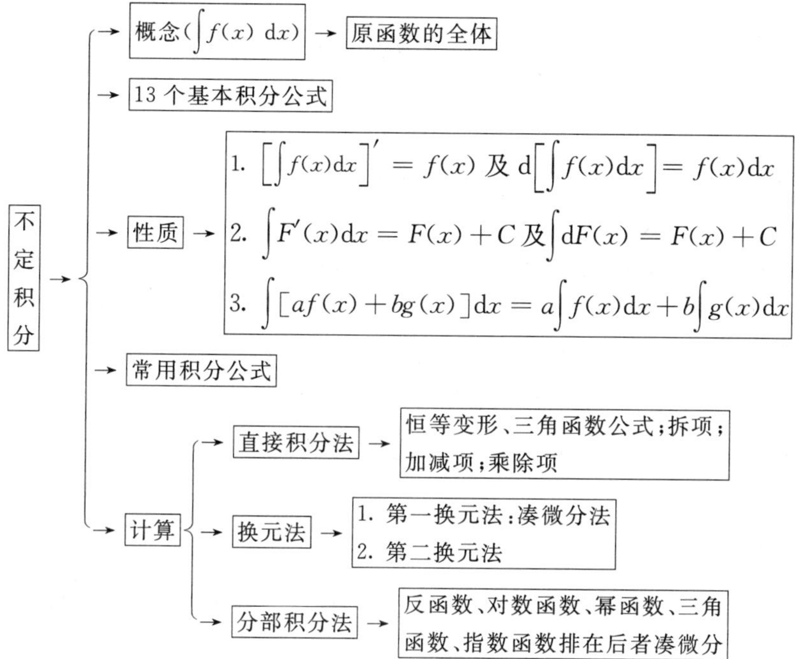

本章学习目标

- 理解原函数与不定积分的概念及性质;
- 熟练掌握不定积分的基本公式;
- 熟练掌握不定积分的第一类和第二类换元积分法，不定积分的分部积分法;
- 了解不定积分的几何意义.

4.1　不定积分的概念与性质

4.1.1　知识点分析

1. 原函数的概念

定义　如果在区间 I 上，可导函数 $F(x)$ 的导函数为 $f(x)$，即对任一

$x \in I$，都有

$$F'(x)=f(x) \text{ 或 } \mathrm{d}F(x)=f(x)\mathrm{d}(x),$$

那么函数 $F(x)$ 就称为 $f(x)$ 在区间 I 上的原函数.

注 (1) 若 $F'(x)=f(x)$，则对于任意常数 C，$F(x)+C$ 都是 $f(x)$ 的原函数；

(2) 若 $F(x)$ 和 $G(x)$ 都是 $f(x)$ 的原函数，则 $F(x)-G(x)=C$（C 为任意常数）.

2. 不定积分

定义 在区间 I 上，函数 $f(x)$ 的原函数的全体，称为 $f(x)$ 在 I 上的不定积分，记作 $\int f(x)\mathrm{d}x$.

其中 $\int$ 称为积分号，$f(x)$ 称为被积函数，$f(x)\mathrm{d}x$ 称为被积表达式，x 称为积分变量.

注 (1) 不定积分和原函数是两个不同的概念，前者是个集合，后者是该集合中的一个元素.

(2) 要求不定积分，只需求出它的一个原函数，再加上一个任意常数 C 就可以了. 即若 $F(x)$ 是 $f(x)$ 在区间 I 上的一个原函数，则 $f(x)$ 的不定积分可表示为 $\int f(x)\mathrm{d}x = F(x)+C$（不定积分的最后结果在形式上可能会不同）.

3. 基本积分公式

(1) $\int k\mathrm{d}x = kx + C$（$k$ 是常数）；　(2) $\int x^{\mu}\mathrm{d}x=\frac{x^{\mu+1}}{\mu+1}+C$（$\mu\neq-1$）；

(3) $\int \frac{1}{x}\mathrm{d}x = \ln|x|+C$；　(4) $\int \sin x\mathrm{d}x = -\cos x + C$；

(5) $\int \cos x\mathrm{d}x = \sin x + C$；

(6) $\int \frac{1}{\cos^2 x}\mathrm{d}x = \int \sec^2 x\mathrm{d}x = \tan x + C$；

(7) $\int \frac{1}{\sin^2 x}\mathrm{d}x = \int \csc^2 x\mathrm{d}x = -\cot x + C$；

(8) $\int \sec x\tan x\mathrm{d}x = \sec x + C$；　(9) $\int \csc x\cot x\mathrm{d}x = -\csc x + C$；

(10) $\int \frac{1}{1+x^2}\mathrm{d}x = \arctan x + C$，$\int -\frac{1}{1+x^2}\mathrm{d}x = \operatorname{arccot} x + C$；

(11) $\int \frac{1}{\sqrt{1-x^2}}\mathrm{d}x = \arcsin x + C$，$\int -\frac{1}{\sqrt{1-x^2}}\mathrm{d}x = \arccos x + C$；

(12) $\int \mathrm{e}^x\mathrm{d}x = \mathrm{e}^x + C$；　(13) $\int a^x\mathrm{d}x = \frac{a^x}{\ln a} + C$.

注　以上这13个基本积分公式是求不定积分的基础，必须牢记.

4. 不定积分的性质

性质1　设函数 $f(x)$ 和 $g(x)$ 的原函数存在，则其代数和的不定积分等于两个函数的不定积分的代数和. 即

$$\int [f(x)+g(x)]\mathrm{d}x=\int f(x)\mathrm{d}x+\int g(x)\mathrm{d}x.$$

注　性质1对于有限个函数的和都是成立的.

性质2　设函数 $f(x)$ 的原函数存在，k 为非零的常数，则不定积分中常数因子可以提到积分号外. 即 $\int kf(x)\mathrm{d}x=k\int f(x)\mathrm{d}x$.

5. 原函数及不定积分的几何意义

如果 $\int f(x)\mathrm{d}x=F(x)+C$，则对于给定的 C，都有一个与 $f(x)$ 相应的原函数，在几何上对应一条曲线，称为 $f(x)$ 的一条积分曲线. 又因为 C 可以取任意值，所以 $F(x)+C$ 对应于一族曲线，称之为 $f(x)$ 的积分曲线族.

4.1.2　典例解析

通过利用函数恒等变形再利用积分性质和基本积分公式，这种求不定积分的方法称为直接积分法.

例1　求 $\int \sin x\cos x\mathrm{d}x$.

解　方法一：因为 $(\sin^2 x)'=2\sin x\cos x$，所以

$$\int \sin x\cos x\mathrm{d}x=\frac{1}{2}\sin^2 x+C.$$

方法二：因为 $(\cos^2 x)'=-2\cos x\sin x$，所以

$$\int \sin x\cos x\mathrm{d}x=-\frac{1}{2}\cos^2 x+C.$$

方法三：因为 $(\cos 2x)'=-2\sin 2x=-4\sin x\cos x$，所以

$$\int \sin x\cos x\mathrm{d}x=-\frac{1}{4}\cos 2x+C.$$

例2　求 $\int \frac{\mathrm{d}x}{x\sqrt[3]{x}}\mathrm{d}x$.

解　$\int \frac{\mathrm{d}x}{x\sqrt[3]{x}}=\int x^{-\frac{4}{3}}\mathrm{d}x=-3x^{-\frac{1}{3}}+C$.

点拨　利用幂的运算性质，进行恒等变形.

例3　求 $\int \frac{x^4}{1+x^2}\mathrm{d}x$.

解　$\int \frac{x^4}{1+x^2}\mathrm{d}x=\int \frac{x^4-1+1}{1+x^2}\mathrm{d}x=\int \left(x^2-1+\frac{1}{1+x^2}\right)\mathrm{d}x=\frac{x^3}{3}-x+$

$\arctan x + C$.

例 4 求 $\int \frac{1}{\sin^2 x\cos^2 x}dx$.

解 $$\int \frac{1}{\sin^2 x\cos^2 x}dx = \int \frac{\sin^2 x + \cos^2 x}{\sin^2 x\cos^2 x}dx = \int (\frac{1}{\cos^2 x} + \frac{1}{\sin^2 x})\, dx$$
$$= \tan x - \cot x + C.$$

点拨 变形时常用的三角函数公式有：

$1 = \sin^2 x + \cos^2 x$; $\tan^2 x = \sec^2 x - 1$; $\cot^2 x = \csc^2 x - 1$;

$\cos 2x = \cos^2 x - \sin^2 x = 2\cos^2 x - 1 = 1 - 2\sin^2 x$; $\sin 2x = 2\sin x\cos x$;

$\cos^2 x = \frac{1 + \cos 2x}{2}$; $\sin^2 x = \frac{1 - \cos 2x}{2}$.

例 5 求 $\int \frac{1}{1 + \sin x}dx$.

解 $$\int \frac{1}{1 + \sin x}dx = \int \frac{1 - \sin x}{(1 + \sin x)(1 - \sin x)}dx = \int \frac{1 - \sin x}{\cos^2 x}dx$$
$$= \int (\sec^2 x - \sec x\tan x)dx = \tan x - \sec x + C.$$

点拨 利用同角三角函数关系式进行恒等变形.

4.1.3 习题详解

1. 计算不定积分.

(1) $\int \frac{1}{x^4}dx$；　　(2) $\int \frac{dh}{\sqrt{2gh}}$；

(3) $\int (ax - b)^2 dx$；　　(4) $\int (\sqrt{x} + \sqrt[3]{x})^2 dx$；

(5) $\int \frac{x^2 + x\sqrt{x} + 3}{\sqrt[3]{x}}dx$；　　(6) $\int \frac{\sqrt{x} - x^3 e^x + x^2}{x^3}dx$；

(7) $\int \left(2e^x - \frac{3}{x}\right)dx$；　　(8) $\int \frac{x^2}{1 + x^2}dx$；

(9) $\int \frac{x^4 + x^2 + 3}{x^2 + 1}dx$；　　(10) $\int \frac{dx}{x^2(x^2 + 1)}$；

(11) $\int 3^x a^x dx$；　　(12) $\int \frac{2 \cdot 3^x - 5 \cdot 2^x}{3^x}dx$；

(13) $\int \left(\sin \frac{x}{2} + \cos \frac{x}{2}\right)^2 dx$；　　(14) $\int \sin^2 \frac{x}{2}dx$；

(15) $\int \cot^2 x dx$；　　(16) $\int \frac{1 + \cos^2 x}{1 + \cos 2x}dx$；

(17) $\int \sec x(\sec x + \tan x)dx$；　　(18) $\int (\tan x + \cot x)^2 dx$；

(19) $\int \frac{\cos 2x \mathrm{d}x}{\cos x - \sin x}$；　　(20) $\int \frac{\sqrt{1+x^2}}{\sqrt{1-x^4}}\mathrm{d}x$.

解 (1) $\int \frac{1}{x^4}\mathrm{d}x = -\frac{1}{3}x^{-3} + C$；

(2) $\int \frac{\mathrm{d}h}{\sqrt{2gh}} = \frac{1}{g}\int 1\mathrm{d}\sqrt{2gh} = \frac{\sqrt{2gh}}{g} + C = \sqrt{\frac{2h}{g}} + C$；

(3) $\int (ax-b)^2\mathrm{d}x = \frac{1}{a}\int (ax-b)^2\mathrm{d}(ax-b) = \frac{1}{3a}(ax-b)^3 + C$；

(4) $\int (\sqrt{x}+\sqrt[3]{x})^2\mathrm{d}x = \int (x^{\frac{1}{2}}+x^{\frac{1}{3}})^2\mathrm{d}x = \int (x+x^{\frac{2}{3}}+2x^{\frac{5}{6}})\mathrm{d}x$

$$= \frac{1}{2}x^2 + \frac{12}{11}x^{\frac{11}{6}} + \frac{3}{5}x^{\frac{5}{3}} + C；$$

(5) $\int \frac{x^2+x\sqrt{x}+3}{\sqrt[3]{x}}\mathrm{d}x = \int (x^{\frac{5}{3}}+x^{\frac{7}{6}}+3x^{-\frac{1}{3}})\mathrm{d}x$

$$= \frac{3}{8}x^{\frac{8}{3}} + \frac{6}{13}x^{\frac{13}{6}} + \frac{9}{2}x^{\frac{2}{3}} + C；$$

(6) $\int \frac{\sqrt{x}-x^3\mathrm{e}^x+x^2}{x^3}\mathrm{d}x = \int \left(x^{-\frac{5}{2}} - \mathrm{e}^x + \frac{1}{x}\right)\mathrm{d}x$

$$= -\frac{2}{3}x^{-\frac{3}{2}} - \mathrm{e}^x + \ln|x| + C；$$

(7) $\int \left(2\mathrm{e}^x - \frac{3}{x}\right)\mathrm{d}x = 2\int \mathrm{e}^x\mathrm{d}x - 3\int \frac{1}{x}\mathrm{d}x = 2\mathrm{e}^x - 3\ln|x| + C$；

(8) $\int \frac{x^2}{1+x^2}\mathrm{d}x = \int \frac{1+x^2-1}{1+x^2}\mathrm{d}x = \int \left(1 - \frac{1}{1+x^2}\right)\mathrm{d}x = x - \arctan x + C$；

(9) $\int \frac{x^4+x^2+3}{x^2+1}\mathrm{d}x = \int \frac{(x^2+1)^2-(x^2+1)+3}{x^2+1}\mathrm{d}x = \int \left(x^2 + \frac{3}{x^2+1}\right)\mathrm{d}x$

$$= \frac{1}{3}x^3 + 3\arctan x + C；$$

(10) $\int \frac{\mathrm{d}x}{x^2(x^2+1)} = \int \frac{(1+x^2)-x^2}{x^2(1+x^2)}\mathrm{d}x = \int \left(\frac{1}{x^2} - \frac{1}{1+x^2}\right)\mathrm{d}x$

$$= -\frac{1}{x} - \arctan x + C；$$

(11) $\int 3^x a^x\mathrm{d}x = \int (3a)^x\mathrm{d}x = \frac{(3a)^x}{\ln(3a)} + C$；

(12) $\int \frac{2\cdot 3^x - 5\cdot 2^x}{3^x}\mathrm{d}x = \int \left[2 - 5\cdot\left(\frac{2}{3}\right)^x\right]\mathrm{d}x = 2x - \frac{5\cdot\left(\frac{2}{3}\right)^x}{\ln\frac{2}{3}} + C$；

(13) $\int \left(\sin\frac{x}{2} + \cos\frac{x}{2}\right)^2\mathrm{d}x = \int \left(\sin^2\frac{x}{2} + \cos^2\frac{x}{2} + 2\sin\frac{x}{2}\cos\frac{x}{2}\right)\mathrm{d}x$

$$= \int (1 + \sin x)\mathrm{d}x = x - \cos x + C;$$

(14) $\int \sin^2 \frac{x}{2}\mathrm{d}x = \int \frac{1-\cos x}{2}\mathrm{d}x = \frac{1}{2}(x - \sin x) + C$；

(15) $\int \cot^2 x\mathrm{d}x = \int \frac{\cos^2 x}{\sin^2 x}\mathrm{d}x = \int \frac{1-\sin^2 x}{\sin^2 x}\mathrm{d}x = \int \left(\frac{1}{\sin^2 x} - 1\right)\mathrm{d}x$

$$= -\cot x - x + C;$$

(16) $\int \frac{1+\cos^2 x}{1+\cos 2x}\mathrm{d}x = \int \frac{1+\cos^2 x}{2\cos^2 x}\mathrm{d}x = \int \left(\frac{1}{2\cos^2 x} + \frac{1}{2}\right)\mathrm{d}x$

$$= \frac{1}{2}(\tan x + x) + C;$$

(17) $\int \sec x(\sec x + \tan x)\mathrm{d}x = \int (\sec^2 x + \sec x\tan x)\mathrm{d}x$

$$= \tan x + \sec x + C;$$

(18) $\int (\tan x + \cot x)^2\mathrm{d}x = \int \left(\frac{\sin x}{\cos x} + \frac{\cos x}{\sin x}\right)^2 \mathrm{d}x = 4\int \left(\frac{1}{2\sin x\cos x}\right)^2 \mathrm{d}x$

$$= \frac{4}{2}\int \left(\frac{1}{\sin 2x}\right)^2 \mathrm{d}(2x) = -2\cot 2x + C = \tan x - \cot x + C;$$

(19) $\int \frac{\cos 2x\mathrm{d}x}{\cos x - \sin x} = \int (\cos x + \sin x)\mathrm{d}x = \sin x - \cos x + C$；

(20) $\int \frac{\sqrt{1+x^2}}{\sqrt{1-x^4}}\mathrm{d}x = \int \frac{1}{\sqrt{1-x^2}}\mathrm{d}x = \arcsin x + C.$

2. 已知某产品的成本边际是时间 t 的函数：$f(t)=at+b$（a，b 为常数）. 设此产品的产量函数为 $p(t)$，且 $p(0)=0$，求 $p(t)$.

解 $p(t) = \int_0^t (at + b)\mathrm{d}t = \frac{1}{2}at^2 + bt.$

4.2 换元积分法

4.2.1 知识点分析

1. 第一类换元积分法

设 $f(u)$ 具有原函数，$u=\varphi(x)$ 可导，则有换元公式

$$\int f[\varphi(x)]\varphi'(x)\mathrm{d}x = \left[\int f(u)\mathrm{d}u\right]_{u=\varphi(x)}.$$

注 相对于“微分形式的不变性”，第一类换元法可称为“积分形式的不变性”；从解题过程分析，第一类换元法又可称为“凑微分法”.

2. 第二换元积分法

设 $x=\psi(t)$ 是单调、可导的函数，并且 $\psi'(t)\neq 0$，又设 $f[\psi(t)]\psi'(t)$ 具有原函数，则有换元公式

$$\int f(x)\mathrm{d}x = \left[\int f[\psi(t)]\psi'(t)\mathrm{d}t\right]_{t=\psi^{-1}(x)},$$

其中，$\psi^{-1}(x)$ 是 $x=\psi(t)$ 的反函数.

注 利用第二换元法进行积分运算，如果选择得当，会使积分运算非常容易. 常用的换元主要有三角函数代换、简单无理函数代换、倒代换和指数代换.

3. 常用积分公式

(1) $\int \tan x\mathrm{d}x = -\ln|\cos x| + C$;

(2) $\int \cot x\mathrm{d}x = \ln|\sin x| + C$;

(3) $\int \csc \mathrm{d}x = \ln|\csc x - \cot x| + C$;

(4) $\int \sec x\mathrm{d}x = \ln|\sec x + \tan x| + C$;

(5) $\int \frac{1}{a^2 + x^2}\mathrm{d}x = \frac{1}{a}\arctan\frac{x}{a} + C$;

(6) $\int \frac{1}{x^2 - a^2}\mathrm{d}x = \frac{1}{2a}\ln\left|\frac{x-a}{x+a}\right| + C$;

(7) $\int \frac{1}{\sqrt{a^2 - x^2}}\mathrm{d}x = \arcsin\frac{x}{a} + C\ (a > 0)$;

(8) $\int \frac{\mathrm{d}x}{\sqrt{x^2 + a^2}} = \ln(x + \sqrt{x^2 + a^2}) + C$;

(9) $\int \frac{\mathrm{d}x}{\sqrt{x^2 - a^2}} = \ln\left|x + \sqrt{x^2 - a^2}\right| + C$.

4.2.2 典例解析

例 1 求 $\int \frac{\mathrm{e}^x}{1 + \mathrm{e}^{2x}}\mathrm{d}x$.

解 由 $\mathrm{e}^x\mathrm{d}x = \mathrm{d}\mathrm{e}^x$，令 $u = \mathrm{e}^x$，所以

$$\text{原式} = \int \frac{\mathrm{d}\mathrm{e}^x}{1 + \mathrm{e}^{2x}} = \int \frac{\mathrm{d}u}{1 + u^2} = \arctan u + C = \arctan \mathrm{e}^x + C.$$

例 2 求 $\int \frac{\cos 2x}{\cos^2 x\sin^2 x}\mathrm{d}x$.

解 方法一：

$$\int \frac{\cos 2x}{\cos^2 x\sin^2 x}\mathrm{d}x = \int \frac{\cos^2 x - \sin^2 x}{\cos^2 x\sin^2 x}\mathrm{d}x = \int \csc^2 x\mathrm{d}x - \int \sec^2 x\mathrm{d}x$$
$$= -\cot x - \tan x + C.$$

方法二：

$$\int \frac{\cos 2x}{\cos^2 x\sin^2 x}\mathrm{d}x = \int \frac{\cos 2x}{\frac{1}{4}\sin^2 2x}\mathrm{d}x = 2\int \frac{\mathrm{d}(\sin 2x)}{\sin^2 2x} = -\frac{2}{\sin 2x} + C.$$

例 3 求$\int\frac{\mathrm{d}x}{x\sqrt{x^2-1}}$.

解 方法一：

$$\int\frac{\mathrm{d}x}{x\sqrt{x^2-1}}\xlongequal{令 x=\sec t}\int\frac{1}{\sec t\cdot\tan t}\cdot\sec t\tan t\mathrm{d}t=\int\mathrm{d}t=t+C$$

$$=\arccos\frac{1}{x}+C.$$

方法二：

$$\int\frac{\mathrm{d}x}{x\sqrt{x^2-1}}=\int\frac{1}{x^2\sqrt{1-\frac{1}{x^2}}}\mathrm{d}x=-\int\frac{1}{\sqrt{1-\frac{1}{x^2}}}\mathrm{d}\frac{1}{x}=\arccos\frac{1}{x}+C.$$

例 4 求$\int\frac{\sqrt{x-1}}{x}\mathrm{d}x$.

解 $\int\frac{\sqrt{x-1}}{x}\mathrm{d}x\xlongequal{令\sqrt{x-1}=t}\int\frac{t}{t^2+1}\mathrm{d}(t^2+1)=2\int\frac{t^2}{t^2+1}\mathrm{d}t$

$=2\int\frac{t^2+1-1}{t^2+1}\mathrm{d}t=2\int(1-\frac{1}{t^2+1})\mathrm{d}t=2t-2\arctan t+C$

$=2\sqrt{x-1}-2\arctan\sqrt{x-1}+C$.

例 5 求$\int\frac{1}{x\sqrt{x^2-2x-1}}\mathrm{d}x$.

解 令$t=\frac{1}{x}$，则$\mathrm{d}x=-\frac{1}{t^2}\mathrm{d}t$，于是

$$\int\frac{1}{x\sqrt{x^2-2x-1}}\mathrm{d}x=\int\frac{-\frac{1}{t^2}\mathrm{d}t}{\frac{1}{t}\sqrt{\frac{1}{t^2}-\frac{2}{t}-1}}=-\int\frac{\mathrm{d}t}{\sqrt{1-2t-t^2}}$$

$$=-\int\frac{\mathrm{d}t}{\sqrt{2-(t+1)^2}}=-\arcsin\frac{t+1}{\sqrt{2}}+C$$

$$=-\arcsin\frac{x+1}{\sqrt{2}x}+C.$$

例 6 求$\int\frac{\mathrm{d}x}{\mathrm{e}^x(1+\mathrm{e}^{2x})}$.

解 令 $\mathrm{e}^x=t$，则 $x=\ln t$，$\int\frac{\mathrm{d}x}{\mathrm{e}^x(1+\mathrm{e}^{2x})}=\int\frac{1}{t(1+t^2)}\cdot\frac{1}{t}\mathrm{d}t=$ $\int\left(\frac{1}{t^2}-\frac{1}{1+t^2}\right)\mathrm{d}t=-\frac{1}{t}-\arctan t+C=-\mathrm{e}^{-x}-\arctan\mathrm{e}^x+C$.

例 7 求$\int\csc x\mathrm{d}x$.

解 方法一：

$$\int \csc x \mathrm{d}x = \int \frac{1}{\sin x}\mathrm{d}x = \int \frac{1}{2\sin\frac{x}{2}\cos\frac{x}{2}}\mathrm{d}x = \int \frac{1}{2\cos^2\frac{x}{2}\tan\frac{x}{2}}\mathrm{d}x$$

$$= \int \frac{\mathrm{d}\left(\tan\frac{x}{2}\right)}{\tan\frac{x}{2}} = \ln\left|\tan\frac{x}{2}\right| + C = \ln|\csc x - \cot x| + C.$$

其中 $\tan\frac{x}{2} = \frac{\sin\frac{x}{2}}{\cos\frac{x}{2}} = \frac{2\sin^2\frac{x}{2}}{\sin x} = \frac{1-\cos x}{\sin x} = \csc x - \cot x.$

方法二：

$$\int \csc x \mathrm{d}x = \int \frac{1}{\sin x}\mathrm{d}x = \int \frac{\sin x}{\sin^2 x}\mathrm{d}x = \int \frac{\mathrm{d}(\cos x)}{\cos^2 x - 1}$$

$$= \frac{1}{2}\int \left(\frac{1}{\cos x - 1} - \frac{1}{\cos x + 1}\right)\mathrm{d}(\cos x)$$

$$= \frac{1}{2}(\ln|\cos x - 1| - \ln|\cos x + 1|) + C$$

$$= \frac{1}{2}\ln\left|\frac{1-\cos x}{1+\cos x}\right| + C$$

$$= \ln|\csc x - \cot x| + C.$$

其中 $\frac{1-\cos x}{1+\cos x} = \frac{(1-\cos x)^2}{\sin^2 x} = (\csc x - \cot x)^2.$

方法三：

$$\int \csc x \mathrm{d}x = \int \frac{\csc x(\csc x - \cot x)}{\csc x - \cot x}\mathrm{d}x = \int \frac{\mathrm{d}(\csc x - \cot x)}{\csc x - \cot x}$$

$$= \ln|\csc x - \cot x| + C.$$

4.2.3 习题详解

1. 利用第一类换元积分法计算不定积分.

(1) $\int (3x+2)^9 \mathrm{d}x$；

(2) $\int \frac{\mathrm{d}x}{(1-6x)^2}$；

(3) $\int (a+bx)^k \mathrm{d}x\ (b \neq 0)$；

(4) $\int \sin 3x \mathrm{d}x$；

(5) $\int \cos(\alpha - \beta x)\mathrm{d}x$；

(6) $\int \tan 5x \mathrm{d}x$；

(7) $\int \mathrm{e}^{-3x}\mathrm{d}x$；

(8) $\int 10^{2x}\mathrm{d}x$；

(9) $\int \frac{\mathrm{d}x}{\sin^2\left(2x+\frac{\pi}{4}\right)}$；

(10) $\int \frac{\mathrm{d}x}{\sqrt{1-25x^2}}$；

(11) $\int \frac{dx}{1+9x^2}$；　(12) $\int \frac{(2x-3)dx}{x^2-3x+8}$；

(13) $\int \frac{x^2 dx}{x^6+4}$；　(14) $\int x\sqrt{1-x^2}\,dx$；

(15) $\int \frac{x^3 dx}{\sqrt[3]{1+x^4}}$；　(16) $\int \frac{x dx}{(1+x^2)^3}$；

(17) $\int e^x \sin e^x dx$；　(18) $\int x e^{x^2} dx$；

(19) $\int \frac{\sqrt{\ln x}}{x} dx$；　(20) $\int \frac{\cot\theta}{\sqrt{\sin\theta}} d\theta$；

(21) $\int \frac{(\arctan x)^2}{1+x^2} dx$；　(22) $\int \frac{dx}{(\arcsin x)^2\sqrt{1-x^2}}$；

(23) $\int \cos^2 x dx$；　(24) $\int \cos^3 x dx$；

(25) $\int \sec^4 x dx$；　(26) $\int \cot^4 x dx$；

(27) $\int \frac{1}{x^2} e^{\frac{1}{x}} dx$；　(28) $\int \cot\sqrt{1+x^2}\ \frac{x}{\sqrt{1+x^2}} dx$.

解　(1) $\int (3x+2)^9 dx = \frac{1}{3}\int (3x+2)^9 d(3x+2) = \frac{1}{30}(3x+2)^{10} + C$；

(2) $\int \frac{dx}{(1-6x)^2} = -\frac{1}{6}\int \frac{1}{(1-6x)^2} d(1-6x) = \frac{1}{6(1-6x)} + C$；

(3) 当 $k=-1$ 时 $\int (a+bx)^k dx = \frac{1}{b}\ln|a+bx| + C$；

当 $k\neq -1$ 时 $\int (a+bx)^k dx = \frac{1}{b}\int (a+bx)^k d(a+bx) = \frac{1}{b(k+1)}(a+bx)^{k+1} + C$；

$$\int (a+bx)^k dx = \begin{cases} \frac{1}{b(k+1)}(a+bx)^{k+1}+C, & k\neq -1, \\ \frac{1}{b}\ln|a+bx|+C, & k=-1; \end{cases}$$

(4) $\int \sin 3x dx = \frac{1}{3}\int \sin 3x d(3x) = -\frac{1}{3}\cos 3x + C$；

(5) $\int \cos(\alpha-\beta x)dx = -\frac{1}{\beta}\int \cos(\alpha-\beta x)d(\alpha-\beta x) = -\frac{1}{\beta}\sin(\alpha-\beta x) + C$；

(6) $\int \tan 5x dx = \int \frac{\sin 5x}{\cos 5x}dx = -\frac{1}{5}\int \frac{1}{\cos 5x}d(\cos 5x) = -\frac{1}{5}\ln|\cos 5x| + C$；

(7) $\int e^{-3x} dx = -\frac{1}{3}\int e^{(-3x)} d(-3x) = -\frac{1}{3}e^{(-3x)} + C$；

(8) $\int 10^{2x} dx = \int 100^x dx = \frac{100^x}{\ln 100} + C = \frac{10^{2x}}{2\ln 10} + C$；

(9) $\int \frac{\mathrm{d}x}{\sin^2\left(2x+\frac{\pi}{4}\right)} = \frac{1}{2}\int \frac{1}{\sin^2\left(2x+\frac{\pi}{4}\right)}\mathrm{d}\left(2x+\frac{\pi}{4}\right)$

$= -\frac{1}{2}\cot\left(2x+\frac{\pi}{4}\right)+C$；

(10) $\int \frac{\mathrm{d}x}{\sqrt{1-25x^2}} = \frac{1}{5}\int \frac{1}{\sqrt{1-(5x)^2}}\mathrm{d}(5x) = \frac{1}{5}\arcsin 5x + C$；

(11) $\int \frac{\mathrm{d}x}{1+9x^2} = \frac{1}{3}\int \frac{1}{1+(3x)^2}\mathrm{d}(3x) = \frac{1}{3}\arctan 3x + C$；

(12) $\int \frac{(2x-3)\mathrm{d}x}{x^2-3x+8} = \int \frac{1}{x^2-3x+8}\mathrm{d}(x^2-3x+8) = \ln(x^2-3x+8)+C$；

(13) $\int \frac{x^2\mathrm{d}x}{x^6+4} = \frac{1}{3}\int \frac{1}{(x^3)^2+4}\mathrm{d}x^3 = \frac{1}{6}\int \frac{1}{\left(\frac{x^3}{2}\right)^2+1}\mathrm{d}\left(\frac{x^3}{2}\right)$

$= \frac{1}{6}\arctan\frac{x^3}{2}+C$；

(14) $\int x\sqrt{1-x^2}\,\mathrm{d}x = -\frac{1}{2}\int \sqrt{1-x^2}\,\mathrm{d}(1-x^2) = -\frac{1}{3}(1-x^2)^{\frac{3}{2}}+C$；

(15) $\int \frac{x^3\mathrm{d}x}{\sqrt[3]{1+x^4}} = \frac{1}{4}\int \frac{1}{\sqrt[3]{1+x^4}}\mathrm{d}(1+x^4) = \frac{3}{8}\sqrt[3]{(x^4+1)^2}+C$；

(16) $\int \frac{x\mathrm{d}x}{(1+x^2)^3} = \frac{1}{2}\int \frac{1}{(1+x^2)^3}\mathrm{d}(1+x^2) = -\frac{1}{4}(1+x^2)^{-2}+C$；

(17) $\int \mathrm{e}^x\sin\mathrm{e}^x\,\mathrm{d}x = \int \sin\mathrm{e}^x\,\mathrm{d}\mathrm{e}^x = -\cos\mathrm{e}^x+C$；

(18) $\int x\mathrm{e}^{x^2}\mathrm{d}x = \frac{1}{2}\int \mathrm{e}^{x^2}\mathrm{d}x^2 = \frac{1}{2}\mathrm{e}^{x^2}+C$；

(19) $\int \frac{\sqrt{\ln x}}{x}\mathrm{d}x = \int \sqrt{\ln x}\,\mathrm{d}(\ln x) = \frac{2}{3}\ln^{\frac{3}{2}}x+C$；

(20) $\int \frac{\cot\theta}{\sqrt{\sin\theta}}\mathrm{d}\theta = \int \frac{\cos\theta}{\sin^{\frac{3}{2}}\theta}\mathrm{d}\theta = \int \frac{1}{(\sin\theta)^{\frac{3}{2}}}\mathrm{d}(\sin\theta) = -\frac{2}{\sqrt{\sin\theta}}+C$；

(21) $\int \frac{(\arctan x)^2}{1+x^2}\mathrm{d}x = \int (\arctan x)^2\mathrm{d}(\arctan x) = \frac{1}{3}(\arctan x)^3+C$；

(22) $\int \frac{\mathrm{d}x}{(\arcsin x)^2\sqrt{1-x^2}} = \int \frac{1}{(\arcsin x)^2}\mathrm{d}(\arcsin x) = -\frac{1}{\arcsin x}+C$；

(23) $\int \cos^2 x\mathrm{d}x = \frac{1}{2}\int (\cos 2x+1)\mathrm{d}x = \frac{1}{4}\int (\cos 2x+1)\mathrm{d}(2x)$

$= \frac{1}{2}x+\frac{1}{4}\sin 2x+C$；

(24) $\int \cos^3 x\mathrm{d}x = \int \cos^2 x\mathrm{d}(\sin x) = \int (1-\sin^2 x)\mathrm{d}(\sin x)$

$$=\int d(\sin x)-\int \sin^2 x d(\sin x)=\sin x-\frac{1}{3}\sin^3 x+C;$$

(25) $\int \sec^4 x dx=\int \sec^2 x d(\tan x)=\int (1+\tan^2 x)d(\tan x)$

$$=\frac{1}{3}\tan^3 x+\tan x+C;$$

(26) $\int \cot^4 x dx=\int \cot^2 x(\csc^2 x-1)dx$

$$=-\int \cot^2 x d(\cot x)-\int (\csc^2 x-1)dx$$

$$=x+\cot x-\frac{1}{3}\cot^3 x+C;$$

(27) 令$\frac{1}{x}=t$，则原式 $=-\int e^t dt=-e^t+C=-e^{\frac{1}{x}}+C$；

(28) 令$\sqrt{x^2+1}=t$，则 $x=\sqrt{t^2-1}$，原式 $=\int \cos t\cdot\frac{\sqrt{t^2-1}}{t}\cdot\frac{t}{\sqrt{t^2-1}}dt$ $=\ln|\sin t|+C=\ln|\sin\sqrt{x^2+1}|+C.$

2. 利用第二类换元积分法计算下列不定积分.

(1) $\int \frac{dx}{(1-x^2)^{\frac{3}{2}}}$；

(2) $\int \frac{x^2}{\sqrt{a^2-x^2}}dx\ (a>0)$；

(3) $\int \frac{dx}{(x^2+a^2)^{\frac{3}{2}}}\ (a>0)$；

(4) $\int \frac{x^4 dx}{\sqrt{(1-x^2)^3}}$；

(5) $\int \frac{1}{\sqrt{x}+\sqrt[4]{x}}dx$；

(6) $\int \frac{1}{1+\sqrt[3]{1+x}}dx$；

(7) $\int \frac{dx}{x^4-x^2}$；

(8) $\int \frac{dx}{x(x^2+1)}$；

(9) $\int \frac{x^2}{1-x^4}dx$；

(10) $\int \frac{x+1}{x^2+2x+5}dx.$

解 (1) 令 $x=\sin t$，则原式 $=\int \frac{1}{\cos^3 t}\cos t dt=\int \sec^2 t dt=\tan t+C=$ $\frac{x}{\sqrt{1-x^2}}+C$；

(2) 令 $x=a\sin t$，则原式$=\int a^2\sin^2 t dt=\int a^2\frac{1-\cos 2t}{2}dt=a^2\left(\frac{t}{2}-\frac{\sin 2t}{4}\right)+$ $C=\frac{a^2}{2}\arcsin\frac{x}{a}-\frac{x}{2}\sqrt{a^2-x^2}+C$；

(3) 令 $x=a\tan t$，则原式 $=\int \frac{a\sec^2 t}{a^3\sec^3 t}dt=\frac{1}{a^2}\int \frac{1}{\sec t}dt=\frac{1}{a^2}\sin t+C=$ $\frac{1}{a^2}\frac{x}{\sqrt{a^2+x^2}}+C$；

(4) 令 $x=\sin t$，则原式$=\int\frac{\sin^4 t}{\cos^2 t}\mathrm{d}t=\int\frac{1}{\cos^2 t}\mathrm{d}t-2\int\mathrm{d}t+\int\cos^2 t\mathrm{d}t=$ $\tan t-2t+\frac{1}{2}t-\frac{1}{4}\sin 2t+C=\frac{x}{\sqrt{x^2-1}}-\frac{x\sqrt{1-x^2}}{2}-\frac{3}{2}\arcsin x+C$；

(5) 令 $t=\sqrt[4]{x}$，则原式$=\int\frac{4t^3}{t^2+t}\mathrm{d}t=\int\left(4t-4+\frac{4}{t+1}\right)\mathrm{d}t=2t^2-4t+$ $4\ln(t+1)+C=2\sqrt{x}-4\sqrt[4]{x}+4\ln(1+\sqrt[4]{x})+C$；

(6) 令 $t=\sqrt[3]{1+x}$，则原式$=\int\frac{3t^2}{1+t}\mathrm{d}t=3\int\left(t-1+\frac{1}{t+1}\right)\mathrm{d}t=\frac{3}{2}t^2-3t+$ $3\ln|1+t|+C=\frac{3}{2}\sqrt[3]{(x+1)^2}-3\sqrt[3]{x+1}+3\ln\left|1+\sqrt[3]{x+1}\right|+C$；

(7) $\int\frac{\mathrm{d}x}{x^4-x^2}=\int\frac{1}{x^2(x^2-1)}\mathrm{d}x=\frac{1}{x}+\frac{1}{2}\int\frac{1}{(x-1)(x+1)}\mathrm{d}x=\frac{1}{x}+$ $\frac{1}{2}\ln\left|\frac{x-1}{x+1}\right|+C$；

(8) $$\int\frac{\mathrm{d}x}{x(x^2+1)}=\int\frac{x}{x^2(x^2+1)}\mathrm{d}x=\frac{1}{2}\int\frac{1}{x^2(x^2+1)}\mathrm{d}x^2$$
$$=\frac{1}{2}\int\left(\frac{1}{x^2}-\frac{1}{x^2+1}\right)\mathrm{d}x^2=\frac{1}{2}\ln x^2-\frac{1}{2}\ln(x^2+1)+C;$$

(9) $\int\frac{x^2\mathrm{d}x}{1-x^4}=\frac{1}{2}\int\left(\frac{1}{1-x^2}-\frac{1}{1+x^2}\right)\mathrm{d}x=\frac{1}{4}\ln\left|\frac{1+x}{1-x}\right|-\frac{1}{2}\arctan x+C$；

(10) $\int\frac{x+1}{x^2+2x+5}\mathrm{d}x=\int\frac{x+1}{(x+1)^2+4}\mathrm{d}x$，令 $x+1=t$，则

上式$=\int\frac{t}{t^2+4}\mathrm{d}t=\frac{1}{2}\int\frac{1}{t^2+4}\mathrm{d}(t^2+4)=\frac{1}{2}\ln(t^2+4)+C=\frac{1}{2}\ln(x^2+$ $2x+5)+C$.

4.3 分部积分法

4.3.1 知识点分析

若函数 $u=u(x)$，$v=v(x)$ 具有连续的导数，则

$$\int uv'\mathrm{d}x=uv-\int u'v\mathrm{d}x.$$

注 为了方便记忆，常用口诀“反、对、幂、三、指”，通常选取五个字中前面那个字所代表的函数做 u. 余下的表达式凑微分做 $\mathrm{d}v$ 来决定分部积分法中的 u 和 v.

4.3.2 典例解析

例 1 求 $\int x\cos\frac{x}{2}\mathrm{d}x$.

点拨 被积函数为幂函数与三角函数的乘积，将三角函数凑微分.

解 $\int x\cos\frac{x}{2}\mathrm{d}x = 2\int x\mathrm{d}\sin\frac{x}{2} = 2x\sin\frac{x}{2} - 2\int \sin\frac{x}{2}\mathrm{d}x = 2x\sin\frac{x}{2} + 4\cos\frac{x}{2} + C$.

例 2 求 $\int x^2\arctan x\mathrm{d}x$.

点拨 被积函数为幂函数与反三角函数的乘积，将幂函数凑微分.

解
$$\begin{aligned}\int x^2\arctan x\mathrm{d}x &= \frac{1}{3}\int\arctan x\mathrm{d}x^3 = \frac{1}{3}x^3\arctan x - \frac{1}{3}\int x^3\cdot\frac{1}{1+x^2}\mathrm{d}x\\ &= \frac{1}{3}x^3\arctan x - \frac{1}{6}\int\frac{x^2}{1+x^2}\mathrm{d}x^2 = \frac{1}{3}x^3\arctan x - \frac{1}{6}\int\left(1-\frac{1}{1+x^2}\right)\mathrm{d}x^2\\ &= \frac{1}{3}x^3\arctan x - \frac{1}{6}x^2 + \frac{1}{6}\ln(1+x^2) + C.\end{aligned}$$

例 3 求 $\int(\sec^2 x)\ln(\sin x)\mathrm{d}x$.

点拨 被积函数为对数函数与三角函数的乘积，将三角函数凑微分.

解
$$\begin{aligned}\int(\sec^2 x)\ln(\sin x)\mathrm{d}x &= \int\ln(\sin x)\mathrm{d}(\tan x)\\ &= \tan x\ln(\sin x) - \int\tan x\cdot\frac{\cos x}{\sin x}\mathrm{d}x\\ &= \tan x\ln(\sin x) - \int\mathrm{d}x\\ &= \tan x\ln(\sin x) - x + C.\end{aligned}$$

例 4 求 $\int\mathrm{e}^{\sqrt{2x-1}}\mathrm{d}x$.

点拨 多种方法综合利用，先利用根式代换法，后利用分部积分法.

解 令 $\sqrt{2x-1}=t$，则 $\mathrm{d}x=t\mathrm{d}t$，$\int\mathrm{e}^{\sqrt{2x-1}}\mathrm{d}x = \int t\mathrm{e}^t\mathrm{d}t = \int t\mathrm{d}\mathrm{e}^t = t\mathrm{e}^t - \int\mathrm{e}^t\mathrm{d}t = (t-1)\mathrm{e}^t + C = (\sqrt{2x-1}-1)\mathrm{e}^{\sqrt{2x-1}} + C$.

例 5 $\int\frac{1+\sin x}{1+\cos x}\mathrm{d}x$.

解 方法一：

$$\int\frac{1+\sin x}{1+\cos x}\mathrm{d}x = \int\frac{\mathrm{d}x}{1+\cos x} + \int\frac{\sin x\mathrm{d}x}{1+\cos x} = \int\frac{\mathrm{d}x}{2\cos^2\frac{x}{2}} - \int\frac{\mathrm{d}\cos x}{1+\cos x}$$

$$=\tan\frac{x}{2}-\ln|1+\cos x|+C.$$

方法二：

令 $\tan\frac{x}{2}=t$，则 $\sin x=\frac{2t}{1+t^2}$，$\cos x=\frac{1-t^2}{1+t^2}$，$dx=\frac{2dt}{1+t^2}$，故

$$\int\frac{1+\sin x}{1+\cos x}dx=\int\frac{1+\frac{2t}{1+t^2}}{1+\frac{1-t^2}{1+t^2}}\cdot\frac{2dt}{1+t^2}=\int\frac{1+2t+t^2}{t^2+1}dt=\int 1dt+2\int\frac{tdt}{t^2+1}$$

$$=t+\int\frac{d(t^2+1)}{t^2+1}=t+\ln|t^2+1|+C\left(t=\tan\frac{x}{2}\right).$$

例 6 $\int\frac{1}{3+\cos x}dx.$

解 $\int\frac{1}{3+\cos x}dx=\frac{1}{2}\int\frac{dx}{1+\cos^2\frac{x}{2}}=\int\frac{d\left(\frac{x}{2}\right)}{\cos^2\frac{x}{2}\left(1+\sec^2\frac{x}{2}\right)}$

$$=\int\frac{d\left(\tan\frac{x}{2}\right)}{2+\tan^2\frac{x}{2}}=\frac{1}{\sqrt{2}}\arctan\frac{\tan\frac{x}{2}}{\sqrt{2}}+C.$$

例 7 $\int\frac{1}{2+\sin x}dx.$

解 方法一：

$$\int\frac{1}{2+\sin x}dx=\int\frac{dx}{2+2\sin\frac{x}{2}\cos\frac{x}{2}}=\int\frac{d\left(\frac{x}{2}\right)}{\sin^2\frac{x}{2}\left(\csc^2\frac{x}{2}+\cot\frac{x}{2}\right)}$$

$$=-\int\frac{d\left(\cot\frac{x}{2}\right)}{\cot^2\frac{x}{2}+\cot\frac{x}{2}+1}=-\int\frac{d\left(\cot\frac{x}{2}+\frac{1}{2}\right)}{\left(\cot\frac{x}{2}+\frac{1}{2}\right)^2+\left(\frac{\sqrt{3}}{2}\right)^2}$$

$$=-\frac{2}{\sqrt{3}}\arctan\frac{2\cot\frac{x}{2}+1}{\sqrt{3}}+C.$$

方法二：

$$\int\frac{1}{2+\sin x}dx\xlongequal{令 u=\tan\frac{x}{2}}\int\frac{1}{2+\frac{2u}{1+u^2}}\cdot\frac{2}{1+u^2}du=\int\frac{1}{u^2+u+1}du$$

$$=\int\frac{1}{\left(u+\frac{1}{2}\right)^2+\left(\frac{\sqrt{3}}{2}\right)^2}du=\frac{2}{\sqrt{3}}\arctan\frac{2u+1}{\sqrt{3}}+C$$

$$= \frac{2}{\sqrt{3}} \arctan \frac{2\tan \frac{x}{2} + 1}{\sqrt{3}} + C.$$

例 8 $\int \frac{\mathrm{d}x}{1 + \sin x + \cos x}$.

解 方法一：

$$\int \frac{\mathrm{d}x}{1 + \sin x + \cos x} = \frac{1}{2} \int \frac{\mathrm{d}x}{\cos^2 \frac{x}{2} \left(1 + \tan \frac{x}{2}\right)} = \int \frac{\mathrm{d}\left(\tan \frac{x}{2}\right)}{1 + \tan \frac{x}{2}}$$

$$= \ln \left| \tan \frac{x}{2} + 1 \right| + C.$$

方法二：

$$\int \frac{\mathrm{d}x}{1 + \sin x + \cos x} \xlongequal{\text{令 } u = \tan \frac{x}{2}} \int \frac{1}{1 + \frac{2u}{1 + u^2} + \frac{1 - u^2}{1 + u^2}} \cdot \frac{2}{1 + u^2} \mathrm{d}u$$

$$= \int \frac{1}{u + 1} \mathrm{d}u = \ln |u + 1| + C = \ln \left| \tan \frac{x}{2} + 1 \right| + C.$$

4.3.3 习题详解

1. 计算下列不定积分.

(1) $\int x \sin 2x \mathrm{d}x$；　　(2) $\int \frac{x}{2} (\mathrm{e}^x - \mathrm{e}^{-x}) \mathrm{d}x$；

(3) $\int x^2 \cos \omega x \mathrm{d}x$；　　(4) $\int x^2 a^x \mathrm{d}x$；

(5) $\int \ln x \mathrm{d}x$；　　(6) $\int \ln^2 x \mathrm{d}x$；

(7) $\int \arctan x \mathrm{d}x$；　　(8) $\int x \operatorname{arccot} x \mathrm{d}x$；

(9) $\int x^2 \ln(1 + x) \mathrm{d}x$；　　(10) $\int \frac{\ln^3 x}{x^2} \mathrm{d}x$；

(11) $\int (\arcsin x)^2 \mathrm{d}x$；　　(12) $\int x \cos^2 x \mathrm{d}x$；

(13) $\int x \tan^2 x \mathrm{d}x$；　　(14) $\int x^2 \sin^2 x \mathrm{d}x$；

(15) $\int \frac{\ln \cos x}{\cos^2 x} \mathrm{d}x$；　　(16) $\int \mathrm{e}^{\sqrt[3]{x}} \mathrm{d}x$；

(17) $\int \arctan \sqrt{x} \mathrm{d}x$；　　(18) $\int \mathrm{e}^{ax} \cos nx \mathrm{d}x$.

解 (1) $\int x \sin 2x \mathrm{d}x = -\frac{1}{2} \int x \mathrm{d}(\cos 2x) = -\frac{1}{2} x \cos 2x + \frac{1}{2} \int \cos 2x \mathrm{d}x$

$$=-\frac{1}{2}x\cos 2x+\frac{1}{4}\sin 2x+C;$$

(2) $\int \frac{x}{2}(e^{x}-e^{-x})dx = \frac{1}{2}\int x d(e^{x}+e^{-x})$

$$= \frac{1}{2}x(e^{x}+e^{-x})-\frac{1}{2}(e^{x}-e^{-x})+C;$$

(3) $\int x^{2}\cos\omega x dx = \frac{1}{\omega}\int x^{2} d(\sin\omega x)$

$$= \frac{1}{\omega}x^{2}\sin\omega x + \frac{2}{\omega^{2}}\cos\omega x - \frac{2}{\omega^{3}}\sin\omega x + C;$$

(4) $\int x^{2}a^{x}dx = \frac{1}{\ln|a|}x^{2}a^{2} - \frac{2}{\ln|a|}\int a^{x}x dx = \frac{1}{\ln|a|}x^{2}a^{2} - \frac{2}{\ln^{2}|a|}\int x d(a^{x})$

$$= \frac{1}{\ln|a|}x^{2}a^{2} - \frac{2}{\ln^{2}|a|}xa^{x} + \frac{2}{\ln^{3}|a|}a^{x} + C;$$

(5) $\int \ln x dx = x\ln x - \int x\cdot\frac{1}{x}dx = x\ln x - x + C;$

(6) $\int \ln^{2}x dx = \ln^{2}x\cdot x - 2\int \ln x dx = \ln^{2}x\cdot x - 2x\ln x + 2x + C;$

(7) $\int \arctan x dx = x\arctan x - \int x d(\arctan x) = x\arctan x - \int\frac{x}{1+x^{2}}dx$

$$= x\arctan x - \frac{1}{2}\ln(1+x^{2}) + C;$$

(8) $\int x\operatorname{arccot}x dx = \frac{1}{2}\int \operatorname{arccot}x dx^{2} = \frac{1}{2}x^{2}\operatorname{arccot}x + \frac{1}{2}\int x^{2}\ \frac{1}{1+x^{2}}dx$

$$= \frac{1}{2}x^{2}\operatorname{arccot}x + \frac{1}{2}(x-\arctan x) + C;$$

(9) $\int x^{2}\ln(1+x)dx = \frac{1}{3}\int \ln(1+x)dx^{3}$

$$= \frac{1}{3}x^{3}\ln(1+x) - \frac{1}{3}\int x^{3}\cdot\frac{1}{x+1}dx$$

$$= \frac{1}{3}x^{3}\ln(1+x) - \frac{1}{3}\int\left[(x^{2}-x+1)-\frac{1}{x+1}\right]dx$$

$$= \frac{1}{3}x^{3}\ln(1+x) - \frac{1}{9}x^{3} + \frac{1}{6}x^{2} - \frac{1}{3}x + \frac{1}{3}\ln(x+1) + C$$

$$= \frac{1}{3}(x^{3}+1)\ln(x+1) - \frac{1}{9}x^{3} + \frac{1}{6}x^{2} - \frac{1}{3}x + C;$$

(10) $\int \frac{\ln^{3}x}{x^{2}}dx = \int \ln^{3}x d\left(-\frac{1}{x}\right) = -\frac{\ln^{3}x}{x} + 3\int\frac{\ln^{2}x}{x^{2}}dx$

$$= -\frac{\ln^{3}x}{x} - 3\int \ln^{2}x d\frac{1}{x} = -\frac{\ln^{3}x}{x} - 3\frac{\ln^{2}x}{x} + 6\int\frac{\ln x}{x^{2}}dx$$

$$= -\frac{\ln^{3}x}{x} - 3\frac{\ln^{2}x}{x} - 6\int \ln x d\frac{1}{x} = -\frac{\ln^{3}x}{x} - 3\frac{\ln^{2}x}{x} - 6\frac{\ln x}{x} + 6\int\frac{1}{x^{2}}dx$$

$$=-\frac{1}{x}(\ln^3 x+3\ln^2 x+6\ln x+6)+C;$$

(11) $\int(\arcsin x)^2\mathrm{d}x=x(\arcsin x)^2-\int x\mathrm{d}(\arcsin x)^2$

$$=x(\arcsin x)^2-\int\frac{2x\arcsin x}{\sqrt{1-x^2}}\mathrm{d}x$$

$$=x(\arcsin x)^2+2\int\arcsin x\mathrm{d}\sqrt{1-x^2}$$

$$=x(\arcsin x)^2+2\sqrt{1-x^2}\arcsin x-2x+C;$$

(12) $\int x\cos^2 x\mathrm{d}x=\frac{1}{2}\int x(1+\cos 2x)\mathrm{d}x=\frac{1}{4}x^2+\frac{1}{4}\int x\mathrm{d}\cos 2x$

$$=\frac{1}{4}x^2+\frac{1}{4}x\sin 2x-\frac{1}{4}\int\sin 2x\mathrm{d}x$$

$$=\frac{1}{4}(x^2+x\sin 2x+\frac{1}{2}\cos 2x)+C;$$

(13) $\int x\tan^2 x\mathrm{d}x=\int x(\sec^2 x-1)\mathrm{d}x=\int x\sec^2 x\mathrm{d}x-\frac{1}{2}x^2$

$$=\int x\mathrm{d}\tan x-\frac{1}{2}x^2=x\tan x-\int\tan x\mathrm{d}x-\frac{1}{2}x^2$$

$$=x\tan x+\ln|\cos x|-\frac{1}{2}x^2+C;$$

(14) $\int x^2\sin^2 x\mathrm{d}x=\int x^2\cdot\frac{1-\cos 2x}{2}\mathrm{d}x=\int\frac{x^2}{2}\mathrm{d}x-\frac{1}{2}\int x^2\cos 2x\mathrm{d}x$

$$=\frac{x^3}{6}-\frac{1}{4}\int x^2\mathrm{d}\sin 2x=\frac{x^3}{6}-\frac{1}{4}x^2\sin 2x+\frac{1}{2}\int x\sin 2x\mathrm{d}x$$

$$=\frac{x^3}{6}-\frac{1}{4}x^2\sin 2x-\frac{1}{4}\int x\mathrm{d}\cos 2x$$

$$=\frac{x^3}{6}-\frac{1}{4}x^2\sin 2x-\frac{1}{4}x\cos 2x+\frac{1}{4}\int\cos 2x\mathrm{d}x$$

$$=\frac{x^3}{6}-\frac{1}{4}x^2\sin 2x-\frac{1}{4}x\cos 2x+\frac{1}{8}\sin 2x+C;$$

(15) $\int\frac{\ln(\cos x)}{\cos^2 x}\mathrm{d}x=\int\ln(\cos x)\mathrm{d}(\tan x)$

$$=\tan x\ln(\cos x)+\int\tan^2 x\mathrm{d}x$$

$$=\tan x\ln(\cos x)+\int(\sec^2 x-1)\mathrm{d}x$$

$$=\tan x\ln(\cos x)+\tan x-x+C;$$

(16) $\int e^{\sqrt[3]{x}}\mathrm{d}x\xlongequal{令t=\sqrt[3]{x}}\int 3t^2e^t\mathrm{d}t=3\int t^2\mathrm{d}e^t=3t^2e^t-6\int t\mathrm{d}e^t$

$$=3t^2e^t-6te^t+6e^t+C=3\sqrt[3]{x}e^{\sqrt[3]{x}}-6\sqrt[3]{x}e^{\sqrt[3]{x}}+6e^{\sqrt[3]{x}}+C;$$

(17) $\int \arctan\sqrt{x}\,\mathrm{d}x = x\arctan\sqrt{x} - \frac{1}{2}\int \frac{\sqrt{x}\,\mathrm{d}x}{1+x}$，令$\sqrt{x}=t$，则 $\mathrm{d}x = 2t\mathrm{d}t$，

$$\int \frac{\sqrt{x}\,\mathrm{d}x}{1+x} = 2\int \frac{t^2\,\mathrm{d}t}{1+t^2} = 2\int \frac{(t^2+1-1)\,\mathrm{d}t}{1+t^2} = 2t - 2\arctan t + C$$
$$= 2\sqrt{x} - 2\arctan\sqrt{x} + C,$$

原式$=x\arctan\sqrt{x}-\sqrt{x}+\arctan\sqrt{x}+C$；

(18) $$\int \mathrm{e}^{ax}\cos nx\,\mathrm{d}x = \frac{1}{a}\int \cos nx\,\mathrm{d}(\mathrm{e}^{ax}) = \frac{1}{a}\cos nx\,\mathrm{e}^{ax} + \frac{n}{a^2}\int \sin nx\,\mathrm{d}(\mathrm{e}^{ax})$$
$$= \frac{1}{a}\cos nx\,\mathrm{e}^{ax} + \frac{n}{a^2}\sin nx\,\mathrm{e}^{ax} - \frac{n}{a^2}\int \mathrm{e}^{ax}\cdot\cos nx\,\mathrm{d}x,$$

所以 $\int \cos nx\cdot\mathrm{e}^{ax}\,\mathrm{d}x = \frac{a^2}{a^2+n^2}\mathrm{e}^{ax}\left(\frac{1}{a}\cos nx + \frac{n}{a^2}\sin nx\right)+C.$

复习题 4 解答

1. 计算下列不定积分.

(1) $\int \frac{\arcsin\sqrt{x}}{\sqrt{x}}\mathrm{d}x$；　　(2) $\int \frac{1}{\mathrm{e}^x+\mathrm{e}^{-x}}\mathrm{d}x$；

(3) $\int \frac{\mathrm{d}x}{x^2+2x+5}$；　　(4) $\int \mathrm{e}^{\cos x}\sin x\mathrm{d}x$；

(5) $\int \frac{x^7\mathrm{d}x}{(1+x^4)^2}$；　　(6) $\int (\arccos x)^3\frac{1}{\sqrt{1-x^2}}\mathrm{d}x$；

(7) $\int \frac{\mathrm{d}x}{\sqrt{5-2x+x^2}}$；　　(8) $\int \frac{\mathrm{e}^x(x+1)}{2+x\mathrm{e}^x}\mathrm{d}x$；

(9) $\int \frac{x-1}{x^2-x-2}\mathrm{d}x$；　　(10) $\int \frac{\mathrm{e}^x(1+\mathrm{e}^x)}{\sqrt{1-\mathrm{e}^{2x}}}\mathrm{d}x$；

(11) $\int \sqrt{\frac{a+x}{a-x}}\mathrm{d}x$；　　(12) $\int \frac{\mathrm{d}x}{x^4-1}$；

(13) $\int \frac{\mathrm{d}x}{\sqrt{x-x^2}}$；　　(14) $\int \frac{\mathrm{d}x}{\sqrt{x}+\sqrt[3]{x}}$；

(15) $\int x\sqrt{2x^2-3}\,\mathrm{d}x$；　　(16) $\int \frac{\mathrm{d}x}{\sqrt{9-16x^2}}$；

(17) $\int \frac{2^x}{\sqrt{1-4^x}}\mathrm{d}x$；　　(18) $\int \left(\frac{\sec x}{1+\tan x}\right)^2\mathrm{d}x$；

(19) $\int x\ln(1+x^2)\mathrm{d}x$；　　(20) $\int \ln(1+x^2)\mathrm{d}x$.

解　(1) 令 $t=\sqrt{x}$，$x=t^2$，$\int \frac{\arcsin\sqrt{x}}{\sqrt{x}}\mathrm{d}x = \int \frac{\arcsin t}{t}\mathrm{d}(t^2) = 2\int \arcsin t\mathrm{d}t =$

$$2t\arctan t-2\int t\mathrm{d}(\arcsin t)=2t\arctan t-2\int\frac{t}{\sqrt{1-t^2}}\mathrm{d}t=2t\arctan t-\int\frac{1}{\sqrt{1-t^2}}\mathrm{d}t^2=$$

$$2t\arctan t+2\sqrt{1-t^2}+C=2\sqrt{x}\arcsin\sqrt{x}+2\sqrt{1-x}+C;$$

(2) 令 $\mathrm{e}^x=t$，$x=\ln t$，$\mathrm{d}t=\frac{1}{t}$.

原式$=\int\frac{t}{t^2+1}\mathrm{d}(\ln t)=\int\frac{1}{t^2+1}\mathrm{d}t=\frac{1}{2}\ln\left|\frac{t-1}{t+1}\right|+C=\frac{1}{2}\ln\left|\frac{\mathrm{e}^x-1}{\mathrm{e}^x+1}\right|+C$;

(3) $\int\frac{\mathrm{d}x}{x^2+2x+5}=\int\frac{\mathrm{d}x}{x^2+2x+1+4}=\int\frac{\mathrm{d}x}{(x+1)^2+2^2}=\frac{1}{4}\int\frac{\mathrm{d}x}{\left(\frac{x+1}{2}\right)^2+1}$

$$=\frac{1}{2}\arctan\left(\frac{x}{2}+\frac{1}{2}\right)+C;$$

(4) $\int\mathrm{e}^{\cos x}\sin x\mathrm{d}x=-\int\mathrm{e}^{\cos x}\mathrm{d}\cos x=-\mathrm{e}^{\cos x}+C$;

(5) $\int\frac{x^7\mathrm{d}x}{(1+x^4)^2}=\frac{1}{4}\int\frac{x^4}{(1+x^4)^2}\mathrm{d}x^4$，令 $x^4=t$，

原式$=\frac{1}{4}\int\frac{t}{(1+t)^2}\mathrm{d}t=\frac{1}{4}\int\frac{1+t-1}{(1+t)^2}\mathrm{d}t$

$$=\frac{1}{4}\left(\ln|1+t|+\frac{1}{1+t}\right)+C=\frac{1}{4}\left(\ln(1+x^4)+\frac{1}{1+x^4}\right)+C;$$

(6) 原式$=-\int(\arccos x)^3\mathrm{d}(\arccos x)=-\frac{1}{4}(\arccos x)^4+C$;

(7) 原式 $=\int\frac{\mathrm{d}x}{\sqrt{(x-1)^2+2^2}}=\ln(x-1+\sqrt{x^2-2x+5})+C$;

(8) $\int\frac{\mathrm{e}^x(x+1)}{2+x\mathrm{e}^x}\mathrm{d}x=\int\frac{(x\mathrm{e}^x+2)'}{2+x\mathrm{e}^x}\mathrm{d}x=\int\frac{1}{2+x\mathrm{e}^x}\mathrm{d}(x\mathrm{e}^x+2)$

$$=\ln|2+x\mathrm{e}^x|+C;$$

(9) $\int\frac{x-1}{x^2-x-2}\mathrm{d}x=\int\frac{x-1}{(x-2)(x+1)}\mathrm{d}x=\int\left(\frac{\frac{1}{3}}{x-2}+\frac{\frac{2}{3}}{x+1}\right)\mathrm{d}x$

$$=\frac{1}{3}\ln|x-2|+\frac{2}{3}\ln|x+1|+C;$$

(10) $\int\frac{\mathrm{e}^x(1+\mathrm{e}^x)}{\sqrt{1-\mathrm{e}^{2x}}}\mathrm{d}x=\int\frac{\mathrm{e}^{2x}+\mathrm{e}^x}{\sqrt{1-\mathrm{e}^{2x}}}\mathrm{d}x$

$$=\int\frac{1}{\sqrt{1-\mathrm{e}^{2x}}}\mathrm{d}\mathrm{e}^x+\int\frac{-\frac{1}{2}}{\sqrt{1-\mathrm{e}^{2x}}}\mathrm{d}(1-\mathrm{e}^{2x})$$

$$=\arcsin\mathrm{e}^x-\sqrt{1-\mathrm{e}^{2x}}+C;$$

(11) $\int\sqrt{\frac{a+x}{a-x}}\mathrm{d}x=\int\sqrt{\frac{(a+x)^2}{a^2-x^2}}\mathrm{d}x=\int\frac{1}{a}\sqrt{\frac{(a+x)^2}{1-\left(\frac{x}{a}\right)^2}}\mathrm{d}x$

$$=\int \frac{1}{a}\frac{a+x}{\sqrt{1-\left(\frac{x}{a}\right)^2}}\mathrm{d}x$$

$$=a\int \frac{\mathrm{d}\frac{x}{a}}{\sqrt{1-\left(\frac{x}{a}\right)^2}}-\frac{a}{2}\int \frac{\mathrm{d}\left(1-\frac{x^2}{a^2}\right)}{\sqrt{1-\left(\frac{x}{a}\right)^2}}$$

$$=a\arcsin\frac{x}{a}-\sqrt{a^2-x^2}+C;$$

(12) $\int \frac{\mathrm{d}x}{x^4-1}=\int \frac{\mathrm{d}x}{(x^2+1)(x^2-1)}=\int \left(\frac{1}{x^2+1}-\frac{1}{x^2-1}\right)\cdot\frac{1}{2}\mathrm{d}x$

$$=\int \frac{1}{4}\left(\frac{1}{x+1}-\frac{1}{x-1}\right)\mathrm{d}x+\frac{1}{2}\arctan x$$

$$=\frac{1}{4}\ln\left|\frac{x-1}{x+1}\right|+\frac{1}{2}\arctan x+C;$$

(13) $\int \frac{\mathrm{d}x}{\sqrt{x-x^2}}=\int \frac{2\mathrm{d}x}{\sqrt{4x-4x^2+1-1}}=\int \frac{2\mathrm{d}x}{\sqrt{1-(2x-1)^2}}$

$$=\int \frac{1}{\sqrt{1-(2x-1)^2}}\mathrm{d}(2x-1)=\arcsin(2x-1)+C;$$

(14) 设 $t=\sqrt[6]{x}$ ，则 $6t^5\mathrm{d}t=\mathrm{d}x$ ；

原式 $=\int \frac{6t^5\mathrm{d}t}{t^3+t^2}=6\int \frac{t^3}{t+1}\mathrm{d}t=6\int \frac{t^3+t^2-t^2+t-t-1}{t+1}\mathrm{d}t$

$$=6\int t^2-t+1-\frac{1}{t+1}\mathrm{d}t=6\left[\frac{t^3}{3}-\frac{t^2}{2}+t-\ln(1+t)\right]+C$$

$$=2\sqrt{x}-3\sqrt[3]{x}+6\sqrt[6]{x}-\ln(1+\sqrt[6]{x})+C;$$

(15) $\int x\sqrt{2x^2-3}\,\mathrm{d}x=\frac{1}{4}\int \sqrt{2x^2-3}\,\mathrm{d}(2x^2-3)=\frac{1}{6}\sqrt{(2x^2-3)^3}+C;$

(16) $\int \frac{\mathrm{d}x}{\sqrt{9-16x^2}}=\int \frac{\frac{1}{3}\mathrm{d}x}{\sqrt{1-\left(\frac{4x}{3}\right)^2}}=\frac{1}{4}\int \frac{\frac{4}{3}}{\sqrt{1-\left(\frac{4x}{3}\right)^2}}\mathrm{d}x$

$$=\frac{1}{4}\arcsin\frac{4x}{3}+C;$$

(17) 原式 $=\frac{1}{\ln 2}\int \frac{1}{\sqrt{1-(2^x)^2}}\mathrm{d}2^x=\frac{1}{\ln 2}\arcsin 2^x+C;$

(18) $\int \left(\frac{\sec x}{1+\tan x}\right)^2\mathrm{d}x=\int \frac{\sec^2 x}{(1+\tan x)^2}\mathrm{d}x=\int \frac{1}{(1+\tan x)^2}\mathrm{d}\tan x$

$$=\int \frac{1}{(1+\tan x)^2}\mathrm{d}(1+\tan x)=-\frac{1}{1+\tan x}+C$$

(19) 原式 $=\int \frac{1}{2}\ln(1+x^2)\mathrm{d}(x^2+1)=\frac{1}{2}(x^2+1)\ln(1+x^2)-\int x\mathrm{d}x$

$$= \frac{x^2+1}{2}\ln(1+x^2) - \frac{x^2}{2} + C;$$

(20) $\int \ln(1+x^2)\mathrm{d}x = x\ln(1+x^2) - \int x\mathrm{d}\ln(1+x^2)$

$$= x\ln(1+x^2) - \int \frac{2x^2}{1+x^2}\mathrm{d}x$$

$$= x\ln(1+x^2) - \int \frac{2(1+x^2)-2}{1+x^2}\mathrm{d}x$$

$$= x\ln(1+x^2) - 2x + 2\arctan x + C.$$

2. 设某商品的需求量 Q 是价格 P 的函数，该商品的最大需求量为 10^4（$P=0$ 时，$Q=10^4$），已知需求量的变化率为 $Q'(P)=-2\cdot 10^3\cdot \mathrm{e}^{-\frac{P}{5}}$，求需求量关于价格的弹性.

解 需求量关于价格的弹性为 $Q=\int -2\times 10^3\mathrm{e}^{-\frac{P}{5}}\mathrm{d}P = 10^4\mathrm{e}^{-\frac{P}{5}}+C$，将 $P=0$ 时，$Q=10^4$ 代入，得 $C=0$，所求需求量关于价格的弹性为 $Q=10^4\mathrm{e}^{-\frac{P}{5}}$.

本章练习 A

1. 选择题.

(1) 曲线 $y=f(x)$ 在点 $(x, f(x))$ 处的切线斜率为 $\frac{1}{x}$，且过点 $(\mathrm{e}^2, 3)$，则该曲线方程为（　　）.

A. $y=\ln x$　　B. $y=\ln x+1$　　C. $y=-\frac{1}{x^2}+1$　　D. $y=\ln x+3$

(2) 设 $f(x)$ 的一个原函数是 e^{-x^2}，则 $\int xf'(x)\mathrm{d}x=$（　　）.

A. $-2x^2\mathrm{e}^{-x^2}+C$　　B. $-2x^2\mathrm{e}^{-x^2}$

C. $\mathrm{e}^{-x^2}(-2x^2-1)+C$　　D. $xf(x)+\int f(x)\mathrm{d}x$

(3) 设 $f(x)$ 的原函数为 $\frac{1}{x}$，则 $f'(x)$ 等于（　　）.

A. $\ln|x|$　　B. $\frac{1}{x}$　　C. $-\frac{1}{x^2}$　　D. $\frac{2}{x^3}$

(4) $\int x2^x\mathrm{d}x=$（　　）.

A. $2^x x-2^x+C$　　B. $\frac{2^x x}{\ln 2}-\frac{2^x}{(\ln 2)^2}+C$

C. $2^x x\ln x-(\ln 2)^2 2^x+C$　　D. $\frac{2^x x^2}{2}+C$

2. 填空题.

(1) $\int \frac{e^x}{1+e^{2x}}dx=$______.

(2) $\int \cos^2 \frac{x}{2}dx=$______.

(3) $\int \ln x dx=$______.

(4) $\int \frac{dx}{\sqrt[3]{2-3x}}=$______.

3. 解答题.

(1) $\int \frac{(2x-1)(\sqrt{x}+1)}{\sqrt{x}}dx$；

(2) $\int \sin^2 x\cos^3 x dx$；

(3) $\int \frac{x+1}{\sqrt[3]{3x+1}}dx$；

(4) $\int \frac{1}{x\sqrt{1+x^4}}dx$；

(5) $\int \frac{dx}{\sqrt{(x^2+1)^3}}$；

(6) $\int x^2\ln x dx$.

本章练习 B

1. 选择题.

(1) 下列函数中是同一函数的原函数的是（　　）.

A. $\frac{\ln x}{x^2}$与$\frac{\ln x}{x}$

B. $\arcsin x$ 与 $-\arccos x$

C. $\arctan x$ 与 $\text{arccot}x$

D. $\cos 2x$ 与 $\cos x$

(2) 设 $\int f'(x^3)dx = x^3 + C$，则 $f(x)$ 等于（　　）.

A. $\frac{1}{2}x^3+C$

B. $\frac{9}{5}x^{\frac{5}{3}}+C$

C. $\frac{5}{9}x^{\frac{3}{5}}+C$

D. $\frac{3}{5}x^{\frac{5}{3}}+C$

(3) 设 u，v 都是 x 的可微函数，则 $\int u dv=$（　　）.

A. $uv-\int v du$

B. $uv-\int u'v du$

C. $uv-\int v' du$

D. $uv-\int uv' du$

2. 填空题.

(1) 若 $f(x)$ 的一个原函数为 $\cos x$，则 $\int f(x)dx =$______.

(2) 设 $\int f(x)dx = \sin x + C$，则 $\int xf(1-x^2)dx =$______.

(3) 设 $\int xf(x)dx = \arcsin x + C$，则 $\int \frac{1}{f(x)}dx =$______.

(4) $\int x\sin x\mathrm{d}x=$ ________.

3. 解答题.

(1) $\int \frac{1+2x^2}{x^2(1+x^2)}\mathrm{d}x$； (2) $\int \frac{2^{\arcsin x}}{\sqrt{1-x^2}}\mathrm{d}x$；

(3) $\int \frac{\mathrm{d}x}{(1+\sqrt[3]{x})\sqrt{x}}$； (4) $\int \cos^4 x\mathrm{d}x$；

(5) $\int \frac{\sqrt{x^2-9}}{x}\mathrm{d}x$.

本章练习 A 答案

1. 选择题.

(1) B； (2) C； (3) D； (4) B.

2. 填空题.

(1) $\arctan e^x+C$； (2) $\frac{1}{2}(x+\sin x)+C$；

(3) $x\ln x-x+C$； (4) $-\frac{1}{2}(2-3x)^{\frac{2}{3}}+C$.

3. 计算题.

解 (1) $\int \frac{(2x-1)(\sqrt{x}+1)}{\sqrt{x}}\mathrm{d}x=\int \frac{2x\sqrt{x}+2x-\sqrt{x}-1}{\sqrt{x}}\mathrm{d}x$

$$=\int\left(2x+2\sqrt{x}-1-\frac{1}{\sqrt{x}}\right)\mathrm{d}x=x^2+\frac{4}{3}x^{\frac{3}{2}}-x-2x^{\frac{1}{2}}+C;$$

(2) $\int \sin^2 x\cos^3 x\mathrm{d}x=\int \sin^2 x\cos^3 x\mathrm{d}x=\int \sin^2 x\cos^2 x\mathrm{d}(\sin x)$

$$=\int(\sin^2 x-\sin^4 x)\mathrm{d}(\sin x)=\frac{1}{3}\sin^3 x-\frac{1}{5}\sin^5 x+C;$$

(3) 令 $\sqrt[3]{3x+1}=t$，则 $x=\frac{t^3-1}{3}$，则

$$\int \frac{x+1}{\sqrt[3]{3x+1}}\mathrm{d}x=\int \frac{\frac{t^3-1}{3}+1}{t}\cdot t^2\mathrm{d}t=\frac{1}{3}\int(t^4+2t)\mathrm{d}t$$

$$=\frac{1}{15}t^5+\frac{1}{3}t^2+C\ (t=\sqrt[3]{3x+1});$$

(4) 令 $x=\frac{1}{t}$，则 $\mathrm{d}x=-\frac{1}{t^2}\mathrm{d}t$，

$$\int \frac{1}{x\sqrt{1+x^4}}\mathrm{d}x=\int \frac{-\frac{1}{t^2}\mathrm{d}t}{\frac{1}{t}\sqrt{1+\frac{1}{t^4}}}=-\int \frac{t\mathrm{d}t}{\sqrt{1+t^4}}=-\frac{1}{2}\int \frac{\mathrm{d}t^2}{\sqrt{1+(t^2)^2}}$$

$$=-\frac{1}{2}\ln(t^2+\sqrt{1+t^4})+C=-\frac{1}{2}\ln\frac{1+\sqrt{1+x^4}}{x^2}+C;$$

(5) $$\int\frac{\mathrm{d}x}{\sqrt{(x^2+1)^3}}\xlongequal{令 x=\tan t}\int\frac{1}{\sqrt{(\tan^2 t+1)^3}}\mathrm{d}(\tan t)=\int\cos t\mathrm{d}t=\sin t+C$$

$$=\frac{x}{\sqrt{x^2+1}}+C;$$

(6) $$\int x^2\ln x\mathrm{d}x=\frac{1}{3}\int\ln x\mathrm{d}x^3=\frac{1}{3}x^3\ln x-\frac{1}{3}\int x^3\mathrm{d}(\ln x)$$

$$=\frac{1}{3}x^3\ln x-\frac{1}{3}\int x^2\mathrm{d}x=\frac{1}{3}x^3\ln x-\frac{1}{9}x^3+C.$$

本章练习 B 答案

1. 选择题.

(1) B；　(2) C；　(3) A.

2. 填空题.

(1) $\cos x+C$；　(2) $-\frac{1}{2}\sin(1-x^2)+C$；

(3) $-\frac{1}{3}(1-x^2)^{\frac{3}{2}}+C$；　(4) $-x\cos x+\sin x+C$.

3. 计算题.

解 (1) $$\int\frac{1+2x^2}{x^2(1+x^2)}\mathrm{d}x=\int\left(\frac{1}{1+x^2}+\frac{1}{x^2}\right)\mathrm{d}x=\int\frac{\mathrm{d}x}{1+x^2}+\int\frac{\mathrm{d}x}{x^2}$$

$$=\arctan x-\frac{1}{x}+C;$$

(2) $$\int\frac{2^{\arcsin x}}{\sqrt{1-x^2}}\mathrm{d}x=\int 2^{\arcsin x}\mathrm{d}(\arcsin x)=\frac{1}{\ln 2}2^{\arcsin x}+C;$$

(3) 令 $x=t^6$，则 $\mathrm{d}x=6t^5\mathrm{d}t$，

$$\int\frac{\mathrm{d}x}{(1+\sqrt[3]{x})\sqrt{x}}=\int\frac{6t^5\mathrm{d}t}{(1+t^2)t^3}=6\int\frac{t^2\mathrm{d}t}{1+t^2}=6\int\left(1-\frac{1}{1+t^2}\right)\mathrm{d}t$$

$$=-6\arctan t+6t+C=-6\arctan\sqrt[6]{x}+6\sqrt[6]{x}+C;$$

(4) $$\int\cos^4 x\mathrm{d}x=\int\left(\frac{1+\cos 2x}{2}\right)^2\mathrm{d}x$$

$$=\frac{x}{4}+\int\frac{\cos 2x}{2}\mathrm{d}x+\int\frac{\cos^2 2x}{4}\mathrm{d}x$$

$$=\frac{x}{4}+\frac{1}{4}\sin 2x+\frac{1}{8}\int(1+\cos 4x)\mathrm{d}x$$

$$=\frac{x}{4}+\frac{1}{4}\sin 2x+\frac{x}{8}+\frac{1}{32}\sin 4x+C$$

$$=\frac{3}{8}x+\frac{1}{4}\sin 2x+\frac{1}{32}\sin 4x+C;$$

(5) $\int \frac{\sqrt{x^2-9}}{x}\mathrm{d}x \xlongequal{令 x = 3\sec t} \int \frac{\sqrt{9\sec^2 t-9}}{3\sec t}\mathrm{d}(3\sec t) = 3\int \tan^2 t\mathrm{d}t$

$$= 3\int \left(\frac{1}{\cos^2 t}-1\right)\mathrm{d}t = 3\tan t - 3t + C$$

$$= \sqrt{x^2-9} - 3\arccos\frac{3}{x} + C.$$

第 5 章

定积分及其应用

知识结构图

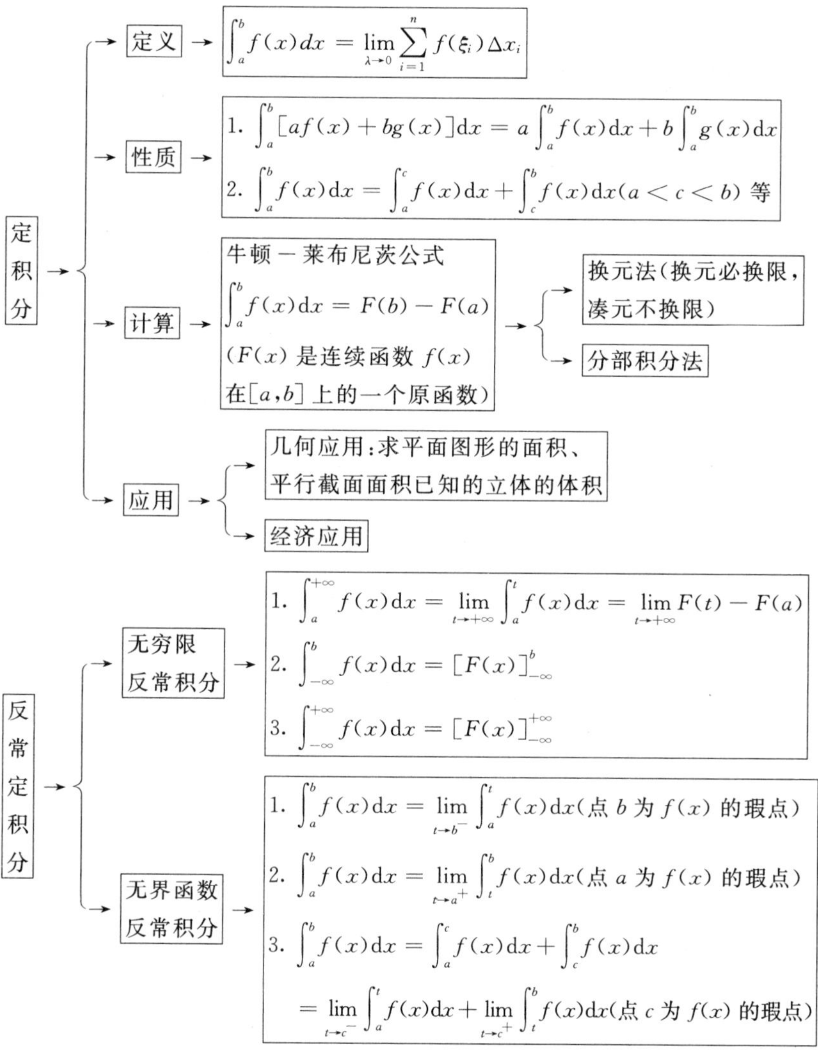

定积分
定义
$\int_a^b f(x)dx = \lim_{\lambda\to 0}\sum_{i=1}^{n} f(\xi_i)\Delta x_i$
性质
1. $\int_a^b [af(x)+bg(x)]\mathrm{d}x = a\int_a^b f(x)\mathrm{d}x + b\int_a^b g(x)\mathrm{d}x$
2. $\int_a^b f(x)\mathrm{d}x = \int_a^c f(x)\mathrm{d}x + \int_c^b f(x)\mathrm{d}x(a<c<b)$ 等
计算
牛顿－莱布尼茨公式
$\int_a^b f(x)\mathrm{d}x = F(b)-F(a)$
($F(x)$ 是连续函数 $f(x)$
在$[a,b]$上的一个原函数)
换元法(换元必换限，
凑元不换限)
分部积分法
应用
几何应用：求平面图形的面积、
平行截面面积已知的立体的体积
经济应用
反常定积分
无穷限
反常积分
1. $\int_a^{+\infty} f(x)\mathrm{d}x = \lim_{t\to+\infty}\int_a^t f(x)\mathrm{d}x = \lim_{t\to+\infty} F(t) - F(a)$
2. $\int_{-\infty}^b f(x)\mathrm{d}x = [F(x)]_{-\infty}^b$
3. $\int_{-\infty}^{+\infty} f(x)\mathrm{d}x = [F(x)]_{-\infty}^{+\infty}$
无界函数
反常积分
1. $\int_a^b f(x)\mathrm{d}x = \lim_{t\to b^-}\int_a^t f(x)\mathrm{d}x$(点 b 为 $f(x)$ 的瑕点)
2. $\int_a^b f(x)\mathrm{d}x = \lim_{t\to a^+}\int_t^b f(x)\mathrm{d}x$(点 a 为 $f(x)$ 的瑕点)
3. $\int_a^b f(x)\mathrm{d}x = \int_a^c f(x)\mathrm{d}x + \int_c^b f(x)\mathrm{d}x$
$= \lim_{t\to c^-}\int_a^t f(x)\mathrm{d}x + \lim_{t\to c^+}\int_t^b f(x)\mathrm{d}x$(点 c 为 $f(x)$ 的瑕点)

本章学习目标

- 理解定积分的概念；了解定积分的性质；
- 熟练掌握积分上限函数的求导公式；
- 理解牛顿—莱布尼茨公式，熟练运用定积分的换元法，分部积分法进行定积分的计算；
- 了解反常积分的定义，熟练求解一些简单的反常积分；
- 熟练运用定积分求解某些几何图形的面积、体积及某些经济问题.

5.1 定积分的概念与性质

5.1.1 知识点分析

1. 定积分的定义

设函数 $f(x)$ 在区间 $[a, b]$ 上有界，在 $[a, b]$ 中任意插入 $n-1$ 个分点，$a=x_0<x_1<\cdots<x_{n-1}<x_n=b$ 将区间 $[a, b]$ 分成 n 个小区间 $\Delta x_i=x_i-x_{i-1}$，$i=1, 2, \cdots, n$，$\lambda=\max\limits_{i}\{\Delta x_i\}$，任取 $\xi_i\in[x_{i-1}, x_i]$ $(i=1, 2, \cdots, n)$ 作乘积 $f(\xi_i)\Delta x_i$ 并求和 $\sum\limits_{i=1}^{n}f(\xi_i)\Delta x_i$. 如果不论区间 $[a, b]$ 怎么分割、ξ_i 在每个区间上怎么取，只要当 $\lambda\to 0$ 时，极限 $I=\lim\limits_{\lambda\to 0}\sum\limits_{i=1}^{n}f(\xi_i)\Delta x_i$ 总存在，则称 I 为函数 $f(x)$ 在区间 $[a, b]$ 上的定积分，记作 $\int_a^b f(x)\mathrm{d}x$，即

$$\int_a^b f(x)\mathrm{d}x=\lim_{\lambda\to 0}\sum_{i=1}^{n}f(\xi_i)\Delta x_i.$$

此时称 $f(x)$ 在区间 $[a, b]$ 上可积. 其中 $\sum\limits_{i=1}^{n}f(\xi_i)\Delta x_i$ 称为积分和，a 称为积分下限，b 称为积分上限，$f(x)$ 称为被积函数，x 称为积分变量，$[a, b]$ 称为积分区间.

注 (1) 当极限 I 不存在时，则称函数 $f(x)$ 在区间 $[a, b]$ 上不可积；

(2) 根据定义，如果函数保持不变，积分区间不变，只改变积分变量 x 为其他写法，如 t 或者 u 等，不会改变极限的值，所以定积分的值与积分变量的记号无关.

(3) 当 $a=b$ 时，$\int_a^b f(x)\mathrm{d}x=0$；

(4) 当 $a>b$ 时，$\int_a^b f(x)\mathrm{d}x=-\int_b^a f(x)\mathrm{d}x$.

2. 定积分的性质

性质 1 $\int_a^b[f(x)\pm g(x)]\mathrm{d}x=\int_a^b f(x)\mathrm{d}x\pm\int_a^b g(x)\mathrm{d}x.$

注 此性质可推广到被积函数为有限个函数的代数和的情形.

性质 2 $\int_a^b kf(x)\mathrm{d}x = k\int_a^b f(x)\mathrm{d}x$（$k$ 为常数）.

性质 3 设 $a<c<b$，则 $\int_a^b f(x)\mathrm{d}x = \int_a^c f(x)\mathrm{d}x + \int_c^b f(x)\mathrm{d}x$.

注 不论 a，b，c 的相对位置如何，上述等式总是成立的.

性质 4 $\int_a^b 1\cdot\mathrm{d}x = \int_a^b \mathrm{d}x = b-a$.

性质 5 如果在区间 $[a, b]$ 上 $f(x)\leqslant g(x)$，则 $\int_a^b f(x)\mathrm{d}x \leqslant \int_a^b g(x)\mathrm{d}x$. 等号仅在 $f(x)\equiv g(x)$ 时成立.

性质 6 设函数 $f(x)$ 在 $[a, b]$ 上的最大值和最小值分别是 M 和 m，则 $m(b-a)\leqslant\int_a^b f(x)\mathrm{d}x\leqslant M(b-a)$.

性质 7 如果 $f(x)$ 在区间 $[a, b]$ 上连续，则至少存在一点 $\xi\in[a, b]$，使 $\int_a^b f(x)\mathrm{d}x = f(\xi)(b-a)$.

3. 定积分 $\int_a^b f(x)\mathrm{d}x$ 的几何意义

（1）$f(x)\geqslant 0$ 时，定积分 $\int_a^b f(x)\mathrm{d}x$ 在几何上表示由连续曲线 $y=f(x)$、直线 $x=a$、$x=b$（$a<b$）和 x 轴围成的曲边梯形的面积；

（2）$f(x)<0$ 时，曲线 $y=f(x)$，直线 $x=a$，$x=b$（$a<b$）和 x 轴所围成的曲边梯形位于 x 轴的下方，所以定积分 $\int_a^b f(x)\mathrm{d}x$ 在几何上表示上述曲边梯形面积的负值；

（3）$f(x)$ 既有正值又有负值时，曲线 $y=f(x)$、直线 $x=a$、$x=b$（$a<b$）和 x 轴所围成的图形某些部分在 x 轴的上方，某些部分在 x 轴的下方，此时定积分 $\int_a^b f(x)\mathrm{d}x$ 在几何上表示 x 轴上方图形面积与下方图形面积之差.

5.1.2 典例解析

例 1 把极限 $\lim\limits_{n\to\infty}\frac{1}{n^2}(\sqrt{n}+\sqrt{2n}+\cdots+\sqrt{n^2})$ 表示成定积分.

解
$$\lim_{n\to\infty}\frac{1}{n^2}(\sqrt{n}+\sqrt{2n}+\cdots+\sqrt{n^2}) = \lim_{n\to\infty}\frac{1}{n}\left(\sqrt{\frac{1}{n}}+\sqrt{\frac{2}{n}}+\cdots+\sqrt{\frac{n}{n}}\right)$$
$$= \lim_{n\to\infty}\frac{1}{n}\sum_{i=1}^{n}\sqrt{\frac{i}{n}} = \int_0^1\sqrt{x}\,\mathrm{d}x.$$

5.1.3 习题详解

1. 利用定积分的几何意义，计算下列积分.

(1) $\int_0^1 2x\mathrm{d}x$；　　(2) $\int_{-2}^2 x^3\mathrm{d}x$ ；

(3) $\int_{-\pi}^{\pi} x^6\sin x\mathrm{d}x$；　　(4) $\int_{-\frac{1}{2}}^{\frac{1}{2}} \cos x\cdot\ln\left(\frac{1+x}{1-x}\right)\mathrm{d}x$.

解　(1) $\int_0^1 2x\mathrm{d}x = S_\Delta = \frac{1}{2}\times1\times2 = 1$；

(2) $\int_{-2}^2 x^3\mathrm{d}x = S - S = 0$；

(3) $\int_{-\pi}^{\pi} x^6\sin x\mathrm{d}x = 0$；

(4) $\int_{-\frac{1}{2}}^{\frac{1}{2}} \cos x\cdot\ln\left(\frac{1+x}{1-x}\right)\mathrm{d}x = 0$.

点拨　利用奇函数在对称积分区间上的积分为0.

2. 设 $f(x)$ 连续，而且 $\int_0^1 2f(x)\mathrm{d}x = 4$，$\int_0^3 f(x)\mathrm{d}x = 6$，$\int_0^1 g(x)\mathrm{d}x = 3$，计算下列各值：

(1) $\int_0^1 f(x)\mathrm{d}x$；　　(2) $\int_1^3 3f(x)\mathrm{d}x$ ；

(3) $\int_1^0 g(x)\mathrm{d}x$；　　(4) $\int_0^1 \frac{f(x)+2g(x)}{4}\mathrm{d}x$.

解　(1) $\int_0^1 f(x)\mathrm{d}x = 2$；

(2) $\int_1^3 3f(x)\mathrm{d}x = 3\int_1^3 f(x)\mathrm{d}x = 3\left(\int_0^3 f(x)\mathrm{d}x - \int_0^1 f(x)\mathrm{d}x\right) = 3\times(6-2)$

$= 12$ ；

(3) $\int_1^0 g(x)\mathrm{d}x = -\int_0^1 g(x)\mathrm{d}x = -3$；

(4) $\int_0^1 \frac{f(x)+2g(x)}{4}\mathrm{d}x = \frac{1}{4}\int_0^1 f(x)\mathrm{d}x + \frac{1}{2}\int_0^1 g(x)\mathrm{d}x = 2$.

3. 根据定积分的性质，比较下列积分的大小.

(1) $I_1 = \int_0^1 x^2\mathrm{d}x$ 和 $I_2 = \int_0^1 x^3\mathrm{d}x$；

(2) $I_1 = \int_1^{\frac{\pi}{2}} \sin x\mathrm{d}x$ 和 $I_2 = \int_1^{\frac{\pi}{2}} x\mathrm{d}x$；

(3) $I_1 = \int_1^2 \ln x\mathrm{d}x$ 和 $I_2 = \int_1^2 \ln^2 x\mathrm{d}x$；

(4) $I_1 = \int_0^1 \ln(1+x)\mathrm{d}x$ 和 $I_2 = \int_0^1 x\mathrm{d}x$.

解　(1) 在区间 $[0,1]$ 上，$0\leqslant x\leqslant 1$ ，所以 $x^2\geqslant x^3$ ，又因为等号只在 $x=1$ 处成立，故 $\int_0^1 x^2\mathrm{d}x > \int_0^1 x^3\mathrm{d}x$ ；

(2) 在区间 $[1,\frac{\pi}{2}]$ 上，$\sin x < x$，故 $\int_1^{\frac{\pi}{2}} \sin x\mathrm{d}x < \int_1^{\frac{\pi}{2}} x\mathrm{d}x$；

(3) 在区间 $[1,2]$ 上，$1 \leqslant x \leqslant 2$，$0 \leqslant \ln x < 1$，所以 $\ln x > \ln^2 x$，故 $\int_1^2 \ln x\mathrm{d}x > \int_1^2 \ln^2 x\mathrm{d}x$；

(4) 在区间 $[0,1]$ 上，令 $f(x) = \ln(1+x) - x$，则 $f'(x) = \frac{1}{1+x} - 1 = -\frac{x}{1+x} \leqslant 0$，且等号只在 $x = 0$ 处成立，所以 $f(x)$ 在 $[0,1]$ 上单调递减，$f(x) < f(0) = 0$，即 $\ln(1+x) < x$，故 $\int_0^1 \ln(1+x)\mathrm{d}x < \int_0^1 x\mathrm{d}x$.

4. 利用定积分的性质，估计下列各积分的值.

(1) $\int_1^4 (x^2+1)\mathrm{d}x$；　　(2) $\int_1^2 \frac{x}{1+x^2}\mathrm{d}x$.

解　(1) 因为 $\max\limits_{1\leqslant x\leqslant 4}\{x^2+1\} = 17$，$\min\limits_{1\leqslant x\leqslant 4}\{x^2+1\} = 2$，所以 $6 < \int_1^4 (x^2+1)\mathrm{d}x < 17 \times 3 = 51$；

(2) $\frac{x}{1+x^2} = \frac{1}{x+\frac{1}{x}} \leqslant \frac{1}{2}$，当 $x=1$ 时，取得最大值，当 $x=2$ 时，取得最小值. 所以 $\frac{2}{5} \leqslant \int_1^2 \frac{x}{1+x^2}\mathrm{d}x \leqslant \frac{1}{2}$.

5.2　微积分基本公式

5.2.1　知识点分析

1. 积分上限函数

设函数 $f(x)$ 在区间 $[a, b]$ 上连续，则定积分 $\int_a^b f(x)\mathrm{d}x$ 一定存在，$\forall x \in [a, b]$，当上限 x 在区间 $[a, b]$ 上任意变动时，总有一个值 $\Phi(x) = \int_a^x f(x)\mathrm{d}x$ 与之对应，从而 $\int_a^x f(x)\mathrm{d}x$ 是 x 的函数，称此函数为积分上限函数，记作 $\Phi(x) = \int_a^x f(x)\mathrm{d}x\ (a \leqslant x \leqslant b)$.

注　因为定积分的取值与积分变量无关，积分上限函数常记作 $\Phi(x) = \int_a^x f(t)\mathrm{d}t\ (a \leqslant x \leqslant b)$.

2. 积分上限函数的求导公式

如果 $f(x)$ 在 $[a, b]$ 上连续，则积分上限的函数 $\Phi(x) = \int_a^x f(t)\mathrm{d}t$ 在

$[a, b]$上具有导数，且它的导数是$\Phi'(x)=\dfrac{\mathrm{d}}{\mathrm{d}x}\int_a^x f(t)\mathrm{d}t=f(x)\ (a\leqslant x\leqslant b)$.

注 利用复合函数的求导法则，可进一步得到下列公式：

(1) $\dfrac{\mathrm{d}}{\mathrm{d}x}\int_a^{\varphi(x)} f(t)\mathrm{d}t=f(\varphi(x))\varphi'(x)$；

(2) $\dfrac{\mathrm{d}}{\mathrm{d}x}\int_{\psi(x)}^{\varphi(x)} f(t)\mathrm{d}t=f(\varphi(x))\varphi'(x)-f(\psi(x))\psi'(x)$.

3. 牛顿一莱布尼茨公式

如果函数$F(x)$是连续函数$f(x)$在$[a, b]$上的一个原函数，则$\int_a^b f(x)\mathrm{d}x=F(b)-F(a)$.

5.2.2 典例解析

例 1 计算$\dfrac{\mathrm{d}}{\mathrm{d}x}\int_0^{x^2}\sqrt{1+t^2}\,\mathrm{d}t$.

解 $\dfrac{\mathrm{d}}{\mathrm{d}x}\int_0^{x^2}\sqrt{1+t^2}\,\mathrm{d}t=2x\sqrt{1+x^4}$.

例 2 求$\lim\limits_{x\to 0}\dfrac{\int_0^x \cos t^2\mathrm{d}t}{x}$.

解 $\lim\limits_{x\to 0}\dfrac{\int_0^x \cos t^2\mathrm{d}t}{x}=\lim\limits_{x\to 0}\dfrac{\cos x^2}{1}=1$.

例 3 求$\lim\limits_{x\to 0}\dfrac{\int_0^x(\sin t-t)\mathrm{d}t}{x(\mathrm{e}^x-1)^3}$.

解 $$\lim_{x\to 0}\frac{\int_0^x(\sin t-t)\mathrm{d}t}{x(\mathrm{e}^x-1)^3}=\lim_{x\to 0}\frac{\int_0^x(\sin t-t)\mathrm{d}t}{x\cdot x^3}=\lim_{x\to 0}\frac{\int_0^x(\sin t-t)\mathrm{d}t}{x^4}$$

$$=\lim_{x\to 0}\frac{\sin x-x}{4x^3}=\lim_{x\to 0}\frac{\cos x-1}{12x^2}=\lim_{x\to 0}\frac{-\sin x}{24x}=\lim_{x\to 0}\frac{-\cos x}{24}=-\frac{1}{24}.$$

例 4 求$\int_{-\frac{1}{2}}^{\frac{1}{2}}\dfrac{\mathrm{d}x}{\sqrt{1-x^2}}$.

解 $$\int_{-\frac{1}{2}}^{\frac{1}{2}}\frac{\mathrm{d}x}{\sqrt{1-x^2}}=\arcsin x\Big|_{-\frac{1}{2}}^{\frac{1}{2}}=\arcsin\frac{1}{2}-\arcsin\left(-\frac{1}{2}\right)$$

$$=\frac{\pi}{6}-\left(-\frac{\pi}{6}\right)=\frac{\pi}{3}.$$

例 5 求$\int_0^{2\pi}|\sin x|\mathrm{d}x$.

解 $$\int_0^{2\pi}|\sin x|\mathrm{d}x=\int_0^{\pi}\sin x\mathrm{d}x-\int_{\pi}^{2\pi}\sin x\mathrm{d}x=-\cos x\Big|_0^{\pi}+\cos x\Big|_{\pi}^{2\pi}$$

$$= -\cos\pi + \cos 0 + \cos 2\pi - \cos\pi = 4.$$

5.2.3 习题详解

1. 计算下列导数.

(1) $\dfrac{d}{dx}\displaystyle\int_0^x e^{t^2-t}dt$；　　(2) $\dfrac{d}{dx}\displaystyle\int_{x^2}^{x^3}\dfrac{1}{\sqrt{1+t^4}}dt$；

(3) $\dfrac{d}{dx}\displaystyle\int_{\sin^2 x}^{2}\dfrac{1}{1+t^2}dt$；　　(4) $\dfrac{d}{dx}\displaystyle\int_{e}^{\sqrt{x}}\cos(t^2+1)dt$.

解 (1) $\dfrac{d}{dx}\displaystyle\int_0^x e^{t^2-t}dt = e^{x^2-x}$；

(2) $\dfrac{d}{dx}\displaystyle\int_{x^2}^{x^3}\dfrac{1}{\sqrt{1+t^4}}dt = \dfrac{3x^2}{\sqrt{1+x^{12}}} - \dfrac{2x}{\sqrt{1+x^8}}$；

(3) $\dfrac{d}{dx}\displaystyle\int_{\sin^2 x}^{2}\dfrac{1}{1+t^2}dt = -\dfrac{\sin 2x}{1+\sin^4 x}$；

(4) $\dfrac{d}{dx}\displaystyle\int_{e}^{\sqrt{x}}\cos(t^2+1)dt = \dfrac{1}{2\sqrt{x}}\cos(x+1)$.

2. 计算下列极限.

(1) $\lim\limits_{x\to 0}\dfrac{\int_0^x \cos t^2 dt}{x}$；　　(2) $\lim\limits_{x\to 0}\dfrac{\int_0^x \ln(1+t^2)dt}{x^3}$；

(3) $\lim\limits_{x\to 0}\dfrac{\int_0^{x^2}\sqrt{1+t^2}dt}{x^2}$；　　(4) $\lim\limits_{x\to 1}\dfrac{\int_1^x e^{t^2}dt}{\ln x}$；

(5) $\lim\limits_{x\to 0}\dfrac{\left(\int_0^x \sin t^2 dt\right)^2}{\int_0^x t^2\sin t^3 dt}$.

解 (1) $\lim\limits_{x\to 0}\dfrac{\int_0^x \cos t^2 dt}{x} = \lim\limits_{x\to 0}\cos x^2 = 1$；

(2) $\lim\limits_{x\to 0}\dfrac{\int_0^x \ln(1+t^2)dt}{x^3} = \lim\limits_{x\to 0}\dfrac{\ln(1+x^2)}{3x^2} = \dfrac{1}{3}$；

(3) $\lim\limits_{x\to 0}\dfrac{\int_0^{x^2}\sqrt{1+t^2}dt}{x^2} = \lim\limits_{x\to 0}\dfrac{\sqrt{1+x^4}}{2x}2x = \lim\limits_{x\to 0}\sqrt{1+x^4} = 1$；

(4) $\lim\limits_{x\to 1}\dfrac{\int_1^x e^{t^2}dt}{\ln x} = \lim\limits_{x\to 1}\dfrac{e^{x^2}}{\dfrac{1}{x}} = e$；

(5) $\lim\limits_{x\to0}\dfrac{\left(\int_0^x \sin t^2\mathrm{d}t\right)^2}{\int_0^x t^2\sin t^3\mathrm{d}t}=\lim\limits_{x\to0}\dfrac{2\int_0^x \sin t^2\mathrm{d}t\cdot\sin x^2}{x^2\sin x^3}=\lim\limits_{x\to0}\dfrac{2\int_0^x \sin t^2\mathrm{d}t}{x^3}$

$$=\lim_{x\to0}\frac{2\sin x^2}{3x^2}=\frac{2}{3}.$$

3. 设 $g(x)=\int_0^{x^2}\dfrac{1}{1+t^3}\mathrm{d}t$，求 $g''(1)$.

解 因为 $g'(x)=\dfrac{2x}{1+x^6}$，$g''(x)=\dfrac{2(1+x^6)-2x\cdot6x^5}{(1+x^6)^2}=\dfrac{2(1-5x^6)}{(1+x^6)^2}$，所以 $g''(1)=-2$.

4. 当 x 为何值时，函数 $I(x)=\int_0^x t\mathrm{e}^{-t^2}\mathrm{d}t$ 有极值?

解 令 $I'(x)=x\mathrm{e}^{-x^2}=0$，可得 $x=0$. $I''(x)=\mathrm{e}^{-x^2}-2x^2\mathrm{e}^{-x^2}=(1-2x^2)\mathrm{e}^{-x^2}$，由于 $I''(0)=1>0$，所以 $I(x)$ 在 $x=0$ 处取得极小值 $I(0)=0$.

5. 计算下列定积分.

(1) $\int_1^4\dfrac{1+x}{\sqrt{x}}\mathrm{d}x$；　　(2) $\int_0^{\frac{\pi}{4}}\tan^2\theta\mathrm{d}\theta$；

(3) $\int_0^2\dfrac{1}{4+x^2}\mathrm{d}x$；　　(4) $\int_1^2\left(x^2+\dfrac{1}{x^4}\right)\mathrm{d}x$；

(5) $\int_{\frac{\pi}{2}}^{\frac{\pi}{4}}\cot^2x\mathrm{d}x$；　　(6) $\int_1^{\mathrm{e}^2}\dfrac{\ln^2x}{x}\mathrm{d}x$；

(7) $\int_0^2|x-1|\mathrm{d}x$；　　(8) $\int_{-\frac{1}{2}}^{\frac{1}{2}}\dfrac{1}{\sqrt{1-x^2}}\mathrm{d}x$；

(9) $\int_{-1}^0\dfrac{3x^4+3x^2+1}{x^2+1}\mathrm{d}x$；　　(10) $\int_0^1(6-x^2-\sqrt{x})\mathrm{d}x$.

解 (1) $\int_1^4\dfrac{1+x}{\sqrt{x}}\mathrm{d}x=\int_1^4\left(x^{-\frac{1}{2}}+x^{\frac{1}{2}}\right)\mathrm{d}x=\left(2x^{\frac{1}{2}}+\dfrac{2}{3}x^{\frac{3}{2}}\right)\Big|_1^4=\dfrac{20}{3}$；

(2) $\int_0^{\frac{\pi}{4}}\tan^2\theta\mathrm{d}\theta=\int_0^{\frac{\pi}{4}}\sec^2\theta\mathrm{d}\theta-\int_0^{\frac{\pi}{4}}\mathrm{d}\theta=[\tan\theta-\theta]_0^{\frac{\pi}{4}}=1-\dfrac{\pi}{4}$；

(3) $\int_0^2\dfrac{1}{4+x^2}\mathrm{d}x=\dfrac{1}{2}\arctan\dfrac{x}{2}\Big|_0^2=\dfrac{\pi}{8}$；

(4) $\int_1^2\left(x^2+\dfrac{1}{x^4}\right)\mathrm{d}x=\left(\dfrac{1}{3}x^3-\dfrac{1}{3}x^{-3}\right)\Big|_1^2=\dfrac{21}{8}$；

(5) $\int_{\frac{\pi}{2}}^{\frac{\pi}{4}}\cot^2x\mathrm{d}x=\int_{\frac{\pi}{2}}^{\frac{\pi}{4}}(\csc^2x-1)\mathrm{d}x=-[x+\cot x]_{\frac{\pi}{2}}^{\frac{\pi}{4}}=\dfrac{\pi}{4}-1$；

(6) $\int_1^{\mathrm{e}^2}\dfrac{\ln^2x}{x}\mathrm{d}x=\int_1^{\mathrm{e}^2}\ln^2x\mathrm{d}\ln x=\dfrac{1}{3}\ln^3x\Big|_1^{\mathrm{e}^2}=\dfrac{8}{3}$；

(7) $\int_0^2|x-1|\mathrm{d}x=\int_0^1(1-x)\mathrm{d}x+\int_1^2(x-1)\mathrm{d}x=1$；

(8) $\int_{-\frac{1}{2}}^{\frac{1}{2}} \frac{1}{\sqrt{1-x^2}}\mathrm{d}x = \int_0^{\frac{1}{2}} \frac{2}{\sqrt{1-x^2}}\mathrm{d}x = \frac{\pi}{3}$;

(9) $\int_{-1}^{0} \frac{3x^4+3x^2+1}{x^2+1}\mathrm{d}x = \int_{-1}^{0}\left(3x^2+\frac{1}{1+x^2}\right)\mathrm{d}x = 1+\frac{\pi}{4}$;

(10) $\int_0^1 (6-x^2-\sqrt{x})\mathrm{d}x = \left(6x-\frac{1}{3}x^3-\frac{2}{3}x^{\frac{3}{2}}\right)\Big|_0^1 = 5$.

6. 设 $f(x)=\begin{cases} x, & x<1, \\ \mathrm{e}^{x-1}, & x\geqslant 1,\end{cases}$ 求 $\int_0^2 f(x)\mathrm{d}x$.

解 $\int_0^2 f(x)\mathrm{d}x = \int_0^1 f(x)\mathrm{d}x + \int_1^2 f(x)\mathrm{d}x = \int_0^1 x\mathrm{d}x + \int_1^2 \mathrm{e}^{x-1}\mathrm{d}x$

$$= \frac{1}{2}\mathrm{x}^2\Big|_0^1 + \mathrm{e}^{x-1}\Big|_1^2 = \mathrm{e}-\frac{1}{2}.$$

7. 设 $f(x)=\begin{cases} x^2, & x\in[0,\ 1), \\ x, & x\in[1,\ 2],\end{cases}$ 求 $\Phi(x)=\int_0^x f(t)\mathrm{d}t$ 在 $[0,\ 2]$ 上的表达式，并讨论 $\Phi(x)$ 在 $(0,\ 2)$ 内的连续性.

解 当 $0\leqslant x<1$ 时，$\Phi(x)=\int_0^x t^2\mathrm{d}t=\frac{1}{3}x^3$；当 $1\leqslant x\leqslant 2$ 时，$\Phi(x)=\int_0^1 t^2\mathrm{d}t+\int_1^x t\mathrm{d}t=\frac{1}{3}+\frac{1}{2}x^2-\frac{1}{2}=\frac{1}{2}x^2-\frac{1}{6}$，即 $\Phi(x)=\begin{cases}\frac{1}{3}x^3 & (0\leqslant x<1), \\ \frac{1}{2}x^2-\frac{1}{6} & (1\leqslant x\leqslant 2).\end{cases}$

5.3 定积分的换元法和分部积分法

5.3.1 知识点分析

1. 定积分的换元法

假设函数 $f(x)$ 在区间 $[a,\ b]$ 上连续，函数 $x=\varphi(t)$ 满足以下条件时，则有公式 $\int_a^b f(x)\mathrm{d}x = \int_\alpha^\beta f[\varphi(t)]\varphi'(t)\mathrm{d}t$.

(1) $\varphi(\alpha)=a$，$\varphi(\beta)=b$，$a\leqslant\varphi(t)\leqslant b$；

(2) $\varphi(t)$ 在 $[\alpha,\ \beta]$ 上有连续导数，

注 应用换元公式时要注意以下三点.

(1) 用 $x=\varphi(t)$ 把原来变量 x 代换成新变量 t 时，积分限也要换成相应于新变量 t 的积分限，即换元必定换限；

(2) 求出 $f[\varphi(t)]\varphi'(t)$ 的一个原函数 $F[\varphi(t)]$ 后，可以不必像计算不定积分那样还要把 $F[\varphi(t)]$ 换成原来变量 x 的函数，而只要把新变量 t 的上、下限分别代入 $F[\varphi(t)]$ 中然后相减即可；

(3) 换元公式也可反过来使用 $\int_\alpha^\beta f[\varphi(t)]\varphi'(t)\mathrm{d}t = \int_\alpha^\beta f[\varphi(t)]\mathrm{d}[\varphi(t)]$，类

似于不定积分的凑微分法.

2. 定积分的分部积分法

设函数 $u(x)$，$v(x)$ 在区间 $[a, b]$ 上具有连续导数，则

$$\int_a^b u(x)v'(x)\mathrm{d}x = [u(x)v(x)]_a^b - \int_a^b v(x)\mathrm{d}u(x).$$

简记为

$$\int_a^b u\mathrm{d}v = [uv]_a^b - \int_a^b v\mathrm{d}u.$$

注 此处，$u(x)$，$v(x)$ 的选取原则与不定积分中分部积分法一致.

5.3.2 典例解析

例 1 求 $\int_0^{\frac{\pi}{2}} \frac{\cos x}{1+\sin^2 x}\mathrm{d}x$.

解 $\int_0^{\frac{\pi}{2}} \frac{\cos x}{1+\sin^2 x}\mathrm{d}x = \int_0^{\frac{\pi}{2}} \frac{\mathrm{d}(\sin x)}{1+\sin^2 x} = [\arctan(\sin x)]_0^{\frac{\pi}{2}} = \frac{\pi}{4}$.

例 2 求 $\int_{-\frac{1}{2}}^{\frac{1}{2}} \frac{(\arcsin x)^2}{\sqrt{1-x^2}}\mathrm{d}x$.

解 $\int_{-\frac{1}{2}}^{\frac{1}{2}} \frac{(\arcsin x)^2}{\sqrt{1-x^2}}\mathrm{d}x = 2\int_0^{\frac{1}{2}} \arcsin^2 x\mathrm{d}(\arcsin x) = \left[2\,\frac{\arcsin^3 x}{3}\right]_0^{\frac{1}{2}} = \frac{\pi^3}{324}$.

例 3 求 $\int_0^{\ln 2} \sqrt{\mathrm{e}^x-1}\,\mathrm{d}x$.

解 令 $\sqrt{\mathrm{e}^x-1}=t$，则 $x=\ln(t^2+1)$，则

$$\int_0^{\ln 2} \sqrt{\mathrm{e}^x-1}\,\mathrm{d}x = \int_0^1 \frac{2t^2}{t^2+1}\mathrm{d}t = 2\int_0^1\left(1-\frac{1}{t^2+1}\right)\mathrm{d}t = 2[t-\arctan t]_0^1$$

$$= 2-\frac{\pi}{2}.$$

例 4 求 $\int_1^{\mathrm{e}} \sin(\ln x)\mathrm{d}x$.

解 方法一：

$\int_1^{\mathrm{e}} \sin(\ln x)\mathrm{d}x \xlongequal{\text{令} \ln x = t} \int_0^1 \sin t \cdot \mathrm{e}^t\mathrm{d}t$，因为 $\int_0^1 \sin t \cdot \mathrm{e}^t\mathrm{d}t = \int_0^1 \sin t\mathrm{d}\mathrm{e}^t = \mathrm{e}^t\sin t\Big|_0^1 - \int_0^1 \mathrm{e}^t\cos t\mathrm{d}t = \mathrm{e}\cdot\sin 1 - \int_0^1 \cos t\mathrm{d}\mathrm{e}^t = \mathrm{e}\cdot\sin 1 - \mathrm{e}^t\cos t\Big|_0^1 - \int_0^1 \mathrm{e}^t\sin t\mathrm{d}t = \mathrm{e}\cdot\sin 1 - \mathrm{e}\cdot\cos 1 + 1 - \int_0^1 \mathrm{e}^t\sin t\mathrm{d}t$，所以 $\int_0^1 \mathrm{e}^t\sin t\mathrm{d}t = \frac{1}{2}(\mathrm{e}\cdot\sin 1 - \mathrm{e}\cdot\cos 1 + 1)$，$\int_1^{\mathrm{e}} \sin(\ln x)\mathrm{d}x = \frac{1}{2}(\mathrm{e}\cdot\sin 1 - \mathrm{e}\cdot\cos 1 + 1)$.

点拨 换元法和分部积分法的综合运用.

方法二：

$$\int_1^e \sin(\ln x)dx = x\cdot\sin(\ln x)\Big|_1^e - \int_1^e x\cdot\cos(\ln x)\cdot\frac{1}{x}dx$$
$$= e\cdot\sin1 - \int_1^e \cos(\ln x)dx$$
$$= e\cdot\sin1 - x\cdot\cos(\ln x)\Big|_1^e - \int_1^e x\cdot\sin(\ln x)\cdot\frac{1}{x}dx$$
$$= e\cdot\sin1 - e\cdot\cos1 + 1 - \int_0^e \sin(\ln x)dx,$$

故 $\int_1^e \sin(\ln x)dx = \frac{1}{2}(e\cdot\sin1 - e\cdot\cos1 + 1)$.

点拨 两次运用分部积分法，得到关于“要求的定积分”的方程.

5.3.3 习题详解

1. 计算下列定积分.

(1) $\int_0^{\sqrt{2}a}\frac{x}{\sqrt{3a^2-x^2}}dx\ (a>0)$；

(2) $\int_1^2\frac{1}{(3x-1)^2}dx$；

(3) $\int_{\frac{\pi}{3}}^{\pi}\sin\left(x+\frac{\pi}{3}\right)dx$；

(4) $\int_1^{e^2}\frac{1}{x\sqrt{1+\ln x}}dx$；

(5) $\int_{-2}^0\frac{1}{x^2+2x+2}dx$；

(6) $\int_0^{\frac{\pi}{2}}\sin^2 x\cos x dx$；

(7) $\int_0^{\pi}(1-\sin^3\theta)d\theta$；

(8) $\int_0^1\frac{1}{e^x+e^{-x}}dx$；

(9) $\int_0^{\sqrt{2}}\sqrt{2-x^2}dx$；

(10) $\int_{-\sqrt{2}}^{\sqrt{2}}\sqrt{8-2t^2}dt$；

(11) $\int_1^4\frac{1}{1+\sqrt{x}}dx$；

(12) $\int_{\frac{3}{4}}^1\frac{1}{\sqrt{1-x}-1}dx$；

(13) $\int_{-1}^1\frac{x}{\sqrt{5-4x}}dx$；

(14) $\int_0^{\ln3}\frac{1}{\sqrt{1+e^x}}dx$.

解 (1) $\int_0^{\sqrt{2}a}\frac{x}{\sqrt{3a^2-x^2}}dx = -\frac{1}{2}\int_0^{\sqrt{2}a}\frac{1}{\sqrt{3a^2-x^2}}d(3a^2-x^2)$

$$= -\sqrt{3a^2-x^2}\Big|_0^{\sqrt{2}a} = \sqrt{3}a - a;$$

(2) $\int_1^2\frac{1}{(3x-1)^2}dx = -\frac{1}{3}(3x-1)^{-1}\Big|_1^2 = \frac{1}{10}$；

(3) $\int_{\frac{\pi}{3}}^{\pi}\sin\left(x+\frac{\pi}{3}\right)dx = -\cos\left(x+\frac{\pi}{3}\right)\Big|_{\frac{\pi}{3}}^{\pi} = 0$；

(4) $\int_1^{e^2}\frac{1}{x\sqrt{1+\ln x}}dx = \int_1^{e^2}\frac{1}{\sqrt{1+\ln x}}d(\ln x)$，令 $t=\sqrt{1+\ln x}$，上式 $=$ $\int_1^{\sqrt{3}}\frac{2t}{t}dt = \int_1^{\sqrt{3}}2dt = 2t\Big|_1^{\sqrt{3}} = 2\sqrt{3}-2$；

(5) $\int_{-2}^{0}\frac{1}{x^2+2x+2}\mathrm{d}x=\int_{-2}^{0}\frac{1}{(x+1)^2+1}\mathrm{d}x=\arctan(x+1)\Big|_{-2}^{0}=\frac{\pi}{2}$；

(6) $\int_{0}^{\frac{\pi}{2}}\sin^2x\cos x\mathrm{d}x=\int_{0}^{\frac{\pi}{2}}\sin^2x\mathrm{d}\sin x=\frac{\sin^3x}{3}\Big|_{0}^{\frac{\pi}{2}}=\frac{1}{3}$；

(7) $\int_{0}^{\pi}(1-\sin^3\theta)\mathrm{d}\theta=\theta\Big|_{0}^{\pi}-\int_{0}^{\pi}(\cos^2\theta-1)\mathrm{d}(\cos\theta)$

$$=\pi-\left(\frac{1}{3}\cos^3\theta-\cos\theta\right)\Big|_{0}^{\pi}=\pi-\frac{4}{3};$$

(8) 令 $t=\mathrm{e}^x$，$\mathrm{d}x=\frac{1}{t}\mathrm{d}t$，原式 $=\int_{1}^{\mathrm{e}}\frac{1}{t+\frac{1}{t}}\cdot\frac{1}{t}\mathrm{d}t=\int_{1}^{\mathrm{e}}\frac{1}{t^2+1}\mathrm{d}t=$ $\arctan t\Big|_{1}^{\mathrm{e}}=\arctan\mathrm{e}-\frac{\pi}{4}$；

(9) 令 $x=\sqrt{2}\sin t$，$\mathrm{d}x=\sqrt{2}\cos t\mathrm{d}t$，原式 $=\int_{0}^{\frac{\pi}{2}}2\cos^2t\mathrm{d}t=\int_{0}^{\frac{\pi}{2}}(\cos2t+1)\mathrm{d}t=$ $\left[\frac{1}{2}\sin2t+t\right]_{0}^{\frac{\pi}{2}}=\frac{\pi}{2}$；

(10) 令 $t=2\sin x$，$\mathrm{d}t=2\cos x\mathrm{d}x$，原式 $=\sqrt{2}\int_{-\frac{\pi}{4}}^{\frac{\pi}{4}}\sqrt{4-4\sin^2x}\,2\cos x\mathrm{d}x=$ $2\sqrt{2}\int_{-\frac{\pi}{4}}^{\frac{\pi}{4}}(\cos2x+1)\mathrm{d}x=2\sqrt{2}\left(\frac{1}{2}\sin2x+x\right)\Big|_{-\frac{\pi}{4}}^{\frac{\pi}{4}}=\sqrt{2}(\pi+2)$；

(11) 令 $t=\sqrt{x}$，$\mathrm{d}x=2t\mathrm{d}t$，原式 $=\int_{1}^{2}\frac{2t}{1+t}\mathrm{d}t=\int_{1}^{2}\left(2-\frac{2}{1+t}\right)\mathrm{d}t=$ $[2t-2\ln(1+t)]_{1}^{2}=2+2\ln2-2\ln3$；

(12) 令 $t=\sqrt{1-x}$，$\mathrm{d}x=-2t\mathrm{d}t$，原式 $=\int_{0}^{\frac{1}{2}}\frac{2t}{t-1}\mathrm{d}t=2t\Big|_{0}^{\frac{1}{2}}+$ $2\ln|t-1|\Big|_{0}^{\frac{1}{2}}=1-2\ln2$；

(13) 令 $t=\sqrt{5-4x}$，$\mathrm{d}x=-\frac{t}{2}\mathrm{d}t$，原式 $=\int_{1}^{3}\frac{5-t^2}{8}\mathrm{d}t=\left[\frac{5}{8}t-\frac{1}{24}t^3\right]_{1}^{3}=\frac{1}{6}$；

(14) 令 $t=\mathrm{e}^x$，$\mathrm{d}x=\frac{1}{t}\mathrm{d}t$；原式 $=\int_{1}^{3}\frac{1}{\sqrt{1+t}}\frac{1}{t}\mathrm{d}t\xlongequal{u=\sqrt{1+t},\mathrm{d}t=2u\mathrm{d}t}$ $\int_{\sqrt{2}}^{2}\frac{2}{u^2-1}\mathrm{d}t=\ln\left|\frac{u-1}{u+1}\right|\Big|_{\sqrt{2}}^{2}=\ln\frac{1}{3}-2\ln(\sqrt{2}-1)$.

2. 计算下列定积分.

(1) $\int_{0}^{1}x^2\mathrm{e}^{-x}\mathrm{d}x$；　　(2) $\int_{1}^{4}\frac{\ln x}{\sqrt{x}}\mathrm{d}x$；

(3) $\int_{0}^{\frac{\pi}{4}}x\cos2x\mathrm{d}x$；　　(4) $\int_{0}^{\frac{\pi}{3}}\frac{x}{\cos^2x}\mathrm{d}x$；

(5) $\int_{e}^{e^2} \frac{\ln x}{(x-1)^2}dx$；　　　(6) $\int_{1}^{2}\ln(x+1)dx$；

(7) $\int_{1}^{e}\sin(\ln x)dx$.

解 (1) $\int_0^1 x^2e^{-x}dx = -\int_0^1 x^2de^{-x} = -\left[x^2e^{-x}\Big|_0^1 - 2\int_0^1 xe^{-x}dx\right]$

$$= -\left[\frac{1}{e} + 2xe^{-x}\Big|_0^1 - 2\int_0^1 e^{-x}dx\right] = -\left[\frac{3}{e} + 2e^{-x}\Big|_0^1\right]$$

$$= 2 - \frac{5}{e};$$

(2) $\int_1^4 \frac{\ln x}{\sqrt{x}}dx = \int_1^4 2\ln x d\sqrt{x} = 2\ln x\sqrt{x}\Big|_1^4 - 4\sqrt{x}\Big|_1^4 = 8\ln 2 - 4$;

(3) $\int_0^{\frac{\pi}{4}} x\cos 2x dx = \int_0^{\frac{\pi}{4}}\frac{x}{2}d(\sin 2x) = \frac{x}{2}\sin 2x\Big|_0^{\frac{\pi}{4}} - \int_0^{\frac{\pi}{4}}\frac{\sin 2x}{2}dx$

$$= \frac{\pi}{8} + \frac{\cos 2x}{4}\Big|_0^{\frac{\pi}{4}} = \frac{\pi}{8} - \frac{1}{4};$$

(4) $\int_0^{\frac{\pi}{3}}\frac{x}{\cos^2 x}dx = \int_0^{\frac{\pi}{3}} xd(\tan x) = x\tan x\Big|_0^{\frac{\pi}{3}} - \int_0^{\frac{\pi}{3}}\tan x dx$

$$= \frac{\sqrt{3}}{3}\pi - [-\ln|\cos x|]_0^{\frac{\pi}{3}} = \frac{\sqrt{3}}{3}\pi - \ln 2;$$

(5) $\int_e^{e^2}\frac{\ln x}{(x-1)^2}dx = -\int_e^{e^2}\ln x d\frac{1}{x-1} = -\left(\frac{\ln x}{x-1}\Big|_e^{e^2} - \int_e^{e^2}\frac{1}{(x-1)x}dx\right)$

$$= -\left(\frac{2}{e^2-1} - \frac{1}{e-1} - \ln\frac{x-1}{x}\Big|_e^{e^2}\right)$$

$$= -\left(\frac{2}{e^2-1} - \frac{1}{e-1} - \ln\ (e+1)\right)$$

$$= \ln(e+1) + \frac{1}{e+1};$$

(6) $\int_1^2\ln(x+1)dx = \ln(x+1)x\Big|_1^2 - \int_1^2\frac{x+1-1}{x+1}dx$

$$= 2\ln 3 - \ln 2 - [x - \ln(x+1)]_1^2 = 3\ln 3 - 2\ln 2 - 1;$$

(7) 令 $t=\ln x$，$dx=e^tdt$，原式 $= \int_0^1\sin t de^t = \sin te^t\Big|_0^1 - \int_0^1\cos t de^t = e\sin 1 - \left(\cos te^t\Big|_0^1 + \int_0^1 e^t\sin t dt\right) = e\sin 1 - \left(e\cos 1 - 1 + \int_0^1 e^t\sin t dt\right)$，所以

$$\int_0^1 e^t\sin t dt = \frac{1}{2}(e\sin 1 - e\cos 1 + 1).$$

3. 利用函数的奇偶性计算下列定积分.

(1) $\int_{-1}^{1}(x+|x|)^2dx$；　　　(2) $\int_{-\frac{\pi}{2}}^{\frac{\pi}{2}}\sqrt{\cos x - \cos^3 x}\,dx$.

解 (1) $\int_{-1}^{1}(x+|x|)^2\mathrm{d}x=\int_0^1 4x^2\mathrm{d}x+2\int_{-1}^{1}x|x|\mathrm{d}x=\frac{4}{3}x^3\Big|_0^1+0$

$=\frac{4}{3}$；

(2) $\int_{-\frac{\pi}{2}}^{\frac{\pi}{2}}\sqrt{\cos x-\cos^3 x}\,\mathrm{d}x=2\int_0^{\frac{\pi}{2}}\sqrt{\cos x-\cos^3 x}\,\mathrm{d}x=2\int_0^{\frac{\pi}{2}}\sqrt{\cos x\sin^2 x}\,\mathrm{d}x$

$=2\int_0^{\frac{\pi}{2}}\sqrt{\cos x}\sin x\mathrm{d}x=-2\int_0^{\frac{\pi}{2}}\sqrt{\cos x}\,\mathrm{d}\cos x$

$=\left[-\frac{4}{3}\cos^{\frac{3}{2}}x\right]_0^{\frac{\pi}{2}}=\frac{4}{3}.$

4. 设 $f(x)$ 在 $[a,b]$ 上连续，证明：$\int_a^b f(x)\mathrm{d}x=\int_a^b f(a+b-x)\mathrm{d}x$.

证 令 $x=a+b-t$，$\mathrm{d}x=-\mathrm{d}t$，$\int_a^b f(x)\mathrm{d}x=-\int_b^a f(a+b-t)\mathrm{d}t=\int_a^b f(a+b-t)\mathrm{d}t=\int_a^b f(a+b-x)\mathrm{d}x$.

5. 证明：$\int_x^1\frac{1}{1+x^2}\mathrm{d}x=\int_1^{\frac{1}{x}}\frac{1}{1+x^2}\mathrm{d}x\ (x>0)$.

证 令 $u=\frac{1}{t}$，$\int_x^1\frac{1}{1+t^2}\mathrm{d}t=-\int_{\frac{1}{x}}^{1}\frac{1}{1+u^2}\mathrm{d}u=\int_1^{\frac{1}{x}}\frac{1}{1+u^2}\mathrm{d}u=\int_1^{\frac{1}{x}}\frac{1}{1+t^2}\mathrm{d}t.$

6. 证明：$\int_0^{\pi}\sin^n x\mathrm{d}x=2\int_0^{\frac{\pi}{2}}\sin^n x\mathrm{d}x$.

证 左边 $=\int_0^{\frac{\pi}{2}}\sin^n x\mathrm{d}x+\int_{\frac{\pi}{2}}^{\pi}\sin^n x\mathrm{d}x$，令 $\pi-x=t$，则 $\int_{\frac{\pi}{2}}^{\pi}\sin^n x\mathrm{d}x=-\int_{\frac{\pi}{2}}^{0}\sin^n t\mathrm{d}t=\int_0^{\frac{\pi}{2}}\sin^n x\mathrm{d}x$，所以左边 $=2\int_0^{\frac{\pi}{2}}\sin^n x\mathrm{d}x$.

7. 已知 $f(2x+1)=x\mathrm{e}^x$，求 $\int_3^5 f(x)\mathrm{d}x$.

解 令 $x=2t+1$，则 $\int_3^5 f(x)\mathrm{d}x=2\int_1^2 f(2t+1)\mathrm{d}t=2\int_1^2 t\mathrm{e}^t\mathrm{d}t=2\int_1^2 t\mathrm{d}\mathrm{e}^t=2(t\mathrm{e}^t-\mathrm{e}^t)\Big|_1^2=2\mathrm{e}^2$.

5.4 反常积分

5.4.1 知识点分析

1. 无穷限的反常积分

(1) 设函数 $f(x)$ 在区间 $[a,+\infty)$ 上连续，取 $t>a$，如果极限 $\lim\limits_{t\to+\infty}\int_a^t f(x)\mathrm{d}x$ 存在，则称此极限为函数 $f(x)$ 在无穷区间 $[a,+\infty)$ 上的反

常积分，记作 $\int_a^{+\infty} f(x)\mathrm{d}x$，并称反常积分 $\int_a^{+\infty} f(x)\mathrm{d}x$ 收敛；如果极限 $\lim\limits_{t\to+\infty}\int_a^t f(x)\mathrm{d}x$ 不存在，称反常积分 $\int_a^{+\infty} f(x)\mathrm{d}x$ 发散，此时记号 $\int_a^{+\infty} f(x)\mathrm{d}x$ 不再表示数值.

(2) 取 $t<b$，如果极限 $\lim\limits_{t\to-\infty}\int_t^b f(x)\mathrm{d}x$ 存在，则称此极限为函数 $f(x)$ 在无穷区间 $(-\infty, b]$ 上的反常积分，记作 $\int_{-\infty}^b f(x)\mathrm{d}x$，并称反常积分 $\int_{-\infty}^b f(x)\mathrm{d}x$ 收敛；如果极限 $\lim\limits_{t\to-\infty}\int_t^b f(x)\mathrm{d}x$ 不存在，称反常积分 $\int_{-\infty}^b f(x)\mathrm{d}x$ 发散.

(3) 如果反常积分 $\int_{-\infty}^0 f(x)\mathrm{d}x$ 和 $\int_0^{+\infty} f(x)\mathrm{d}x$ 都收敛，则称上述两反常积分之和为函数 $f(x)$ 在无穷区间 $(-\infty, +\infty)$ 上的反常积分，记作 $\int_{-\infty}^{+\infty} f(x)\mathrm{d}x$，即 $\int_{-\infty}^{+\infty} f(x)\mathrm{d}x=\int_{-\infty}^0 f(x)\mathrm{d}x+\int_0^{+\infty} f(x)\mathrm{d}x=\lim\limits_{t\to-\infty}\int_t^0 f(x)\mathrm{d}x+\lim\limits_{t\to+\infty}\int_0^t f(x)\mathrm{d}x$. 这时称反常积分 $\int_{-\infty}^{+\infty} f(x)\mathrm{d}x$ 收敛；如果 $\int_{-\infty}^0 f(x)\mathrm{d}x$ 和 $\int_0^{+\infty} f(x)\mathrm{d}x$ 不都收敛，则称反常积分 $\int_{-\infty}^{+\infty} f(x)\mathrm{d}x$ 发散.

综上无穷限的反常积分可分为三种情况：积分上限为无穷的；积分下限为无穷的；积分上限和积分下限都为无穷的.

2. 瑕点

如果函数 $f(x)$ 在点 a 的任一邻域内都无界，则称点 a 为函数 $f(x)$ 的瑕点（又称无界间断点）.

3. 无界函数的反常积分

(1) 设函数 $f(x)$ 在区间 $(a, b]$ 上连续，点 a 为 $f(x)$ 的瑕点. 取 $t>a$，如果极限 $\lim\limits_{t\to a^+}\int_t^b f(x)\mathrm{d}x$ 存在，则称此极限为函数 $f(x)$ 在区间 $(a, b]$ 上的反常积分，记作 $\int_a^b f(x)\mathrm{d}x=\lim\limits_{t\to a^+}\int_t^b f(x)\mathrm{d}x$. 这时称反常积分 $\int_a^b f(x)\mathrm{d}x$ 收敛；如果极限 $\lim\limits_{t\to a^+}\int_t^b f(x)\mathrm{d}x$ 不存在，称反常积分 $\int_a^b f(x)\mathrm{d}x$ 发散.

(2) 令点 b 为 $f(x)$ 的瑕点. 取 $t<b$，如果极限 $\lim\limits_{t\to b^-}\int_a^t f(x)\mathrm{d}x$ 存在，则称此极限为函数 $f(x)$ 在区间上的反常积分，记作 $\int_a^b f(x)\mathrm{d}x=\lim\limits_{t\to b^-}\int_a^t f(x)\mathrm{d}x$. 这时称反常积分 $\int_a^b f(x)\mathrm{d}x$ 收敛；如果极限 $\lim\limits_{t\to b^-}\int_a^t f(x)\mathrm{d}x$ 不存在，称反常积分 $\int_a^b f(x)\mathrm{d}x$ 发散.

(3) 设函数 $f(x)$ 在区间 $[a, b]$ 上除点 c $(a<c<b)$ 外连续，点 c 为 $f(x)$ 的瑕点. 如果两个反常积分 $\int_a^c f(x)\mathrm{d}x$ 和 $\int_c^b f(x)\mathrm{d}x$ 都收敛，则定义 $\int_a^b f(x)\mathrm{d}x = \int_a^c f(x)\mathrm{d}x + \int_c^b f(x)\mathrm{d}x = \lim\limits_{t\to c^-}\int_a^t f(x)\mathrm{d}x + \lim\limits_{t\to c^+}\int_t^b f(x)\mathrm{d}x$. 这时称反常积分 $\int_a^b f(x)\mathrm{d}x$ 收敛；否则，就称反常积分 $\int_a^b f(x)\mathrm{d}x$ 发散.

综上，瑕积分有三种形式：积分下限是瑕点；积分上限是瑕点；积分上限和积分下限都是瑕点.

4. Γ－函数

称反常积分 $\Gamma(s) = \int_0^{+\infty} x^{s-1}\mathrm{e}^{-x}\mathrm{d}x (s>0)$ 为 Γ－函数.

5. Γ－函数的性质

(1) $\Gamma(s+1)=s\Gamma(s)$ $(s>0)$；

(2) $\Gamma(n+1)=n!$ (n 为正整数)；

(3) $\Gamma(s)\Gamma(1-s)=\dfrac{\pi}{\sin\pi s}$ $(0<s<1)$.

5.4.2 典例解析

例 1 求 $\int_1^{+\infty}\dfrac{\mathrm{d}x}{x^4}$.

解 $\int_1^{+\infty}\dfrac{\mathrm{d}x}{x^4} = -\dfrac{1}{3}x^{-3}\Big|_1^{+\infty} = \lim\limits_{x\to+\infty}\left(-\dfrac{1}{3}x^{-3}\right)+\dfrac{1}{3} = \dfrac{1}{3}$，所以反常积分 $\int_1^{+\infty}\dfrac{\mathrm{d}x}{x^4}$ 收敛，且 $\int_1^{+\infty}\dfrac{\mathrm{d}x}{x^4} = \dfrac{1}{3}$.

例 2 求 $\int_0^1\dfrac{x}{\sqrt{1-x^2}}\mathrm{d}x$.

解 这是无界函数的反常积分，$x=1$ 是被积函数的瑕点.

$$\int_0^1\frac{x}{\sqrt{1-x^2}}\mathrm{d}x = -\sqrt{1-x^2}\Big|_0^1 = \lim_{x\to1^-}(-\sqrt{1-x^2})+1 = 1.$$

例 3 求 $\int_{-\infty}^{+\infty}\dfrac{\mathrm{d}x}{x^2+2x+2}$.

解
$$\int_{-\infty}^{+\infty}\frac{\mathrm{d}x}{x^2+2x+2} = \int_{-\infty}^{+\infty}\frac{\mathrm{d}x}{1+(x+1)^2} = \arctan(x+1)\Big|_{-\infty}^{+\infty}$$
$$= \frac{\pi}{2}-\left(-\frac{\pi}{2}\right) = \pi.$$

例 4 求 $\int_{-1}^1\dfrac{\mathrm{d}x}{x(x+2)}$.

解 $x=0$ 为瑕点，

$$\int_{-1}^{1}\frac{dx}{x(x+2)}=\int_{-1}^{0}\frac{dx}{x(x+2)}+\int_{0}^{1}\frac{dx}{x(x+2)}$$

$$=\frac{1}{2}\int_{-1}^{0}\left(\frac{1}{x}-\frac{1}{x+2}\right)dx+\frac{1}{2}\int_{0}^{1}\left(\frac{1}{x}-\frac{1}{x+2}\right)dx$$

$$=\frac{1}{2}\left[\ln\left|\frac{x}{x+2}\right|\right]_{-1}^{0}+\frac{1}{2}\left[\ln\left|\frac{x}{x+2}\right|\right]_{0}^{1}$$

$$=\frac{1}{2}\lim_{x\to0^-}\ln\left|\frac{x}{x+2}\right|-\frac{1}{2}\ln3-\frac{1}{2}\lim_{x\to0^+}\ln\left|\frac{x}{x+2}\right|,$$

因为 $\lim\limits_{x\to0^-}\ln\left|\frac{x}{x+2}\right|$ 不存在，所以原积分发散.

例 5 计算积分 $\int_{0}^{+\infty}xe^{-x}dx$.

解 $\int_{0}^{+\infty}xe^{-x}dx=\Gamma(2)=1!=1.$

5.4.3 习题详解

1. 计算下列反常积分.

(1) $\int_{-\infty}^{+\infty}\frac{1}{4x^2+4x+5}dx$；　　(2) $\int_{0}^{-\infty}e^{3x}dx$；

(3) $\int_{0}^{+\infty}x^3e^{-x^2}dx$；　　(4) $\int_{1}^{+\infty}\frac{\ln x}{x^2}dx$；

(5) $\int_{-1}^{1}\frac{1}{\sqrt{1-x^2}}dx$；　　(6) $\int_{1}^{5}\frac{1}{\sqrt{5-x}}dx$.

解 (1) $\int_{-\infty}^{+\infty}\frac{1}{4x^2+4x+5}dx=\int_{-\infty}^{+\infty}\frac{1}{(2x+1)^2+4}dx$

$$=\frac{1}{2}\int_{-\infty}^{+\infty}\frac{d(2x+1)}{(2x+1)^2+4}$$

$$=\frac{1}{4}\arctan\left(x+\frac{1}{2}\right)\Big|_{-\infty}^{+\infty}=\frac{\pi}{4};$$

(2) $\int_{0}^{-\infty}e^{3x}dx=\frac{1}{3}e^{3x}\Big|_{0}^{-\infty}=-\frac{1}{3}$；

(3) $\int_{0}^{+\infty}x^3e^{-x^2}dx=-\frac{1}{2}\int_{0}^{+\infty}x^2de^{-x^2}$

$$=-\frac{1}{2}x^2e^{-x^2}\Big|_{0}^{+\infty}-\frac{1}{2}e^{-x^2}\Big|_{0}^{+\infty}=\frac{1}{2};$$

(4) $\int_{1}^{+\infty}\frac{\ln x}{x^2}dx=-\int_{1}^{+\infty}\ln x\,d\frac{1}{x}=-\frac{1}{x}\ln x\Big|_{1}^{+\infty}+\int_{1}^{+\infty}\frac{1}{x^2}dx=-\frac{1}{x}\Big|_{1}^{+\infty}=1$；

(5) $\int_{-1}^{1}\frac{1}{\sqrt{1-x^2}}dx=\int_{-1}^{1}\frac{1}{\sqrt{1-x^2}}dx=\arcsin x\Big|_{-1}^{1}=\pi$；

(6) $\int_1^5 \frac{1}{\sqrt{5-x}}\mathrm{d}x = \int_1^5 \frac{1}{\sqrt{5-x}}\mathrm{d}x = -2\sqrt{5-x}\Big|_1^5 = 4.$

2. 判断下列反常积分的敛散性.

(1) $\int_1^{+\infty} \frac{1}{x^4}\mathrm{d}x$；　　(2) $\int_3^{+\infty} \frac{1}{x(x-1)}\mathrm{d}x$；

(3) $\int_{-1}^{2} \frac{2x}{x^2-4}\mathrm{d}x$；　　(4) $\int_0^{\frac{\pi}{2}} \frac{1}{\sin x}\mathrm{d}x.$

解 (1) $\int_1^{+\infty} \frac{1}{x^4}\mathrm{d}x = -\frac{1}{3}x^{-3}\Big|_1^{+\infty} = \frac{1}{3}$，收敛；

(2) $\int_3^{+\infty} \frac{1}{x(x-1)}\mathrm{d}x = \ln\left|\frac{x-1}{x}\right|\Big|_3^{+\infty} = \ln\frac{3}{2}$，收敛；

(3) $\int_{-1}^{2} \frac{2x}{x^2-4}\mathrm{d}x = \int_{-1}^{2} \frac{1}{x^2-4}\mathrm{d}(x^2-4) = \ln|x^2-4|\Big|_{-1}^{2}$，因为 $\lim\limits_{x\to 2^-}\ln|x^2-4|$ 不存在，所以原积分发散；

(4) $\int_0^{\frac{\pi}{2}} \frac{1}{\sin x}\mathrm{d}x = \int_0^{\frac{\pi}{2}} \csc x\mathrm{d}x = \ln|\csc x - \cot x|\Big|_0^{\frac{\pi}{2}}$，因为 $\lim\limits_{x\to 0^+}\ln|\csc x - \cot x| = \lim\limits_{x\to 0^+}\ln\frac{1-\cos x}{\sin x}$ 不存在，所以原积分发散.

3. 计算下列各值.

(1) $\frac{\Gamma(7)}{2\Gamma(4)\Gamma(3)}$；　　(2) $\int_0^{+\infty} x^2\mathrm{e}^{-2x^2}\mathrm{d}x.$

解 (1) $\frac{\Gamma(7)}{2\Gamma(4)\Gamma(3)} = \frac{6!}{2\times 3!\times 2!} = 30$；

(2) 令 $2x^2 = t$，则

原式 $= \frac{1}{4\sqrt{2}}\int_0^{+\infty} t^{\frac{1}{2}}\mathrm{e}^{-t}\mathrm{d}t = \frac{1}{4\sqrt{2}}\Gamma\left(\frac{3}{2}\right) = \frac{1}{4\sqrt{2}}\cdot\frac{1}{2}\Gamma\left(\frac{1}{2}\right) = \frac{\sqrt{2\pi}}{16}.$

5.5 定积分的元素法及其在几何学上的应用

5.5.1 知识点分析

1. 定积分的元素法

一般地，如果某一实际问题中的所求量 U 符合下列条件，则称 $f(x)\mathrm{d}x$ ($g(y)\mathrm{d}y$) 为所求量 U 的元素，称以元素为被积表达式作定积分，从而求出所求量的方法，称为元素法.

(1) U 是一个与变量 $x(y)$ 有关的量，$x(y)$ 的变化区间为 $[a, b]$ ($[c, d]$)；

(2) U 对于区间 $[a, b]$ ($[c, d]$) 具有可加性，即如果把区间 $[a, b]$ ($[c, d]$) 分成若干部分区间，则 U 相应地被分成若干部分量，而 U 等于所有部分量之和；

(3) 若部分量 ΔU_i 的近似值等于 $f(\xi_i)\Delta x_i(g(\eta_i)\Delta y_i)$.

注 在求曲边梯形的面积问题时，将曲边梯形分割成细长的小曲边梯形，其中一个小曲边梯形的面积近似为 $f(\xi_i)\Delta x_i$，则面积元素为 $f(x)\mathrm{d}x$，由元素法可知曲边梯形的面积为 $S=\int_a^b f(x)\mathrm{d}x$.

2. 定积分在几何学上的应用——平面图形的面积

一般地，由两条曲线 $y=f_1(x)$，$y=f_2(x)(f_1(x)\geqslant f_2(x))$ 与直线 $x=a$，$x=b$ 围成的图形的面积元素为 $\mathrm{d}A=[f_1(x)-f_2(x)]\mathrm{d}x$，因此面积为

$$A=\int_a^b[(f_1(x)-f_2(x)]\mathrm{d}x.$$

类似地，按照定积分元素法，由曲线 $x=g_1(y)$，$x=g_2(y)(g_1(y)\leqslant g_2(y))$ 与直线 $y=c$，$y=d$ 所围平面图形的面积为

$$A=\int_c^d[g_2(y)-g_1(y)]\mathrm{d}y.$$

3. 定积分在几何学上的应用——旋转体的体积

由一个平面图形绕这平面内一条直线旋转一周而成的立体称为旋转体，这条直线称为旋转轴.

设一旋转体由连续曲线 $y=f(x)$ 与直线 $x=a$，$x=b$ 及 x 轴所围成的曲边梯形绕 x 轴旋转一周而成.

取 x 为积分变量，变化区间为 $[a,b]$，任取小区间 $[x,x+\mathrm{d}x]\subset[a,b]$，相应于小区间 $[x,x+\mathrm{d}x]$ 上的旋转体薄片的体积可近似地看作以 $f(x)$ 为底面半径、$\mathrm{d}x$ 为高的扁圆柱体的体积，即体积元素 $\mathrm{d}V=\pi[f(x)]^2\mathrm{d}x$，所求旋转体的体积公式 $V=\int_a^b\pi[f(x)]^2\mathrm{d}x=\pi\int_a^b[f(x)]^2\mathrm{d}x$.

类似地，由连续曲线 $x=\varphi(y)$ 与直线 $y=c$，$y=d$ 及 y 轴所围成的曲边梯形绕 y 轴旋转一周而成的立体，其体积为

$$V=\int_c^d\pi[\varphi(y)]^2\mathrm{d}y=\pi\int_c^d[\varphi(y)]^2\mathrm{d}y.$$

4. 定积分在几何学上的应用——平行截面面积为已知的立体体积

如果一个立体不是旋转体，但却知道该立体垂直于一定轴的各个截面面积，那么这个立体的体积也可用定积分来计算.

注 如图 5.1 所示，取上述定轴为 x 轴，设该立体在过点 $x=a$、$x=b$ 且垂直于 x 轴的两个平行平面之间，并设过任意一点 x 的截面面积为 $A(x)$，这里 $A(x)$ 是连续函数.

取 x 为积分变量，变化区间为 $[a,b]$，任取 $[x,x+\mathrm{d}x]\subset[a,b]$，相应于该小区间的薄片的体积近似于底面积为 $A(x)$、高为 $\mathrm{d}x$ 的扁柱体的体积，则体积元素为 $\mathrm{d}V=A(x)\mathrm{d}x$，从而，所求立体的体积为 $R=\int_a^b A(x)\mathrm{d}x$.

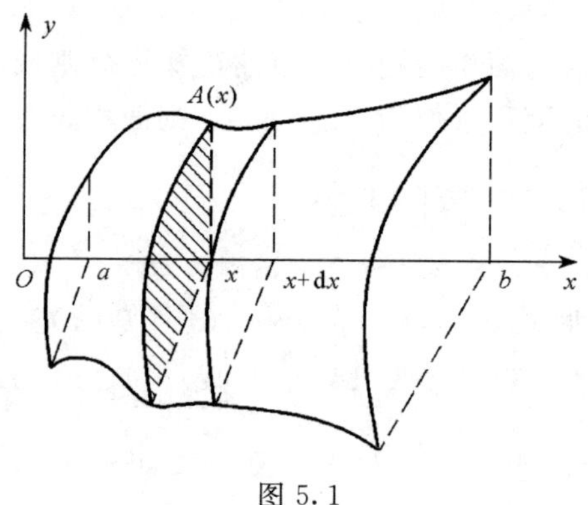

图 5.1

5.5.2 典例解析

例 1 求图 5.2 中阴影部分的面积.

解 阴影部分在 x 轴上的投影区间为 [0, 1]. 所求的面积为

$$A=\int_0^1(\sqrt{x}-x)\mathrm{d}x=\left(\frac{2}{3}x^{\frac{3}{2}}-\frac{1}{2}x^2\right)\Big|_0^1=\frac{1}{6}.$$

例 2 求图 5.3 中阴影部分的面积.

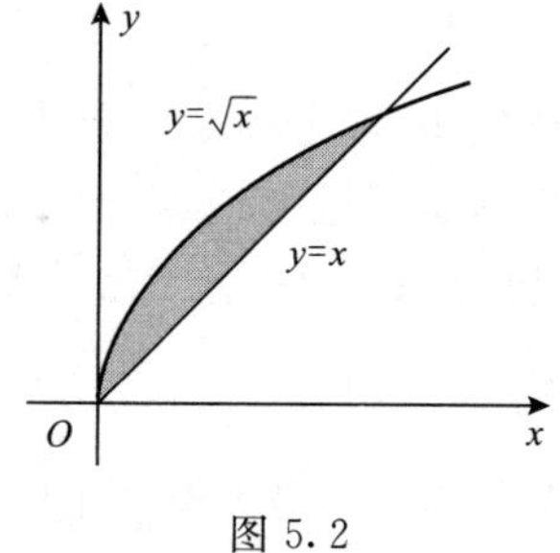

图 5.2

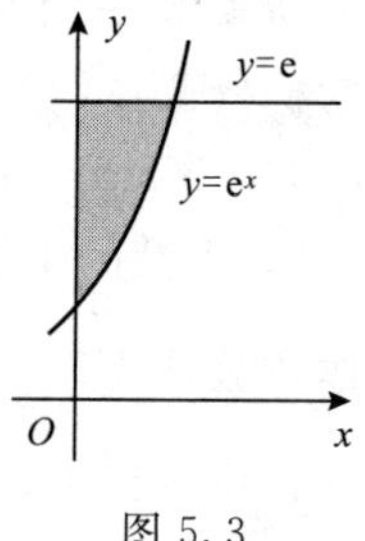

图 5.3

解 方法一：阴影部分在 x 轴上的投影区间为 [0, 1]，所求的面积为

$$A=\int_0^1(\mathrm{e}-\mathrm{e}^x)\mathrm{d}x=(\mathrm{e}x-\mathrm{e}^x)\Big|_0^1=1.$$

方法二：阴影部分在 y 轴上的投影区间为[1, e]，所求的面积为

$$A=\int_1^{\mathrm{e}}\ln y\mathrm{d}y=y\ln y\Big|_1^{\mathrm{e}}-\int_1^{\mathrm{e}}\mathrm{d}y=\mathrm{e}-(\mathrm{e}-1)=1.$$

例 3 把抛物线 $y^2=4ax$ 及直线 $x=x_0$ （$x_0>0$）所围成的图形绕 x 轴旋转，如图 5.4 所示，计算所得旋转体的体积.

解 所得旋转体的体积为

$$V=\int_0^{x_0}\pi y^2\mathrm{d}x=\int_0^{x_0}\pi\cdot 4ax\mathrm{d}x=2a\pi x^2\Big|_0^{x_0}=2a\pi x_0^2.$$

例 4 计算底面是半径为 R 的圆，而垂直于底面上一条固定直径的所有

截面都是等边三角形的立体体积.

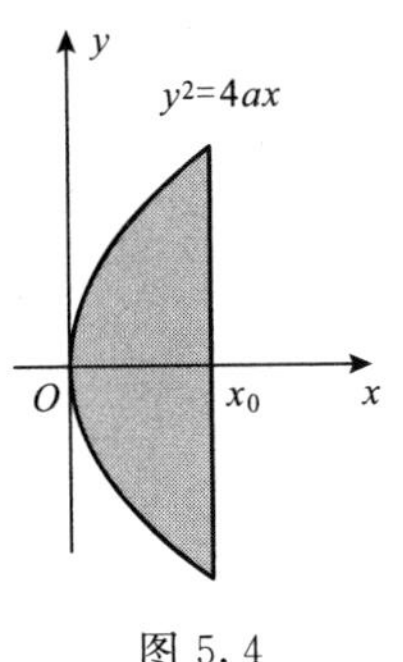

图 5.4

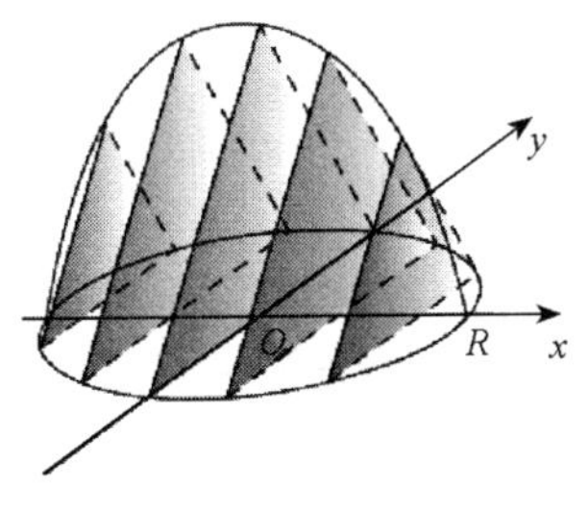

图 5.5

解 如图 5.5 所示建立坐标系，设过点 x 且垂直于 x 轴的截面面积为 $A(x)$，由已知条件知，它是边长为 $2\sqrt{R^2-x^2}$ 的等边三角形的面积，其值为 $A(x)=\sqrt{3}(R^2-x^2)$，所以

$$V=\int_{-R}^{R}\sqrt{3}(R^2-x^2)\mathrm{d}x=\frac{4\sqrt{3}}{3}R^3.$$

例 5 求由抛物线 $y=x^2$，$y^2=x$ 所围成的平面图形绕 x 轴旋转一周所得旋转体的体积.

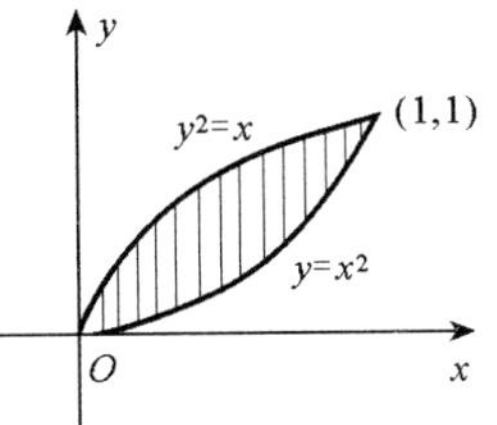

图 5.6

解 如图 5.6 所示，两抛物线交点为（0，0），（1，1），所求旋转体的体积为

$$V=\pi\int_0^1(x-x^4)\mathrm{d}x=\frac{3\pi}{10}.$$

例 6 计算曲线 $y=\sin x$（$0\leqslant x\leqslant\pi$）和 x 轴所围成的图形绕 y 轴旋转所得旋转体的体积.

解 $V=2\pi\int_0^{\pi}x\sin x\mathrm{d}x=-2\pi\int_0^{\pi}x\mathrm{d}(\cos x)=2\pi(-x\cos x+\sin x)\Big|_0^{\pi}=2\pi^2.$

点拨 本题需要利用“薄壳法”得到体积元素.

5.5.3 习题详解

1. 计算由下列各曲线所围成的图形的面积.

（1）$y=\frac{1}{2}x^2$ 与 $x^2+y^2=8$（两部分都要计算）；

（2）$y=\sqrt{x}$ 与 $y=x$；

（3）$y=\frac{1}{x}$，$y=x$ 与 $y=2$；

（4）$y=\sin x$ 在区间 $\left[0,\frac{\pi}{2}\right]$ 上的部分与直线 $x=0$，$y=1$；

（5）$y^2=2-x$ 与 y 轴；

(6) $y=x^2-25$ 与直线 $y=x-13$.

解 (1) 如图 5.7，$A_1=\int_{-2}^{2}\left(\sqrt{8-x^2}-\frac{1}{2}x^2\right)\mathrm{d}x=2\int_{0}^{2}\left(\sqrt{8-x^2}-\frac{1}{2}x^2\right)\mathrm{d}x$，令 $x=2\sqrt{2}\sin t$，上式 $=2\int_{0}^{\frac{\pi}{4}}8\cos^2 t\mathrm{d}t-\frac{1}{6}x^3\Big|_{-2}^{2}=4\times\left(\frac{\pi}{2}+1\right)-\frac{16}{6}=2\pi+\frac{4}{3}$，$A_2=8\pi-A_1=6\pi-\frac{4}{3}$；

(2) 如图 5.8，$S=\int_{0}^{1}(\sqrt{x}-x)\mathrm{d}x=\left[\frac{2}{3}x^{\frac{3}{2}}-\frac{1}{2}x^2\right]_0^1=\frac{2}{3}-\frac{1}{2}=\frac{1}{6}$；

(3) 如图 5.9，$S=\int_{\frac{1}{2}}^{1}\left(2-\frac{1}{x}\right)\mathrm{d}x+\int_{1}^{2}(2-x)\mathrm{d}x=(2x-\ln x)\Big|_{\frac{1}{2}}^{1}+\left(2x-\frac{1}{2}x^2\right)\Big|_{1}^{2}=\frac{3}{2}-\ln 2$；

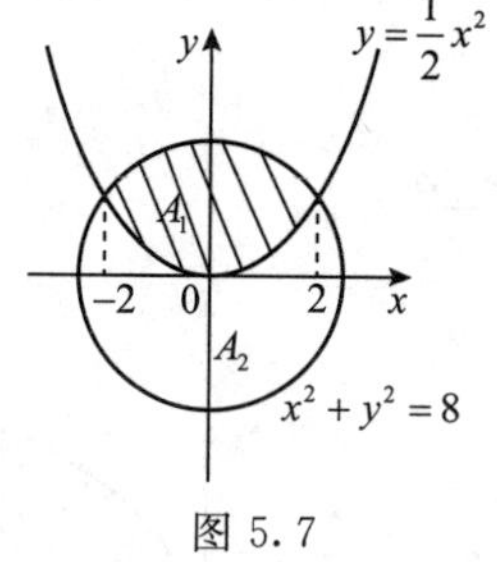

图 5.7

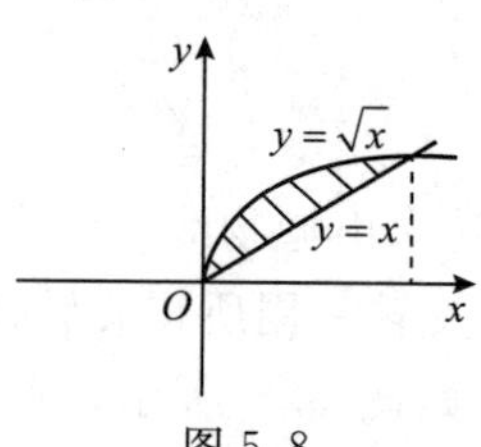

图 5.8

(4) 如图 5.10，联立得交点为 (0，0)，(0，1)，$\left(\frac{\pi}{2}，1\right)$，$S=\int_{0}^{\frac{\pi}{2}}(1-\sin x)\mathrm{d}x=(x+\cos x)\Big|_{0}^{\frac{\pi}{2}}=\left(\frac{\pi}{2}+0\right)-1=\frac{\pi}{2}-1$；

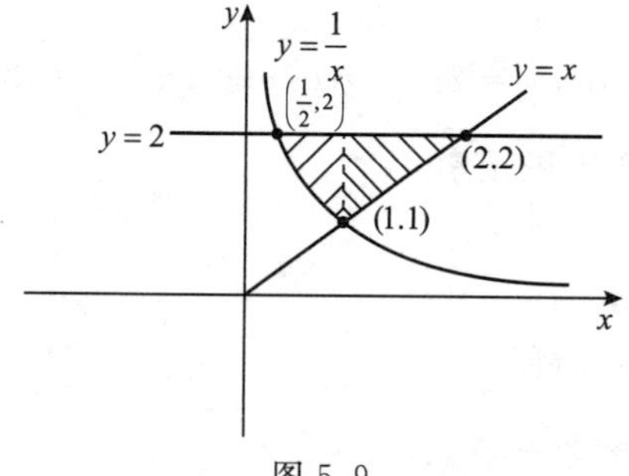

图 5.9

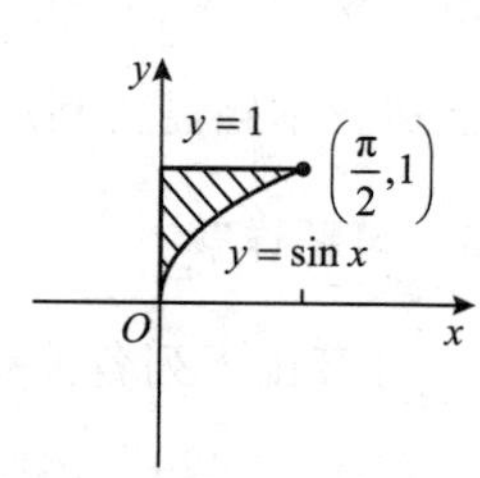

图 5.10

(5) 如图 5.11，$S=\int_{-\sqrt{2}}^{\sqrt{2}}(2-y^2)\mathrm{d}y=\left(2y-\frac{1}{3}y^3\right)\Big|_{-\sqrt{2}}^{\sqrt{2}}$

$$=\left(2\sqrt{2}-\frac{2}{3}\sqrt{2}\right)-\left(-2\sqrt{2}+\frac{2}{3}\sqrt{2}\right)=\frac{8}{3}\sqrt{2}；$$

(6) 如图 5.12，联立得交点 (−3，−16)，(4，9)，$S=\int_{-3}^{4}(x-13-x^2+$

$25)\mathrm{d}x=\left(\frac{1}{2}x^2-\frac{1}{3}x^3+12x\right)\Big|_{-3}^{4}=-\frac{343}{6}.$

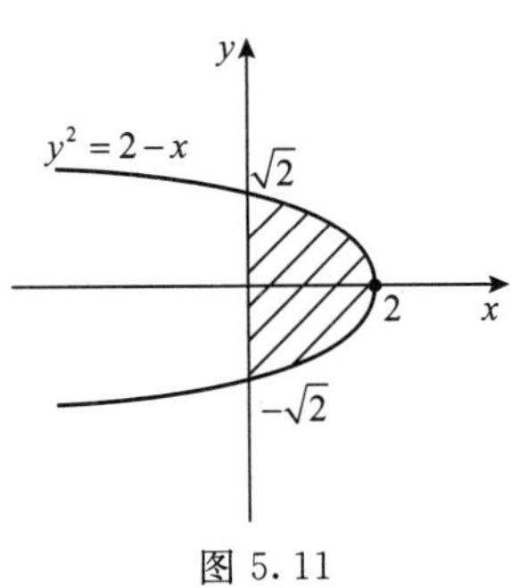

图 5.11

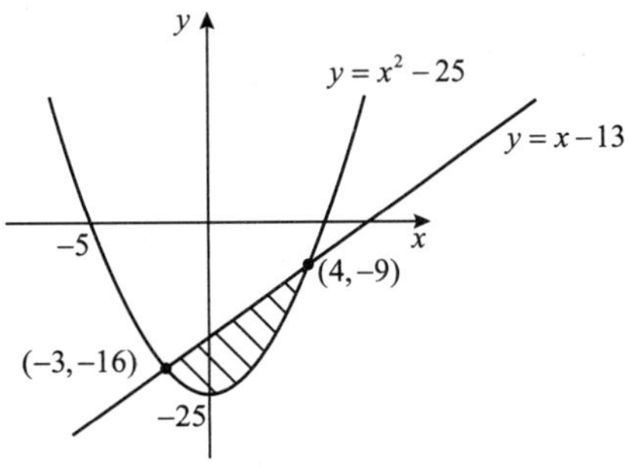

图 5.12

2. 计算下列曲线所围成的图形绕指定的轴旋转而形成的旋转体的体积.

(1) $y=\sin x$ $(0\leqslant x\leqslant\pi)$，$y=0$，绕 x 轴；

(2) $y=x^2$，$y=0$，$x=1$，$x=2$，绕 x 轴；

(3) $y=x^2$，$y^2=8x$，分别绕 x 轴和 y 轴.

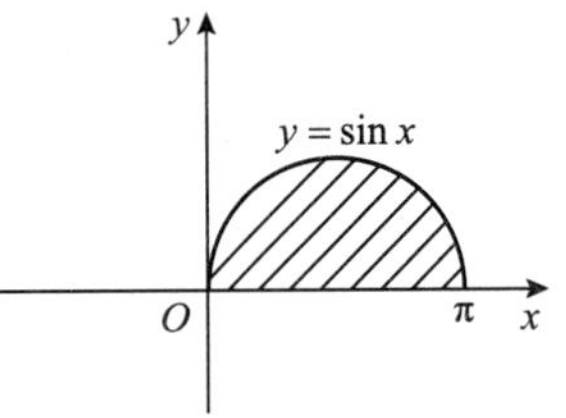

图 5.13

解 (1) 如图 5.13，

$$V=\int_0^{\pi}\pi\sin^2 x\mathrm{d}x=\frac{\pi}{2}\int_0^{\pi}(1-\cos 2x)\mathrm{d}x=\frac{\pi^2}{2};$$

(2) 如图 5.14，交点为 (1，1)，(2，4)，绕

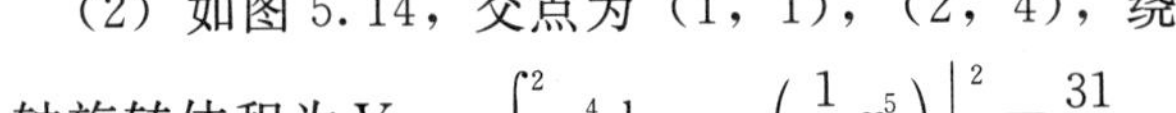

x 轴旋转体积为 $V=\pi\int_1^2 x^4\mathrm{d}x=\pi\left(\frac{1}{5}x^5\right)\Big|_1^2=\frac{31}{5}\pi$；

(3) 如图 5.15，求得交点为 (0，0)，(2，4)，绕 x 轴旋转一周所得旋转体体积：$V_x=\pi\int_0^2(8x-x^4)\mathrm{d}x=\frac{48}{5}\pi$；绕 y 轴旋转一周所得旋转体体积：$V_y=\int_0^4\pi\left(y-\frac{y^4}{64}\right)\mathrm{d}y=\frac{24}{5}\pi.$

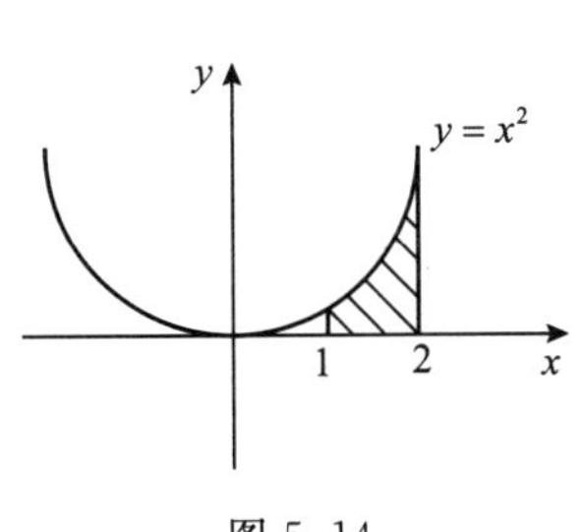

图 5.14

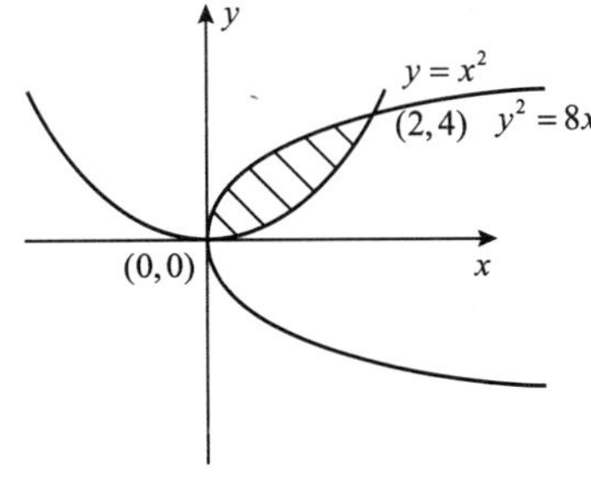

图 5.15

5.6 定积分的经济应用

5.6.1 知识点分析

1. 由边际函数求原函数

设经济应用函数 $u(x)$ 的边际函数为 $u'(x)$，则有 $\int_0^x u'(t)\mathrm{d}t = u(x) - u(0)$，于是可以得到边际函数的原函数 $u(x) = u(0) + \int_0^x u'(t)\mathrm{d}t$.

2. 已知贴现率求现金流量的贴现值

设 t 时刻的收益流量为 $R(t)$，若按年利率为 r 的连续复利计算，那么到 n 年末该项投资的总收益现值为 $R = \int_0^n R(t)\mathrm{e}^{-rt}\mathrm{d}t$.

5.6.2 典例解析

例 1 已知边际成本为 $C'(x)=30+4x$，固定成本为 100，求总成本函数.

解 成本函数

$$C(x) = C(0) + \int_0^x C'(t)\mathrm{d}t = 100 + \int_0^x (30+4t)\mathrm{d}t$$
$$= 100 + [30t + 2t^2]_0^x = 100 + 30x + 2x^2.$$

例 2 已知某商场销售电视机的边际利润为 $L'(x)=250-\frac{x}{10}(x\geqslant 20)$，试求：

(1) 售出 40 台电视机的总利润；

(2) 售出 60 台时，前 30 台与后 30 台的平均利润各为多少？

解 (1) 售出 40 台电视机的总利润为

$$L(40) = L(0) + \int_0^{40} L'(t)\mathrm{d}t = 0 + \int_0^{40}\left(250 - \frac{t}{10}\right)\mathrm{d}t$$
$$= \left[250t - \frac{t^2}{20}\right]_0^{40} = 9\ 920;$$

(2) 前 30 台的总利润为

$$L_1 = L(0) + \int_0^{30} L'(t)\mathrm{d}t = 0 + \int_0^{30}\left(250 - \frac{t}{10}\right)\mathrm{d}t$$
$$= \left[250t - \frac{t^2}{20}\right]_0^{30} = 7\ 455,$$

平均利润为 $\overline{L_1} = \frac{7\ 455}{30} = 248.5$；后 30 台的总利润为

$$L_2 = \int_{30}^{60} L'(t)\mathrm{d}t = \int_{30}^{60}\left(250 - \frac{t}{10}\right)\mathrm{d}t = \left[250t - \frac{t^2}{20}\right]_{30}^{60} = 7\ 365,$$

平均利润为$\overline{L_2}=\frac{7\ 365}{30}=245.5$.

例 3 某企业一项为期 10 年的投资需购置成本 80 万元，每年的收益流量为 10 万元. 求内部利率 μ（注：内部利率是使收益价值等于成本的利率）.

解 由收益流的现值等于成本，得

$$80=\int_0^{10}10\mathrm{e}^{-\mu t}\mathrm{d}t=\left[-\frac{10}{\mu}\mathrm{e}^{-\mu t}\right]_0^{10}=\frac{10}{\mu}(1-\mathrm{e}^{-10\mu t}),$$

可用近似计算得 $\mu\approx0.04$.

例 4 某实验室准备采购一台仪器，其使用寿命为 15 年. 这台仪器的现价为 100 万元，如果租用该仪器每月需支付租金 1 万元，资金的年利率为 5%，以连续复利计算. 试判断：是购买仪器合算还是租用仪器合算？

解 将 15 年租金总值的现值与该仪器现价进行比较，即可作出决策.

由于租用仪器时每月需支付租金 1 万元，故每年租金为 12 万元，即租金流的变化率为 $f(t)=12$，于是租金流总值的现值为

$$\text{租金流总值的现值}=\int_0^{15}12\mathrm{e}^{-0.05t}\mathrm{d}t=\left[-\frac{12}{0.05}\mathrm{e}^{-0.05t}\right]_0^{15}=240(1-\mathrm{e}^{-0.05})$$
$$\approx126.6\ (\text{万元}),$$

与该仪器现价 100 万元相比较可知，还是购买仪器合算.

5.6.3 习题详解

1. 已知某产品的月销售率为 $f(t)=2t+5$（单位/月），该产品上半年的总销售量为多少？

解 $S=\int_0^6(2t+5)\mathrm{d}t=(t^2+5t)\Big|_0^6=66.$

2. 设某产品在时刻 t 总产量的变化率为 $f(t)=100+12t-0.6t^2$（单位/天），求从第 5 天到第 10 天的产量.

解 $y=\int_4^{10}(100+12t-0.6t^2)\mathrm{d}t=(100t+6t^2-0.2t^3)\Big|_4^{10}=916.8.$

3. 某印刷厂在印刷了 x 份广告时印刷一份广告的边际成本是 $\frac{\mathrm{d}C}{\mathrm{d}x}=\frac{1}{2\sqrt{x}}$ 元，求

(1) 印刷 2～100 份广告的成本；

(2) 印刷 101～400 份广告的成本.

解 (1) $\int_1^{100}\frac{1}{2\sqrt{x}}\mathrm{d}x=\sqrt{x}\Big|_1^{100}=9$；

(2) $\int_{100}^{400}\frac{1}{2\sqrt{x}}\mathrm{d}x=\sqrt{x}\Big|_{100}^{400}=10.$

4. 已知边际成本函数为 $C'(x)=30+2x$，边际收益函数为 $R'(x)=60-x$，

x 为产量，固定成本为 10 万元，求最大利润时的产量，最大利润是多少？

解 由极值存在的必要条件，令 $L'(x)=R'(x)-C'(x)=0$，即 $60-x-(30+2x)=0$，解得 $x=10$，又 $L''(x)=R''(x)-C''(x)=-3$，$L''(10)=R''(10)-C''(10)<0$，所以 $x=10$ 时利润最大，最大利润是 $L(10)=\int_0^{10}L'(x)\mathrm{d}x+L(0)=\int_0^{10}[R'(x)-C'(x)]\mathrm{d}x-10=\int_0^{10}(30-3x)\mathrm{d}x-10=140$（万元），所以取得最大利润时的产量为 10，最大利润是 140 万元.

复习题 5 解答

1. 选择题.

(1) $\varphi(x)$ 在 $[a, b]$ 上连续，$f(x)=(x-b)\int_a^x\varphi(t)\mathrm{d}t$，则由罗尔定理，必有 $\xi\in[a, b]$，使得 $f'(\xi)=($　　$)$.

A. 1　　B. 0　　C. -1　　D. $\mathrm{e}-1$

(2) 已知 $\int_0^x[2f(t)-1]\mathrm{d}t=f(x)-1$，则 $f'(0)=($　　$)$.

A. 2　　B. $2\mathrm{e}-1$　　C. 1　　D. $\mathrm{e}-1$

(3) 设定积分 $I_1=\int_1^{\mathrm{e}}\ln x\mathrm{d}x$，$I_2=\int_1^{\mathrm{e}}\ln^2x\mathrm{d}x$，则（　　）.

A. $I_2-I_1=0$　　B. $I_2-2I_1=0$

C. $I_2-2I_1=\mathrm{e}$　　D. $I_2+2I_1=\mathrm{e}$

(4) 下列反常积分中（　　）是收敛的.

A. $\int_{-1}^1\frac{1}{t}\mathrm{d}t$　　B. $\int_{-\infty}^0\mathrm{e}^t\mathrm{d}t$

C. $\int_0^{+\infty}\mathrm{e}^t\mathrm{d}t$　　D. $\int_1^{+\infty}\frac{1}{\sqrt{t}}\mathrm{d}t$

(5) 设 $a>0$，则 $\int_a^{2a}f(2a-x)\mathrm{d}x=($　　$)$.

A. $\int_0^af(t)\mathrm{d}t$　　B. $-\int_0^af(t)\mathrm{d}t$

C. $2\int_0^af(t)\mathrm{d}t$　　D. $-2\int_0^af(t)\mathrm{d}t$

(6) $\int_{-a}^ax[f(x)+f(-x)]\mathrm{d}x=($　　$)$.

A. $4\int_0^atf(t)\mathrm{d}t$　　B. $2\int_0^ax[f(x)+f(-x)]\mathrm{d}x$

C. 0　　D. 以上都不正确

解 (1) B. 提示：$f(b)=0$，$f(a)=0$，所以，至少存在一点 $\xi\in(a, b)$，使得 $f'(\xi)=0$；

(2) C. 提示：$2f(x)-1=f'(x)$；

(3) D. 提示：$I_2 = x\ln^2 x \Big|_1^e - \int_1^e x d\ln^2 x = e - 2\int_1^e \ln x dx = e - 2I_1$；

(4) B. 提示：$\int_{-\infty}^0 e^t dt = e^t \Big|_{-\infty}^0 = 1$；

(5) A. 令 $2a-x=t$，$\int_a^{2a} f(2a-x)dx = -\int_a^0 f(t)dt = \int_0^a f(t)dt$；

(6) C.

2. 填空题.

(1) 函数 $f(x)$ 在 $[a, b]$ 上有界是 $f(x)$ 在 $[a, b]$ 上可积的________条件，而 $f(x)$ 在 $[a, b]$ 连续是 $f(x)$ 在 $[a, b]$ 可积的________条件.

(2) 对 $[a, +\infty)$ 上非负的连续函数 $f(x)$，它的变上限积分 $\int_a^x f(t)dt$ 在 $[a, +\infty)$ 上有界是反常积分 $\int_a^{+\infty} f(x)dx$ 收敛的__________条件.

(3) 设 $f(5)=2$，$\int_0^5 f(x)dx = 3$，则 $\int_0^5 xf'(x)dx =$ __________.

(4) $\int_{-1}^1 (x + \sqrt{1-x^2})dx =$ __________.

(5) 函数 $f(x)$ 在 $[a, b]$ 上有定义且 $|f(x)|$ 在 $[a, b]$ 上可积，此时积分 $\int_a^b f(x)dx$ __________ 存在.

解 (1) 必要，充分；(2) 必要；(3) 7；(4) $\frac{\pi}{2}$；(5) 不一定.

3. 计算下列极限.

(1) $\lim\limits_{x\to a} \frac{x}{x-a}\int_a^x f(t)dt$，其中 $f(x)$ 连续；

(2) $\lim\limits_{x\to 0} \frac{\int_0^{x^2} te^t dt}{x^4}$；

(3) $\lim\limits_{x\to 0} \frac{\int_0^{\sin^2 x} \ln(1+t)dt}{\sqrt{1+x^4}-1}$；

(4) $\lim\limits_{x\to 0} \frac{\int_0^{x^2} \sin t dt}{\int_x^0 t\ln(1+t^2)dt}$.

解 (1) $a\lim\limits_{x\to a} \frac{\int_a^x f(t)dt}{x-a} = a\lim\limits_{x\to a} f(x) = af(a)$；

(2) $\lim\limits_{x\to 0} \frac{x^2 e^{x^2} \cdot 2x}{4x^3} = \frac{1}{2}$；

(3) $\lim\limits_{x\to 0} \frac{\int_0^{\sin^2 x} \ln(1+t)dt}{\frac{1}{2}x^4} = \lim\limits_{x\to 0} \frac{\ln(1+\sin^2 x) \cdot 2\sin x\cos x}{2x^3} = \lim\limits_{x\to 0} \frac{2x^3\cos x}{2x^3} = 1$；

(4) $\lim\limits_{x\to 0} \frac{\sin x^2 \cdot 2x}{-x\ln(1+x^2)} = \lim\limits_{x\to 0} \frac{x^2 \cdot 2}{-x^2} = -2$.

4. 计算下列积分.

(1) $\int_0^{16}\frac{1}{\sqrt{x+9}-\sqrt{x}}\mathrm{d}x$；　(2) $\int_0^{2\pi}\sin^3 x\mathrm{d}x$；

(3) $\int_0^{\frac{\pi}{2}}\frac{x+\sin x}{1+\cos x}\mathrm{d}x$；　(4) $\int_0^{\frac{\pi}{2}}\frac{1}{1+\cos^2 x}\mathrm{d}x$；

(5) $\int_0^1\frac{1}{x^2+4x+5}\mathrm{d}x$；　(6) $\int_{-\frac{1}{2}}^{\frac{1}{2}}\frac{x\arcsin x}{\sqrt{1-x^2}}\mathrm{d}x$；

(7) $\int_1^{\mathrm{e}}\frac{1}{x\sqrt{1-\ln^2 x}}\mathrm{d}x$；　(8) $\int_{\frac{1}{\mathrm{e}}}^{\mathrm{e}}|\ln x|\mathrm{d}x$；

(9) $\int_{-\infty}^{\frac{2}{\pi}}\frac{1}{x^2}\sin\frac{1}{x}\mathrm{d}x$；　(10) $\int_1^2\frac{x}{\sqrt{x-1}}\mathrm{d}x$.

解 (1) $\int_0^{16}\frac{1}{\sqrt{x+9}-\sqrt{x}}\mathrm{d}x=\int_0^{16}\frac{\sqrt{x+9}+\sqrt{x}}{9}\mathrm{d}x$

$$=\left(\frac{1}{9}\times\frac{2}{3}\right)\times\left[(x+9)^{\frac{3}{2}}+x^{\frac{3}{2}}\right]_0^{16}=12;$$

(2) 原式 $=-\int_0^{2\pi}(1-\cos^2 x)\mathrm{d}\cos x=\left(-\cos x+\frac{1}{3}\cos^3 x\right)\Big|_0^{2\pi}=0$；

(3) 原式 $=\int_0^{\frac{\pi}{2}}\frac{x}{2\cos^2\frac{x}{2}}\mathrm{d}x-\int_0^{\frac{\pi}{2}}\frac{1}{1+\cos x}\mathrm{d}(1+\cos x)$

$$=\int_0^{\frac{\pi}{2}}x\mathrm{d}\left(\tan\frac{x}{2}\right)-\ln|1+\cos x|\Big|_0^{\frac{\pi}{2}}$$

$$=x\tan\frac{x}{2}\Big|_0^{\frac{\pi}{2}}-\int_0^{\frac{\pi}{2}}\tan\frac{x}{2}\mathrm{d}x+\ln 2$$

$$=\frac{\pi}{2}+2\ln\left|\cos\frac{x}{2}\right|\Big|_0^{\frac{\pi}{2}}+\ln 2=\frac{\pi}{2};$$

(4) $\int_0^{\frac{\pi}{2}}\frac{1}{1+\cos^2 x}\mathrm{d}x=\int_0^{\frac{\pi}{2}}\frac{\sec^2 x}{1+\sec^2 x}\mathrm{d}x=\int_0^{\frac{\pi}{2}}\frac{1}{2+\tan^2 x}\mathrm{d}(\tan x)$

$$=\frac{1}{\sqrt{2}}\arctan\frac{\tan x}{\sqrt{2}}\Big|_0^{\frac{\pi}{2}}=\frac{\sqrt{2}}{4}\pi;$$

(5) $\int_0^1\frac{1}{x^2+4x+5}\mathrm{d}x=\int_0^1\frac{1}{(x+2)^2+1}\mathrm{d}(x+2)=\arctan(x+2)\Big|_0^1$

$$=\arctan 3-\arctan 2;$$

(6) $\int_{-\frac{1}{2}}^{\frac{1}{2}}\frac{x\arcsin x}{\sqrt{1-x^2}}\mathrm{d}x=-\int_{-\frac{1}{2}}^{\frac{1}{2}}\arcsin x\mathrm{d}\sqrt{1-x^2}=-\int_{-\frac{1}{2}}^{\frac{1}{2}}\arcsin x\mathrm{d}\sqrt{1-x^2}$

$$=-\sqrt{1-x^2}\arcsin x\Big|_{-\frac{1}{2}}^{\frac{1}{2}}+\int_{-\frac{1}{2}}^{\frac{1}{2}}\mathrm{d}x=-\frac{\sqrt{3}}{6}\pi+1;$$

(7) $\int_1^{\mathrm{e}}\frac{1}{x\sqrt{1-\ln^2 x}}\mathrm{d}x=\int_1^{\mathrm{e}}\frac{1}{\sqrt{1-\ln^2 x}}\mathrm{d}(\ln x)=\arcsin\ln x\Big|_1^{\mathrm{e}}=\frac{\pi}{2}$；

(8) $\int_{\frac{1}{e}}^{e}|\ln x|\mathrm{d}x=-\int_{\frac{1}{e}}^{1}\ln x\mathrm{d}x+\int_{1}^{e}\ln x\mathrm{d}x$

$$=-(x\ln x)\Big|_{\frac{1}{e}}^{1}+\int_{\frac{1}{e}}^{1}\mathrm{d}x+(x\ln x)\Big|_{1}^{e}-\int_{1}^{e}\mathrm{d}x=2-\frac{2}{e};$$

(9) $\int_{-\infty}^{\frac{2}{\pi}}\frac{1}{x^2}\sin\frac{1}{x}\mathrm{d}x=\int_{-\infty}^{\frac{2}{\pi}}-\sin\frac{1}{x}\mathrm{d}\frac{1}{x}=\cos\frac{1}{x}\Big|_{-\infty}^{\frac{2}{\pi}}=-1;$

(10) 令 $t=\sqrt{x-1}$，则 $x=t^2+1$，原式 $=\int_0^1\frac{t^2+1}{t}2t\mathrm{d}t=\int_0^1(2t^2+2)\mathrm{d}t=\left[\frac{2}{3}t^3+2t\right]_0^1=\frac{8}{3}.$

5. 设 $f(x)=\int_1^{x^2}\frac{\sin t}{t}\mathrm{d}t$，计算 $\int_0^1 xf(x)\mathrm{d}x$.

解 $\int_0^1 xf(x)\mathrm{d}x=\frac{1}{2}\int_0^1 f(x)\mathrm{d}x^2=\frac{1}{2}x^2f(x)\Big|_0^1-\frac{1}{2}\int_0^1 x^2f'(x)\mathrm{d}x=\frac{1}{2}f(1)-\frac{1}{2}\int_0^1 x^2f'(x)\mathrm{d}x$，由 $f(1)=0$，$f'(x)=\frac{\sin x^2}{x^2}\cdot 2x=\frac{2\sin x^2}{x}$，代入得，上式 $=-\frac{1}{2}\int_0^1 2x\sin x^2\mathrm{d}x=\frac{1}{2}\cos x^2\Big|_0^1=\frac{1}{2}(\cos 1-1).$

6. 计算曲线 $y=x^2$，$4y=x^2$ 及直线 $y=1$ 所围图形面积.

解 如图 5.16，$S=2\int_0^1(x_1-x_2)\mathrm{d}y=2\int_0^1(2\sqrt{y}-\sqrt{y})\mathrm{d}y=2\int_0^1\sqrt{y}\mathrm{d}y=\frac{4}{3}y^{\frac{3}{2}}\Big|_0^1=\frac{4}{3}.$

7. 计算由 $y=x^{\frac{3}{2}}$，$x=4$，$y=0$ 所围图形绕 y 轴旋转而成的旋转体的体积.

解 如图 5.17，$V=128\pi-\pi\int_0^8 x^2\mathrm{d}y=128\pi-\pi\int_0^8 y^{\frac{4}{3}}\mathrm{d}y=128\pi-\frac{3}{7}\pi y^{\frac{7}{3}}\Big|_0^8=128\pi-\frac{3}{7}\pi\times 2^7=\frac{512}{7}\pi.$

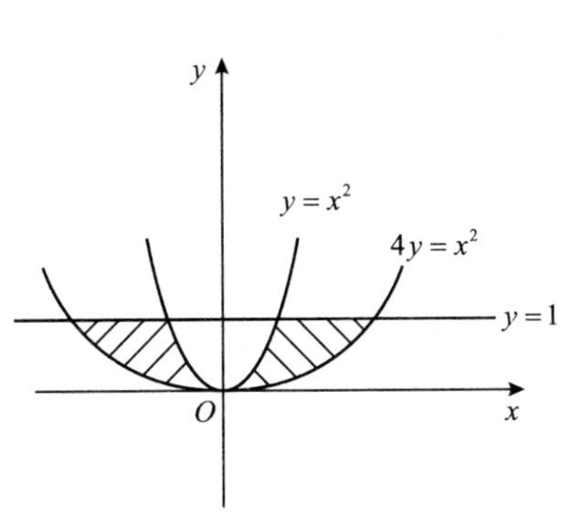

图 5.16

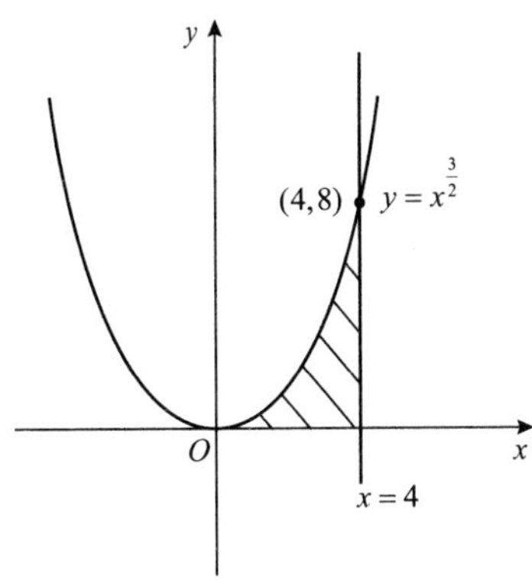

图 5.17

8. 已知边际成本函数为 $C'(x)=7+\frac{25}{\sqrt{x}}$，固定成本为 1 000，求总成本函数.

解 $C(x)=\int C'(x)\mathrm{d}x=\int\left(7+\frac{25}{\sqrt{x}}\right)\mathrm{d}x=7x+50\sqrt{x}+C$，当 $x=0$ 时，$C=1\,000$，所以 $C(x)=7x+50\sqrt{x}+1\,000$.

9. 已知边际收益函数为 $R'(x)=a-bx$，求收益函数.

解 收益函数为 $R(x)=R(0)+\int_0^x R'(x)\mathrm{d}x=\int_0^x(a-bx)\mathrm{d}x=ax-\frac{b}{2}x^2$.

本章练习 A

1. 选择题.

(1) 定积分 $\int_a^b f(x)\mathrm{d}x$（　　）.

A. 与 $f(x)$ 无关　　B. 与区间 $[a,b]$ 无关

C. 与 $\int_a^b f(t)\mathrm{d}t$ 相等　　D. 是变量 x 的函数

(2) 下列反常积分收敛的是（　　）.

A. $\int_0^{+\infty}\mathrm{e}^x\mathrm{d}x$　　B. $\int_{\mathrm{e}}^{+\infty}\frac{1}{x\ln x}\mathrm{d}x$　　C. $\int_{-1}^{1}\frac{1}{\sin x}\mathrm{d}x$　　D. $\int_1^{+\infty}x^{-\frac{3}{2}}\mathrm{d}x$

(3) $\frac{\mathrm{d}}{\mathrm{d}x}\int_a^b\arctan x\mathrm{d}x=$（　　）.

A. $\arctan x$　　B. $\frac{1}{1+x^2}$

C. $\arctan b-\arctan a$　　D. 0

(4) 设 $f(x)$ 在 $[a,b]$ 上有定义，若 $f(x)$ 在 $[a,b]$ 上可积，则以下结论正确的是（　　）.

A. $f(x)$ 在 $[a,b]$ 上有有限个间断点

B. $f(x)$ 在 $[a,b]$ 上有界

C. $f(x)$ 在 $[a,b]$ 上连续

D. $f(x)$ 在 $[a,b]$ 上可导

2. 填空题.

(1) 将极限表示成定积分：$\lim\limits_{n\to\infty}\frac{1}{n^2}(\sqrt{n}+\sqrt{2n}+\cdots+\sqrt{n^2})=$________.

(2) $\frac{\mathrm{d}}{\mathrm{d}x}\int_1^{x^3}\frac{\mathrm{d}t}{\sqrt{1+t^4}}=$________.

(3) $\int_0^5\frac{x}{x^2+1}\mathrm{d}x=$________.

(4) $\int_{-1}^{1}\frac{x^3}{1+\sin^2 x}dx=$ ____________.

3. 计算题.

(1) $\lim\limits_{x\to 0}\frac{\int_0^x \cos t^2 dt}{x}$；

(2) $\int_{-2}^{1}\frac{1}{(11+5x)^3}dx$；

(3) $\int_1^e x\ln x dx$；

(4) $\int_0^1\frac{dx}{e^x+1}$.

本章练习 B

1. 选择题.

(1) $\int_a^b f(x)dx=\lim\limits_{\lambda\to 0}\sum\limits_{i=1}^{n}f(\xi_i)\Delta x_i$ 说明（　　）.

A. $[a, b]$ 必须 n 等分，ξ_i 是 $[x_{i-1}, x_i]$ 的端点

B. $[a, b]$ 可以任意分法，ξ_i 必须是 $[x_{i-1}, x_i]$ 的端点

C. $[a, b]$ 可任意分法，$\lambda=\max\{\Delta x_i\}\to 0$，$\xi_i$ 可在 $[x_{i-1}, x_i]$ 内任取

D. $[a, b]$ 必须等分，$\lambda=\max\{\Delta x_i\}\to 0$，$\xi_i$ 可在 $[x_{i-1}, x_i]$ 内任取

(2) 设 $f(x)$ 在 $[a, b]$ 上连续，$\phi(x)=\int_a^x f(t)dt$，则（　　）.

A. $\phi(x)$ 是 $f(x)$ 在 $[a, b]$ 上的一个原函数

B. $f(x)$ 是 $\phi(x)$ 在 $[a, b]$ 上的一个原函数

C. $\phi(x)$ 是 $f(x)$ 在 $[a, b]$ 上唯一的一个原函数

D. $f(x)$ 是 $\phi(x)$ 在 $[a, b]$ 上唯一的一个原函数

(3) $\int_{-1}^{1}\frac{1}{x^2}dx=$（　　）.

A. 0　　B. 2　　C. -2　　D. 发散

(4) 设 $f(x)$ 在 $[a, b]$ 上连续且 $\int_a^b f(x)dx=0$，则（　　）.

A. 在 $[a, b]$ 的某个小区间上 $f(x)=0$

B. $[a, b]$ 上的一切 x 均使 $f(x)=0$

C. $[a, b]$ 内至少有一点 x，使 $f(x)=0$

D. $[a, b]$ 内不一定有 x，使 $f(x)=0$

2. 填空题.

(1) $\int_0^{\ln 2} xe^{-x}dx=$ __________.

(2) $\int_{\frac{\pi}{2}}^{\pi}\sin\left(x+\frac{\pi}{3}\right)dx=$ __________.

(3) $\frac{d}{dx}\int_{x^2}^{x^3}\frac{dx}{\sqrt{1+t^4}}=$ ____________.

(4) 设 xe^{-x} 为 $f(x)$ 的一个原函数，则 $\int_0^1 xf'(x)dx=$ ____________.

3. 计算题.

(1) $\lim\limits_{x\to 0}\dfrac{\int_0^x(\sin t-t)\mathrm{d}t}{x(\mathrm{e}^x-1)^3}$；　　(2) $\int_1^4\dfrac{1}{\sqrt{x}(1+x)}\mathrm{d}x$；

(3) $\int_{\frac{1}{\sqrt{2}}}^1\dfrac{\sqrt{1-x^2}}{x^2}\mathrm{d}x$；　　(4) $\int_1^2 x\log_2 x\mathrm{d}x$；

(5) $\int_{-1}^1\dfrac{\mathrm{d}x}{x(x+2)}$；

(6) 求抛物线 $y=-x^2+4x-3$ 及其在点（0，－3）和（3，0）处的切线所围成的图形的面积.

本章练习 A 答案

1. 选择题.

(1) C；　(2) D；　(3) D；　(4) B.

2. 填空题.

(1) $\int_0^1\sqrt{x}\,\mathrm{d}x$；　(2) $\dfrac{3x^2}{\sqrt{1+x^{12}}}$；　(3) $\dfrac{1}{2}\ln 26$；　(4) 0.

3. 计算题.

解 (1) $\lim\limits_{x\to 0}\dfrac{\int_0^x\cos t^2\mathrm{d}t}{x}=\lim\limits_{x\to 0}\dfrac{\cos x^2}{1}=1$；

(2) $\int_{-2}^1\dfrac{1}{(11+5x)^3}\mathrm{d}x=\dfrac{1}{5}\int_{-2}^1\dfrac{\mathrm{d}(11+5x)}{(11+5x)^3}=\dfrac{51}{512}$；

(3) $$\int_1^{\mathrm{e}}x\ln x\mathrm{d}x=\frac{1}{2}\int_1^{\mathrm{e}}\ln x\mathrm{d}x^2=\frac{1}{2}[x^2\ln x]_1^{\mathrm{e}}-\frac{1}{2}\int_1^{\mathrm{e}}x^2\cdot\frac{1}{x}\mathrm{d}x$$
$$=\frac{1}{2}\mathrm{e}^2-\frac{1}{4}[x^2]_1^{\mathrm{e}}=\frac{1}{4}(\mathrm{e}^2+1)；$$

(4) $$\int_0^1\frac{\mathrm{d}x}{\mathrm{e}^x+1}=\int_0^1\frac{\mathrm{e}^x+1-\mathrm{e}^x}{\mathrm{e}^x+1}\mathrm{d}x=\int_0^1\mathrm{d}x-\int_0^1\frac{\mathrm{e}^x\mathrm{d}x}{\mathrm{e}^x+1}$$
$$=1-[\ln(\mathrm{e}^x+1)]_0^1=1-\ln(1+\mathrm{e})+\ln 2；$$

本章练习 B 答案

1. 选择题.

(1) C；　(2) A；　(3) D；　(4) C.

2. 填空题.

(1) $\dfrac{1}{2}(1-\ln 2)$；(2) $\dfrac{1}{2}-\dfrac{\sqrt{3}}{2}$；(3) $\dfrac{3x^2}{\sqrt{1+x^{12}}}-\dfrac{2x}{\sqrt{1+x^8}}$；(4) $-\mathrm{e}^{-1}$.

3. 计算题.

解 (1) $\lim\limits_{x\to0}\dfrac{\int_0^x(\sin t-t)\mathrm{d}t}{x(\mathrm{e}^x-1)^3}=\lim\limits_{x\to0}\dfrac{\int_0^x(\sin t-t)\mathrm{d}t}{x\cdot x^3}=\lim\limits_{x\to0}\dfrac{\int_0^x(\sin t-t)\mathrm{d}t}{x^4}$

$=\lim\limits_{x\to0}\dfrac{\sin x-x}{4x^3}=\lim\limits_{x\to0}\dfrac{\cos x-1}{12x^2}=\lim\limits_{x\to0}\dfrac{-\sin x}{24x}$

$=\lim\limits_{x\to0}\dfrac{-\cos x}{24}=-\dfrac{1}{24}.$

(2) 令$\sqrt{x}=t$，则 $x=t^2$，$\mathrm{d}x=2t\mathrm{d}t$，则

$$\int_1^4\frac{1}{\sqrt{x}(1+x)}\mathrm{d}x=\int_1^2\frac{2t\mathrm{d}t}{t(1+t^2)}=\int_1^2\frac{2\mathrm{d}t}{1+t^2}=[2\arctan t]_1^2=2\arctan2-\frac{\pi}{2}.$$

(3) $\displaystyle\int_{\frac{1}{\sqrt2}}^1\frac{\sqrt{1-x^2}}{x^2}\mathrm{d}x\xlongequal{x=\sin t}\int_{\frac{\pi}{4}}^{\frac{\pi}{2}}\frac{\cos t}{\sin^2t}\cdot\cos t\mathrm{d}t=\int_{\frac{\pi}{4}}^{\frac{\pi}{2}}\left(\frac{1}{\sin^2t}-1\right)\mathrm{d}t$

$$=(-\cot t-t)\Big|_{\frac{\pi}{4}}^{\frac{\pi}{2}}=\frac{\sqrt2}{2}-\frac{\pi}{4}.$$

(4) $\displaystyle\int_1^2x\log_2x\mathrm{d}x=\frac12\int_1^2\log_2x\mathrm{d}x^2=\frac12x^2\log_2x\Big|_1^2-\frac12\int_1^2x^2\cdot\frac{1}{x\ln2}\mathrm{d}x$

$$=2-\frac{1}{2\ln2}\cdot\frac12x^2\Big|_1^2=2-\frac{3}{4\ln2};$$

(5) $x=0$ 为瑕点，

$$\int_{-1}^1\frac{\mathrm{d}x}{x(x+2)}=\int_{-1}^0\frac{\mathrm{d}x}{x(x+2)}+\int_0^1\frac{\mathrm{d}x}{x(x+2)}$$

$$=\frac12\int_{-1}^0\left(\frac1x-\frac{1}{x+2}\right)\mathrm{d}x+\frac12\int_0^1\left(\frac1x-\frac{1}{x+2}\right)\mathrm{d}x$$

$$=\frac12\left[\ln\left|\frac{x}{x+2}\right|\right]_{-1}^0+\frac12\left[\ln\left|\frac{x}{x+2}\right|\right]_0^1$$

$$=\frac12\lim_{x\to0^-}\ln\left|\frac{x}{x+2}\right|-\frac12\ln3+\frac12\ln3-\frac12\lim_{x\to0^+}\ln\left|\frac{x}{x+2}\right|,$$

因为$\dfrac12\lim\limits_{x\to0^-}\ln\left|\dfrac{x}{x+2}\right|=\infty$，所以原积分发散.

(6) $y'=-2x+4$，如图 5.18 所示，过点 (0，−3) 处的切线的斜率为 4，切线方程为 $y=4x-3$，过点 (3，0) 处的切线的斜率为−2，切线方程为 $y=-2x+6$，两切线的交点为 $\left(\dfrac32,3\right)$，所求的面积为

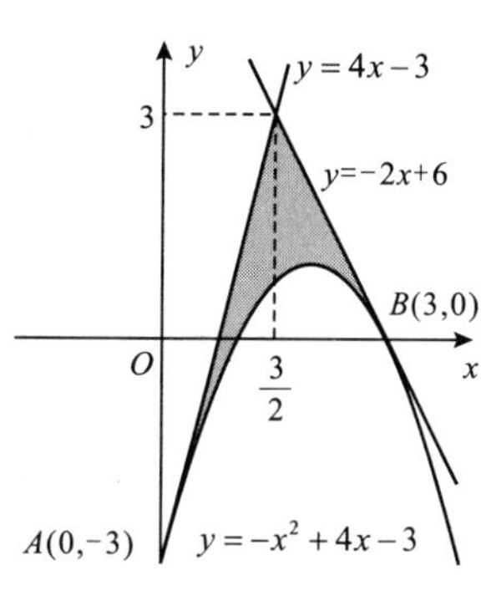

图 5.18

$$A=\int_0^{\frac32}[4x-3-(-x^2+4x-3)]\mathrm{d}x+\int_{\frac32}^3[-2x+6-(-x^2+4x-3)]\mathrm{d}x=\frac94.$$

第 6 章

微分方程与差分方程

知识结构图

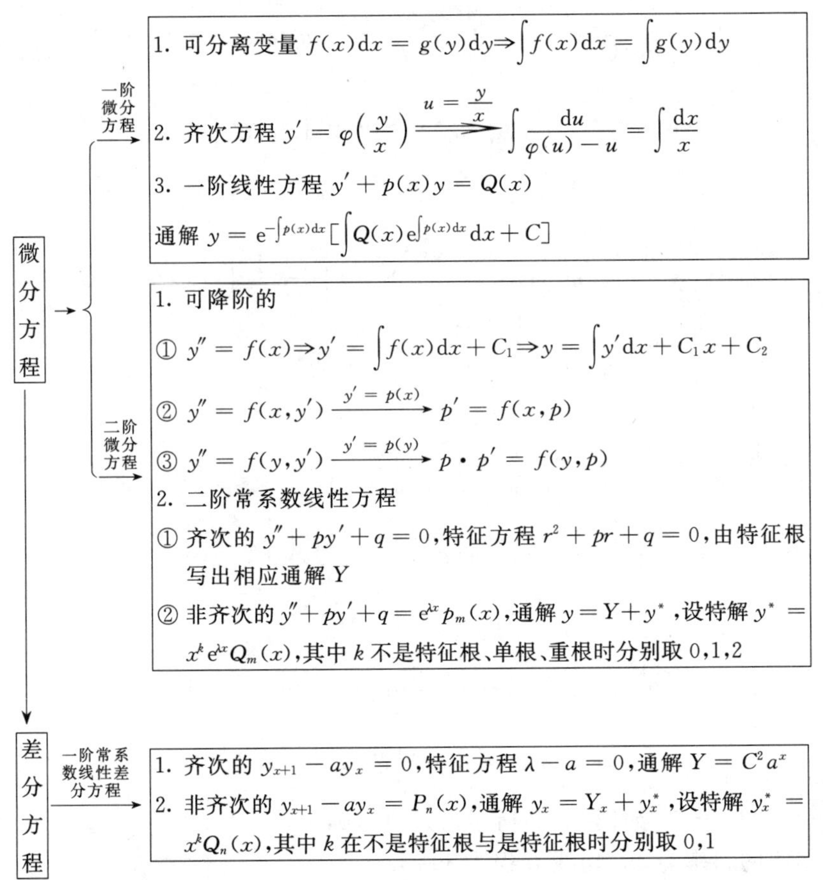

微分方程
一阶微分方程
1. 可分离变量 $f(x)\mathrm{d}x=g(y)\mathrm{d}y\Rightarrow\int f(x)\mathrm{d}x=\int g(y)\mathrm{d}y$
2. 齐次方程 $y'=\varphi\left(\frac{y}{x}\right)\xrightarrow{u=\frac{y}{x}}\int\frac{\mathrm{d}u}{\varphi(u)-u}=\int\frac{\mathrm{d}x}{x}$
3. 一阶线性方程 $y'+p(x)y=Q(x)$
通解 $y=\mathrm{e}^{-\int p(x)\mathrm{d}x}\left[\int Q(x)\mathrm{e}^{\int p(x)\mathrm{d}x}\mathrm{d}x+C\right]$
二阶微分方程
1. 可降阶的
① $y''=f(x)\Rightarrow y'=\int f(x)\mathrm{d}x+C_1\Rightarrow y=\int y'\mathrm{d}x+C_1x+C_2$
② $y''=f(x,y')\xrightarrow{y'=p(x)}p'=f(x,p)$
③ $y''=f(y,y')\xrightarrow{y'=p(y)}p\cdot p'=f(y,p)$
2. 二阶常系数线性方程
① 齐次的 $y''+py'+q=0$，特征方程 $r^2+pr+q=0$，由特征根写出相应通解 Y
② 非齐次的 $y''+py'+q=\mathrm{e}^{\lambda x}p_m(x)$，通解 $y=Y+y^*$，设特解 $y^*=x^k\mathrm{e}^{\lambda x}Q_m(x)$，其中 k 不是特征根、单根、重根时分别取 0,1,2
差分方程
一阶常系数线性差分方程
1. 齐次的 $y_{x+1}-ay_x=0$，特征方程 $\lambda-a=0$，通解 $Y=C^2a^x$
2. 非齐次的 $y_{x+1}-ay_x=P_n(x)$，通解 $y_x=Y_x+y_x^*$，设特解 $y_x^*=x^kQ_n(x)$，其中 k 在不是特征根与是特征根时分别取 0,1

本章学习目标

- 了解微分方程的阶、通解、初始条件及特解的概念；
- 掌握可分离变量方程、齐次方程和一阶线性微分方程的解法；
- 会解一些可降阶的二阶微分方程；
- 掌握二阶常系数线性微分方程的解法，理解线性微分方程的概念与解的结构；

- 了解差分方程的概念及一些简单差分方程的解法；
- 会用微分方程及差分方程解决一些简单的经济应用问题.

6.1 微分方程的基本概念

6.1.1 知识点分析

1. 微分方程的概念

表示未知函数、未知函数的导数或微分与自变量之间的关系的方程称为微分方程. 若未知函数为一元函数则称为常微分方程（简称为微分方程），未知函数是多元函数的方程，称为偏微分方程.

2. 微分方程的阶

微分方程中所含未知函数的导数的最高阶数称为微分方程的阶.

3. 微分方程的解、通解、特解

满足微分方程的函数称为微分方程的解；

若微分方程的解中所含有的独立的任意常数的个数等于微分方程的阶数，则称该解为微分方程的通解. 通解不一定是全部的解.

不含任意常数或任意常数确定后的解，称为微分方程的特解. 确定任意常数的条件称为初始条件.

6.1.2 典例解析

例 1 微分方程 $x(y'')^2=y'+x^3$ 的阶数是（　　）.

A. 一阶　　B. 二阶　　C. 三阶　　D. 四阶

解 方程中未知函数的最高阶导数是 y''，故选 B.

点拨 微分方程的阶数指的是方程中所含未知函数的导数的最高阶数.

例 2 验证函数 $y=(x^2+C)\sin x$（C 为任意常数）是方程 $y'-y\cot x-2x\sin x=0$ 的通解.

解 对函数求一阶导，得 $y'=2x\sin x+(x^2+C)\cos x$，将 y 和 y' 代入方程左边，得

$$y'-y\cot x-2x\sin x=2x\sin x+(x^2+C)\cos x-(x^2+C)\sin x\cot x-2x\sin x\equiv 0.$$

因为方程两边恒等，且 y 中含有一个任意常数，故 $y=(x^2+C)\sin x$ 是方程的通解.

点拨 要验证一个函数是否是方程的通解，只要将函数代入方程，验证是否恒等，再看函数中所含的独立的任意常数的个数是否与方程的阶数相同.

6.1.3 习题详解

1. 试写出下列微分方程的阶数.

(1) $x^2\mathrm{d}x+y\mathrm{d}y=0$； (2) $x(y')^2-2yy'+x=0$；

(3) $x^2y''-xy'+y=0$； (4) $xy'''+2y''+x^2y=0$.

解 (1) 一阶；(2) 一阶；(3) 二阶；(4) 三阶.

2. 验证函数 $y=C\mathrm{e}^{-x}+x-1$ 是微分方程 $y'+y=x$ 的通解，并求满足初始条件$y|_{x=0}=2$ 的特解.

解 对函数求一阶导，得 $y'=-C\mathrm{e}^{-x}+1$，将 y 和 y'代入方程左边，得 $y'+y=-C\mathrm{e}^{-x}+1+C\mathrm{e}^{-x}+x-1=x$. 因为方程两边恒等，且 y 中含有一个任意常数，故 $y=C\mathrm{e}^{-x}+x-1$ 是方程的通解. 再将$y|_{x=0}=2$ 代入通解中，得 $C=3$，从而初始条件下的特解为$y=3\mathrm{e}^{-x}+x-1$.

3. 某商品的销售量 x 是价格 P 的函数，如果要使该商品的销售收入在价格变化的情况下保持不变，则销售量 x 对于价格 P 的函数关系满足什么样的微分方程？在这种情况下，该商品的需求量相对价格 P 的弹性是什么？

解 (1) 若销售收入保持不变，等同于边际为0. 设销售量 $x=x(P)$，则收益 $R(P)=x\cdot P=Px(P)$，$R'(P)$ 为收益边际，即 $R'(P)=x(P)+Px'(P)=0$ 为所求方程.

(2) $\dfrac{Ex}{EP}=\dfrac{\mathrm{d}x}{\mathrm{d}P}\cdot\dfrac{P}{x}=x'(P)\cdot\dfrac{P}{x(P)}$，由上条件知 $x'(P)=-\dfrac{x(P)}{P}$，从而 $\dfrac{Ex}{EP}=-\dfrac{x(P)}{P}\cdot\dfrac{P}{x(P)}=-1$.

6.2 一阶微分方程

6.2.1 知识点分析

一阶微分方程的一般形式为 $F(x, y, y')=0$，有时也可写成如下的对称形式：

$$P(x, y)\mathrm{d}x+Q(x, y)\mathrm{d}y=0.$$

1. 可分离变量的微分方程及解法

能化成 $g(y)\mathrm{d}y=f(x)\mathrm{d}x$ 的一阶微分方程称为可分离变量的微分方程.

可分离变量的微分方程的解题步骤如下：

首先将方程化成标准式 $g(y)\mathrm{d}y=f(x)\mathrm{d}x$，然后左右两端积分，有 $\int g(y)\mathrm{d}y=\int f(x)\mathrm{d}x$，即得微分方程的通解 $G(y)=F(x)+C$，其中 C 为任意常数，$G(y)$ 和 $F(x)$ 分别是 $g(y)$ 和 $f(x)$ 的一个原函数.

2. 齐次方程

可化为$\frac{\mathrm{d}y}{\mathrm{d}x}=\varphi\left(\frac{y}{x}\right)$形式的一阶微分方程称为齐次微分方程.

齐次方程通解的解题方法如下：

首先将所给方程化为$\frac{\mathrm{d}y}{\mathrm{d}x}=\varphi\left(\frac{y}{x}\right)$，然后令 $u=\frac{y}{x}$，则有 $y=ux$，$\frac{\mathrm{d}y}{\mathrm{d}x}=u+x\frac{\mathrm{d}u}{\mathrm{d}x}$，代入方程得 $u+x\frac{\mathrm{d}u}{\mathrm{d}x}=\varphi(u)$，即 $x\frac{\mathrm{d}u}{\mathrm{d}x}=\varphi(u)-u$，分离变量后两端同时积分得$\int\frac{\mathrm{d}u}{\varphi(u)-u}=\int\frac{\mathrm{d}x}{x}$，求出积分后，再用$\frac{y}{x}$代替$u$，便得所给齐次方程的通解.

3. 一阶线性微分方程

形如 $y'+P(x)y=Q(x)$ 的微分方程称为一阶线性微分方程.

当 $Q(x)\equiv 0$ 时，原方程化为 $y'+P(x)y=0$，称为一阶齐次线性微分方程；

当 $Q(x)\neq 0$ 时，原方程为 $y'+P(x)y=Q(x)$，称为一阶非齐次线性微分方程.

一阶线性微分方程的解法如下：

(1) 一阶齐次线性微分方程 $y'+P(x)y=0$. 这是一个可分离变量的微分方程. 所以分离变量积分，得通解为 $y=C\mathrm{e}^{-\int P(x)\mathrm{d}x}$.

(2) 一阶非齐次线性微分方程的通解 $y=\mathrm{e}^{-\int P(x)\mathrm{d}x}\left[\int Q(x)\mathrm{e}^{\int P(x)\mathrm{d}x}\mathrm{d}x+C\right]$.

注 (1) 通解公式中的积分$\int P(x)\mathrm{d}x$ 和$\int Q(x)\mathrm{e}^{\int P(x)\mathrm{d}x}\mathrm{d}x$，只表示被积函数中任意一个原函数，不含任意常数 C.

(2) 求一阶非齐次线性微分方程的通解可直接套用上述公式，如不套用，则利用教材中常数变易法进行求解.

6.2.2 典例解析

例 1 求微分方程 $xy\mathrm{d}x+\sqrt{1-x^2}\mathrm{d}y=0$ 满足初始条件$y|_{x=1}=\mathrm{e}$ 的特解.

解 分离变量得$\frac{-x}{\sqrt{1-x^2}}\mathrm{d}x=\frac{1}{y}\mathrm{d}y$，两端积分得 $\sqrt{1-x^2}+C_1=\ln|y|$，由此得 $y=\pm\mathrm{e}^{\sqrt{1-x^2}+C_1}=C\mathrm{e}^{\sqrt{1-x^2}}$ $(C=\pm\mathrm{e}^{C_1})$，又因为满足初始条件$y|_{x=1}=\mathrm{e}$，代入得 $C=\mathrm{e}$，所以特解为 $y=\mathrm{e}^{\sqrt{1-x^2}+1}$.

例 2 求微分方程 $\cos\theta+r\sin\theta\frac{\mathrm{d}\theta}{\mathrm{d}r}=0$ 的通解.

解 分离变量得$\frac{-\sin\theta\mathrm{d}\theta}{\cos\theta}=\frac{\mathrm{d}r}{r}$，两端积分得 $\ln|\cos\theta|=\ln|r|+\ln|C|$，所

以通解为 $\cos\theta=Cr$.

例 3 求微分方程 $(x+y)\mathrm{d}y-y\mathrm{d}x=0$ 的通解.

解 方法一：将方程化为$\frac{\mathrm{d}x}{\mathrm{d}y}=\frac{x}{y}+1$，令 $u=\frac{x}{y}$，则 $x=uy$，$\frac{\mathrm{d}x}{\mathrm{d}y}=u+y\frac{\mathrm{d}u}{\mathrm{d}y}$. 代入原方程，得 $u+y\frac{\mathrm{d}u}{\mathrm{d}y}=u+1$，即 $y\frac{\mathrm{d}u}{\mathrm{d}y}=1$. 分离变量，得 $\mathrm{d}u=\frac{1}{y}\mathrm{d}y$，两边积分，得 $u+\ln|C|=\ln|y|$，即 $y=C\mathrm{e}^{u}$. 将 $u=\frac{x}{y}$代入，便得原方程的通解为 $y=C\mathrm{e}^{\frac{x}{y}}$.

方法二：将方程变形为$\frac{\mathrm{d}x}{\mathrm{d}y}-\frac{1}{y}x=1$，由一阶线性微分方程通解公式得

$$x=\mathrm{e}^{-\int-\frac{1}{y}\mathrm{d}y}\left(\int\mathrm{e}^{-\int\frac{1}{y}\mathrm{d}y}\mathrm{d}y+C\right)=y(\ln y+C).$$

例 4 求微分方程 $(x^2-1)y'+2xy-\cos x=0$ 的通解.

解 方程可化为 $y'+\frac{2x}{x^2-1}y=\frac{\cos x}{x^2-1}$，其中 $P(x)=\frac{2x}{x^2-1}$，$Q(x)=\frac{\cos x}{x^2-1}$，由通解公式得

$$y=\mathrm{e}^{-\int\frac{2x}{x^2-1}\mathrm{d}x}\left(\int\frac{\cos x}{x^2-1}\mathrm{e}^{\int\frac{2x}{x^2-1}\mathrm{d}x}\mathrm{d}x+C\right)=\frac{1}{x^2-1}\left(\int\cos x\mathrm{d}x+C\right)=\frac{\sin x+C}{x^2-1}.$$

例 5 求微分方程 $y\mathrm{d}x+(1+y)x\mathrm{d}y=\mathrm{e}^y\mathrm{d}y$ 的通解.

解 将 y 作为自变量，方程化为$\frac{\mathrm{d}x}{\mathrm{d}y}+\frac{1+y}{y}x=\frac{\mathrm{e}^y}{y}$，其中 $P(y)=\frac{1+y}{y}$，$Q(y)=\frac{\mathrm{e}^y}{y}$，由通解公式得

$$x=\mathrm{e}^{-\int\frac{1+y}{y}\mathrm{d}y}\left(\int\frac{\mathrm{e}^y}{y}\mathrm{e}^{\int\frac{1+y}{y}\mathrm{d}y}\mathrm{d}y+C\right)=\frac{\mathrm{e}^{-y}}{y}\left(\int\frac{\mathrm{e}^y}{y}y\mathrm{e}^y\mathrm{d}y+C\right)=\frac{1}{y}\left(\frac{\mathrm{e}^y}{2}+C\mathrm{e}^{-y}\right).$$

6.2.3 习题详解

1. 求下列微分方程的通解.

(1) $2x^2yy'=y^2+1$； (2) $xy'-y\ln y=0$；

(3) $3x^2+5x-5y'=0$； (4) $y'=\sqrt{1-y^2}$；

(5) $y'=\frac{y}{x}+\tan\frac{y}{x}$； (6) $(x^2+y^2)\mathrm{d}x-xy\mathrm{d}y=0$.

解 (1) 将方程化为$\frac{\mathrm{d}y}{\mathrm{d}x}=\frac{y^2+1}{2x^2y}$，分离变量得$\frac{2y}{y^2+1}\mathrm{d}y=\frac{1}{x^2}\mathrm{d}x$，两边积分得 $\ln(y^2+1)=-\frac{1}{x}+C$，故方程通解为 $\ln(1+y^2)=-\frac{1}{x}+C$.

(2) 将方程化为 $\frac{\mathrm{d}y}{\mathrm{d}x}=\frac{y\ln y}{x}$，分离变量得 $\frac{\mathrm{d}y}{y\ln y}=\frac{\mathrm{d}x}{x}$，两边积分得

$\ln|\ln y|=\ln|x|+\ln C$，即 $y=e^{Cx}$，故方程通解为 $y=e^{Cx}$.

(3) 将方程化为$\frac{dy}{dx}=x+\frac{3}{5}x^2$，两边积分得 $y=\frac{1}{2}x^2+\frac{1}{5}x^3+C$，故方程通解为 $y=\frac{1}{2}x^2+\frac{1}{5}x^3+C$.

(4) 分离变量得$\frac{dy}{\sqrt{1-y^2}}=dx$，两边积分得 $\arcsin y=x+C$，故方程通解为 $y=\sin(x+C)$.

(5) 令 $u=\frac{y}{x}$，则 $y=xu$，$y'=u+xu'$，代入方程化为 $xu'=\tan u$，分离变量得$\frac{du}{\tan u}=\frac{dx}{x}$，两边积分得 $\ln|\sin u|=\ln|x|+\ln|C|$，即 $\sin u=Cx$，将 $u=\frac{y}{x}$代入得 $\sin\frac{y}{x}=Cx$，故方程通解为 $\sin\frac{y}{x}=Cx$.

(6) 方程变形为$\frac{dy}{dx}=\frac{x^2+y^2}{xy}=\frac{x}{y}+\frac{y}{x}$，令 $u=\frac{y}{x}$，则 $y'=u+xu'$，代入得 $xu'=\frac{1}{u}$，分离变量得 $udu=\frac{dx}{x}$，两边积分得$\frac{1}{2}u^2=\ln|x|+C$，即$\frac{1}{2}\left(\frac{y}{x}\right)^2=\ln|x|+C$，即 $y^2=2x^2(\ln|x|+C)$，故方程通解为 $y^2=2x^2(\ln|x|+C)$.

2. 求下列微分方程的特解.

(1) $xdy+2ydx=0$，$y|_{x=2}=1$；　　(2) $y'\sin x=y\ln y$，$y|_{x=\frac{\pi}{2}}=e$；

(3) $(y^2-3x^2)dy+2xydx=0$，$y|_{x=0}=1$；(4) $y'=\frac{x}{y}$，$y|_{x=1}=2$.

解 (1) 将方程化为 $xdy=-2ydx$，分离变量得$\frac{dy}{y}=-2\frac{dx}{x}$，两边积分得 $\ln|y|=-2\ln|x|+\ln|C|$，即 $y=\frac{C}{x^2}$，代入初始条件，可知 $C=4$，故其特解为 $x^2y=4$.

(2) 将方程分离变量$\frac{dy}{y\ln y}=\frac{dx}{\sin x}$，两边积分得 $\ln|\ln y|=\ln|\csc x-\cot x|+\ln C$，即 $\ln y=C(\csc x-\cot x)$，代入初始条件，可知 $C=1$，故其特解为$\ln y=\csc x-\cot x=\frac{1-\cos x}{\sin x}=\frac{2\sin^2\frac{x}{2}}{2\sin\frac{x}{2}\cos\frac{x}{2}}=\tan\frac{x}{2}$.

(3) 将方程变形为 $(3x^2-y^2)dy=2xydx$，方程可化为$\frac{dx}{dy}=\frac{3x^2-y^2}{2xy}=\frac{3}{2}\cdot\frac{x}{y}-\frac{1}{2}\cdot\frac{y}{x}$，令 $u=\frac{x}{y}$，则 $x'=u+yu'$，原方程式化为 $yu'=\frac{1}{2}\left(u-\frac{1}{u}\right)$，分离变量得$\frac{2udu}{u^2-1}=\frac{dy}{y}$，两边积分得 $\ln|u^2-1|=\ln|y|+\ln C$，即 $u^2-1=Cy$，

即$\frac{x^2}{y^2}-1=Cy$，代入初始条件，可知$C=-1$，故其特解为$x^2-y^2+y^3=0$.

（4）将方程分离变量得$y\mathrm{d}y=x\mathrm{d}x$，两边积分得$-\frac{1}{2}y^2=\frac{x^2}{2}+C_1$，方程通解为$x^2-y^2=C(C=-2C_1)$，代入初始条件，可知$C=-3$，故其特解为$x^2-y^2+3=0$.

3. 求下列微分方程的通解.

（1）$\frac{\mathrm{d}y}{\mathrm{d}x}+y=\mathrm{e}^{-x}$；　　（2）$y'+y\cos x=\mathrm{e}^{-\sin x}$；

（3）$(x^2-1)y'+2xy-\cos x=0$；　　（4）$(y^2-6x)y'+2y=0$.

解　（1）$P(x)=1$，$Q(x)=\mathrm{e}^{-x}$，由通解公式得

$$y=\mathrm{e}^{-\int\mathrm{d}x}\left(\int\mathrm{e}^{-x}\mathrm{e}^{\int\mathrm{d}x}\mathrm{d}x+C\right)=\mathrm{e}^{-x}\left(\int\mathrm{e}^{-x}\mathrm{e}^{x}\mathrm{d}x+C\right)=\mathrm{e}^{-x}(x+C);$$

（2）$P(x)=\cos x$，$Q(x)=\mathrm{e}^{-\sin x}$，由通解公式得

$$y=\mathrm{e}^{-\int\cos x\mathrm{d}x}\left(\int\mathrm{e}^{-\sin x}\mathrm{e}^{\int\cos x\mathrm{d}x}\mathrm{d}x+C\right)=\mathrm{e}^{-\sin x}\left(\int\mathrm{e}^{-\sin x}\mathrm{e}^{\sin x}\mathrm{d}x+C\right)$$
$$=\mathrm{e}^{-\sin x}(x+C);$$

（3）将方程化为$y'+\frac{2x}{x^2-1}y=\frac{\cos x}{x^2-1}$，$P(x)=\frac{2x}{x^2-1}$，$Q(x)=\frac{\cos x}{x^2-1}$，由通解公式得

$$y=\mathrm{e}^{-\int\frac{2x}{x^2-1}\mathrm{d}x}\left(\int\frac{\cos x}{x^2-1}\mathrm{e}^{\int\frac{2x}{x^2-1}\mathrm{d}x}\mathrm{d}x+C\right)=\mathrm{e}^{-\ln(x^2-1)}\left(\int\frac{\cos x}{x^2-1}\mathrm{e}^{\ln(x^2-1)}\mathrm{d}x+C\right)$$
$$=\frac{1}{x^2-1}\left(\int\cos x\mathrm{d}x+C\right)=\frac{1}{x^2-1}(\sin x+C);$$

（4）方程化为$y'=\frac{2y}{6x-y^2}$，将y作为自变量有$\frac{\mathrm{d}x}{\mathrm{d}y}=\frac{6x-y^2}{2y}=\frac{3}{y}x-\frac{1}{2}y$，即$x'-\frac{3}{y}x=-\frac{1}{2}y$. $P(y)=-\frac{3}{y}$，$Q(y)=-\frac{y}{2}$，由通解公式得

$$x=\mathrm{e}^{-\int\left(-\frac{3}{y}\right)\mathrm{d}y}\left(-\int\frac{1}{2}y\mathrm{e}^{-\int\frac{3}{y}\mathrm{d}y}\mathrm{d}y+C\right)=\mathrm{e}^{3\ln y}\left(-\int\frac{1}{2}y\mathrm{e}^{-3\ln y}\mathrm{d}y+C\right)$$
$$=y^3\left(-\int\frac{y}{2}\cdot\frac{1}{y^3}\mathrm{d}y+C\right)=y^3\left(\frac{1}{2y}+C\right)=\frac{y^2}{2}+Cy^3.$$

4. 求下列微分方程的特解.

（1）$x\cdot\frac{\mathrm{d}y}{\mathrm{d}x}+y-\mathrm{e}^x=0$，$y|_{x=1}=0$；

（2）$y'+y\cos x=\sin x\cdot\cos x$，$y|_{x=0}=1$.

解　（1）方程可化为$\frac{\mathrm{d}y}{\mathrm{d}x}+\frac{y}{x}=\frac{\mathrm{e}^x}{x}$，$P(x)=\frac{1}{x}$，$Q(x)=\frac{\mathrm{e}^x}{x}$，由通解公式得

$y = e^{-\int \frac{1}{x}dx}\left(\int \frac{e^x}{x} e^{\int \frac{1}{x}dx} dx + C\right) = \frac{1}{x}\left(\int e^x dx + C\right) = \frac{1}{x}(e^x + C)$，代入初始条件，可知 $C=-e$，故其特解为 $y=\frac{e^x}{x}-\frac{e}{x}$.

(2) $P(y)=\cos x$，$Q(x)=\sin x\cos x$，由通解公式得

$$
\begin{aligned}
y &= e^{-\int \cos x dx}\left(\int \sin x\cos x e^{\int \cos x dx + C} dx\right) = e^{-\sin x}\left(\int \sin x\cos x e^{\sin x} dx + C\right) \\
&= e^{-\sin x}\left(\int \sin x de^{\sin x} + C\right) = e^{-\sin x}[e^{\sin x}(\sin x - 1) + C] \\
&= \sin x - 1 + Ce^{-\sin x},
\end{aligned}
$$

代入初始条件，可知 $C=2$，故其特解为 $y=\sin x-1+2e^{-\sin x}$.

6.3 可降阶的二阶微分方程

6.3.1 知识点分析

1. $y''=f(x)$ 型的微分方程

解法 方程两端积分，得 $y' = \int f(x)dx + C_1$，两端再积分一次，得方程的通解 $y = \int\left[\int f(x)dx\right]dx + C_1x + C_2$，其中 C_1，C_2为任意常数.

2. $y''=f(x, y')$ 型的微分方程

解法 设 $y'=p(x)$，则 $y''=\frac{dp}{dx}=p'$，原方程就成为关于变量 x，p 的一阶微分方程 $p'=f(x, p)$，解出通解 $p=\varphi(x, C_1)$，因此又得到一个一阶微分方程 $y'=p=\varphi(x, C_1)$，对该方程两端积分得通解.

3. $y''=f(y, y')$ 型的微分方程

解法 设 $y'=p(y)$，则 $y''=\frac{dp}{dx}=\frac{dp}{dy}\cdot\frac{dy}{dx}=p\cdot\frac{dp}{dy}$，原方程化为关于 y，p 的一阶微分方程 $p\frac{dp}{dy}=f(y, p)$，解出通解 $y'=p=\varphi(y, C_1)$，再对该通解分离变量得$\frac{dy}{\varphi(y, C_1)}=x+C_2$，积分后得方程的通解.

6.3.2 典例解析

例 1 求方程 $y''=e^{-x}$的通解.

解 方程两边积分得 $y' = \int e^{-x}dx + C_1 = -e^{-x} + C_1$，两边再次积分得 $y = e^{-x} + C_1x + C_2$.

例 2 求方程 $(x+1)y''-y'+1=0$ 满足初始条件$y|_{x=0}=1$，$y'|_{x=0}=2$ 的

特解.

解 令 $y'=p(x)$，则 $y''=p'$，原方程变为 $(x+1)p'-p+1=0$，分离变量得 $\frac{1}{p-1}\mathrm{d}p=\frac{1}{x+1}\mathrm{d}x$，积分得 $\ln|p-1|=\ln|x+1|+\ln|C_1|$，即 $y'=C_1(x+1)+1$. 又 $y'|_{x=0}=2$ 得 $C_1=1$，所以 $y'=x+2$，两边积分得 $y=\frac{1}{2}x^2+2x+C_2$，又 $y|_{x=0}=1$ 得 $C_2=1$，所以 $y=\frac{1}{2}x^2+2x+1$.

例 3 求方程 $y''+\frac{2}{1-y}y'^2=0$ 的通解.

解 令 $y'=p(y)$，则 $y''=\frac{\mathrm{d}p}{\mathrm{d}y}p$，原方程变为 $p\frac{\mathrm{d}p}{\mathrm{d}y}+\frac{2}{1-y}p^2=0$. 分离变量得 $\frac{1}{p}\mathrm{d}p=\frac{2}{y-1}\mathrm{d}y$，积分得 $\ln|p|=2\ln|y-1|+\ln|C_1|$，即 $y'=C_1(y-1)^2$，分离变量得 $\frac{\mathrm{d}y}{(y-1)^2}=C_1\mathrm{d}x$，积分得 $(C_1x+C_2)(1-y)=1$.

6.3.3 习题详解

1. 求下列微分方程的通解.

(1) $y''=x+\sin x$； (2) $y''=x\mathrm{e}^x$；

(3) $y''=1+(y')^2$； (4) $y''=y'+x$；

(5) $xy''+y'=0$； *(6) $y^3y''-1=0$.

解 (1) 方程两边积分得 $y'=\frac{1}{2}x^2-\cos x+C_1$，再次积分得 $y=\frac{1}{6}x^3-\sin x+C_1x+C_2$；

(2) 方程两边积分得 $y'=\int x\mathrm{d}\mathrm{e}^x=x\mathrm{e}^x-\int \mathrm{e}^x\mathrm{d}x+C_1=(x-1)\mathrm{e}^x+C_1$，两边再次积分得 $y=(x-2)\mathrm{e}^x+C_1x+C_2$；

(3) 令 $y'=p(x)$，则 $y''=p'$，代入原方程式得 $\frac{\mathrm{d}p}{1+p^2}=\mathrm{d}x$，两边积分得 $\arctan p=x+C_1$，即 $p=\tan(x+C_1)$，从而 $y=\int\tan(x+C_1)\mathrm{d}x+C_2=-\ln|\cos(x+C_1)|+C_2$；

(4) 令 $y'=p(x)$，则 $y''=p'$，代入原方程式得 $p'-p=x$，由一阶非齐次线性微分方程的通解公式得 $p=\mathrm{e}^{\int\mathrm{d}x}\left(C_1+\int x\mathrm{e}^{-\int\mathrm{d}x}\mathrm{d}x\right)=C_1\mathrm{e}^x-x-1$，即 $p=y'=C_1\mathrm{e}^x-x-1$，两端积分得 $y=C_1\mathrm{e}^x-\frac{1}{2}x^2-x+C_2$；

(5) 设 $y'=p(x)$，则 $y''=p'$，代入原方程式得 $xp'+p=0$，分离变量得 $\frac{\mathrm{d}p}{p}=-\frac{\mathrm{d}x}{x}$，两端积分得 $\ln|p|=-\ln|x|+\ln|C_1|$，即 $p=y'=\frac{C_1}{x}$，两端积

分得 $y=C_1\ln|x|+C_2$；

(6) 设 $y'=p(y)$，则 $y''=p'(y)y'=p'(y)p$，代入原方程得 $y^3\frac{\mathrm{d}p}{\mathrm{d}y}p=1$，分离变量得 $p\mathrm{d}p=\frac{1}{y^3}\mathrm{d}y$，两边积分得 $\frac{1}{2}p^2=-\frac{1}{2y^2}+\frac{C_1}{2}$，即 $p=\pm\sqrt{-\frac{1}{y^2}+C_1}=y'$，分离变量得 $\pm\frac{y}{\sqrt{C_1y^2-1}}\mathrm{d}y=\mathrm{d}x$，两边积分得 $\frac{\sqrt{C_1y^2-1}}{C_1}=x+C_2'$，故原方程通解为 $C_1y^2-1=(C_1x+C_2)^2$，其中 $(C=C_1C_2')$.

2. 求下列微分方程满足所给初始条件的特解.

(1) $x^2y''+xy'=1$，$y|_{x=1}=0$，$y'|_{x=1}=1$；

*(2) $y''-a(y')^2=0$，$y|_{x=0}=0$，$y'|_{x=0}=-1$；

*(3) $y''-\mathrm{e}^{2y}=0$，$y|_{x=0}=y'|_{x=0}=0$.

解 (1) 设 $y'=p(x)$，则 $y''=p'$，代入原方程式得 $x^2p'+xp=1$，变形为 $p'+\frac{1}{x}p=\frac{1}{x^2}$，由一阶非齐次线性微分方程的通解公式得

$$p=\mathrm{e}^{-\int\frac{1}{x}\mathrm{d}x}\left(\int\frac{1}{x^2}\mathrm{e}^{\int\frac{1}{x}\mathrm{d}x}\mathrm{d}x+C_1\right)=\frac{1}{x}\left(\int\frac{1}{x}\mathrm{d}x+C_1\right)=\frac{\ln x}{x}+\frac{C_1}{x},$$

将 $y'|_{x=1}=1$ 代入得 $C_1=1$，即 $p=y'=\frac{\ln x}{x}+\frac{1}{x}$，两边积分得 $y=\frac{1}{2}\ln^2x+\ln x+C_2$，将 $y|_{x=1}=0$ 代入得 $C_2=0$，则特解为 $y=\frac{1}{2}\ln^2x+\ln x$.

(2) 设 $y'=p(y)$，则 $y''=p'(y)p$，代入原方程式得 $p'p-ap^2=0$，分离变量得 $\frac{\mathrm{d}p}{p}=a\mathrm{d}y$，两边积分得 $\ln|p|=ay+\ln|C_1|$，即 $p=C_1\mathrm{e}^{ay}$，将 $y|_{x=0}=0$，$y'|_{x=0}=-1$ 代入得 $C_1=-1$，即 $p=y'=-\mathrm{e}^{ay}$，分离变量得 $\frac{\mathrm{d}y}{\mathrm{e}^{ay}}=-\mathrm{d}x$，两边积分得 $-\frac{1}{a}\mathrm{e}^{-ay}=-x+C_2$，将 $y|_{x=0}=0$ 代入得 $C_2=-\frac{1}{a}$，则特解为 $-\frac{1}{a}\mathrm{e}^{-ay}=-x-\frac{1}{a}$，即 $y=-\frac{1}{a}\ln(ax+1)$.

(3) 设 $y'=p(y)$，则 $y''=p'(y)p$，代入原方程式得 $p\frac{\mathrm{d}p}{\mathrm{d}y}=\mathrm{e}^{2y}$，变形为 $p\mathrm{d}p=\mathrm{e}^{2y}\mathrm{d}y$，两边积分得 $\frac{1}{2}p^2=\frac{1}{2}\mathrm{e}^{2y}+C_1$，即 $p^2=2C_1+\mathrm{e}^{2y}$，将 $y|_{x=0}=y'|_{x=0}=0$ 代入得 $C_1=-\frac{1}{2}$. 即 $p^2=(y')^2=\mathrm{e}^{2y}-1$，从而 $p=y'=\pm\sqrt{\mathrm{e}^{2y}-1}$，分离变量得 $\frac{\mathrm{d}y}{\sqrt{\mathrm{e}^{2y}-1}}=\pm\mathrm{d}x$，即两边积分得 $-\arcsin\mathrm{e}^{-y}=\pm x+C_2$，将 $y|_{x=0}=0$ 代入得 $C_2=-\frac{\pi}{2}$，所以特解为 $\frac{\mathrm{e}^{-y}\mathrm{d}y}{\sqrt{1-\mathrm{e}^{-2y}}}=\pm\mathrm{d}x$，$\mathrm{e}^{-y}=$

$\sin\left(\pm x+\frac{\pi}{2}\right)=\cos x$，即 $y=-\ln\cos x$.

3. 满足 $xy''=y'+x^2$，经过点（1，0）且在此点的切线与直线 $y=3x-3$ 垂直的积分曲线.

解 设 $y'=p(x)$，则 $y''=p'$，代入原方程式得 $xp'=p+x^2$，即 $p'-\frac{p}{x}=x$，由一阶非齐次线性微分方程的通解公式得 $p=e^{\int\frac{1}{x}dx}\left(\int xe^{-\int\frac{1}{x}dx}dx+C_1\right)=x^2+C_1x$，而 $p=y'=x^2+C_1x$，由条件知 $y'(1)=-\frac{1}{3}$，即 $-\frac{1}{3}=1+C_1$，可知 $C_1=-\frac{4}{3}$，则 $\frac{dy}{dx}=x^2-\frac{4}{3}x$，可得 $y=\frac{1}{3}x^3-\frac{2}{3}x^2+C_2$，曲线过点(1，0)，代入得 $C_2=\frac{1}{3}$，故 $y=\frac{1}{3}x^3-\frac{2}{3}x^2+\frac{1}{3}$ 为所求曲线.

6.4 二阶常系数线性微分方程

6.4.1 知识点分析

二阶常系数线性微分方程一般形式为 $y''+py'+qy=f(x)$，其中 p，q 为常数. 当方程右端 $f(x)\equiv 0$ 时，方程称为齐次的；当 $f(x)\not\equiv 0$ 时，方程称为非齐次的.

1. 二阶常系数齐次线性微分方程

求二阶常系数齐次线性微分方程 $y''+py'+qy=0$ 的通解的步骤如下：

(1) 写出微分方程的特征方程 $r^2+pr+q=0$；

(2) 求特征方程的两个根 r_1，r_2；

(3) 根据特征方程的两个根的不同情形，按照表 6.1 写出微分方程的通解.

表 6.1

特征方程 $r^2+pr+q=0$ 的两个根 r_1，r_2	微分方程 $y''+py'+qy=0$ 的通解
两个不相等的实根 r_1,r_2	$y=C_1e^{r_1x}+C_2e^{r_2x}$
两个相等的实根 $r_1=r_2=r$	$y=(C_1+C_2x)e^{rx}$
一对共轭的复根 $r_{1,2}=\alpha\pm\beta i$	$y=e^{\alpha x}(C_1\cos\beta x+C_2\sin\beta x)$

2. 二阶常系数非齐次线性微分方程

求二阶常系数非齐次线性微分方程 $y''+py'+qy=P_m(x)e^{\lambda x}$（其中 $P_m(x)$ 是 x 的 m 次多项式，λ 为常数）的通解的步骤如下：

(1) 求出对应的齐次方程 $y''+py'+qy=0$ 的通解 Y；

（2）求出非齐次方程 $y''+py'+qy=f(x)$ 的一个特解 y^*，设 $y^*=x^kQ_m(x)e^{\lambda x}$，其中 $Q_m(x)$ 是与 $P_m(x)$ 同次的多项式，而 k 的取值根据以下情况确定：

① 若 λ 不是特征方程的根，则 $k=0$；

② 若 λ 是特征方程的单根，则 $k=1$；

③ 若 λ 是特征方程的重根，则 $k=2$.

（3）所求方程的通解为 $y=Y+y^*$.

6.4.2 典例解析

例 1 判断函数 $y_1(x)=\cos\omega x$，$y_2(x)=\sin\omega x$ 是否线性无关.

解 因为 $\dfrac{y_2(x)}{y_1(x)}=\tan\omega x$ 不是常数，所以 $y_1(x)=\cos\omega x$，$y_2(x)=\sin\omega x$ 是线性无关的.

点拨 对于任意两个函数 $y_1(x)$，$y_2(x)$，若 $\dfrac{y_2(x)}{y_1(x)}=$ 常数，则称它们是线性相关的；若 $\dfrac{y_2(x)}{y_1(x)}\neq$ 常数，则称它们是线性无关的.

例 2 验证 $y_1=e^{x^2}$，$y_2=xe^{x^2}$ 都是方程 $y''-4xy'+(4x^2-2)y=0$ 的解，并写出该方程的通解.

解 易证 $y_1=e^{x^2}$，$y_2=xe^{x^2}$ 是方程 $y''-4xy'+(4x^2-2)y=0$ 的解，又因为 $\dfrac{y_1}{y_2}=\dfrac{1}{x}$，所以 y_1，y_2 线性无关，则方程的通解为 $y=C_1e^{x^2}+C_2xe^{x^2}$.

例 3 求微分方程 $2y''-y'-y=0$ 满足初始条件 $y|_{x=0}=6$，$y'|_{x=0}=10$ 的特解.

解 原方程的特征方程为 $2r^2-r-1=0$，特征根 $r_1=1$，$r_2=-\dfrac{1}{2}$，故方程的通解为 $y=C_1e^x+C_2e^{-\frac{x}{2}}$，对通解求导得 $y'=C_1e^x-\dfrac{1}{2}C_2e^{-\frac{x}{2}}$，将 $y|_{x=0}=6$，$y'|_{x=0}=10$ 代入以上两式得 $C_1=\dfrac{26}{3}$，$C_2=-\dfrac{8}{3}$，所求特解为 $y=\dfrac{26}{3}e^x-\dfrac{8}{3}e^{-\frac{x}{2}}$.

例 4 求微分方程 $y''-2y'+y=4x$ 的通解.

解 方程对应的齐次方程 $y''-2y'+y=0$，其特征方程 $r^2-2r+1=0$ 有两个相等实根 $r=1$，故方程对应的齐次方程的通解为 $y=(C_1+C_2x)e^x$. 由于 $\lambda=0$ 不是特征方程的根，所以设原方程的一个特解为 $y^*=ax+b$，把特解代入原方程得 $ax-2a+b=4x$，比较方程两端系数得 $a=4$，$b=8$，因此原方程的一个特解为 $y^*=4x+8$，故原方程的通解为 $y=(C_1+C_2x)e^x+4x+8$.

6.4.3 习题详解

1. 下列函数组在定义区间内哪些是线性无关的？

(1) x，x^2；　　(2) x，$3x$；

(3) e^{3x}，$3e^{3x}$；　　(4) $e^x\cos 8x$，$e^x\sin 8x$.

解 (1) 因为$\frac{x}{x^2}=\frac{1}{x}$，所以 x，x^2线性无关；

(2) 因为$\frac{x}{3x}=\frac{1}{3}$，所以 x，$3x$ 线性相关；

(3) 因为$\frac{e^{3x}}{3e^{3x}}=\frac{1}{3}$，所以 e^{3x}，$3e^{3x}$线性相关；

(4) 因为$\frac{e^x\cos 8x}{e^x\sin 8x}=\cot 8x$，所以 $e^x\cos 8x$，$e^x\sin 8x$ 线性无关.

2. 验证 $y_1=\cos 2x$ 及 $y_2=\sin 2x$ 都是方程 $y''+4y=0$ 的解，并写出该方程的通解.

解 因为 $y_1'=-2\sin 2x$，$y_1''=-4\cos 2x$，显然 $y_1''+4y_1=0$，而 $y_2'=2\cos 2x$，$y_2''=-4\sin 2x$，则 $y_2''+4y_2=0$. 所以 $y_1=\cos 2x$ 及 $y_2=\sin 2x$ 都是方程 $y''+4y=0$ 的解. 又因为$\frac{y_1}{y_2}=\frac{\cos 2x}{\sin 2x}=\cot 2x$，二者线性无关，则方程通解为 $y=C_1\cos 2x+C_2\sin 2x$.

3. 求下列微分方程的通解.

(1) $y''+7y'+12y=0$；　　(2) $y''-12y'+36y=0$；

(3) $y''+6y'+13y=0$；　　(4) $y''+y=0$.

解 (1) 原方程的特征方程为 $r^2+7r+12=0$，特征根 $r_1=-3$，$r_2=-4$，故方程的通解为 $y=C_1e^{-3x}+C_2e^{-4x}$；

(2) 原方程的特征方程为 $r^2-12r+36=0$，特征根 $r_1=r_2=6$，故方程的通解为 $y=(C_1+C_2x)e^{6x}$；

(3) 原方程的特征方程为 $r^2+6r+13=0$，特征根为一对共轭复根 $r_{1,2}=-3\pm 2i$，故方程的通解为 $y=e^{-3x}(C_1\cos 2x+C_2\sin 2x)$；

(4) 原方程的特征方程为 $r^2+1=0$，有一对共轭复根 $r_{1,2}=\pm i$，故方程的通解为 $y=C_1\cos x+C_2\sin x$.

4. 求下列微分方程满足所给初始条件的特解：

(1) $y''-4y'+3y=0$，$y|_{x=0}=6$，$y'|_{x=0}=10$；

(2) $4y''+4y'+y=0$，$y|_{x=0}=2$，$y'|_{x=0}=0$；

(3) $y''+4y'+29y=0$，$y|_{x=0}=0$，$y'|_{x=0}=15$.

解 (1) 原方程的特征方程为 $r^2-4r+3=0$，特征根 $r_1=1$，$r_2=3$，故方程的通解为 $y=C_1e^x+C_2e^{3x}$，对通解求导得 $y'=C_1e^x+3C_2e^{3x}$，将$y|_{x=0}=6$，$y'|_{x=0}=10$ 代入以上两式得 $C_1=4$，$C_2=2$，所求特解为 $y=4e^x+2e^{3x}$；

(2) 原方程的特征方程为 $4r^2+4r+1=0$，特征根 $r_1=r_2=-\frac{1}{2}$，故方程的

通解为 $y=(C_1+C_2x)\mathrm{e}^{-\frac{1}{2}x}$，对通解求导得 $y'=\left(-\frac{1}{2}C_1+C_2-\frac{1}{2}C_2x\right)\mathrm{e}^{-\frac{1}{2}x}$，将 $y|_{x=0}=2$，$y'|_{x=0}=0$ 代入以上两式得 $C_1=2$，$C_2=1$，所求特解为 $y=(2+x)\mathrm{e}^{-\frac{x}{2}}$；

(3) 原方程的特征方程为 $r^2+4r+29=0$，有一对共轭复根 $r_{1,2}=-2\pm 5i$，故方程的通解为 $y=\mathrm{e}^{-2x}(C_1\cos 5x+C_2\sin 5x)$，对通解求导得 $y'=-2\mathrm{e}^{-2x}(C_1\cos 5x+C_2\sin 5x)+\mathrm{e}^{-2x}(-5C_1\sin 5x+5C_2\cos 5x)$，将 $y|_{x=0}=0$，$y'|_{x=0}=15$ 代入以上两式，得 $C_1=0$，$C_2=3$，所求特解为 $y=3\mathrm{e}^{-2x}\sin 5x$.

5. 求下列微分方程的通解.

(1) $2y''+y'-y=2\mathrm{e}^x$；　　(2) $y''+9y'=x-4$.

解　(1) 方程对应的齐次方程为 $2y''+y'-y=0$，其特征方程 $2r^2+r-1=0$ 有两个不等实根 $r_1=\frac{1}{2}$，$r_2=-1$，故方程对应的齐次方程的通解为 $y=C_1\mathrm{e}^{\frac{x}{2}}+C_2\mathrm{e}^{-x}$. 由于 $\lambda=1$ 不是特征根，所以设原方程的一个特解为 $y^*=a\mathrm{e}^x$，代入原方程得 $2a\mathrm{e}^x=2\mathrm{e}^x$，故 $a=1$，因此原方程的一个特解为 $y^*=\mathrm{e}^x$，故原方程的通解为 $y=C_1\mathrm{e}^{\frac{x}{2}}+C_2\mathrm{e}^{-x}+\mathrm{e}^x$.

(2) 方程对应的齐次方程为 $y''+9y'=0$，其特征方程 $r^2+9r=0$ 有两个不等实根 $r_1=0$，$r_2=-9$，故方程对应的齐次方程的通解为 $y=C_1+C_2\mathrm{e}^{-9x}$. 由于 $\lambda=0$ 是特征方程的单根，所以设原方程的一个特解为 $y^*=x(ax+b)$，代入原方程得 $18ax+2a+9b=x-4$，比较方程两端系数得 $a=\frac{1}{18}$，$b=-\frac{37}{81}$，因此原方程的一个特解为 $y^*=x\left(\frac{1}{18}x-\frac{37}{81}\right)$，故原方程的通解为 $y=C_1+C_2\mathrm{e}^{-9x}+x\left(\frac{1}{18}x-\frac{37}{81}\right)$.

6. 求下列微分方程满足已给初始条件的特解.

(1) $y''-3y'+2y=5$，$y|_{x=0}=1$，$y'|_{x=0}=2$；

(2) $y''-y=4x\mathrm{e}^x$，$y|_{x=0}=0$，$y'|_{x=0}=1$.

解　(1) 方程对应的齐次方程为 $y''-3y'+2=0$，其特征方程 $r^2-3r+2=0$ 有两个不等实根 $r_1=1$，$r_2=2$，故方程对应的齐次方程的通解为 $y=C_1\mathrm{e}^x+C_2\mathrm{e}^{2x}$. 由于 0 不是特征根，所以设原方程的一个特解为 $y^*=a$，把特解代入原方程得 $a=\frac{5}{2}$，故原方程的通解为 $y=C_1\mathrm{e}^x+C_2\mathrm{e}^{2x}+\frac{5}{2}$，将 $y|_{x=0}=1$，$y'|_{x=0}=2$ 代入得 $C_1=-5$，$C_2=\frac{7}{2}$，所求特解为 $y=-5\mathrm{e}^x+\frac{7}{2}\mathrm{e}^{2x}+\frac{5}{2}$.

(2) 方程对应的齐次方程为 $y''-y=0$，其特征方程 $r^2-1=0$ 有两个不等实根 $r_1=1$，$r_2=-1$，故方程对应的齐次方程的通解为 $y=C_1\mathrm{e}^x+C_2\mathrm{e}^{-x}$. 由于 $\lambda=1$ 是特征方程的单根，所以设原方程的一个特解为 $y^*=x(ax+b)\mathrm{e}^x$，

把特解代入原方程得 $4ax+2a+2b=4x$，比较方程两端系数得 $a=1$，$b=-1$，故原方程的通解为 $y=C_1\mathrm{e}^x+C_2\mathrm{e}^{-x}+\mathrm{e}^x(x^2-x)$，将 $y|_{x=0}=0$，$y'|_{x=0}=1$ 代入得 $C_1=1$，$C_2=-1$，所求特解为 $y=\mathrm{e}^x-\mathrm{e}^{-x}+\mathrm{e}^x(x^2-x)$.

6.5 差分方程

6.5.1 知识点分析

1. 差分概念及运算法则

设函数 $y_x=f(x)(x\in\mathbf{N})$，当自变量从 x 变到 $x+1$ 时，函数的增量 $y_{x+1}-y_x$ 称为函数 y 在点 x 的一阶差分，简称差分，记为 Δy_x，即 $\Delta y_x=y_{x+1}-y_x(x=0,1,2,\cdots)$.

差分的四则运算法则：

(1) $\Delta(Cy_x)=C\Delta y_x$；

(2) $\Delta(y_x\pm z_x)=\Delta y_x\pm\Delta z_x$；

(3) $\Delta(y_x\cdot z_x)=y_{x+1}\Delta z_x+z_x\Delta y_x=y_x\Delta z_x+z_{x+1}\Delta y_x$；

(4) $\Delta\left(\dfrac{y_x}{z_x}\right)=\dfrac{z_x\cdot\Delta y_x-y_x\cdot\Delta z_x}{z_x\cdot z_{x+1}}=\dfrac{z_{x+1}\cdot\Delta y_x-y_{x+1}\cdot\Delta z_x}{z_x\cdot z_{x+1}}$.

一阶差分的差分称为二阶差分，记为 Δ^2y_x，有

$$\begin{aligned}\Delta^2y_x&=\Delta(\Delta y_x)=\Delta(y_{x+1}-y_x)=(y_{x+2}-y_{x+1})-(y_{x+1}-y_x)\\&=y_{x+2}-2y_{x+1}+y_x.\end{aligned}$$

同样，二阶差分的差分称为三阶差分，记为 Δ^3y_x，即 $\Delta^3y_x=y_{x+3}-3y_{x+2}+3y_{x+1}-y_x$.

依次类推可以定义 n 阶差分 $\Delta^ny_x=\Delta(\Delta^{n-1}y_x)$.

2. 差分方程的概念

含有自变量、未知函数及其差分的方程称为差分方程. 差分方程中差分的最高阶数为 n（或未知函数下标的最大值与最小值之差为 n），则称为 n 阶差分方程.

使差分方程成立的函数称为差分方程的解；若解中相互独立的任意常数的个数等于方程的阶数，则称为通解；若通解中的任意常数都已确定，则称为特解. 确定通解中任意常数的条件称为初始条件.

3. 一阶常系数线性差分方程的解法

一阶常系数线性差分方程 $y_{x+1}-ay_x=f(x)$（a 为非零常数），当 $f(x)\equiv0$ 时称为一阶常系数齐次线性差分方程，当 $f(x)\neq0$ 时称为一阶常系数非齐次线性差分方程.

差分方程 $y_{x+1}-ay_x=f(x)$ 的通解为 $y_x=Y_x+y_x^*$，其中 Y_x 是对应的齐次差分方程 $y_{x+1}-ay_x=0$ 的通解，y_x^* 是一阶常系数非齐次线性差分方程 $y_{x+1}-$

$ay_x=f(x)$ 的一个特解.

（1）齐次差分方程 $y_{x+1}-ay_x=0$ 的求解.

第一步，求对应特征方程 $\lambda^{x+1}-a\lambda^x=0$；第二步，求特征根 $\lambda=a$；第三步，根据特征根写出齐次方程通解 $y_x=Ca^x$（C 为任意常数）.

（2）一阶常系数非齐次线性差分方程的求解.

若 $f(x)=P_n(x)$，其中 $P_n(x)$ 是 x 的 n 次多项式，设特解 $y_x^*=x^kQ_n(x)$，其中 $Q_n(x)$ 是与 $P_n(x)$ 同次的待定多项式，而 k 的取值确定如下：若 1 不是特征方程的根，取 $k=0$；若 1 是特征方程的根，取 $k=1$.

注 若 $f(x)=\mu^xP_n(x)$，其中 $P_n(x)$ 是 x 的 n 次多项式，这里 μ 为常数，$\mu\neq0$ 且 $\mu\neq1$. 此时需作变换 $y_x=\mu^x\cdot z_x$，可得一阶常系数非齐次线性方程的特解 $y_x^*=\mu^x\cdot z_x^*$.

6.5.2 典例解析

例 1 求函数 $y=\ln x$ 的一阶和二阶差分.

解 $\Delta y_x=\ln(x+1)-\ln x=\ln\dfrac{x+1}{x}=\ln\left(1+\dfrac{1}{x}\right)$，

$$\Delta^2 y_x=\ln\left(1+\frac{1}{x+1}\right)-\ln\left(1+\frac{1}{x}\right)=\ln\frac{1+\frac{1}{x+1}}{1+\frac{1}{x}}=\ln\frac{x(x+2)}{(x+1)^2}.$$

例 2 求下列一阶常系数齐次线性差分方程的通解或特解.

（1）$y_{x+1}+2y_x=0$；　（2）$\Delta y_x-2y_x=0$，$y_0=1$.

解 （1）方程对应的特征方程为 $\lambda+2=0$，特征根 $\lambda=-2$，所以通解为 $y_x=C(-2)^x$；

（2）$\Delta y_x-2y_x=0$，即 $y_{x+1}-3y_x=0$，方程对应的特征方程为 $\lambda-3=0$，特征根 $\lambda=3$，所以通解为 $y_x=C\cdot3^x$，将 $y_0=1$ 代入得 $C=1$，所求特解为 $y_x^*=3^x$.

例 3 求下列一阶常系数非齐次线性差分方程的通解或特解.

（1）$y_{x+1}+y_x=x^2+1$；（2）$\Delta y_x=2$，$y_0=2$.

解 （1）对应齐次方程的特征方程为 $\lambda+1=0$，特征根 $\lambda=-1$，所以通解为 $Y_x=C(-1)^x$，由于 1 不是特征根，设特解 $y^*=ax^2+bx+c$，代入原方程得 $a(x+1)^2+b(x+1)+c+ax^2+bx+c=x^2+1$，比较两边同次幂的系数得 $a=\dfrac{1}{2}$，$b=-\dfrac{1}{2}$，$c=\dfrac{1}{2}$，从而 $y^*=\dfrac{1}{2}x^2-\dfrac{1}{2}x+\dfrac{1}{2}$，所求通解为 $y_x=C(-1)^x+\dfrac{1}{2}x^2-\dfrac{1}{2}x+\dfrac{1}{2}$；

（2）$\Delta y_x=2$，即 $y_{x+1}-y_x=2$，对应齐次方程的特征方程为 $\lambda-1=0$，特征根 $\lambda=1$，所以通解为 $Y_x=C$，由于 1 是特征根，设特解 $y^*=ax$，代入原方

程得 $a(x+1)-ax=2$，因此 $a=2$，从而 $y^{*}=2x$，所求通解为 $y_x=C+2x$，将 $y_0=2$ 代入得 $C=2$，所求特解为 $y_x=2+2x$.

例 4 求一阶常系数非齐次线性差分方程 $y_{x+1}-y_x=e^x$ 的通解.

解 对应齐次方程的特征方程为 $\lambda-1=0$，特征根 $\lambda=1$，所以通解为 $Y_x=C$. 设 $y_x=e^x z_x$，代入原方程得 $e^{x+1}z_{x+1}-e^x z_x=e^x$，即 $ez_{x+1}-z_x=1$，由于 1 不是方程 $ez_{x+1}-z_x=1$ 对应的特征根，故设 $z_x{}^{*}=a$，代入方程得 $a=\frac{1}{e-1}$，从而 $y_x{}^{*}=\frac{e^x}{e-1}$，所求方程通解为 $y_x=C+\frac{e^x}{e-1}$.

6.5.3 习题详解

1. 求下列函数的一阶与二阶差分.

(1) $y_x=2x^3-x^2$；　　(2) $y_x=e^{3x}$；

(3) $y_x=\log_a x$ ($a>0$，$a\neq1$).

解 (1) $\Delta y_x=\Delta(2x^3-x^2)=2[(x+1)^3-x^3]-(2x+1)=6x^2+6x+2-2x-1=6x^2+4x+1$，$\Delta^2 y_x=6(x+1)^2+4(x+1)+1-(6x^2+4x+1)=12x+10$.

(2) $\Delta y_x=e^{3(x+1)}-e^{3x}=e^{3x}(e^3-1)$，$\Delta^2 y_x=\Delta[e^{3x}(e^3-1)]=(e^3-1)\Delta e^{3x}=e^{3x}(e^3-1)^2$.

(3) $\Delta y_x=\log_a\frac{x+1}{x}=\log_a\left(1+\frac{1}{x}\right)$，$\Delta^2 y_x=\log_a\frac{1+\frac{1}{x+1}}{1+\frac{1}{x}}=\log_a\frac{x(x+2)}{(x+1)^2}$.

2. 确定下列差分方程的阶.

(1) $y_{x+3}-x^2y_{x+1}+3y_x=2$；　　(2) $y_{x-2}-y_{x-4}=y_{x+2}$.

解 (1) 因为未知函数下标的最大值 $x+3$ 与最小值 x 之差为 3，所以该差分方程是三阶的.

(2) 因为未知函数下标的最大值 $x+2$ 与最小值 $x-4$ 之差为 6，所以该差分方程是六阶的.

3. 求下列差分方程的通解.

(1) $2y_{x+1}-3y_x=0$；　　(2) $y_x+y_{x-1}=0$；

(3) $y_{x+1}-y_x=0$.

解 (1) 方程对应的特征方程为 $2\lambda-3=0$，特征根 $\lambda=\frac{3}{2}$，所以通解为 $y_x=C\left(\frac{3}{2}\right)^x$.

(2) 方程对应的特征方程为 $\lambda+1=0$，特征根 $\lambda=-1$，所以通解为 $y_x=C(-1)^x$.

(3) 方程对应的特征方程为 $\lambda-1=0$，特征根 $\lambda=1$，所以通解为 $y_x=C$.

4. 求下列一阶差分方程满足所给初始条件的特解：

(1) $2y_{x+1}+5y_x=0$，且 $y_0=3$；　　(2) $\Delta y_x=0$，且 $y_0=2$.

解 (1) 方程对应的特征方程为 $2\lambda+5=0$，特征根 $\lambda=-\frac{5}{2}$，所以通解为 $y_x=C\left(-\frac{5}{2}\right)^x$，将 $y_0=3$ 代入得 $C=3$，所求特解为 $y_x^*=3\left(-\frac{5}{2}\right)^x$.

(2) $\Delta y_x=0$，即 $y_{x+1}-y_x=0$，方程对应的特征方程为 $\lambda-1=0$，特征根 $\lambda=1$，所以通解为 $y_x=C$，将 $y_0=2$ 代入得 $C=2$，所求特解为 $y_x{}^*=2$.

5. 求下列一阶差分方程的通解或特解.

(1) $\Delta y_x-4y_x=3$；　　(2) $y_{x+1}+y_x=2^x$，且 $y_0=2$.

解 (1) $\Delta y_x-4y_x=3$ 即 $y_{x+1}-5y_x=3$，对应齐次方程的特征方程为 $\lambda-5=0$，特征根 $\lambda=5$，所以通解为 $Y_x=C\cdot 5^x$，由于 1 不是特征根，设特解 $y_x^*=k$，则 $y_{x+1}^*-5y_x^*=k-5k=3$，因此 $k=-\frac{3}{4}$，所求通解为 $y_x=C\cdot 5^x-\frac{3}{4}$.

(2) 对应齐次方程的特征方程为 $\lambda+1=0$，特征根 $\lambda=-1$，所以通解为 $Y_x=C(-1)^x$，设 $y_x=2^xz_x$，则 $2^{x+1}z_{x+1}+2^xz_x=2^x$，即 $2z_{x+1}+z_x=1$，由于1不是特征根，设 $z_x^*=k$，则 $3k=1$，因此 $k=\frac{1}{3}$，从而 $y_x^*=\frac{2^x}{3}$，所以方程通解为 $y_x=C(-1)^x+\frac{2^x}{3}$，将 $y_0=2$ 代入得 $C=\frac{5}{3}$，所求特解为 $y_x=\frac{5}{3}(-1)^x+\frac{2^x}{3}$.

6.6 微分方程和差分方程的简单经济应用

6.6.1 知识点分析

通过经济变量之间的联系及其内在规律建立微分方程或差分方程并求解.

6.6.2 典例解析

例 1 某汽车公司在长期的运营中发现每辆汽车的总维修成本 y 对汽车大修时间间隔 x 的变化率等于 $\left(\frac{y}{x}\right)^2-\frac{y}{x}$，已知当大修时间间隔 $x=1$（年）时，总维修成本 $y=20$（百元）. 试求每辆汽车随时间间隔变化的总维修成本.

解 由题意知 $\frac{\mathrm{d}y}{\mathrm{d}x}=\left(\frac{y}{x}\right)^2-\frac{y}{x}$，令 $\frac{y}{x}=u$，则 $y=ux$，$y'=u+u'x$，于是得 $u'x=u^2-2u$，分离变量得 $\frac{\mathrm{d}u}{u^2-2u}=\frac{\mathrm{d}x}{x}$，积分得 $\frac{1}{2}\ln\left|\frac{u-2}{u}\right|=\ln|x|+C_1$，即 $y=Cx^2y+2x$（$C=\pm \mathrm{e}^{2C_1}$），又 $y|_{x=1}=20$，得 $C=\frac{9}{10}$，故所求的特解为 $y=\frac{9}{10}x^2y+2x$.

例 2 已知某厂的纯利润 L 对广告费 x 的变化率与常数 A 和纯利润 L 之差成正比，当 $x=0$ 时 $L=L_0$，试求纯利润 L 与广告费 x 之间的关系.

解 由题意知 $\frac{dL}{dx}=k(A-L)$，分离变量得 $\frac{dL}{A-L}=kdx$，两边积分得 $-\ln|A-L|=kx+\ln|C_1|$，即 $A-L=Ce^{-kx}\left(C=\frac{1}{C_1}\right)$，从而 $L=A-Ce^{-kx}$，将 $L|_{x=0}=L_0$ 代入得 $C=A-L_0$，故所求纯利润 L 与广告费 x 之间的关系为 $L=A-(A-L_0)e^{-kx}$.

例 3 某商场的销售成本 y 和存储费用 S 均是时间 t 的函数，随时间 t 的增长，销售成本变化率等于存储费用的倒数与常数 5 的和；而存储费用的变化率为存储费用的 $-\frac{1}{3}$，若 $t=0$ 时 $y=0$，存储费用 $S=10$，试求销售成本 y 与时间 t 的函数关系及存储费用与时间 t 的函数关系.

解 由题意知 $\frac{dy}{dt}=\frac{1}{S}+5$，$\frac{dS}{dt}=-\frac{1}{3}S$. 由 $\frac{dS}{dt}=-\frac{1}{3}S$，得 $S=Ce^{-\frac{t}{3}}$，将 $t=0$，$S=10$ 代入得 $C=10$，从而 $S=10e^{-\frac{t}{3}}$，又 $\frac{dy}{dt}=\frac{1}{S}+5$，则 $\frac{dy}{dt}=\frac{1}{10e^{-\frac{t}{3}}}+5=\frac{1}{10}e^{\frac{t}{3}}+5$，即 $y=\frac{3}{10}e^{\frac{t}{3}}+5t+C_1$，将 $t=0$，$y=0$ 代入得 $C_1=-\frac{3}{10}$，从而 $y=\frac{3}{10}e^{\frac{t}{3}}+5t-\frac{3}{10}$.

例 4 设 S_t 为存款总额，r 为年利率，设 $S_{t+1}=(1+r)S_t$ 且初始存款额为 S_0，求 t 年末的本利和.

解 由 $S_{t+1}=(1+r)S_t$ 变形为 $S_{t+1}-(1+r)S_t=0$ 对应的特征方程 $\lambda-(1+r)=0$ 得 $\lambda=1+r$，所以齐次差分方程的通解 $S_t=C(1+r)^t$，将 $S|_{t=0}=S_0$ 代入得 $C=S_0$，从而 $S_t=S_0(1+r)^t$.

6.6.3 习题详解

1. 已知某产品的需求量 Q 与供给量 S 都是价格 P 的函数：$Q=Q(P)=\frac{a}{P^2}$，$S=S(P)=bP$，其中 $a>0$，$b>0$ 为常数，而且价格 P 是时间 t 的函数，且满足 $\frac{dP}{dt}=k[Q(P)-S(P)]$（$k$ 为正常数），假设当 $t=0$ 时，价格为 1. 试求

(1) 需求量等于供给量的均衡价格 P_e；

(2) 价格函数 $P(t)$；

(3) $\lim\limits_{t\to+\infty}P(t)$.

解 (1) 因为 $Q(P)=S(P)$，有 $\frac{a}{P_e^2}=bP_e$，$P_e=\sqrt[3]{\frac{a}{b}}$；

(2) 由$\frac{dP}{dt}=k[Q(P)-S(P)]=k\left(\frac{a}{P^2}-bP\right)$，变形为$-\frac{1}{3b}\int\frac{-3bP^2}{a-bP^3}dP=k\int dt$，得$-\frac{1}{3b}\ln|a-bP^3|=kt+C_0$，即$a-bP^3=C_1e^{-3bkt}$ ($C_1=\pm e^{-3bC_0}$)，因为$t=0$时，价格为1，所以$a-b=C_1$，代入上式得$P=\sqrt[3]{\frac{a}{b}-\left(\frac{a}{b}-1\right)e^{-3bkt}}$，而$P_e=\sqrt[3]{\frac{a}{b}}$，则$P(t)=\sqrt[3]{P_e^3-(P_e^3-1)e^{-3bkt}}$；

(3) $\lim\limits_{t\to+\infty}P(t)=\lim\limits_{t\to+\infty}\sqrt[3]{P_e^3-(P_e^3-1)e^{-3bkt}}=P_e$.

2. 在某池塘内养鱼，该池塘内最多能养1 000尾，设在t时刻该池塘内鱼数y是时间t的函数$y=y(t)$，其变化率与鱼数y及$1\,000-y$的乘积成正比，比例常数为$k>0$. 已知在池塘内放养鱼100尾，3个月后池塘内有鱼250尾，求放养t个月后池塘内鱼数$y(t)$的公式，并求放养6个月后有多少鱼？

解 由题意知$\frac{dy}{dt}=ky(1\,000-y)$，变形为$\frac{dy}{y(1\,000-y)}=kdt$，两边积分得$\frac{1}{1\,000}\ln\left|\frac{y}{1\,000-y}\right|=kt+C_1$，即$\frac{y}{1\,000-y}=Ce^{1\,000kt}$ ($C=\pm e^{1\,000C_1}$)，将$t=0$，$y=100$代入得$C=\frac{1}{9}$，从而$\frac{y}{1\,000-y}=\frac{1}{9}e^{1\,000kt}$，又$t=3$，$y=250$，代入得$k=\frac{\ln3}{3\,000}$，则$\frac{y}{1\,000-y}=\frac{1}{9}e^{\frac{\ln3}{3}t}=\frac{1}{9}(3)^{\frac{t}{3}}$，从而$y=\frac{1\,000\cdot3^{\frac{t}{3}}}{9+3^{\frac{t}{3}}}$，将$t=6$代入得$y=500$，故放养6个月后有500条鱼.

3. 在宏观经济研究中，发现某地区的国民收入y、国民储蓄S和投资I均是时间t的函数. 且在任一时刻t，储蓄额$S(t)$为国民收入$y(t)$的$\frac{1}{10}$，投资额$I(t)$是国民收入增长率$\frac{dy}{dt}$的$\frac{1}{3}$. $t=0$时，国民收入为5万元. 设在时刻t的储蓄额全部用于投资，试求国民收入函数.

解 因为储蓄额全部用于投资，所以$S(t)=I(t)$，而$S(t)=\frac{1}{10}y(t)$，$I(t)=\frac{1}{3}\frac{dy}{dt}$，即$\frac{1}{10}y(t)=\frac{1}{3}\frac{dy}{dt}$，变形为$\frac{dy}{y}=\frac{3}{10}dt$，两边积分得$\ln|y|=\frac{3}{10}t+\ln|C|$，即$y=Ce^{\frac{3}{10}t}$，将$t=0$，$y=5$代入得$C=5$，从而国民收入函数为$y=5e^{\frac{3}{10}t}$.

4. 某汽车公司的某种汽车运行成本y及汽车的转卖值S均是时间t的函数. 若已知$\frac{dy}{dt}=\frac{2}{S}$，$\frac{dS}{dt}=-\frac{1}{3}S$，且$t=0$时$y=0$，$S=4.5$（万元/每辆）. 试求这种汽车的运行成本及转卖值各自与时间t的函数关系.

解 由$\frac{dS}{dt}=-\frac{1}{3}S$，变形为$\frac{dS}{S}=-\frac{1}{3}dt$，两边积分得 $\ln|S|=-\frac{1}{3}t+\ln|C|$，即 $S=Ce^{-\frac{1}{3}t}$，将 $t=0$，$S=4.5$ 代入得 $C=4.5$，从而 $S=4.5e^{-\frac{1}{3}t}$，又$\frac{dy}{dt}=\frac{2}{S}$，则$\frac{dy}{dt}=\frac{2}{4.5e^{-\frac{1}{3}t}}=\frac{4}{9}e^{\frac{1}{3}t}$，即 $y=\frac{4}{3}e^{\frac{1}{3}t}+C_1$，将 $t=0$，$y=0$ 代入得 $C_1=-\frac{4}{3}$，从而 $y=\frac{4}{3}e^{\frac{1}{3}t}-\frac{4}{3}$.

*5. 设某商品在 t 时期的供给量 S_t 与需求量 D_t 都是这一时期该商品的价格 P_t 的线性函数，已知 $S_t=3P_t-2$，$D_t=4-5P_t$，且在 t 时期的价格 P_t 由 $t-1$ 时期的价格 P_{t-1} 及供给量与需求量之差 $S_{t-1}-D_{t-1}$ 按关系式 $P_t=P_{t-1}-\frac{1}{16}(S_{t-1}-D_{t-1})$ 确定，试求商品的价格随时间变化的规律.

解 因为 $S_t=3P_t-2$，$D_t=4-5P_t$，$P_t=P_{t-1}-\frac{1}{16}(S_{t-1}-D_{t-1})$，所以 $P_t=P_{t-1}-\frac{1}{16}(3P_{t-1}-2-4+5P_{t-1})=\frac{1}{2}P_{t-1}+\frac{3}{8}$，即 $P_t-\frac{1}{2}P_{t-1}=\frac{3}{8}$，方程对应的齐次差分特征方程为 $\lambda-\frac{1}{2}=0$，特征根为 $\lambda=\frac{1}{2}$，从而齐次的通解为 $P_t=C\left(\frac{1}{2}\right)^t$，又 1 不是特征根，设 $P_t^*=k$，则$\frac{1}{2}k=\frac{3}{8}$，得 $k=\frac{3}{4}$，从而$P_t^*=\frac{3}{4}$，故所求方程通解为 $P_t=C\left(\frac{1}{2}\right)^t+\frac{3}{4}$.

复习题 6 解答

1. 填空题.

(1) $xy'''+2x^2(y')^2+x^3y=x^4+1$ 是______阶微分方程；

(2) 一阶线性微分方程 $y'+P(x)y=Q(x)$ 的通解为________________；

(3) 以 $y=C_1e^{2x}+C_2e^{3x}$ (C_1，C_2 是任意常数) 为通解的微分方程为________.

解 (1) 三阶；(2) $y=e^{-\int P(x)dx}\left[\int Q(x)e^{\int P(x)dx}dx+C\right]$；

(3) 因为特征根 $r_1=2$，$r_2=3$ 对应的特征方程为 $(r-2)(r-3)=0$，即 $r^2-5r+6=0$，所以微分方程为 $y''-5y'+6y=0$.

2. 求下列微分方程的通解.

(1) $xy'+y=2\sqrt{xy}$；　　(2) $y'=\frac{y}{y-x}$；

(3) $\frac{dy}{dx}+\frac{e^{y^2+x}}{y}=0$；　　(4) $y'+y\tan x=\cos x$；

(5) $y''+(y')^2+1=0$;　　(6) $y''+4y'+4y=\mathrm{e}^{-2x}$;

*(7) $y''-9y'+20y=\mathrm{e}^{3x}+x+2$.

解 (1) 方程变形为 $y'+\frac{y}{x}=2\sqrt{\frac{y}{x}}$，令 $u=\frac{y}{x}$，$y=xu$，则 $y'=u+x\frac{\mathrm{d}u}{\mathrm{d}x}$，代入方程得 $2u+x\frac{\mathrm{d}u}{\mathrm{d}x}=2\sqrt{u}$，即$\frac{\mathrm{d}u}{\sqrt{u}-u}=\frac{2}{x}\mathrm{d}x$，两边积分得 $2\int\frac{\mathrm{d}\sqrt{u}}{1-\sqrt{u}}=\ln x^2+\ln C_1{}^2$，即$-\ln(1-\sqrt{u})^2=\ln x^2+\ln C_1{}^2$，从而$\frac{1}{1-\sqrt{u}}=C_1x$，即 $x-\sqrt{xy}=C\left(C=\frac{1}{C_1}\right)$.

(2) 将 y 作自变量有$\frac{\mathrm{d}x}{\mathrm{d}y}=\frac{y-x}{y}=1-\frac{x}{y}$，即$\frac{\mathrm{d}x}{\mathrm{d}y}+\frac{x}{y}=1$，由一阶线性微分方程的通解公式得 $x=\mathrm{e}^{-\int\frac{1}{y}\mathrm{d}y}\left(\int\mathrm{e}^{\int\frac{1}{y}\mathrm{d}y}\mathrm{d}y+C_1\right)=\frac{y}{2}+\frac{C_1}{y}$，故方程的通解为 $2xy-y^2=C(C=2C_1)$.

(3) 分离变量，得$-\frac{y\mathrm{d}y}{\mathrm{e}^{y^2}}=\mathrm{e}^x\mathrm{d}x$，两端积分，得$\frac{1}{2}\mathrm{e}^{-y^2}=\mathrm{e}^x+C_1$，故方程的通解为 $\mathrm{e}^{-y^2}-2\mathrm{e}^x+C=0$ $(C=2C_1)$.

(4) $P(x)=\tan x$，$Q(x)=\cos x$，由一阶线性微分方程的通解公式得 $y=\mathrm{e}^{-\int\tan x\mathrm{d}x}\left(C+\int\cos x\mathrm{e}^{\int\tan x\mathrm{d}x}\mathrm{d}x\right)=\cos x\left(C+\int\cos x\frac{1}{\cos x}\mathrm{d}x\right)=\cos x(C+x)$.

(5) 设 $y'=p(x)$，则 $y''=p'$，代入原方程式得 $p'+p^2+1=0$，变形为 $\int\frac{\mathrm{d}p}{p^2+1}=-\int\mathrm{d}x$，两边积分得 $\arctan p=-x+C_1$，即 $p(x)=\tan(-x+C_1)=y'$，从而 $y=\ln|\cos(-x+C_1)|+C_2$.

(6) 所给方程对应的齐次方程为 $y''+4y'+4y=0$，其特征方程为 $r^2+4r+4=0$，有两个相等实根 $r_1=r_2=-2$，故方程对应的齐次方程的通解为 $y=(C_1+C_2x)\mathrm{e}^{-2x}$. 由于$\lambda=-2$是特征方程的重根，所以设原方程的一个特解为 $y^*=ax^2\mathrm{e}^{-2x}$，把特解代入原方程，消去 e^{-2x}，得 $2a=1$，即 $a=\frac{1}{2}$，因此原方程的一个特解为 $y^*=\frac{x^2}{2}\mathrm{e}^{-2x}$，故原方程的通解为 $y=(C_1+C_2x)\mathrm{e}^{-2x}+\frac{x^2}{2}\mathrm{e}^{-2x}$.

(7) 所给方程对应的齐次方程为 $y''-9y'+20y=0$，其特征方程为 $r^2-9r+20=0$，有两个不等实根 $r_1=5$，$r_2=4$，故方程对应的齐次方程的通解为 $y=C_1\mathrm{e}^{5x}+C_2\mathrm{e}^{4x}$. 对于方程 $y''-9y'+20y=\mathrm{e}^{3x}$，由于 $\lambda=3$ 不是特征方程的根，故特解形式为 $y_1^*=a\mathrm{e}^{3x}$. 而对于方程 $y''-9y'+20y=x+2$，由于 $\lambda=0$

不是特征方程的根，故特解形式为 $y_2^* = bx + c$．所以设原方程的一个特解为 $y^* = ae^{3x} + bx + c$，把特解代入原方程，得 $2ae^{3x} + 20bx - 9b + 20c = e^{3x} + x + 2$，比较方程两端系数，得 $a = \frac{1}{2}$，$b = \frac{1}{20}$，$c = \frac{49}{400}$，因此原方程的一个特解为 $y^* = \frac{1}{2}e^{3x} + \frac{x}{20} + \frac{49}{400}$，故原方程的通解为 $y = \frac{1}{2}e^{3x} + \frac{x}{20} + \frac{49}{400} + C_1e^{5x} + C_2e^{4x}$.

3. 求下列微分方程的特解.

(1) $\cos y\mathrm{d}x + (1 + e^{-x})\sin y\mathrm{d}y = 0$，$y|_{x=0} = \frac{\pi}{4}$；

(2) $xy' + (1 - x)y = e^{2x}$ $(x > 0)$，$y|_{x=1} = 0$；

(3) $x^2y' + xy = y^2$，$y|_{x=1} = 1$；

(4) $4y'' + 16y' + 15y = 4e^{-\frac{3}{2}x}$，$y|_{x=0} = 3$，$y'|_{x=0} = -\frac{11}{2}$.

解 (1) 将方程分离变量得 $-\tan y\mathrm{d}y = \frac{\mathrm{d}e^x}{1 + e^x}$，两边积分得 $\ln|\cos y| = \ln(e^x + 1) + \ln|C|$，即 $\cos y = C(e^x + 1)$，代入初始条件得 $C = \frac{\sqrt{2}}{4}$，故微分方程的特解为 $(1 + e^x)\sec y = 2\sqrt{2}$.

(2) 方程可化为 $y' + \left(\frac{1}{x} - 1\right)y = \frac{e^{2x}}{x}$，$P(x) = \frac{1}{x} - 1$，$Q(x) = \frac{1}{x}e^{2x}$，则 $y = e^{\int\left(1 - \frac{1}{x}\right)\mathrm{d}x}\left(C + \int\frac{e^{2x}}{x}e^{\int\left(\frac{1}{x} - 1\right)\mathrm{d}x}\mathrm{d}x\right) = \frac{e^x}{x}(C + e^x)$，代入初始条件得 $C = -e$，故微分方程的特解为 $y = \frac{e^x}{x}(e^x - e)$.

(3) 方程变形为 $\frac{\mathrm{d}y}{\mathrm{d}x} = \left(\frac{y}{x}\right)^2 - \frac{y}{x}$，令 $u = \frac{y}{x}$，则 $y' = u + xu'$，原方程化为 $xu' + 2u = u^2$，分离变量，得 $\frac{\mathrm{d}u}{u^2 - 2u} = \frac{\mathrm{d}x}{x}$，两端积分得 $-\frac{1}{2}\ln\left|\frac{u}{u - 2}\right| = \ln|x| + \ln|C|$，即 $\frac{u}{u - 2} = \frac{1}{Cx^2}$，从而 $\frac{\frac{y}{x}}{\frac{y}{x} - 2} = \frac{1}{Cx^2}$，代入初始条件得 $C = -1$，故微分方程的特解为 $y = \frac{2x}{1 + x^2}$.

(4) 方程对应的齐次方程为 $4y'' + 16y' + 15y = 0$，其特征方程为 $4r^2 + 16r + 15 = 0$，有两个不等实根 $r_1 = -\frac{3}{2}$，$r_2 = -\frac{5}{2}$，故方程对应的齐次方程的通解为 $y = C_1e^{-\frac{3}{2}x} + C_2e^{-\frac{5}{2}x}$，由于 $\lambda = -\frac{3}{2}$ 是特征方程的单根，所以设原方程的一个特解为 $y^* = axe^{-\frac{3}{2}x}$，把特解代入原方程，消去 $e^{-\frac{3}{2}x}$，得 $4a = 4$，即

$a=1$，因此原方程的一个特解为 $y^*=xe^{-\frac{3}{2}x}$，从而微分方程的通解为 $y=C_1e^{-\frac{3}{2}x}+C_2e^{-\frac{5}{2}x}+xe^{-\frac{3}{2}x}$，又 $y|_{x=0}=3$，$y'|_{x=0}=-\frac{11}{2}$，代入通解中得 $C_1=1$，$C_2=2$，故微分方程的特解为 $y=e^{-\frac{3}{2}x}+2e^{-\frac{5}{2}x}+xe^{-\frac{3}{2}x}$.

4. 已知曲线经过点（1，1），它的切线在纵轴上的截距等于切点的横坐标，求曲线的方程.

解 设曲线方程为 $y=f(x)$，由题意知 $y-y'x=x$，即 $y'-\frac{1}{x}y=-1$，由一阶线性微分方程通解公式得 $y=e^{\int\frac{1}{x}dx}\left[\int(-1)e^{\int-\frac{1}{x}dx}dx+C\right]=x(-\ln x+C)$，曲线过点（1，1），得 $C=1$，即 $y=x(-\ln x+1)$.

5. 某银行账户，以连续复利方式计息，年利率为5%，希望连续20年以每年12 000元人民币的速率用这一账户支付职工工资. 若 t 以年为单位，写出余额 $B=f(t)$ 所满足的微分方程，且问当初始存入的数额 B 为多少时，才能使20年后账户中的余额精确地减至0.

解 由题意知：银行余额的变化速率＝利息盈取率－工资支付速率，因此有 $\frac{dB}{dt}=0.05B-12\ 000$，分离变量得 $\frac{dB}{0.05B-12\ 000}=dt$，两边积分得 $\frac{1}{0.05}\ln|0.05B-12\ 000|=t+C_1$，即 $0.05B-12\ 000=C_2e^{0.05t}$ $(C_2=\pm e^{0.05C_1})$，从而 $B=\frac{C_2}{0.05}e^{0.05t}+240\ 000=Ce^{0.05t}+240\ 000\left(C=\frac{C_2}{0.05}\right)$，由 $t=0$，$B=B_0=C+240\ 000$ 得 $B_0=C+240\ 000$，即 $C=B_0-240\ 000$，从而 $B=(B_0-240\ 000)e^{0.05t}+240\ 000$，由题意，$t=20$，$B=0$ 得 $B_0=240\ 000\left(1-\frac{1}{e}\right)$，即当初始存入的数额 B 为 $240\ 000\left(1-\frac{1}{e}\right)$ 时，才能使20年后账户中的余额精确地减至0.

*6. 设 y_t 为某地区 t 期国民收入，C_t 为 t 期消费，I 为投资（各期相同），设三者有关系 $y_t=C_t+I$，$C_t=\alpha y_{t-1}+\beta$，且已知 $t=0$ 时 $y_t=y_0$，其中 $0<\alpha<1$，$\beta>0$，试求 y_t 和 C_t.

解 由 $y_t=C_t+I$，$C_t=\alpha y_{t-1}+\beta$ 知 $C_t=\alpha(C_{t-1}+I)+\beta=\alpha C_{t-1}+\alpha I+\beta$，即 $C_t-\alpha C_{t-1}=\alpha I+\beta$，对应的齐次方程 $C_t-\alpha C_{t-1}=0$ 的特征方程 $\lambda-\alpha=0$ 的特征根为 $\lambda=\alpha$，则齐次方程的通解为 $C_t=C\alpha^t$. 由 $0<\alpha<1$ 知，1不是特征根，设 $C^*=k$，则 $C_t-\alpha C_{t-1}=(1-\alpha)k=\alpha I+\beta$，所以 $k=\frac{\alpha I+\beta}{1-\alpha}$，通解为 $C_t=C\alpha^t+\frac{\alpha I+\beta}{1-\alpha}$，而由 $t=0$，$y_t=y_0$ 得 $C_0=y_0-I$，即 $y_0-I=C+\frac{\alpha I+\beta}{1-\alpha}$，从而 $C=$

$y_0-I-\frac{\alpha I+\beta}{1-\alpha}=y_0-\frac{I+\beta}{1-\alpha}$，故原方程的通解为 $C_t=\left(y_0-\frac{I+\beta}{1-\alpha}\right)\alpha^t+\frac{\alpha I+\beta}{1-\alpha}$，又 $y_t=C_t+I$，得 $y_t=\left(y_0-\frac{I+\beta}{1-\alpha}\right)\alpha^t+\frac{I+\beta}{1-\alpha}$.

本章练习 A

1. 填空题.

(1) 微分方程 $\frac{\mathrm{d}x}{\mathrm{d}y}+x=y$ 的通解为____________.

(2) 方程 $y''+y'=0$ 的通解是____________.

(3) 已知 $y_1=\mathrm{e}^x$，$y_2=x\mathrm{e}^x$ 是微分方程 $y''+p(x)y'+q(x)y=0$ 的解，则该方程的通解为____________.

2. 选择题.

(1) 设 $y=f(x)$ 是方程 $y''-2y'+4y=0$ 的一个特解，若 $f(x_0)>0$ 且 $f'(x_0)=0$，则 $f(x)$ 在 x_0 处（　　）.

A. 取得极大值　　B. 取得极小值　　C. 不取得极值　　D. 不确定

(2) 设函数 $y=y(x)$ 图形上点（0，-2）处的切线为 $2x-3y=6$，且 $y(x)$ 满足微分方程 $y''=6x$，则此函数是（　　）.

A. $y=x^3-2$　　B. $y=3x^2+2$

C. $3y-3x^3-2x+6=0$　　D. $y=x^3+\frac{2}{3}x$

3. 求微分方程 $y\mathrm{d}x+(x^2-4x)\mathrm{d}y=0$ 的通解.

4. 求微分方程 $x\frac{\mathrm{d}y}{\mathrm{d}x}+y=x\ln x$ 满足初始条件 $y|_{x=1}=-\frac{1}{4}$ 的特解.

5. 求微分方程 $y''-y=x\mathrm{e}^x$ 的通解.

本章练习 B

1. 填空题.

(1) 差分方程 $y_{t+1}-y_t=t$ 的通解为____________.

(2) 设 $y=\mathrm{e}^{2x}(C_1\cos x+C_2\sin x)$ 为某二阶常系数齐次线性微分方程的通解，则该微分方程为____________.

(3) 已知 $y_1=5^t$，$y_2=5^t-3$ 是差分方程 $y_{t+1}+a(t)y_t=f(t)$ 的两个特解，则必有 $a(t)=$________，$f(t)=$________.

2. 选择题.

(1) 差分方程 $\Delta y_x-y_x=x^2$ 的特解 $y^*=$（　　）.

A. ax^2+bx+c　　B. $x(ax^2+bx+c)$

C. $x^2(ax^2+bx+c)$　　D. $x(ax^2+c)$

(2) 已知 $y_1=x$ 是方程 $y''+y=x$ 的一个解，$y_2=\frac{e^x}{2}$是方程 $y''+y=e^x$ 的一个解，则方程 $y''+y=x+e^x$的通解为 $y=$(　　).

A. $x+\frac{e^x}{2}$　　B. $C_1\cos x+C_2\sin x+x$

C. $C_1\cos x+C_2\sin x$　　D. $C_1\cos x+C_2\sin x+x+\frac{e^x}{2}$

(3) 设 $f(x)$ 在 $(0, +\infty)$ 内有二阶连续导数，且 $f(1)=2$，$f'(x)-\frac{f(x)}{x}-\int_1^x \frac{f(t)}{t^2}dt=0$，则 $f(x)=$(　　).

A. $x+1$　　B. x^2+1　　C. x^3+1　　D. x^4+1

3. 求微分方程 $y''-2y'^2=0$ 的通解.

4. 设 P_t，S_t，D_t分别是某种商品在时刻 t 的价格、供给量和需求量，这里 t 取离散值，如 $t=0$，1，2，3，…，由于 t 时刻的供给量 S_t决定 t 时刻的价格，且价格越高，供给量越大，因此常用的线性模型为 $S_t=-c+dP_t$，同样的分析可得 $D_t=a-bP_t$（这里 a，b，c，d 均为正常数）. 实际情况告诉我们，初始状态 P_0，t 时期的价格 P_t由 $t-1$ 时期的价格 P_{t-1}和供给量与需求量之差 $S_{t-1}-D_{t-1}$，按下述关系确定 $P_t=P_{t-1}-\lambda(S_{t-1}-D_{t-1})$（其中 λ 为非零常数)，求

(1) 供需相等时的价格 P_e（均衡价格)；

(2) 商品的价格随时间的变化规律.

本章练习 A 解答

1. 填空题.

(1) $x=y+Ce^{-y}-1$. 提示：$P(y)=1$，$Q(y)=y$，由一阶线性微分方程的通解公式得 $x=e^{-\int dy}\left(\int ye^{\int dy}dy+C\right)=e^{-y}(ye^y-e^y+C)=y+Ce^{-y}-1$.

(2) $y=C_1+C_2e^{-x}$. 提示：方程对应的特征方程 $r^2+r=0$ 的根为 $r_1=0$，$r_2=-1$，从而通解为 $y=C_1+C_2e^{-x}$.

(3) $y=C_1e^x+C_2xe^x$. 提示：因为$\frac{y_2}{y_1}=\frac{xe^x}{e^x}=x$，所以 y_1，y_2是方程的两个线性无关的解，从而方程的通解为 $y=C_1e^x+C_2xe^x$.

2. 选择题.

(1) 选 A. 提示：由方程 $y''-2y'+4y=0$ 得在点 $x=x_0$ 时，$y''|_{x=x_0}=2y'|_{x=x_0}-4y|_{x=x_0}=-4f(x_0)<0$，由极值的第二充分条件得 $y=f(x)$ 在点 $x=x_0$ 处取得极大值.

(2) 选 C. 提示：由切线方程得$y'|_{x=0}=\dfrac{2}{3}$，从而排除 A 和 B，函数 $y=y(x)$ 图形过点 (0，−2) 知$y|_{x=0}=-2$，排除 D，故选 C.

3. **解** 分离变量得$\dfrac{\mathrm{d}y}{y}=-\dfrac{\mathrm{d}x}{x^2-4x}$，积分得 $\ln|y|=-\dfrac{1}{4}\ln\left|\dfrac{x-4}{x}\right|+\ln C$，即 $y=C\left(\dfrac{x-4}{x}\right)^{-\frac{1}{4}}$.

4. **解** 方程变形为$\dfrac{\mathrm{d}y}{\mathrm{d}x}+\dfrac{1}{x}y=\ln x$，其中 $P(x)=\dfrac{1}{x}$，$Q(x)=\ln x$，由一阶线性微分方程的通解公式得

$$y=\mathrm{e}^{-\int\frac{1}{x}\mathrm{d}x}\left(\int\ln x\mathrm{e}^{\int\frac{1}{x}\mathrm{d}x}\mathrm{d}x+C\right)=\frac{1}{x}\left(\int x\ln x\mathrm{d}x+C\right)$$
$$=\frac{1}{x}\left(\frac{1}{2}x^2\ln x-\frac{1}{4}x^2+C\right)=\frac{1}{2}x\ln x-\frac{1}{4}x+C\frac{1}{x}.$$

将$y|_{x=1}=-\dfrac{1}{4}$代入得 $C=0$，所以方程的特解为 $y=\dfrac{1}{2}x\ln x-\dfrac{1}{4}x$.

5. **解** 方程对应的齐次方程为 $y''-y=0$，其特征方程为 $r^2-1=0$，有两个不等实根 $r_1=1$，$r_2=-1$，故方程对应的齐次方程的通解为 $Y=C_1\mathrm{e}^x+C_2\mathrm{e}^{-x}$. 由于 $\lambda=1$ 是特征方程的单根，所以设原方程的一个特解为 $y^*=x(ax+b)\mathrm{e}^x$，把特解代入原方程得 $2a+2b+4ax=x$，比较方程两端系数得 $a=\dfrac{1}{4}$，$b=-\dfrac{1}{4}$，故原方程的通解为 $y=C_1\mathrm{e}^x+C_2\mathrm{e}^{-x}+x\left(\dfrac{1}{4}x-\dfrac{1}{4}\right)\mathrm{e}^x$.

本章练习 B 解答

1. 填空题.

(1) $y_t=C+\dfrac{1}{2}t(t-1)$. 提示：对应齐次方程的特征方程为 $\lambda-1=0$，特征根 $\lambda=1$，因此齐次方程的通解为 $y=C$，由于 1 是特征根，设特解 $y_t^*=t(at+b)$，则 $y_{t+1}{}^*-y_t^*=(t+1)[a(t+1)+b]-t(at+b)=2at+a+b=t$，因此 $a=\dfrac{1}{2}$，$b=-\dfrac{1}{2}$，所求通解为 $y_t=C+\dfrac{1}{2}t(t-1)$.

(2) $y''-4y'+5=0$. 提示：由通解的表达式知，$r_{1,2}=2\pm i$ 是所求微分方程的特征方程的特征根，所以特征方程为 $r^2-4r+5=0$，故所求微分方程为 $y''-4y'+5=0$.

(3) $a(t)=-1$，$f(t)=5^{t+1}-5^t$. 提示：将 $y_1=5^t$，$y_2=5^t-3$ 分别代入方程即可解得.

2. 选择题.

(1) A. 提示：差分方程变形为 $y_{x+1}-2y_x=x^2$，其对应的特征方程的特征根为 $\lambda=2$，由于1不是特征根，因此可以设特解 $y^*=ax^2+bx+c$.

(2) D. 提示：所求方程对应的齐次方程的通解为 $y=C_1\cos x+C_2\sin x$，而 $y=x+\frac{e^x}{2}$ 是所求方程一个特解，故所求方程通解为 $y=C_1\cos x+C_2\sin x+x+\frac{e^x}{2}$.

(3) B. 提示：由题意知 $f'(1)-f(1)=0$，又 $f(1)=2$，所以 $f'(1)=2$. 对方程两边求导得 $f''(x)-\frac{xf'(x)-f(x)}{x^2}-\frac{f(x)}{x^2}=0$，令 $y=f(x)$，即 $y''-\frac{y'}{x}=0$，设 $y'=p(x)$，则 $p'-\frac{p}{x}=0$，其通解为 $p=C_1x$，即 $y'=C_1x$，所以原方程的通解为 $y=\frac{C_1}{2}x^2+C_2$，将 $f(1)=2$，$f'(1)=2$ 代入得 $C_1=2$，$C_2=1$，故 $f(x)=x^2+1$.

3. **解** 令 $y'=p(y)$，则 $y''=\frac{dp}{dy}p$，原方程变为 $p\frac{dp}{dy}-2p^2=0$，分离变量得 $\frac{1}{p}dp=2dy$，积分得 $\ln|p|=2y+\ln|C_1|$，即 $y'=p=C_1e^{2y}$，分离变量得 $e^{-2y}dy=C_1dx$，积分得 $-\frac{1}{2}e^{-2y}=C_1x+C_2$.

4. **解** (1) 由 $S_t=D_t$，$S_t=-c+dP_t$，$D_t=a-bP_t$ 可得 $P_e=\frac{a+c}{b+d}$；

(2) 由题意知 $P_t=P_{t-1}-\lambda(S_{t-1}-D_{t-1})=P_{t-1}-\lambda[(-c+dP_{t-1})-(a-bP_{t-1})]$，即 $P_t-(1-b\lambda-d\lambda)P_{t-1}=\lambda(a+c)$. 这是一个一阶常系数非齐次线性差分方程，其齐次方程的通解 $P_t=C(1-b\lambda-d\lambda)^t$，由于1不是特征根，设非齐次差分方程的特解为 $P_t^*=k$，代入方程得 $P_t^*=k=\frac{a+c}{b+d}=P_e$，原方程的通解为 $P_t=C(1-b\lambda-d\lambda)^t+P_e$，由初始条件 P_0 得 $C=P_0-P_e$，从而 $P_t=(P_0-P_e)(1-b\lambda-d\lambda)^t+P_e$.

第 7 章

多元函数微分学

知识结构图

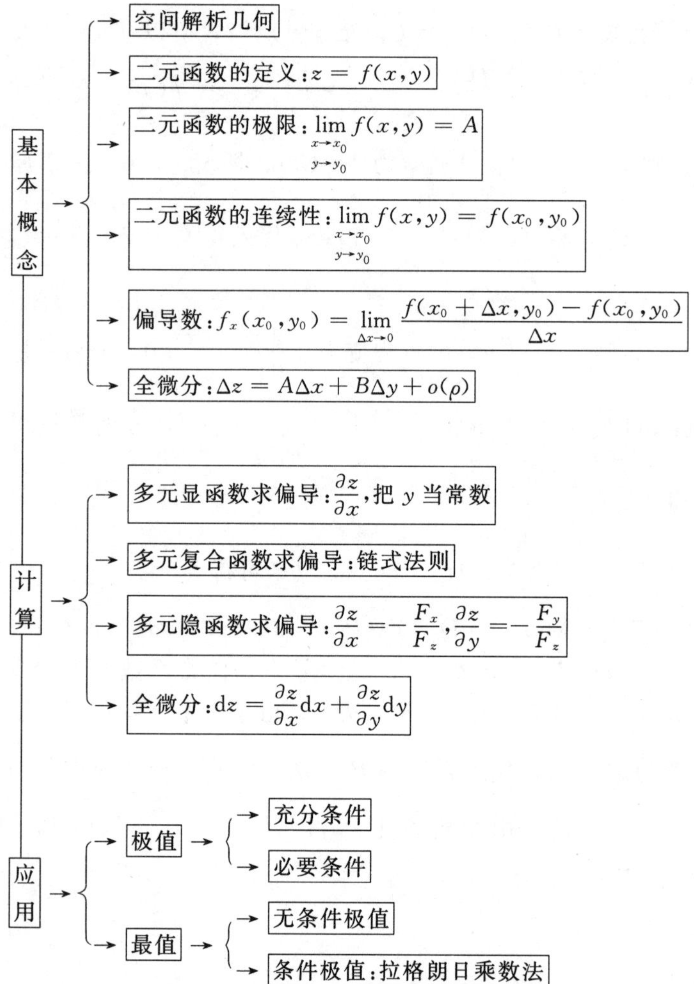

本章学习目标

- 了解空间直角坐标系，了解空间中常见的曲面方程；
- 理解二元函数的概念，了解二元函数的极限与连续性的概念以及有界闭区域上连续函数的性质；

- 理解偏导数的概念，了解二元函数偏导数的几何意义，掌握求偏导数的方法，会求高阶偏导数（以二阶为主）；
- 理解全微分的概念，了解全微分的充分条件与必要条件，会计算函数的全微分，了解全微分的形式不变性；
- 掌握多元复合函数偏导数的求法，会求隐函数的一阶偏导数；
- 理解多元函数极值与条件极值的概念，会求二元函数的极值；掌握求条件极值的拉格朗日乘数法，会解决关于最值的实际应用问题.

7.1 空间解析几何简介

7.1.1 知识点分析

1. 空间直角坐标系相关内容

(1) 空间直角坐标系 $Oxyz$：空间中定点 O 作为原点，过 O 作三条两两垂直的数轴，分别标为 x 轴（横轴），y 轴（纵轴），z 轴（竖轴），统称为坐标轴，三个坐标轴之间符合右手法则；

(2) 三个坐标面：xOy 面，yOz 面和 xOz 面；

(3) 八个卦限：按照逆时针方向确定，分别用符号Ⅰ，Ⅱ，Ⅲ，Ⅳ，Ⅴ，Ⅵ，Ⅶ，Ⅷ表示；

(4) 空间的点的坐标：表示为 $M(x, y, z)$，其中 x，y 和 z 依次称为点 M 的横坐标、纵坐标和竖坐标.

2. 空间中两点间的距离公式

点 $A(x_1, y_1, z_1)$ 与点 $B(x_2, y_2, z_2)$ 之间的距离公式为

$$|AB|=\sqrt{(x_1-x_2)^2+(y_1-y_2)^2+(z_1-z_2)^2}.$$

3. 常见的曲面方程

1) 球面

$(x-x_0)^2+(y-y_0)^2+(z-z_0)^2=R^2$：表示球心在 (x_0, y_0, z_0)，半径为 R 的球面.

2) 平面

平面的一般方程：$Ax+By+Cz+D=0$，其中 A，B，C，D 是不全为零的常数.

3) 柱面

$F(x, y)=0$：表示以 xOy 面上的曲线 $F(x, y)=0$ 为准线，母线平行于 z 轴的柱面；

$G(x, z)=0$：表示以 xOz 面上的曲线 $G(x, z)=0$ 为准线，母线平行于 y 轴的柱面；

$H(y, z)=0$：表示以 yOz 面上的曲线 $H(y, z)=0$ 为准线，母线平行于

x 轴的柱面.

4）旋转曲面

$z=a(x^2+y^2)$：旋转抛物面；

$z^2=a^2(x^2+y^2)$：圆锥面.

7.1.2 典例解析

例 1 在 yOz 面上，求与已知点 $A(3,1,2)$，$B(4,-2,-2)$ 和 $C(0,5,1)$等距离的点的坐标.

解 设所求点为 $M(0,y,z)$，则由已知可得 $\begin{cases}|MA|=|MB|\\|MB|=|MC|\end{cases}$，即

$$\begin{cases}\sqrt{(0-3)^2+(y-1)^2+(z-2)^2}=\sqrt{(0-4)^2+(y+2)^2+(z+2)^2},\\ \sqrt{(0-4)^2+(y+2)^2+(z+2)^2}=\sqrt{(0-0)^2+(y-5)^2+(z-1)^2},\end{cases}$$

整理得 $\begin{cases}3y+4z=-5,\\7y+3z=1.\end{cases}$ 解方程组可得 $y=1$，$z=-2$，所以所求点的坐标为 $(0,1,-2)$.

例 2 求到点 $A(5,4,0)$ 和点 $B(-4,3,4)$ 的距离之比为 $2:1$ 的点的轨迹方程，并指出它表示什么曲面？

解 设动点坐标为 $M(x,y,z)$，由已知 $\dfrac{|MA|}{|MB|}=\dfrac{2}{1}$，即 $|MA|=2|MB|$，则

$$\sqrt{(x-5)^2+(y-4)^2+z^2}=2\sqrt{(x+4)^2+(y-3)^2+(z-4)^2},$$

对上式两边平方并整理得 $x^2+14x+y^2+\dfrac{16}{3}y+z^2-\dfrac{32}{3}z=-41$，配方得 $(x+7)^2+\left(y+\dfrac{8}{3}\right)^2+\left(z-\dfrac{16}{3}\right)^2=\dfrac{392}{9}$，即为所求轨迹方程. 它表示以 $\left(-7,-\dfrac{8}{3},\dfrac{32}{3}\right)$为球心，半径为$\dfrac{14\sqrt{2}}{3}$的球面.

例 3 指出下列方程在平面解析几何中和空间解析几何中分别表示什么图形.

（1）$y=1$；（2）$y=2x+1$；（3）$x^2-y^2=4$.

解 （1）$y=1$ 在平面解析几何中表示平行于 x 轴的直线，在空间解析几何中表示平行于 xOz 面的平面.

（2）$y=2x+1$ 在平面解析几何中表示斜率为 2 的直线，在空间解析几何中表示平行于 z 轴的平面.

（3）$x^2-y^2=4$ 在平面解析几何中表示双曲线，在空间解析几何中表示母线平行于 z 轴的双曲柱面.

7.1.3 习题详解

1. 求以点 $O(1, 3, -2)$ 为球心，且通过原点的球面方程.

解 半径为 $R=\sqrt{1^2+3^2+(-2)^2}=\sqrt{14}$，故球面方程为 $(x-1)^2+(y-3)^2+(z+2)^2=14$.

2. 指出下列方程在空间解析几何中表示什么图形：

(1) $x=2$；　(2) $y=x+1$；　(3) $x^2+y^2=4$.

解 (1) 平行于 yOz 面的平面；(2) 平行于 z 轴的平面；(3) 母线平行于 z 轴的圆柱面.

3. 指出下列各方程表示哪种曲面.

(1) $x^2+y^2+z^2=1$；　(2) $x^2+y^2-2z=0$；

(3) $y^2+2z^2=4$；　(4) $x^2+y^2=4z^2$.

解 (1) 球面；(2) 旋转抛物面；(3) 椭圆柱面；(4) 圆锥面.

7.2 多元函数的基本概念

7.2.1 知识点分析

1. 平面点集

邻域、内点、外点、边界点、聚点、区域的定义等.

2. 多元函数的概念

二元函数：　$z=f(x, y)$，$(x, y)\in D$.

x，y 为自变量，z 为因变量，D 为定义域，数集 $\{z \mid z=f(x, y), (x, y)\in D\}$ 为该函数的值域. 类似的可以定义三元以及三元以上的函数.

3. 二元函数的极限

在 $P(x, y)\to P_0(x_0, y_0)$ 的过程中，对应的函数值 $f(x, y)$ 无限地接近于一个确定的常数 A，就称 A 是函数 $z=f(x, y)$ 当 $x\to x_0$，$y\to y_0$ 时的极限.

$$\lim_{(x,y)\to(x_0,y_0)} f(x, y)=A \text{ 或 } f(x, y)\to A\ [(x, y)\to(x_0, y_0)].$$

注 (1) $\lim\limits_{(x,y)\to(x_0,y_0)} f(x, y)$ 存在指的是动点 $P(x, y)$ 以任何方式趋于 $P_0(x_0, y_0)$ 时，$f(x, y)$ 都无限趋近于常数 A.

(2) 判定 $\lim\limits_{(x,y)\to(x_0,y_0)} f(x, y)$ 不存在的方法：找不同的 $P(x, y)$ 趋近于 $P_0(x_0, y_0)$ 的方式，若 $f(x, y)$ 趋近于不同的值或者有的极限不存在，则判定二元函数的极限不存在.

(3) 二元函数极限的运算法则（包括和差积商的极限运算法则、两个重要极限、等价无穷小替换、夹逼准则等）与一元函数类似，但洛必达法则除外，可经过变量代换转化为一元函数的极限再使用洛必达法则.

4. 二元函数的连续性

如果 $\lim\limits_{(x,y)\to(x_0,y_0)} f(x, y)=f(x_0, y_0)$，称函数 $z=f(x, y)$ 在点 (x_0, y_0) 处连续，否则称为间断.

注 （1）在定义区域内的连续点求极限可直接将该点代入函数；

（2）闭区域上连续函数的性质：有界性定理；最值存在定理；介值定理.

7.2.2 典例解析

例 1 （1）已知函数 $f(x, y)=\dfrac{4xy}{x^2+y^2}$，求 $f\left(xy, \dfrac{x}{y}\right)$ 以及 $f(tx, ty)$；

（2）已知 $f(x+y, e^y)=x^2y$，求 $f(x, y)$.

解 （1）$f\left(xy, \dfrac{x}{y}\right)=\dfrac{4(xy)\left(\dfrac{x}{y}\right)}{(xy)^2+\left(\dfrac{x}{y}\right)^2}=\dfrac{4x^2y^2}{x^2y^4+x^2}=\dfrac{4y^2}{1+y^4}$，

$$f(tx, ty)=\frac{4(tx)(ty)}{(tx)^2+(ty)^2}=\frac{4xy}{x^2+y^2}=f(x, y);$$

（2）令 $x+y=u$，$e^y=v$，那么解出 x，y 得 $\begin{cases} y=\ln v, \\ x=u-\ln v, \end{cases}$ 所以 $f(u, v)=(u-\ln v)^2\cdot\ln v$，即 $f(x, y)=(x-\ln y)^2\cdot\ln y$.

例 2 求下列函数的定义域：（1）$z=\ln\left[(y-x)\sqrt{2x-y}\right]$；

（2）$z=\arcsin\dfrac{x}{y^2}+\arccos(1-y)$.

解 （1）由已知 $\begin{cases} y-x>0, \\ 2x-y>0, \end{cases}$ 即 $x<y<2x$，故函数定义域为 $\{(x, y)\mid x<y<2x\}$；

（2）根据反正弦、反余弦函数的特点有 $\begin{cases} -1\leqslant\dfrac{x}{y^2}\leqslant1，且\ y\neq0, \\ -1\leqslant1-y\leqslant1, \end{cases}$ 即 $-y^2\leqslant x\leqslant y^2$ 且 $0<y\leqslant2$，故函数定义域为 $\{(x, y)\mid -y^2\leqslant x\leqslant y^2\ 且\ 0<y\leqslant2\}$.

例 3 求下列函数的极限.

（1）$\lim\limits_{\substack{x\to0\\y\to0}}\dfrac{\sqrt{x^2+y^2}-\sin\sqrt{x^2+y^2}}{(x^2+y^2)^{\frac{3}{2}}}$；　　（2）$\lim\limits_{\substack{x\to0\\y\to1}}\dfrac{\sin xy+xy\cos x-x^2y^2}{x}$；

（3）$\lim\limits_{\substack{x\to0\\y\to0}}\dfrac{x^2y^2e^{x^2+y}\ln(y+2)}{1-\cos xy}$.

解 （1）令 $\sqrt{x^2+y^2}=t$，则原式 $=\lim\limits_{t\to0}\dfrac{t-\sin t}{t^3}=\lim\limits_{t\to0}\dfrac{1-\cos t}{3t^2}=\lim\limits_{t\to0}\dfrac{\frac{t^2}{2}}{3t^2}=\dfrac{1}{6}$；

(2) 因为 $\lim\limits_{\substack{x\to0\\y\to1}}\dfrac{\sin xy}{x}=\lim\limits_{\substack{x\to0\\y\to1}}\dfrac{\sin xy}{xy}\cdot y=1$，$\lim\limits_{\substack{x\to0\\y\to1}}\dfrac{xy\cos x}{x}=\lim\limits_{\substack{x\to0\\y\to1}}y\cos x=1$，$\lim\limits_{\substack{x\to0\\y\to1}}\dfrac{x^2y^2}{x}=\lim\limits_{\substack{x\to0\\y\to1}}xy^2=0$ 所以 $\lim\limits_{\substack{x\to0\\y\to1}}\dfrac{\sin xy+xy\cos x-x^2y^2}{x}=\lim\limits_{\substack{x\to0\\y\to1}}\dfrac{\sin xy}{x}+\lim\limits_{\substack{x\to0\\y\to1}}\dfrac{xy\cos x}{x}-\lim\limits_{\substack{x\to0\\y\to1}}\dfrac{x^2y^2}{x}=1+1-0=2$；

(3) 原式 $=\lim\limits_{\substack{x\to0\\y\to0}}\dfrac{x^2y^2\mathrm{e}^{x^2+y}\ln(y+2)}{\dfrac{(xy)^2}{2}}=\lim\limits_{\substack{x\to0\\y\to0}}2\mathrm{e}^{x^2+y}\ln(y+2)=2\ln2.$

例 4 证明极限 $\lim\limits_{\substack{x\to0\\y\to0}}\dfrac{xy^3}{x^2+y^6}$ 不存在.

证 因为 $\lim\limits_{\substack{x=ky^3\\y\to0}}\dfrac{xy^3}{x^2+y^6}=\lim\limits_{\substack{x=ky^3\\y\to0}}\dfrac{ky^3y^3}{(ky^3)^2+y^6}=\lim\limits_{\substack{x=ky^3\\y\to0}}\dfrac{ky^6}{k^2y^6+y^6}=\dfrac{k}{k^2+1}$，极限值随着 k 的不同而不同，所以该极限不存在.

例 5 问函数 $f(x,y)=\dfrac{y^4-4x^2}{y^2-2x}$ 在何处是间断的？

解 $f(x,y)=\dfrac{y^4-4x^2}{y^2-2x}$ 是二元初等函数，其定义域为 $y^2-2x\neq0$，所以 $y^2-2x=0$ 是函数的间断点.

例 6 下列函数中有且仅有一个间断点的函数为（　　）.

A. $f(x,y)=\dfrac{x}{y}$　　　　B. $f(x,y)=\mathrm{e}^{-x}\ln(x^2+y^2)$

C. $f(x,y)=\dfrac{x}{x+y}$　　　　D. $f(x,y)=|xy|+1$

解 A 选项的间断点为 $y=0$，即 x 轴；B 选项的间断点为 $x^2+y^2=0$，即（0，0）点；C 选项的间断点为 $y=-x$，即一条直线；D 选项无间断点，故正确选项为 B.

7.2.3 习题详解

1. 求下列各函数表达式.

(1) $f(x,y)=x^2-y^2$，求 $f\left(x+y,\dfrac{y}{x}\right)$；

(2) $f\left(x+y,\dfrac{y}{x}\right)=x^2-y^2$，求 $f(x,y)$.

解 (1) $f\left(x+y,\dfrac{y}{x}\right)=(x+y)^2-\left(\dfrac{y}{x}\right)^2$；

(2) 令 $x+y=u$，$\dfrac{y}{x}=v$，则 $x=\dfrac{u}{1+v}$，$y=\dfrac{uv}{1+v}$，$f(u,v)=\left(\dfrac{u}{1+v}\right)^2-$

$\left(\frac{uv}{1+v}\right)^2=\frac{u^2(1-v^2)}{(1+v)^2}=\frac{u^2(1-v)}{1+v}$，即 $f(x,y)=\frac{x^2(1-y)}{1+y}$.

2. 求下列函数的定义域.

(1) $z=\sqrt{4x^2+y^2-1}$； (2) $z=\ln(xy)$；

(3) $z=\sqrt{1-x^2}+\sqrt{y^2-1}$； (4) $z=\sqrt{1-(x^2+y)^2}$；

(5) $z=\frac{\sqrt{4x-y^2}}{\ln(1-x^2-y^2)}$； (6) $z=\arccos\frac{x}{x+y}$.

解 (1) 由题意 $4x^2+y^2-1\geqslant 0$，所以定义域为 $\{(x,y)\mid 4x^2+y^2\geqslant 1\}$.

(2) 由题意 $xy>0$，所以定义域为 $\{(x,y)\mid xy>0\}$.

(3) 由题意 $1-x^2\geqslant 0$ 且 $y^2-1\geqslant 0$，所以定义域为 $\{(x,y)\mid -1\leqslant x\leqslant 1, y\geqslant 1$ 或 $y\leqslant -1\}$.

(4) 由题意 $1-(x^2+y)^2\geqslant 0$，即 $1\geqslant (x^2+y)^2$，解得 $-1\leqslant x^2+y\leqslant 1$，所以定义域为 $\{(x,y)\mid -x^2-1\leqslant y\leqslant -x^2+1\}$.

(5) 由题意 $\begin{cases}4x-y^2\geqslant 0,\\ 1-x^2-y^2>0 \text{ 且 } 1-x^2-y^2\neq 1,\end{cases}$ 所以定义域为 $\{(x,y)\mid y^2\leqslant 4x$ 且 $0<x^2+y^2<1\}$.

(6) 由题意 $-1\leqslant\frac{x}{x+y}\leqslant 1$ 且 $x+y\neq 0$，所以定义域为

$$\left\{(x,y)\ \middle|\ -1\leqslant\frac{x}{x+y}\leqslant 1 \text{ 且 } x+y\neq 0\right\}.$$

3. 求下列极限.

(1) $\lim\limits_{(x,y)\to(1,3)}\frac{xy}{\sqrt{xy+1}-1}$； (2) $\lim\limits_{(x,y)\to(0,0)}\frac{2-\sqrt{xy+4}}{xy}$；

(3) $\lim\limits_{(x,y)\to(0,0)}\left(x\sin\frac{1}{y}+y\sin\frac{1}{x}\right)$； (4) $\lim\limits_{(x,y)\to(a,0)}\frac{\sin xy}{y}$；

(5) $\lim\limits_{\substack{x\to\infty\\ y\to a}}\left(1+\frac{1}{x}\right)^{\frac{x^2}{x+y}}$.

解 (1) $\lim\limits_{(x,y)\to(1,3)}\frac{xy}{\sqrt{xy+1}-1}=\lim\limits_{(x,y)\to(1,3)}\frac{xy\cdot(\sqrt{xy+1}+1)}{(\sqrt{xy+1}-1)\cdot(\sqrt{xy+1}+1)}$

$$=\lim_{(x,y)\to(1,3)}\frac{xy\cdot(\sqrt{xy+1}+1)}{xy}$$

$$=\lim_{(x,y)\to(1,3)}\sqrt{xy+1}+1=3.$$

(2) $\lim\limits_{(x,y)\to(0,0)}\frac{2-\sqrt{xy+4}}{xy}=\lim\limits_{(x,y)\to(0,0)}\frac{(2-\sqrt{xy+4})\cdot(2+\sqrt{xy+4})}{xy\cdot(2+\sqrt{xy+4})}$

$$=\lim_{(x,y)\to(0,0)}\frac{-xy}{xy\cdot(2+\sqrt{xy+4})}$$

$$=\lim_{(x,y)\to(0,0)}-\frac{1}{2+\sqrt{xy+4}}=-\frac{1}{4}.$$

(3) 当 $(x, y)\to(0, 0)$ 时，x 为无穷小，而 $\sin\frac{1}{y}$ 为有界函数，所以 $x\sin\frac{1}{y}$ 为无穷小，即 $\lim\limits_{(x,y)\to(0,0)} x\sin\frac{1}{y}=0$. 同理可得 $\lim\limits_{(x,y)\to(0,0)} y\sin\frac{1}{x}=0$，所以 $\lim\limits_{(x,y)\to(0,0)}\left(x\sin\frac{1}{y}+y\sin\frac{1}{x}\right)=0$.

(4) $\lim\limits_{(x,y)\to(a,0)}\frac{\sin xy}{y}=\lim\limits_{(x,y)\to(a,0)}\frac{\sin xy}{xy}\cdot x=1\cdot a=a$.

(5) $\lim\limits_{\substack{x\to\infty\\ y\to a}}\left(1+\frac{1}{x}\right)^{\frac{x^2}{x+y}}=\lim\limits_{\substack{x\to\infty\\ y\to a}}\left(1+\frac{1}{x}\right)^{x\cdot\frac{x}{x+y}}=e^{\lim\limits_{\substack{x\to\infty\\ y\to a}}\frac{x}{x+y}}=e$.

4. 讨论函数 $f(x, y)=\frac{y^2+x}{y^2-x}$ 在何处是间断的.

解 当 $y^2=x$ 时，$f(x, y)$ 没有定义，故 $f(x, y)$ 的间断点是 $\{(x, y)\mid y^2=x\}$.

7.3 偏导数

7.3.1 知识点分析

1. 偏导数的定义

二元函数 $z=f(x, y)$ 在点 (x_0, y_0) 的偏导数：

$f_x(x_0, y_0)=\lim\limits_{\Delta x\to 0}\frac{f(x_0+\Delta x, y_0)-f(x_0, y_0)}{\Delta x}$，也可表示为 $\left.\frac{\partial z}{\partial x}\right|_{(x_0,y_0)}$，$z_x(x_0, y_0)$，$\left.\frac{\partial f}{\partial x}\right|_{(x_0,y_0)}$；

$f_y(x_0, y_0)=\lim\limits_{\Delta y\to 0}\frac{f(x_0, y_0+\Delta y)-f(x_0, y_0)}{\Delta y}$，也可表示为 $\left.\frac{\partial z}{\partial y}\right|_{(x_0,y_0)}$，$z_y(x_0, y_0)$，$\left.\frac{\partial f}{\partial y}\right|_{(x_0,y_0)}$.

偏导函数（简称偏导数）：$\frac{\partial z}{\partial x}$，$z_x$，$\frac{\partial f}{\partial x}$，$f_x$，$f'_1$；$\frac{\partial z}{\partial y}$，$z_y$，$\frac{\partial f}{\partial y}$，$f_y$，$f'_2$.

类似的可以定义三元以及三元以上的多元函数的偏导数.

2. 偏导数的计算

多元函数求某个变量的偏导数时，只需把其余自变量看作常数，然后利用一元函数的求导公式和求导法则进行计算.

3. 可偏导与连续的关系

多元函数在一点连续不能保证在此点的偏导数存在；多元函数在一点偏

导数存在也不能保证在此点连续.

如 $f(x, y)=\begin{cases} y\sin\dfrac{1}{x^2+y^2}, & x^2+y^2\neq 0 \\ 0, & x^2+y^2=0 \end{cases}$ 在（0，0）处连续，但偏导数不存在；

又如 $f(x, y)=\begin{cases} \dfrac{xy}{x^2+y^2}, & x^2+y^2\neq 0 \\ 0, & x^2+y^2=0 \end{cases}$ 在（0，0）处偏导数存在，但不连续.

4. 偏导数的几何意义

$f_x(x_0, y_0)$ 表示曲线 $\begin{cases} z=f(x, y) \\ y=y_0 \end{cases}$ 在点 (x_0, y_0) 处的切线对 x 轴的斜率；$f_y(x_0, y_0)$ 表示曲线 $\begin{cases} z=f(x, y) \\ x=x_0 \end{cases}$ 在点 (x_0, y_0) 处的切线对 y 轴的斜率.

5. 高阶偏导数

二元函数 $z=f(x, y)$ 的二阶偏导数：

$$\frac{\partial}{\partial x}\left(\frac{\partial z}{\partial x}\right)=\frac{\partial^2 z}{\partial x^2}=f_{xx}(x, y)=f''_1, \quad \frac{\partial}{\partial y}\left(\frac{\partial z}{\partial x}\right)=\frac{\partial^2 z}{\partial x\partial y}=f_{xy}(x, y)\ f''_{12},$$

$$\frac{\partial}{\partial x}\left(\frac{\partial z}{\partial y}\right)=\frac{\partial^2 z}{\partial y\partial x}=f_{yx}(x, y)=f''_{21}, \quad \frac{\partial}{\partial y}\left(\frac{\partial z}{\partial y}\right)=\frac{\partial^2 z}{\partial y^2}=f_{yy}(x, y)\ f''_{22}.$$

三阶及更高阶偏导数类似可得.

注 高阶混合偏导数在连续的条件下与求导次序无关.

7.3.2 典例解析

例 1 设 $f(x, y)=\begin{cases} \dfrac{\sin(x^2y)}{xy}, & xy\neq 0, \\ x, & xy=0, \end{cases}$ 求 $f_x(0, 1)$.

解 分段函数在分段点的偏导数需用偏导数的定义来求，故

$$f_x(0, 1)=\lim_{\Delta x\to 0}\frac{f(0+\Delta x, 1)-f(0, 1)}{\Delta x}=\lim_{\Delta x\to 0}\frac{\dfrac{\sin(\Delta x)^2\cdot 1}{\Delta x\cdot 1}}{\Delta x}=\lim_{\Delta x\to 0}\frac{\sin(\Delta x)^2}{(\Delta x)^2}=1.$$

例 2 设 $z=\ln\left(x+\dfrac{y}{2x}\right)$，求 $\left.\dfrac{\partial z}{\partial x}\right|_{(1,0)}$，$\left.\dfrac{\partial z}{\partial y}\right|_{(1,0)}$.

解 $\dfrac{\partial z}{\partial x}=\dfrac{1}{x+\dfrac{y}{2x}}\cdot\left(1-\dfrac{y}{2x^2}\right)=\dfrac{2x^2-y}{x(2x^2+y)}$，$\dfrac{\partial z}{\partial y}=\dfrac{1}{x+\dfrac{y}{2x}}\cdot\dfrac{1}{2x}=\dfrac{1}{2x^2+y}$，

所以 $\left.\dfrac{\partial z}{\partial x}\right|_{(1,0)}=\dfrac{2-0}{1\cdot(2+0)}=1$，$\left.\dfrac{\partial z}{\partial y}\right|_{(1,0)}=\dfrac{1}{2+0}=\dfrac{1}{2}$.

例 3 设 $z=f(x, y)=x^2+\ln(y^2+1)\arctan(x^{y+1})$，则$\left.\frac{\partial z}{\partial x}\right|_{(1,0)}=$______.

解 $\left.\frac{\partial z}{\partial x}\right|_{(1,0)}=\left.\frac{\mathrm{d}f(x, 0)}{\mathrm{d}x}\right|_{x=1}=\left.\frac{\mathrm{d}x^2}{\mathrm{d}x}\right|_{x=1}=2x|_{x=1}=2$.

点拨 求多元函数在一点处的偏导数有三种方法：利用偏导数的定义；先求后代；先代后求.

例 4 求下列多元函数的偏导数.

(1) $z=x^3-4x^2+2xy-y^2$； (2) $z=x^5ye^{-\frac{y}{x}}$；

(3) $z=\frac{xy^3}{x^4+y^4}$； (4) $u=(e^x+\ln y)^z$.

解 (1) $\frac{\partial z}{\partial x}=3x^2-8x+2y$，$\frac{\partial z}{\partial y}=2x-2y$.

(2) $\frac{\partial z}{\partial x}=5x^4ye^{-\frac{y}{x}}+x^5ye^{-\frac{y}{x}}\cdot\frac{y}{x^2}=z=x^3ye^{-\frac{y}{x}}(5x+y)$，

$\frac{\partial z}{\partial y}=x^5e^{-\frac{y}{x}}+x^5ye^{-\frac{y}{x}}\cdot\left(-\frac{1}{x}\right)=x^4e^{-\frac{y}{x}}(x-y)$.

(3) $\frac{\partial z}{\partial x}=\frac{y^3\cdot(x^4+y^4)-xy^3\cdot 4x^3}{(x^4+y^4)^2}=\frac{y^3(y^4-3x^4)}{(x^4+y^4)^2}$，

$\frac{\partial z}{\partial y}=\frac{3xy^2\cdot(x^4+y^4)-xy^3\cdot 4y^3}{(x^4+y^4)^2}=\frac{xy^2(3x^4-y^4)}{(x^4+y^4)^2}$.

(4) $\frac{\partial u}{\partial x}=z(e^x+\ln y)^{z-1}\cdot e^x$，$\frac{\partial u}{\partial y}=z(e^x+\ln y)^{z-1}\cdot\frac{1}{y}$，

$\frac{\partial u}{\partial z}=(e^x+\ln y)^z\cdot\ln(e^x+\ln y)$.

例 5 设 $f(x, y)=\int_0^{xy}e^{-t^2}\mathrm{d}t$，求$\frac{x}{y}\cdot\frac{\partial^2 f}{\partial x^2}-2\frac{\partial^2 f}{\partial x\partial y}+\frac{y}{x}\cdot\frac{\partial^2 f}{\partial y^2}$.

解 由$\frac{\partial f}{\partial x}=ye^{-x^2y^2}$，$\frac{\partial f}{\partial y}=xe^{-x^2y^2}$，则$\frac{\partial^2 f}{\partial x^2}=-2xy^2\cdot ye^{-x^2y^2}=-2xy^3\cdot e^{-x^2y^2}$，$\frac{\partial^2 f}{\partial x\partial y}=e^{-x^2y^2}+y\cdot(-2x^2y)\ e^{-x^2y^2}=e^{-x^2y^2}-2x^2y^2e^{-x^2y^2}$，$\frac{\partial^2 f}{\partial y^2}=-2x^3ye^{-x^2y^2}$，故$\frac{x}{y}\cdot\frac{\partial^2 f}{\partial x^2}-2\frac{\partial^2 f}{\partial x\partial y}+\frac{y}{x}\cdot\frac{\partial^2 f}{\partial y^2}=-2x^2y^2e^{-x^2y^2}-2e^{-x^2y^2}+4x^2y^2e^{-x^2y^2}-2x^2y^2e^{-x^2y^2}=-2e^{-x^2y^2}$.

例 6 若 $z=y^{\sin x}$，求$\frac{\partial^2 z}{\partial x\partial y}$.

解 $\frac{\partial z}{\partial x}=y^{\sin x}\ln y\cos x$，

$\frac{\partial^2 z}{\partial x\partial y}=\sin x\cdot y^{\sin x-1}\ln y\cos x+y^{\sin x}\cdot\frac{1}{y}\cos x=y^{\sin x-1}\cos x(\sin x\ln y+1)$.

7.3.3 习题详解

1. 求下列函数的偏导数.

(1) $z=\ln(x+\ln y)$;　　(2) $z=e^{xy}+yx^2$;

(3) $z=e^{\sin x}\cos y$;　　(4) $z=x^3y+3x^2y^2-xy^3$;

(5) $z=\sqrt{x}\sin\frac{y}{x}$;　　(6) $z=\frac{x^2+y^2}{xy}$;

(7) $z=\sin(xy)+\cos^2(xy)$;　　(8) $z=\arcsin(x^2y)$.

解 (1) $z_x=\frac{1}{x+\ln y}\cdot 1=\frac{1}{x+\ln y}$, $z_y=\frac{1}{x+\ln y}\cdot\frac{1}{y}=\frac{1}{y(x+\ln y)}$.

(2) $z_x=e^{xy}\cdot y+y\cdot 2x=ye^{xy}+2xy$, $z_y=e^{xy}\cdot x+x^2\cdot 1=xe^{xy}+x^2$.

(3) $z_x=e^{\sin x}\cos x\cos y$, $z_y=e^{\sin x}\cdot(-\sin y)=-e^{\sin x}\sin y$.

(4) $z_x=3x^2y+6xy^2-y^3$, $z_y=x^3+3x^2\cdot 2y-x\cdot 3y^2=x^3+6x^2y-3xy^2$.

(5) $z_x=\frac{1}{2\sqrt{x}}\sin\frac{y}{x}+\sqrt{x}\cos\frac{y}{x}\cdot\left(-\frac{y}{x^2}\right)=\frac{1}{2\sqrt{x}}\sin\frac{y}{x}-\frac{y}{x^2}\sqrt{x}\cos\frac{y}{x}$,

$z_y=\sqrt{x}\cos\frac{y}{x}\cdot\frac{1}{x}=\frac{1}{\sqrt{x}}\cos\frac{y}{x}$.

(6) $z=\frac{x^2+y^2}{xy}=\frac{x}{y}+\frac{y}{x}z_x=\frac{1}{y}-\frac{y}{x^2}$; $z_y=-\frac{x}{y^2}+\frac{1}{x}$.

(7) $z_x=\cos(xy)\cdot y+2\cos(xy)\cdot[-\sin(xy)]\cdot y=y\cos xy-y\sin(2xy)$,

$z_y=\cos(xy)\cdot x+2\cos(xy)\cdot[-\sin(xy)]\cdot x=x\cos xy-x\sin(2xy)$.

(8) $z_x=\frac{1}{\sqrt{1-(x^2y)^2}}\cdot 2xy=\frac{2xy}{\sqrt{1-x^4y^2}}$,

$z_y=\frac{1}{\sqrt{1-(x^2y)^2}}\cdot x^2=\frac{x^2}{\sqrt{1-x^4y^2}}$.

2. 设函数 $f(x, y)=x+(y-1)\arcsin\sqrt{x}$，求 $f_x(x, 1)$.

解 $f_x(x, 1)=\frac{d(x, 1)}{dx}=\frac{dx}{dx}=1$.

3. 求下列函数的二阶偏导数：

(1) $z=x^{2y}$;　　(2) $z=\arctan\frac{y}{x}$;

(3) $z=y\ln(xy)$.

解 (1) $z_x=2yx^{2y-1}$, $z_y=x^{2y}\ln x\cdot 2=2x^{2y}\ln x$,

$z_{xx}=2y(2y-1)x^{2y-2}$, $z_{xy}=2x^{2y-1}+2yx^{2y-1}\cdot\ln x\cdot 2=2x^{2y-1}(1+2y\ln x)$,

$z_{yy}=2x^{2y}\ln x\cdot\ln x\cdot 2=4x^{2y}(\ln x)^2$.

(2) $z_x=\frac{1}{1+\left(\frac{y}{x}\right)^2}\left(-\frac{y}{x^2}\right)=-\frac{y}{x^2+y^2}$, $z_y=\frac{1}{1+\left(\frac{y}{x}\right)^2}\cdot\frac{1}{x}=\frac{x}{x^2+y^2}$,

$$z_{xx}=-1\cdot-\frac{y}{(x^2+y^2)^2}\cdot 2x=\frac{2xy}{(x^2+y^2)^2},$$

$$z_{xy}=-\frac{1\cdot(x^2+y^2)-y\cdot 2y}{(x^2+y^2)^2}=\frac{y^2-x^2}{(x^2+y^2)^2},$$

$$z_{yy}=-\frac{x}{(x^2+y^2)^2}\cdot 2y=-\frac{2xy}{(x^2+y^2)^2}.$$

(3) $z_x=y\dfrac{1}{xy}\cdot y=\dfrac{y}{x}$，$z_y=\ln(xy)+y\dfrac{1}{xy}\cdot x=\ln(xy)+1$，

$z_{xx}=-\dfrac{y}{x^2}$，$z_{xy}=\dfrac{1}{x}$，$z_{yy}=\dfrac{1}{xy}\cdot x=\dfrac{1}{y}$.

7.4 全微分

7.4.1 知识点分析

1. 全微分的定义

若函数 $z=f(x,y)$ 在点 (x,y) 的全增量 $\Delta z=f(x+\Delta x,y+\Delta y)-f(x,y)=A\Delta x+B\Delta y+o(\rho)$，其中 A，B 不依赖于 Δx，Δy，$\rho=\sqrt{(\Delta x)^2+(\Delta y)^2}$，则称函数 $z=f(x,y)$ 在点 (x,y) 处可微，$A\Delta x+B\Delta y$ 称为全微分，记为 $\mathrm{d}z$，即 $\mathrm{d}z=A\Delta x+B\Delta y$.

2. 全微分的计算

二元函数 $z=f(x,y)$ 的全微分：$\mathrm{d}z=\dfrac{\partial z}{\partial x}\mathrm{d}x+\dfrac{\partial z}{\partial y}\mathrm{d}y$.

3. 可微、可偏导、连续之间的关系（如图 7.1 所示）

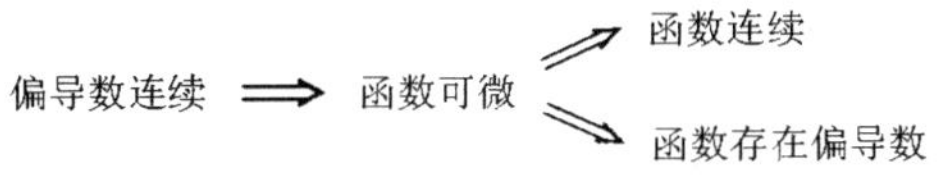

偏导数连续 ⟹ 函数可微 ⟹ 函数连续；函数可微 ⟹ 函数存在偏导数

图 7.1

4. 可微性的判定

$f(x,y)$ 在点 (x_0,y_0) 可微的充要条件为

$$\lim_{\rho\to 0}\frac{\Delta z-[f_x(x_0,y_0)\Delta x+f_y(x_0,y_0)\Delta y]}{\rho}=0.$$

注 若函数在点 (x_0,y_0) 不连续或偏导数不存在，则函数在该点一定不可微.

7.4.2 典例解析

例 1 设 $f(x,y)=\begin{cases}\dfrac{xy}{x^2+y^2}, & x^2+y^2\neq 0,\\ 0, & x^2+y^2=0,\end{cases}$ 试问 $f(x,y)$ 在 $(0,0)$ 点处是否可微？

解 由于 $\lim\limits_{\substack{x\to 0\\ y=kx}}\dfrac{xy}{x^2+y^2}=\lim\limits_{x\to 0}\dfrac{x\cdot kx}{x^2+k^2x^2}=\dfrac{k}{1+k^2}$，极限与 k 值有关，所以 $\lim\limits_{(x,y)\to(0,0)}f(x,y)$ 不存在，故 $f(x,y)$ 在点 $(0,0)$ 处不连续，进而 $f(x,y)$ 在 $(0,0)$ 处不可微.

例 2 考虑二元函数的下面四条性质.

① $f(x,y)$ 在点 (x_0,y_0) 处连续；

② $f(x,y)$ 在点 (x_0,y_0) 处两个偏导数连续；

③ $f(x,y)$ 在点 (x_0,y_0) 处可微；

④ $f(x,y)$ 在点 (x_0,y_0) 处两个偏导数存在.

若用"$P\Rightarrow Q$"表示可以由性质 P 推出性质 Q，则有（　　）.

A. ②⇒③⇒①　　B. ③⇒②⇒①　　C. ③⇒④⇒①　　D. ③⇒①⇒④

解 正确选项为 A.

例 3 讨论函数 $f(x,y)=\begin{cases}(x^2+y^2)\sin\dfrac{1}{\sqrt{x^2+y^2}}, & x^2+y^2\neq 0,\\ 0, & x^2+y^2=0\end{cases}$ 在 $(0,0)$ 处是否连续、偏导数是否存在、是否可微.

解 (1) 因为 $\lim\limits_{\substack{x\to 0\\ y\to 0}}f(x,y)=\lim\limits_{\substack{x\to 0\\ y\to 0}}(x^2+y^2)\sin\dfrac{1}{\sqrt{x^2+y^2}}=0=f(0,0)$，所以 $f(x,y)$ 在 $(0,0)$ 处连续.

(2) 根据偏导数的定义，有

$$f_x(0,0)=\lim_{\Delta x\to 0}\frac{f(0+\Delta x,0)-f(0,0)}{\Delta x}=\lim_{\Delta x\to 0}\frac{(\Delta x)^2\sin\dfrac{1}{\sqrt{(\Delta x)^2}}-0}{\Delta x}$$

$$=\lim_{\Delta x\to 0}\Delta x\sin\frac{1}{|\Delta x|}=0.$$

同理可得 $f_y(0,0)=0$，所以 $f(x,y)$ 在 $(0,0)$ 处两个偏导数均存在.

(3) 令 $z=f(x,y)$，$\rho=\sqrt{(\Delta x)^2+(\Delta y)^2}$，在 $(0,0)$ 处，$\Delta z=f(0+\Delta x,0+\Delta y)-f(0,0)=[(\Delta x)^2+(\Delta y)^2]\sin\dfrac{1}{\sqrt{(\Delta x)^2+(\Delta y)^2}}=\rho^2\sin\dfrac{1}{\rho}$. 因为

$\lim\limits_{\rho\to 0}\dfrac{\Delta z-[f_x(0,0)\Delta x+f_y(0,0)\Delta y]}{\rho}=\lim\limits_{\rho\to 0}\dfrac{\rho^2\sin\dfrac{1}{\rho}}{\rho}=0$，所以在 $(0,0)$ 处，

$\Delta z=f_x(0,0)\Delta x+f_y(0,0)\Delta y+o(\rho)$. 由微分的定义知 $f(x,y)$ 在 $(0,0)$ 处可微，且 $\mathrm{d}f(x,y)|_{(0,0)}=0$.

点拨 判断多元函数的可微性应该首先验证函数是否连续或者偏导数是否存在，如果不连续或者偏导数不存在，则函数不可微. 如果连续并且偏导数存在，那么还必须验证极限

$$\lim_{\rho\to 0}\frac{\Delta z-[f_x(x_0,y_0)\Delta x+f_y(x_0,y_0)\Delta y]}{\rho}$$

是否为0，若是，函数可微，否则函数不可微.

例 4 设 $z=\arctan\dfrac{x+y}{x-y}$，求 $\mathrm{d}z$.

解 $\dfrac{\partial z}{\partial x}=\dfrac{1}{1+\left(\dfrac{x+y}{x-y}\right)^2}\cdot\dfrac{(x-y)-(x+y)}{(x-y)^2}=-\dfrac{y}{x^2+y^2}$，$\dfrac{\partial z}{\partial y}=\dfrac{1}{1+\left(\dfrac{x+y}{x-y}\right)^2}\cdot\dfrac{(x-y)+(x+y)}{(x-y)^2}=\dfrac{x}{x^2+y^2}$，所以 $\mathrm{d}z=-\dfrac{y}{x^2+y^2}\mathrm{d}x+\dfrac{x}{x^2+y^2}\mathrm{d}y=\dfrac{1}{x^2+y^2}(x\mathrm{d}y-y\mathrm{d}x)$.

例 5 设 $z=(\cos y+x\sin y)\mathrm{e}^x$，求 $\mathrm{d}z|_{(1,\frac{\pi}{2})}$.

解 $\dfrac{\partial z}{\partial x}=\mathrm{e}^x\sin y+(\cos y+x\sin y)\mathrm{e}^x$，$\dfrac{\partial z}{\partial y}=(-\sin y+x\cos y)\mathrm{e}^x$，$\left.\dfrac{\partial z}{\partial x}\right|_{(1,\frac{\pi}{2})}=2\mathrm{e}$，$\left.\dfrac{\partial z}{\partial y}\right|_{(1,\frac{\pi}{2})}=-\mathrm{e}$，所以 $\mathrm{d}z|_{(1,\frac{\pi}{2})}=2\mathrm{e}\mathrm{d}x-\mathrm{e}\mathrm{d}y$.

例 6 求函数 $z=x^y$ 在 $x=1$，$y=4$，$\Delta x=0.08$，$\Delta y=-0.04$ 时的全微分.

解 $z_x|_{(1,4)}=yx^{y-1}|_{(1,4)}=4$，$z_y|_{(1,4)}=x^y\ln x|_{(1,4)}=0$. 由于 $\mathrm{d}z=z_x\mathrm{d}x+z_y\mathrm{d}y$，所以所求全微分 $\mathrm{d}z=4\times 0.08+0\times(-0.04)=0.32$.

例 7 设函数 $f(x,y,z)=\left(\dfrac{x}{y}\right)^{\frac{1}{z}}$，求全微分 $\mathrm{d}f(x,y,z)$.

解 方法一：

$$f_x=\frac{1}{z}\left(\frac{x}{y}\right)^{\frac{1}{z}-1}\cdot\frac{1}{y},\quad f_y=\frac{1}{z}\left(\frac{x}{y}\right)^{\frac{1}{z}-1}\cdot\left(-\frac{x}{y^2}\right),$$

$$f_z=\left(\frac{x}{y}\right)^{\frac{1}{z}}\ln\left(\frac{x}{y}\right)\cdot\left(-\frac{1}{z^2}\right),$$

$$\mathrm{d}f(x,y,z)=f_x\mathrm{d}x+f_y\mathrm{d}y+f_z\mathrm{d}z=\frac{1}{z}\left(\frac{x}{y}\right)^{\frac{1}{z}}\left[\frac{1}{x}\mathrm{d}x-\frac{1}{y}\mathrm{d}y-\frac{1}{z}\ln\left(\frac{x}{y}\right)\mathrm{d}z\right].$$

方法二：设 $u=\left(\dfrac{x}{y}\right)^{\frac{1}{z}}$，等式两边同时取对数，得 $\ln u=\dfrac{1}{z}(\ln x-\ln y)$.

两边同时对 x 求导，得 $\dfrac{1}{u}\dfrac{\partial u}{\partial x}=\dfrac{1}{xz}$，即 $\dfrac{\partial u}{\partial x}=u\dfrac{1}{xz}=\dfrac{1}{xz}\left(\dfrac{x}{y}\right)^{\frac{1}{z}}$. 类似可得 $\dfrac{\partial u}{\partial y}=-u\dfrac{1}{yz}=-\dfrac{1}{yz}\left(\dfrac{x}{y}\right)^{\frac{1}{z}}$，$\dfrac{\partial u}{\partial z}=-u\dfrac{1}{z^2}(\ln x-\ln y)=-\dfrac{1}{z^2}\left(\dfrac{x}{y}\right)^{\frac{1}{z}}\ln\left(\dfrac{x}{y}\right)$.

故 $\mathrm{d}f(x, y, z)=\frac{1}{z}\left(\frac{x}{y}\right)^{\frac{1}{z}}\left[\frac{1}{x}\mathrm{d}x-\frac{1}{y}\mathrm{d}y-\frac{1}{z}\ln\left(\frac{x}{y}\right)\mathrm{d}z\right]$.

7.4.3 习题详解

1. 求函数 $z=\frac{y}{x}$ 在 $x=2$，$y=1$，$\Delta x=0.1$，$\Delta y=-0.2$ 时的全微分.

解 由于 $\mathrm{d}z=-\frac{y}{x^2}\mathrm{d}x+\frac{1}{x}\mathrm{d}y$，则函数在 $x=2$，$y=1$，$\Delta x=0.1$，$\Delta y=-0.2$时的全微分 $\mathrm{d}z=-\frac{1}{4}\cdot 0.1+\frac{1}{2}\cdot(-0.2)=-\frac{1}{8}$.

2. 求下列函数的全微分.

(1) $z=\arctan(xy)$； (2) $z=3x^2y+\frac{x}{y}$；

(3) $z=3x\mathrm{e}^{-y}-2\sqrt{x}+\ln 5$.

解 (1) $z_x=\frac{1}{1+(xy)^2}\cdot y$，$z_y=\frac{1}{1+(xy)^2}\cdot x$，则

$$\mathrm{d}z=\frac{y}{1+(xy)^2}\mathrm{d}x+\frac{x}{1+(xy)^2}\mathrm{d}y=\frac{1}{1+x^2y^2}(y\mathrm{d}x+x\mathrm{d}y).$$

(2) $z_x=6xy+\frac{1}{y}$，$z_y=3x^2-\frac{x}{y^2}$，则 $\mathrm{d}z=\left(6xy+\frac{1}{y}\right)\mathrm{d}x+\left(3x^2-\frac{x}{y^2}\right)\mathrm{d}y$.

(3) $z_x=3\mathrm{e}^{-y}-\frac{1}{\sqrt{x}}$，$z_y=-3x\mathrm{e}^{-y}$，则 $\mathrm{d}z=\left(3\mathrm{e}^{-y}-\frac{1}{\sqrt{x}}\right)\mathrm{d}x-3x\mathrm{e}^{-y}\mathrm{d}y$.

3. 求函数 $z=\ln(2+x^2+y^2)$ 在 $x=2$，$y=1$ 时的全微分.

解 $z_x=\frac{1}{2+x^2+y^2}\cdot 2x$，$z_y=\frac{1}{2+x^2+y^2}\cdot 2y$，则 $\mathrm{d}z=\frac{2x}{2+x^2+y^2}\mathrm{d}x+\frac{2y}{2+x^2+y^2}\mathrm{d}y$，所以$\mathrm{d}z\big|_{x=2,y=1}=\frac{4}{7}\mathrm{d}x+\frac{2}{7}\mathrm{d}y=\frac{1}{7}(4\mathrm{d}x+2\mathrm{d}y)$.

*4. 计算 $(1.007)^{2.98}$的近似值.

解 设函数 $f(x, y)=x^y$，取 $x=1$，$y=3$，$\Delta x=0.007$，$\Delta y=-0.02$，那么 $f(1, 3)=1$，$f_x(x, y)=yx^{y-1}$，$f_y(x, y)=x^y\ln x$，$f_x(1, 3)=3$，$f_y(1, 3)=0$，则根据公式 $f(x+\Delta x, y+\Delta y)\approx f(x, y)+f_x(x, y)\Delta x+f_y(x, y)\Delta y$，可得 $(1.007)^{2.98}\approx 1+3\times 0.007+0\times(-0.02)=1.021$.

*5. 计算 $\sqrt{(1.02)^3+(1.97)^3}$ 的近似值.

解 设函数 $f(x, y)=\sqrt{x^3+y^3}$，取 $x=1$，$y=2$，$\Delta x=0.02$，$\Delta y=-0.03$，那么 $f(1, 2)=3$，$f_x(x, y)=\frac{3x^2}{2\sqrt{x^3+y^3}}$，$f_y(x, y)=\frac{3y^2}{2\sqrt{x^3+y^3}}$，$f_x(1, 2)=\frac{1}{2}$，$f_y(1, 2)=2$，则根据公式 $f(x+\Delta x, y+\Delta y)\approx f(x, y)+$

$f_x(x, y)\Delta x+f_y(x, y)\Delta y$，可得 $\sqrt{(1.02)^3+(1.97)^3}\approx 3+\frac{1}{2}\cdot 0.02+2\cdot(-0.03)=2.95$.

7.5 多元复合函数的求导法则

7.5.1 知识点分析

1. 复合函数的中间变量均为一元函数

设 $z=f(u, v)$，$u=\varphi(t)$，$v=\psi(t)$，则 $z=f[\varphi(t), \psi(t)]$，且有全导数 $\frac{\mathrm{d}z}{\mathrm{d}t}=\frac{\partial z}{\partial u}\cdot\frac{\mathrm{d}u}{\mathrm{d}t}+\frac{\partial z}{\partial v}\cdot\frac{\mathrm{d}v}{\mathrm{d}t}$.

2. 复合函数的中间变量均为多元函数

设 $z=f(u, v)$，$u=\varphi(x, y)$，$v=\psi(x, y)$，则 $z=f[\varphi(x, y), \psi(x, y)]$，且有 $\frac{\partial z}{\partial x}=\frac{\partial z}{\partial u}\cdot\frac{\partial u}{\partial x}+\frac{\partial z}{\partial v}\cdot\frac{\partial v}{\partial x}$，$\frac{\partial z}{\partial y}=\frac{\partial z}{\partial u}\cdot\frac{\partial u}{\partial y}+\frac{\partial z}{\partial v}\cdot\frac{\partial v}{\partial y}$.

3. 复合函数的中间变量既有一元函数又有多元函数

设 $z=f(u, v)$，$u=\varphi(x, y)$，$v=\psi(y)$，则 $z=f[\varphi(x, y), \psi(y)]$，且有 $\frac{\partial z}{\partial x}=\frac{\partial z}{\partial u}\cdot\frac{\partial u}{\partial x}$，$\frac{\partial z}{\partial y}=\frac{\partial z}{\partial u}\cdot\frac{\partial u}{\partial y}+\frac{\partial z}{\partial v}\cdot\frac{\mathrm{d}v}{\mathrm{d}y}$.

注 多元复合函数求导关键在于分析函数、中间变量、自变量之间的关系，把握清楚每一层次的函数关系，并使用准确的求导记号.

4. 全微分的形式不变性

设 $z=f(u, v)$，$u=\varphi(x, y)$，$v=\psi(x, y)$，则复合函数 $z=f[\varphi(x, y), \psi(x, y)]$ 的全微分 $\mathrm{d}z=\frac{\partial z}{\partial x}\mathrm{d}x+\frac{\partial z}{\partial y}\mathrm{d}y=\frac{\partial z}{\partial u}\mathrm{d}u+\frac{\partial z}{\partial v}\mathrm{d}v$，即无论变量 u，v 是函数的自变量还是中间变量，$z=f(u, v)$ 的全微分形式都是一样的.

7.5.2 典例解析

例 1 已知 $z=\sin\frac{x}{y}$，$x=\mathrm{e}^t$，$y=t^2$，求 $\frac{\mathrm{d}z}{\mathrm{d}t}$.

解
$$\frac{\mathrm{d}z}{\mathrm{d}t}=\frac{\partial z}{\partial x}\cdot\frac{\mathrm{d}x}{\mathrm{d}t}+\frac{\partial z}{\partial y}\cdot\frac{\mathrm{d}y}{\mathrm{d}t}=\cos\frac{x}{y}\cdot\frac{1}{y}\cdot\mathrm{e}^t+\cos\frac{x}{y}\cdot\left(-\frac{x}{y^2}\right)\cdot 2t$$
$$=\frac{\mathrm{e}^t}{t^2}\left(1-\frac{2}{t}\right)\cos\left(\frac{\mathrm{e}^t}{t^2}\right).$$

例 2 设 $z=\mathrm{e}^{uv}$，而 $u=\ln(x^2+y^2)$，$v=\arctan\frac{y}{x}$，求 $\frac{\partial z}{\partial x}$ 和 $\frac{\partial z}{\partial y}$.

解
$$\frac{\partial z}{\partial x}=\frac{\partial z}{\partial u}\cdot\frac{\partial u}{\partial x}+\frac{\partial z}{\partial v}\cdot\frac{\partial v}{\partial x}=v\mathrm{e}^{uv}\cdot\frac{2x}{x^2+y^2}+u\mathrm{e}^{uv}\cdot\frac{1}{1+\left(\frac{y}{x}\right)^2}\cdot\left(-\frac{y}{x^2}\right)$$

$$=e^{\ln(x^2+y^2)\arctan\frac{y}{x}}\frac{2x\arctan\frac{y}{x}-y\ln(x^2+y^2)}{x^2+y^2},$$

$$\frac{\partial z}{\partial y}=\frac{\partial z}{\partial u}\cdot\frac{\partial u}{\partial y}+\frac{\partial z}{\partial v}\cdot\frac{\partial v}{\partial y}=ve^{uv}\cdot\frac{2y}{x^2+y^2}+ue^{uv}\cdot\frac{1}{1+\left(\frac{y}{x}\right)^2}\cdot\left(\frac{1}{x}\right)$$

$$=e^{\ln(x^2+y^2)\arctan\frac{y}{x}}\frac{2y\arctan\frac{y}{x}+x\ln(x^2+y^2)}{x^2+y^2}.$$

例 3 设 $u=f(x-y, y-z, t-z)$，求$\frac{\partial u}{\partial x}+\frac{\partial u}{\partial y}+\frac{\partial u}{\partial z}+\frac{\partial u}{\partial t}$.

解 $\frac{\partial u}{\partial x}=f_1'$，$\frac{\partial u}{\partial y}=f_1'\cdot(-1)+f_2'=-f_1'+f_2'$，$\frac{\partial u}{\partial z}=f_2'\cdot(-1)+f_3'\cdot(-1)=-f_2'-f_3'$，$\frac{\partial u}{\partial t}=f_3'$，则$\frac{\partial u}{\partial x}+\frac{\partial u}{\partial y}+\frac{\partial u}{\partial z}+\frac{\partial u}{\partial t}=f_1'-f_1'+f_2'-f_2'-f_3'+f_3'=0$.

例 4 设 $w=f(x+y+z)$，$z=\varphi(x, y)$，$y=\psi(x)$，其中 f，φ，ψ 具有连续的导数或者偏导数，求$\frac{\mathrm{d}w}{\mathrm{d}x}$.

解 令 $u=x+y+z$，则$\frac{\mathrm{d}u}{\mathrm{d}x}=1+\frac{\mathrm{d}y}{\mathrm{d}x}+\frac{\mathrm{d}z}{\mathrm{d}x}$，而$\frac{\mathrm{d}y}{\mathrm{d}x}=\psi'(x)$，$\frac{\mathrm{d}z}{\mathrm{d}x}=\frac{\partial\varphi}{\partial x}+\frac{\partial\varphi}{\partial y}\cdot\psi'(x)$，所以$\frac{\mathrm{d}w}{\mathrm{d}x}=f'(u)\cdot\frac{\mathrm{d}u}{\mathrm{d}x}=f'(x+y+z)\left(1+\psi'(x)+\frac{\partial\varphi}{\partial x}+\frac{\partial\varphi}{\partial y}\psi'(x)\right)$.

例 5 设 $z=\frac{y}{f(x^2-y^2)}$，其中 $f(u)$ 可导，证明$\frac{1}{x}\frac{\partial z}{\partial x}+\frac{1}{y}\frac{\partial z}{\partial y}=\frac{z}{y^2}$.

证 $\frac{\partial z}{\partial x}=-\frac{y}{f^2(x^2-y^2)}\cdot f'(x^2-y^2)2x=-\frac{2xyf'}{f^2}$,

$$\frac{\partial z}{\partial y}=\frac{f(x^2-y^2)-yf'(x^2-y^2)\cdot(-2y)}{f^2(x^2-y^2)}=\frac{1}{f}+\frac{2y^2f'}{f^2},$$

所以$\frac{1}{x}\frac{\partial z}{\partial x}+\frac{1}{y}\frac{\partial z}{\partial y}=-\frac{2yf'}{f^2}+\frac{1}{yf}+\frac{2yf'}{f^2}=\frac{1}{yf}=\frac{1}{y^2}\frac{y}{f}=\frac{z}{y^2}$.

例 6 设 $z=f(e^x\sin y, x^2+y^2)$，其中 f 具有二阶连续偏导数，求$\frac{\partial^2 z}{\partial x\partial y}$.

解 因为$\frac{\partial z}{\partial x}=f_1'\cdot e^x\sin y+f_2'\cdot 2x$，则$\frac{\partial^2 z}{\partial x\partial y}=e^x\cos y\cdot f_1'+e^x\sin y\cdot(f_{11}''\cdot e^x\cos y+f_{12}''\cdot 2y)+2x(f_{21}''\cdot e^x\cos y+f_{22}''\cdot 2y)$.

又因为 f 具有二阶连续的偏导数，则 $f_{12}''=f_{21}''$，所以

$$\frac{\partial^2 z}{\partial x\partial y}=e^x\cos yf_1'+e^{2x}\sin y\cos yf_{11}''+2e^x(y\sin y+x\cos y)f_{12}''+4xyf_{22}''.$$

例 7 设 $z=f(\sin x, \cos y, e^{x+y})$，其中 f 具有二阶连续偏导数，求$\frac{\partial^2 z}{\partial x\partial y}$.

解 因为$\frac{\partial z}{\partial x}=f_1'\cdot\cos x+f_3'\cdot e^{x+y}$，

$$\frac{\partial^2 z}{\partial x\partial y}=\cos x\left[f_{12}''\cdot(-\sin y)+f_{13}''e^{x+y}\right]+e^{x+y}f_3'+e^{x+y}\left[f_{32}''\cdot(-\sin y)+f_{33}''e^{x+y}\right]$$
$$=e^{x+y}f_3'-\sin y\cos x f_{12}''+e^{x+y}\cos x f_{13}''-e^{x+y}\sin y f_{32}''+e^{2x+2y}f_{33}''.$$

例 8 设 $z=f(2x-y)+g(x,xy)$，其中 $f(t)$ 二阶可导，$g(u,v)$ 具有连续的二阶偏导数，求$\frac{\partial^2 z}{\partial x\partial y}$.

解 $\frac{\partial z}{\partial x}=f'\cdot 2+g_1'+g_2'\cdot y$，

$$\frac{\partial^2 z}{\partial x\partial y}=2f'\cdot(-1)+g_{12}''\cdot x+g_2'+yg_{22}''\cdot x=-2f'+g_2'+xg_{12}''+xyg_{22}''.$$

7.5.3 习题详解

1. 求下列函数的全导数.

(1) 设 $z=\frac{v}{u}$，而 $u=\ln x$，$v=e^x$，求$\frac{dz}{dx}$；

(2) 设 $z=\arctan(x-y)$，而 $x=3t$，$y=4t^3$，求$\frac{dz}{dt}$；

(3) 设 $z=xy+yt$，而 $y=2^x$，$t=\sin x$，求$\frac{dz}{dx}$.

解 (1) $$\frac{dz}{dx}=\frac{\partial z}{\partial u}\frac{du}{dx}+\frac{\partial z}{\partial v}\frac{dv}{dx}=\left(-\frac{v}{u^2}\right)\cdot\frac{1}{x}+\frac{1}{u}\cdot e^x$$
$$=-\frac{e^x}{(\ln x)^2}\cdot\frac{1}{x}+\frac{1}{\ln x}\cdot e^x=\frac{e^x(x\ln x-1)}{x\ln^2 x};$$

(2) $$\frac{dz}{dt}=\frac{\partial z}{\partial x}\frac{dx}{dt}+\frac{\partial z}{\partial y}\frac{dy}{dt}=\frac{1}{1+(x-y)^2}\cdot 3+\frac{-1}{1+(x-y)^2}\cdot 12t^2$$
$$=\frac{3(1-4t^2)}{1+(3t-4t^3)^2};$$

(3) $$\frac{dz}{dx}=\frac{\partial z}{\partial x}+\frac{\partial z}{\partial y}\frac{dy}{dx}+\frac{\partial z}{\partial t}\frac{dt}{dx}=y+(x+t)\cdot 2^x\ln 2+y\cdot\cos x$$
$$=2^x(1+x\ln 2+\sin x\ln 2+\cos x).$$

2. 求下列函数的偏导数$\frac{\partial z}{\partial x}$和$\frac{\partial z}{\partial y}$.

(1) $z=ue^{\frac{u}{v}}$，而 $u=x^2+y^2$，$v=xy$；

(2) $z=u^2\ln v$，而 $u=\frac{x}{y}$，$v=3x-2y$；

(3) $z=\arctan\frac{u}{v}$，而 $u=x+y$，$v=x-y$；

(4) $z=f(x^2-y^2, e^{xy})$；

(5) $z=f(2x-y, y\sin x)$.

解 (1) $\frac{\partial z}{\partial x}=\frac{\partial z}{\partial u}\frac{\partial u}{\partial x}+\frac{\partial z}{\partial v}\frac{\partial v}{\partial x}=\left(e^{\frac{u}{v}}+ue^{\frac{u}{v}}\cdot\frac{1}{v}\right)\cdot 2x+ue^{\frac{u}{v}}\cdot\left(-\frac{u}{v^2}\right)\cdot y$

$=\left(1+\frac{u}{v}\right)e^{\frac{u}{v}}\cdot 2x-\frac{u^2}{v^2}e^{\frac{u}{v}}\cdot y$

$=e^{\frac{x^2+y^2}{xy}}\left(2x+\frac{2(x^2+y^2)}{y}-\frac{y(x^2+y^2)^2}{x^2y^2}\right)$,

$\frac{\partial z}{\partial y}=\frac{\partial z}{\partial u}\frac{\partial u}{\partial y}+\frac{\partial z}{\partial v}\frac{\partial v}{\partial y}=\left(e^{\frac{u}{v}}+ue^{\frac{u}{v}}\cdot\frac{1}{v}\right)\cdot 2y+ue^{\frac{u}{v}}\cdot\left(-\frac{u}{v^2}\right)\cdot x$

$=\left(1+\frac{u}{v}\right)e^{\frac{u}{v}}\cdot 2y-\frac{u^2}{v^2}e^{\frac{u}{v}}\cdot x$

$=e^{\frac{x^2+y^2}{xy}}\left(2y+\frac{2(x^2+y^2)}{x}-\frac{x(x^2+y^2)^2}{x^2y^2}\right)$.

(2) $\frac{\partial z}{\partial x}=\frac{\partial z}{\partial u}\frac{\partial u}{\partial x}+\frac{\partial z}{\partial v}\frac{\partial v}{\partial x}=2u\ln v\cdot\frac{1}{y}+\frac{u^2}{v}\cdot 3=2u\ln v\cdot\frac{1}{y}+\frac{3u^2}{v}$,

$\frac{\partial z}{\partial y}=\frac{\partial z}{\partial u}\frac{\partial u}{\partial y}+\frac{\partial z}{\partial v}\frac{\partial v}{\partial y}=2u\ln v\cdot\left(-\frac{x}{y^2}\right)+\frac{u^2}{v}\cdot(-2)$

$=2u\ln v\cdot\left(-\frac{x}{y^2}\right)-\frac{2u^2}{v}$.

(3) $\frac{\partial z}{\partial x}=\frac{\partial z}{\partial u}\frac{\partial u}{\partial x}+\frac{\partial z}{\partial v}\frac{\partial v}{\partial x}=\frac{1}{1+\left(\frac{u}{v}\right)^2}\cdot\frac{1}{v}\cdot 1+\frac{1}{1+\left(\frac{u}{v}\right)^2}\cdot\left(-\frac{u}{v^2}\right)\cdot 1$

$=\frac{v-u}{u^2+v^2}$,

$\frac{\partial z}{\partial y}=\frac{\partial z}{\partial u}\frac{\partial u}{\partial y}+\frac{\partial z}{\partial v}\frac{\partial v}{\partial y}=\frac{1}{1+\left(\frac{u}{v}\right)^2}\cdot\frac{1}{v}\cdot 1+\frac{1}{1+\left(\frac{u}{v}\right)^2}\cdot\left(-\frac{u}{v^2}\right)\cdot(-1)$

$=\frac{u+v}{u^2+v^2}$.

(4) $\frac{\partial z}{\partial x}=f'_1\cdot 2x+f'_2\cdot ye^{xy}=2xf'_1+ye^{xy}f'_2$,

$\frac{\partial z}{\partial y}=f'_1\cdot(-2y)+f'_2\cdot xe^{xy}=-2yf'_1+xe^{xy}f'_2$.

(5) $\frac{\partial z}{\partial x}=f'_1\cdot 2+f'_2\cdot y\cos x=2f'_1+y\cos xf'_2$,

$\frac{\partial z}{\partial y}=f'_1\cdot(-1)+f'_2\cdot\sin x=-f'_1+\sin xf'_2$.

3. 求函数 $z=\sin^2(ax+by)$ 的二阶偏导数.

解 $\frac{\partial z}{\partial x}=2\sin(ax+by)\cdot\cos(ax+by)\cdot a=a\sin[2(ax+by)]$；

$$\frac{\partial z}{\partial y}=2\sin(ax+by)\cdot\cos(ax+by)\cdot b=b\sin[2(ax+by)],$$

$$\frac{\partial^2 z}{\partial x^2}=a\cos[2(ax+by)]\cdot 2\cdot a=2a^2\cos[2(ax+by)],$$

$$\frac{\partial^2 z}{\partial x\partial y}=a\cos[2(ax+by)]\cdot 2\cdot b=2ab\cos[2(ax+by)],$$

$$\frac{\partial^2 z}{\partial y^2}=b\cos[2(ax+by)]\cdot 2\cdot b=2b^2\cos[2(ax+by)].$$

7.6 隐函数求导法

7.6.1 知识点分析

（1）由方程 $F(x, y)=0$ 确定的隐函数 $y=y(x)$ 的导数：$\frac{\mathrm{d}y}{\mathrm{d}x}=-\frac{F_x}{F_y}$.

（2）由方程 $F(x, y, z)=0$ 确定的隐函数 $z=z(x, y)$ 的偏导数：

$$\frac{\partial z}{\partial x}=-\frac{F_x}{F_z},\ \frac{\partial z}{\partial y}=-\frac{F_y}{F_z}.$$

7.6.2 典例解析

例 1 设 $x^2+y^2+z^2-4z=0$，求$\frac{\partial z}{\partial x}$，$\frac{\partial z}{\partial y}$.

解 方法一：公式法.

令 $F(x, y, z)=x^2+y^2+z^2-4z$，则 $F_x=2x$，$F_y=2y$，$F_z=2z-4$，所以$\frac{\partial z}{\partial x}=-\frac{F_x}{F_z}=-\frac{2x}{2z-4}=\frac{x}{2-z}$，$\frac{\partial z}{\partial y}=-\frac{F_y}{F_z}=-\frac{2y}{2z-4}=\frac{y}{2-z}$.

方法二：直接法.

方程两端同时对 x 求偏导，把 z 看作是关于 x，y 的二元函数，则 $2x+2z\frac{\partial z}{\partial x}-4\frac{\partial z}{\partial x}=0$，解得$\frac{\partial z}{\partial x}=\frac{x}{2-z}$，同理可得$\frac{\partial z}{\partial y}=\frac{y}{2-z}$.

方法三：微分法.

等式两端同时取微分，得 $\mathrm{d}x^2+\mathrm{d}y^2+\mathrm{d}z^2-\mathrm{d}(4z)=0$，即 $2x\mathrm{d}x+2y\mathrm{d}y+2z\mathrm{d}z-4\mathrm{d}z=0$，整理得 $\mathrm{d}z=\frac{x}{2-z}\mathrm{d}x+\frac{y}{2-z}\mathrm{d}y$，所以$\frac{\partial z}{\partial x}=\frac{x}{2-z}$，$\frac{\partial z}{\partial y}=\frac{y}{2-z}$.

例 2 设 $z=f(x, y)$ 是由方程 $z-y-x+x\mathrm{e}^{z-y-x}=0$ 所确定的二元函数，求 $\mathrm{d}z$.

解 设 $F(x, y, z)=z-y-x+x\mathrm{e}^{z-y-x}$，则 $F_x=-1+\mathrm{e}^{z-y-x}-x\mathrm{e}^{z-y-x}$，$F_y=-1-x\mathrm{e}^{z-y-x}$，$F_z=1+x\mathrm{e}^{z-y-x}$，故$\frac{\partial z}{\partial x}=-\frac{F_x}{F_z}=\frac{1+(x-1)\mathrm{e}^{z-y-x}}{1+x\mathrm{e}^{z-y-x}}$，$\frac{\partial z}{\partial y}=$

$-\dfrac{F_y}{F_z}=1$，所以 $\mathrm{d}z=\dfrac{1+(x-1)\mathrm{e}^{z-y-x}}{1+x\mathrm{e}^{z-y-x}}\mathrm{d}x+\mathrm{d}y$.

例 3 设 $z^3-3xyz=1$，求$\dfrac{\partial^2 z}{\partial x\partial y}$.

解 设 $F(x,y,z)=z^3-3xyz-1$，则 $F_x=-3yz$，$F_y=-3xz$，$F_z=3z^2-3xy$，所以 $\dfrac{\partial z}{\partial x}=-\dfrac{F_x}{F_z}=\dfrac{yz}{z^2-xy}$，$\dfrac{\partial z}{\partial y}=-\dfrac{F_y}{F_z}=\dfrac{xz}{z^2-xy}$，$\dfrac{\partial^2 z}{\partial x\partial y}=$

$\dfrac{\partial}{\partial y}\left(\dfrac{yz}{z^2-xy}\right)=\dfrac{(z^2-xy)\left(z+y\dfrac{\partial z}{\partial y}\right)-yz\left(2z\dfrac{\partial z}{\partial y}-x\right)}{(z^2-xy)^2}=\dfrac{z(z^4-2xyz^2-x^2y^2)}{(z^2-xy)^3}$.

例 4 设函数 $u=u(x,y)$ 由方程 $u=\varphi(u)+\int_y^x P(t)\mathrm{d}t$ 确定，其中 φ 可微，P 连续，且 $\varphi'(u)\neq 1$. 求 $P(x)\dfrac{\partial u}{\partial y}+P(y)\dfrac{\partial u}{\partial x}$.

解 令 $F(x,y,u)=u-\varphi(u)-\int_y^x P(t)\mathrm{d}t$，则 $F_x=-P(x)$，$F_y=P(y)$，$F_u=1-\varphi'(u)$，所以$\dfrac{\partial u}{\partial x}=-\dfrac{F_x}{F_u}=\dfrac{P(x)}{1-\varphi'(u)}$，$\dfrac{\partial u}{\partial y}=-\dfrac{F_y}{F_u}=\dfrac{-P(y)}{1-\varphi'(u)}$，因此 $P(x)\dfrac{\partial u}{\partial y}+P(y)\dfrac{\partial u}{\partial x}=\dfrac{-P(x)P(y)}{1-\varphi'(u)}+\dfrac{P(x)P(y)}{1-\varphi'(u)}=0$.

例 5 已知 $F\left(\dfrac{x}{z},\dfrac{y}{z}\right)=0$ 确定 $z=f(x,y)$，其中均有二阶连续偏导数，试证 $x\dfrac{\partial z}{\partial x}+y\dfrac{\partial z}{\partial y}=z$.

证 由公式法 $F_x=F_1'\cdot\dfrac{1}{z}$，$F_y=F_2'\cdot\dfrac{1}{z}$，$F_z=F_1'\cdot\left(-\dfrac{x}{z^2}\right)+F_2'\cdot\left(-\dfrac{y}{z^2}\right)$，则

$$\frac{\partial z}{\partial x}=-\frac{F_x}{F_z}=-\frac{\frac{1}{z}F_1'}{F_1'\cdot\left(-\frac{x}{z^2}\right)+F_2'\cdot\left(-\frac{y}{z^2}\right)}=\frac{zF_1'}{xF_1'+yF_2'},$$

$$\frac{\partial z}{\partial y}=-\frac{F_y}{F_z}=-\frac{\frac{1}{z}F_2'}{F_1'\cdot\left(-\frac{x}{z^2}\right)+F_2'\cdot\left(-\frac{y}{z^2}\right)}=\frac{zF_2'}{xF_1'+yF_2'},$$

故 $x\dfrac{\partial z}{\partial x}+y\dfrac{\partial z}{\partial y}=\dfrac{xzF_1'}{xF_1'+yF_2'}+\dfrac{yzF_2'}{xF_1'+yF_2'}=z$.

例 6 设 $u=f(x,y,z)=x^3y^2z^2$，其中 $z=z(x,y)$ 为由方程 $x^3+y^3+z^3-3xyz=0$ 所确定的函数，求$\left.\dfrac{\partial u}{\partial x}\right|_{(-1,0,1)}$.

解 方法一：由已知条件$\frac{\partial u}{\partial x}=f_x+f_z\cdot\frac{\partial z}{\partial x}=3x^2y^2z^2+2x^3y^2z\frac{\partial z}{\partial x}$，而令$F(x,y,z)=x^3+y^3+z^3-3xyz$，可得$\frac{\partial z}{\partial x}=-\frac{F_x}{F_z}=-\frac{x^2-yz}{z^2-xy}$，所以$\frac{\partial u}{\partial x}=3x^2y^2z^2-2x^3y^2z\frac{x^2-yz}{z^2-xy}$，故$\left.\frac{\partial u}{\partial x}\right|_{(-1,0,1)}=0$.

方法二：$\left.\frac{\partial u}{\partial x}\right|_{(-1,0,1)}=\left.\frac{\mathrm{d}f[x,0,z(x,0)]}{\mathrm{d}x}\right|_{x=-1}=\left.\frac{\mathrm{d}0}{\mathrm{d}x}\right|_{x=-1}=0$.

7.6.3 习题详解

1. 求下列函数所确定的隐函数的导数$\frac{\mathrm{d}y}{\mathrm{d}x}$.

(1) $xy-\ln y=\mathrm{e}$； (2) $\ln\sqrt{x^2+y^2}=\arctan\frac{y}{x}$；

(3) $y-x\mathrm{e}^y+x=0$.

解 (1) 令$F(x,y)=xy-\ln y-\mathrm{e}$，则$F_x=y$，$F_y=x-\frac{1}{y}$.

所以$\frac{\mathrm{d}y}{\mathrm{d}x}=-\frac{F_x}{F_y}=-\frac{y}{x-\frac{1}{y}}=\frac{y^2}{1-xy}$.

(2) 原式可变形为$\frac{1}{2}\ln(x^2+y^2)=\arctan\frac{y}{x}$.

令$F(x,y)=\frac{1}{2}\ln(x^2+y^2)-\arctan\frac{y}{x}$，则

$$F_x=\frac{1}{2}\cdot\frac{1}{x^2+y^2}\cdot 2x-\frac{1}{1+\left(\frac{y}{x}\right)^2}\cdot\left(-\frac{y}{x^2}\right)=\frac{x+y}{x^2+y^2},$$

$$F_y=\frac{1}{2}\cdot\frac{1}{x^2+y^2}\cdot 2y-\frac{1}{1+\left(\frac{y}{x}\right)^2}\cdot\frac{1}{x}=\frac{y-x}{x^2+y^2},$$

所以$\frac{\mathrm{d}y}{\mathrm{d}x}=-\frac{F_x}{F_y}=\frac{x+y}{x-y}$.

(3) 令$F(x,y)=y-x\mathrm{e}^y+x$，则$F_x=-\mathrm{e}^y+1$，$F_y=1-x\mathrm{e}^y$.

所以$\frac{\mathrm{d}y}{\mathrm{d}x}=-\frac{F_x}{F_y}=\frac{\mathrm{e}^y-1}{1-x\mathrm{e}^y}$.

2. 求下列函数所确定的隐函数的偏导数$\frac{\partial z}{\partial x}$和$\frac{\partial z}{\partial y}$.

(1) $\sin(xy)+\cos(xz)=\tan(yz)$； (2) $\frac{x}{z}=\ln\frac{z}{y}$；

(3) $\mathrm{e}^z=xyz$； (4) $x+2y+z=2\sqrt{xyz}$；

(5) $z^3-2xz+y=0$.

解 (1) 令 $F(x,y,z)=\sin(xy)+\cos(xz)-\tan(yz)$，则 $F_x=y\cos(xy)-z\sin(xz)$，$F_y=x\cos(xy)-z\sec^2(yz)$，$F_z=-x\sin(xz)-y\sec^2(yz)$.

故 $z_x=-\dfrac{F_x}{F_z}=\dfrac{y\cos(xy)-z\sin(xz)}{x\sin(xz)+y\sec^2(yz)}$，$z_y=-\dfrac{F_y}{F_z}=\dfrac{x\cos(xy)-z\sec^2(yz)}{x\sin(xz)+y\sec^2(yz)}$.

(2) 令 $F(x,y,z)=\dfrac{x}{z}-\ln\dfrac{z}{y}=\dfrac{x}{z}-\ln z+\ln y$，则 $F_x=\dfrac{1}{z}$，$F_y=\dfrac{1}{y}$，

$F_z=-\dfrac{x}{z^2}-\dfrac{1}{z}$. 故 $z_x=-\dfrac{F_x}{F_z}=\dfrac{\dfrac{1}{z}}{\dfrac{x}{z^2}+\dfrac{1}{z}}=\dfrac{z}{x+z}$，$z_y=-\dfrac{F_y}{F_z}=\dfrac{\dfrac{1}{y}}{\dfrac{x}{z^2}+\dfrac{1}{z}}=\dfrac{z^2}{y(x+z)}$.

(3) 令 $F(x,y,z)=e^z-xyz$，则 $F_x=-yz$，$F_y=-xz$，$F_z=e^z-xy$.

故 $z_x=-\dfrac{F_x}{F_z}=\dfrac{yz}{e^z-xy}=\dfrac{yz}{xyz-xy}=\dfrac{z}{x(z-1)}$，$z_y=-\dfrac{F_y}{F_z}=\dfrac{xz}{e^z-xy}=\dfrac{xz}{xyz-xy}$

$=\dfrac{z}{y(z-1)}$.

(4) 令 $F(x,y,z)=x+2y+z-2\sqrt{xyz}$，则 $F_x=1-2\cdot\dfrac{1}{2\sqrt{xyz}}\cdot yz=1-\dfrac{yz}{\sqrt{xyz}}$，$F_y=2-2\cdot\dfrac{1}{2\sqrt{xyz}}\cdot xz=2-\dfrac{xz}{\sqrt{xyz}}$，$F_z=1-2\cdot\dfrac{1}{2\sqrt{xyz}}\cdot xy=1-\dfrac{xy}{\sqrt{xyz}}$. 故 $z_x=-\dfrac{F_x}{F_z}=\dfrac{\sqrt{xz}-z\sqrt{y}}{x\sqrt{y}-\sqrt{xz}}$，$z_y=-\dfrac{F_y}{F_z}=\dfrac{2\sqrt{yz}-z\sqrt{x}}{y\sqrt{x}-\sqrt{yz}}$.

(5) 令 $F(x,y,z)=z^3-2xz+y$，则 $F_x=-2z$，$F_y=1$，$F_z=3z^2-2x$.

故 $z_x=-\dfrac{F_x}{F_z}=\dfrac{2z}{3z^2-2x}$，$z_y=-\dfrac{F_y}{F_z}=\dfrac{1}{2x-3z^2}$.

3. 设 $2\sin(x+2y-3z)=x+2y-3z$，证明：$\dfrac{\partial z}{\partial x}+\dfrac{\partial z}{\partial y}=1$.

证 令 $F(x,y,z)=2\sin(x+2y-3z)-x-2y+3z$，则 $F_x=2\cos(x+2y-3z)-1$，$F_y=2\cos(x+2y-3z)\cdot 2-2=4\cos(x+2y-3z)-2$，$F_z=2\cos(x+2y-3z)\cdot(-3)+3=-6\cos(x+2y-3z)+3$.

故 $z_x=-\dfrac{F_x}{F_z}=\dfrac{2\cos(x+2y-3z)-1}{6\cos(x+2y-3z)-3}$，$z_y=-\dfrac{F_y}{F_z}=\dfrac{4\cos(x+2y-3z)-2}{6\cos(x+2y-3z)-3}$.

所以 $\dfrac{\partial z}{\partial x}+\dfrac{\partial z}{\partial y}=\dfrac{2\cos(x+2y-3z)-1}{6\cos(x+2y-3z)-3}+\dfrac{4\cos(x+2y-3z)-2}{6\cos(x+2y-3z)-3}$

$$=\frac{6\cos(x+2y-3z)-3}{6\cos(x+2y-3z)-3}=1.$$

4. 设 $x^2+y^2+z^2=yf\left(\dfrac{z}{y}\right)$，其中 f 可导，求 $\dfrac{\partial z}{\partial x}$，$\dfrac{\partial z}{\partial y}$.

解 令 $F(x,y,z)=x^2+y^2+z^2-yf\left(\dfrac{z}{y}\right)$，则 $F_x=2x$，$F_y=2y-f\left(\dfrac{z}{y}\right)-$

$yf'\left(\frac{z}{y}\right)\cdot\left(-\frac{z}{y^2}\right)=2y-f\left(\frac{z}{y}\right)+\frac{z}{y}f'\left(\frac{z}{y}\right)$，$F_z=2z-yf'\left(\frac{z}{y}\right)\cdot\frac{1}{y}=2z-f'\left(\frac{z}{y}\right)$. 故 $z_x=-\frac{F_x}{F_z}=\frac{2x}{f'\left(\frac{z}{y}\right)-2z}$，$z_y=-\frac{F_y}{F_z}=\frac{yf\left(\frac{z}{y}\right)-zf'\left(\frac{z}{y}\right)-2y^2}{2yz-yf'\left(\frac{z}{y}\right)}$.

7.7 多元函数的极值及其应用

7.7.1 知识点分析

1. 二元函数极值的定义

设函数 $z=f(x, y)$ 在点 $P_0(x_0, y_0)$ 的某一邻域内有定义，对于该邻域内异于 $P_0(x_0, y_0)$ 的任意一点 $P(x, y)$，如果 $f(x, y)<f(x_0, y_0)$，则称 $f(x_0, y_0)$ 为函数的极大值；如果 $f(x, y)>f(x_0, y_0)$，则称 $f(x_0, y_0)$ 为函数的极小值. 极大值、极小值统称为极值. 使函数取得极值的点称为极值点.

2. 二元函数取极值的必要条件

设函数 $z=f(x, y)$ 在点 $P_0(x_0, y_0)$ 处具有偏导数，且在点 $P_0(x_0, y_0)$ 处有极值，则有 $f_x(x_0, y_0)=0$，$f_y(x_0, y_0)=0$. 即可偏导函数的极值点一定是驻点.

注 驻点不一定都是极值点. 如函数 $z=xy$，$(0, 0)$ 是其驻点，但并非极值点.

可疑的极值点：驻点和偏导数不存在的点. 如函数 $z=\sqrt{x^2+y^2}$，$(0, 0)$ 点偏导数虽不存在，但 $(0, 0)$ 是其极小值点.

3. 二元函数取极值的充分条件

若 $P_0(x_0, y_0)$ 是函数 $z=f(x, y)$ 的驻点，即 $f_x(x_0, y_0)=0$，$f_y(x_0, y_0)=0$，令 $f_{xx}(x_0, y_0)=A$，$f_{xy}(x_0, y_0)=B$，$f_{yy}(x_0, y_0)=C$，则

(1) 当 $AC-B^2>0$ 时，函数 $f(x, y)$ 在 $P_0(x_0, y_0)$ 处有极值，且当 $A>0$ 时有极小值 $f(x_0, y_0)$，当 $A<0$ 时有极大值 $f(x_0, y_0)$；

(2) 当 $AC-B^2<0$ 时，函数 $f(x, y)$ 在 $P_0(x_0, y_0)$ 处无极值；

(3) 当 $AC-B^2=0$ 时，需另作讨论.

4. 二元函数求极值的步骤

(1) 解方程组 $f_x(x, y)=0$，$f_y(x, y)=0$ 得驻点；

(2) 对每一个驻点 (x_0, y_0)，求出在这一点的二阶偏导数的值 A，B，C；

(3) 根据 $AC-B^2$ 的符号，利用结论判断 $f(x_0, y_0)$ 是否是极值.

5. 二元函数的最值

(1) 若函数 $f(x, y)$ 在有界闭区域 D 上连续，则求出 $f(x, y)$ 在各驻点和不可偏导点的函数值及在边界上的最大值和最小值，然后加以比较即可.

(2) 在实际问题中，根据问题的实际背景，可以判断函数 $f(x, y)$ 的最大（小）值一定在 D 的内部取得，而函数在 D 内只有一个驻点，则此驻点即 $f(x, y)$ 在 D 上的最大（小）值点.

6. 条件极值的求法

(1) 转化为无条件极值.

(2) 拉格朗日乘数法.

在条件 $\varphi(x, y)=0$ 下，求目标函数 $z=f(x, y)$ 的极值，步骤如下：

① 构造拉格朗日函数 $L(x, y, \lambda)=f(x, y)+\lambda\varphi(x, y)$.

② 解方程组 $\begin{cases} L_x=f_x(x, y)+\lambda\varphi_x(x, y)=0, \\ L_y=f_y(x, y)+\lambda\varphi_y(x, y)=0, \\ \varphi(x, y)=0, \end{cases}$ 得 x，y.

③ 点 (x, y) 就是 $z=f(x, y)$ 在附加条件 $\varphi(x, y)=0$ 下的可能的极值点.

7.7.2 典例解析

例 1 求函数 $f(x, y)=e^{x-y}(x^2-2y^2)$ 的极值.

解 解方程组 $\begin{cases} f_x(x, y)=e^{x-y}(x^2-2y^2+2x)=0, \\ f_y(x, y)=e^{x-y}(-x^2+2y^2-4y)=0, \end{cases}$ 得驻点 $(0, 0)$，$(-4, -2)$，又 $f_{xx}(x, y)=e^{x-y}(x^2-2y^2+4x+2)=A$，$f_{xy}(x, y)=e^{x-y}(-x^2+2y^2-2x-4y)=B$，$f_{yy}(x, y)=e^{x-y}(x^2-2y^2+8y-4)=C$，在 $(0, 0)$ 点处，$A=2$，$B=0$，$C=-4$，$AC-B^2<0$，故在 $(0, 0)$ 处不取极值. 在 $(-4, -2)$ 点处，$A=-6e^{-2}$，$B=8e^{-2}$，$C=-12e^{-2}$，$AC-B^2>0$，$A<0$，故在 $(-4, -2)$ 处有极大值 $f(-4, -2)=8e^{-2}$.

例 2 抛物面 $z=x^2+y^2$ 被平面 $x+y+z=1$ 截成一椭圆，求原点到这椭圆的最长与最短距离.

解 设 (x, y, z) 是该椭圆上任一点，必须同时满足已知的抛物面及平面的方程，于是约束条件为 $z=x^2+y^2$ 与 $x+y+z=1$.

所求距离 $d=\sqrt{x^2+y^2+z^2}$，为运算方便，改目标函数为 $d^2=x^2+y^2+z^2$，构造拉格朗日函数

$$L(x, y, z, \lambda, \mu)=x^2+y^2+z^2+\lambda(z-x^2-y^2)+\mu(x+y+z-1).$$

$$令\begin{cases}L_x=2x-2\lambda x+\mu=0 & ①\\L_y=2y-2\lambda y+\mu=0 & ②\\L_z=2z+\lambda+\mu=0 & ③\\L_\lambda=z-x^2+y^2=0 & ④\\L_\mu=x+y+z-1=0 & ⑤\end{cases}$$

由①②得 $x=y$，代入④⑤得 $z=2x^2$，$z=1-2x$，所以解得 $x=y=\frac{-1\pm\sqrt{3}}{2}$，$z=2\mp\sqrt{3}$，得两个驻点 $\left(\frac{-1\pm\sqrt{3}}{2},\ \frac{-1\pm\sqrt{3}}{2},\ 2\mp\sqrt{3}\right)$.

由问题的实际意义知，此最大及最小距离都存在，现仅有两个驻点，最大与最小必分别在这两点取得，$d^2=x^2+y^2+z^2=9\pm5\sqrt{3}$，所以 $d_1=\sqrt{9+5\sqrt{3}}$，$d_2=\sqrt{9-5\sqrt{3}}$ 分别为所求的最长与最短距离.

例 3 欲造一无盖的长方形容器，已知底部造价为每平方米 3 元，侧面造价为每平方米 1 元，现想用 36 元造一容积为最大的容器，求它的尺寸.

解 设长方体的长、宽、高分别为 x，y，z，单位：m，它的容积为 $V=xyz$（x，y，$z>0$），问题就转化为求 V 在条件 $3xy+2xz+2yz=36$ 下的最大值问题. 构造拉格朗日函数 $L(x,\ y,\ z)=xyz+\lambda(3xy+2xz+2yz-36)$.

令 $\begin{cases}L_x=yz+3\lambda y+2\lambda z=0,\\L_y=xz+3\lambda x+2\lambda z=0,\\L_z=xy+2\lambda x+2\lambda y=0,\\3xy+2xz+2yz=36,\end{cases}$ 解得 $\begin{cases}x=y=2,\\z=3.\end{cases}$ 由实际问题的意义知，一定存在满足条件的容积最大的长方形容器，又驻点唯一，所以长、宽、高分别为 2 m、2 m、3 m 时该容器的容积最大.

例 4 某工厂生产甲、乙两种产品，当这两种产品的产量分别为 x 和 y（单位：t）时的总收益函数为 $R(x,\ y)=42x+27y-4x^2-2xy-y^2$，总成本函数为 $C(x,\ y)=36+8x+12y$（单位：万元）. 除此之外，生产甲、乙两种产品每吨还需分别支付排污费 2 万元、1 万元.

（1）在不限制排污费用支出的情况下，这两种产品的产量各为多少吨时总利润最大？总利润是多少？

（2）当限制排污费用支出总额为 8 万元的条件下，甲、乙两种产品的产量各为多少时总利润最大？最大总利润是多少？

解 （1）总利润为 $L(x,\ y)=R(x,\ y)-C(x,\ y)-2x-y=-4x^2-2xy-y^2+32x+14y-36$（$x$，$y>0$）令 $L_x=-8x-2y+32=0$，$L_y=-2x-2y+14=0$，解得 $x=3$，$y=4$. 又 $L_{xx}=-8=A$，$L_{xy}=-2=B$，$L_{yy}=-2=C$，$AC-B^2>0$，$A<0$，所以 L（3，4）为极大值亦即最大值，即这两种产品的产量各为 3 t 和 4 t 时总利润最大，最大值为 40 万元.

(2) 问题可转化为求利润函数在附加条件 $2x+y=8$ 下的最大值问题.

做拉格朗日函数 $F(x, y, \lambda)=-4x^2-2xy-y^2+32x+14y-36+\lambda(2x+y-8)$. 解方程组 $\begin{cases}F_x=-8x-2y+32+2\lambda=0,\\ F_y=-2x-2y+14+\lambda=0,\\ F_\lambda=2x+y-8=0,\end{cases}$ 可得 $x=2.5$, $y=3$.

因实际背景可知最大值一定存在，又驻点唯一，所以在限制排污费用支出总额为 8 万元的条件下，两种产品的产量分别为 2.5 t 和 3 t 时总利润最大，最大值为 37 万元.

7.7.3 习题详解

1. 求函数 $f(x, y)=x^3+y^3-3xy$ 的极值.

解 $f_x=3x^2-3y$，$f_y=3y^2-3x$，则令

$$\begin{cases}f_x=3x^2-3y=0,\\ f_y=3y^2-3x=0,\end{cases}$$

求得驻点 (0, 0), (1, 1).

再求出二阶偏导数 $f_{xx}=6x$，$f_{xy}=-3$，$f_{yy}=6y$.

在点 (0, 0) 处，$AC-B^2=-9<0$，所以函数在 (0, 0) 处无极值；

在点 (1, 1) 处，$AC-B^2=27>0$，又 $A>0$，所以函数在 (1, 1) 处有极小值 $f(1, 1)=-1$.

2. 求函数 $f(x, y)=4(x-y)-x^2-y^2$ 的极值.

解 $f_x=4-2x$，$f_y=-4-2y$，则令

$$\begin{cases}f_x=4-2x=0,\\ f_y=-4-2y=0,\end{cases}$$

求得驻点 (2, −2).

再求出二阶偏导数 $f_{xx}=-2$，$f_{xy}=0$，$f_{yy}=-2$.

在点 (2, −2) 处，$AC-B^2=4>0$，又 $A<0$，所以函数在 (2, −2) 处有极大值 $f(2, -2)=8$.

3. 求函数 $f(x, y)=e^{2x}(x+y^2+2y)$ 的极值.

解 $f_x=2e^{2x}(x+y^2+2y)+e^{2x}$，$f_y=e^{2x}(2y+2)$.

令

$$\begin{cases}f_x=e^{2x}(2x+2y^2+4y+1)=0,\\ f_y=e^{2x}(2y+2)=0,\end{cases}$$

求得驻点 $\left(\frac{1}{2}, -1\right)$.

再求出二阶偏导数 $f_{xx}=4e^{2x}(x+y^2+2y+1)$，$f_{xy}=4e^{2x}(y+1)$，$f_{yy}=2e^{2x}$. 在点 $\left(\frac{1}{2}, -1\right)$ 处，$AC-B^2=4e^2>0$，又 $A>0$，所以函数在 $\left(\frac{1}{2}, -1\right)$ 处有

极小值 $f\left(\frac{1}{2}, -1\right)=-\frac{e}{2}$.

4. 某厂家生产的一种产品同时在两个市场销售，售价分别为 P_1 和 P_2，销售量分别为 Q_1 和 Q_2，需求函数分别为 $Q_1=24-0.2P_1$，$Q_2=10-0.5P_2$；总成本函数为 $C=34+40(Q_1+Q_2)$，问厂家如何确定两个市场的售价，能使其获得的总利润最大？最大利润为多少？

解 总收入为 $R=P_1Q_1+P_2Q_2=P_1(24-0.2P_1)+P_2(10-0.5P_2)$，
总成本为 $C=34+40(Q_1+Q_2)=34+40(24-0.2P_1+10-0.5P_2)$，即总利润函数 $L=R-C=P_1(24-0.2P_1)+P_2(10-0.5P_2)-34-40(24-0.2P_1+10-0.5P_2)=-0.2P_1^2-0.5P_2^2+32P_1+30P_2-1\ 394$.
且由 $L_{P_1}=-0.4P_1+32=0$，$L_{P_2}=-P_2+30=0$ 得到唯一的驻点（80，30），又因为 $A=L_{P_1P_1}=-0.4$，$B=L_{P_1P_2}=0$，$C=L_{P_2P_2}=-1$，$AC-B^2=0.4>0$，$A=-0.4<0$.
所以（80，30）为极大值点，则该点是最大值点，即两个市场售价分别为 80 和 30 时所获得的利润最大，最大利润为 $L(80, 30)=336$.

5. 某养殖场饲养两种鱼，若甲种鱼放养 x（万尾），乙种鱼放养 y（万尾），收获时两种鱼的收获量分别为 $(3-\alpha x-\beta y)x$，$(4-\beta x-2\alpha y)y(\alpha>\beta>0)$，求使得产鱼总量最大的放养数？

解 产鱼总量 $f(x, y)=(3-\alpha x-\beta y)x+(4-\beta x-2\alpha y)y(\alpha>\beta>0)$. 由 $f_x(x, y)=3-2\alpha x-2\beta y=0$，$f_y(x, y)=4-4\alpha y-2\beta x=0$ 得驻点 $\left(\frac{3\alpha-2\beta}{2\alpha^2-\beta^2}, \frac{4\alpha-3\beta}{2(2\alpha^2-\beta^2)}\right)$. 又因为 $A=f_{xx}(x, y)=-2\alpha$，$B=f_{xy}(x, y)=-2\beta$，$C=f_{yy}(x, y)=-4\alpha$，$AC-B^2=8\alpha^2-4\beta^2>0$（$\alpha>\beta>0$），$A<0$.
所以在此驻点处函数取极大值，亦即最大值，即产鱼总量最大的放养数分别是甲种鱼 $\frac{3\alpha-2\beta}{2\alpha^2-\beta^2}$ 万尾，乙种鱼 $\frac{4\alpha-3\beta}{2(2\alpha^2-\beta^2)}$ 万尾.

6. 要造一个容积等于定数 k 的长方体无盖水池，应如何选择水池的尺寸，方可使它的表面积最小？

解 设长方体的长、宽、高分别为 x，y，z，则问题就是在条件 $xyz=k$ 下，求函数 $S=xy+2yz+2xz$（$x, y, z>0$）的最大值. 构造拉格朗日函数

$$L(x, y, z, \lambda)=xy+2yz+2xz+\lambda(xyz-k).$$

令
$$\begin{cases} L_x=y+2z+\lambda yz=0, & ① \\ L_y=x+2z+\lambda xz=0, & ② \\ L_z=2(x+y)+\lambda xy=0, & ③ \\ L_\lambda=xyz-k=0, & ④ \end{cases}$$

由①②得 $x=y$，代入②③得 $z=\frac{1}{2}x=\frac{1}{2}y$，所以解方程组得 $x=y=\sqrt[3]{2k}$，

$z=\frac{\sqrt[3]{2k}}{2}$. 这是唯一可能的极值点. 由问题本身的意义知，最小值一定存在，所以最小值就在这个可能的极值点处取得，也就是说，水池长宽分别为 $\sqrt[3]{2k}$，高为 $\frac{\sqrt[3]{2k}}{2}$ 时，可使它的表面积最小.

7. 设生产某种产品需要投入两种要素，x_1 和 x_2 分别为两种要素的投入量，Q 为产出量. 若生产函数 $Q=2x_1^{\alpha}x_2^{\beta}$，其中 α，β 为正常数，且 $\alpha+\beta=1$，假设两种要素的价格分别为 P_1 和 P_2，试问：当产出量为 12 时，两种要素各投入多少可以使得投入总费用最小.

解 投入总费用为 $f(x_1, x_2)=x_1P_1+x_2P_2$，问题即求目标函数 $f(x_1, x_2)$ 在约束条件 $2x_1^{\alpha}x_2^{\beta}=12$ 下的最小值. 做拉格朗日函数

$$L(x_1, x_2, \lambda)=x_1P_1+x_2P_2+\lambda(2x_1^{\alpha}x_2^{\beta}-12).$$

解方程组 $\begin{cases} L_{x_1}=P_1+\lambda 2\alpha x_1^{\alpha-1}x_2^{\beta}=0, \\ L_{x_2}=P_2+\lambda 2\beta x_1^{\alpha}x_2^{\beta-1}=0, \\ L_{\lambda}=2^{\alpha}x_1x_2^{\beta}-12=0, \end{cases}$ 得驻点 $x_1=6\left(\frac{P_2\alpha}{P_1\beta}\right)^{\beta}$，$x_2=6\left(\frac{P_1\beta}{P_2\alpha}\right)^{\alpha}$.

因为此驻点是唯一可能的极值点，又由问题本身可知总费用的最小值一定存在，所以当两种要素分别投入 $x_1=6\left(\frac{P_2\alpha}{P_1\beta}\right)^{\beta}$，$x_2=6\left(\frac{P_1\beta}{P_2\alpha}\right)^{\alpha}$ 时，可使投入总费用最小.

8. 某工厂生产两种产品 A 与 B，出售单价分别为 10 元与 9 元，生产 x 单位的产品 A 与生产 y 单位的产品 B 的总费用是 $400+2x+3y+0.01(3x^2+xy+3y^2)$（元）. 求取得最大利润时两种产品的产量.

解 总收入为 $R(x, y)=10x+9y$，总成本为 $C(x, y)=400+2x+3y+0.01(3x^2+xy+3y^2)$，即总利润函数 $L(x, y)=10x+9y-[400+2x+3y+0.01(3x^2+xy+3y^2)]$，$x\geqslant 0$，$y\geqslant 0$.

且由 $L_x(x, y)=8-0.06x-0.01y=0$，$L_y(x, y)=6-0.01x-0.06y=0$，得到唯一的驻点（120，80），又因为 $A=L_{xx}(x, y)=-0.06$，$B=L_{xy}(x, y)=-0.01$，$C=L_{yy}(x, y)=-0.06$，$AC-B^2=0.0035>0$，$A=-0.06<0$，所以（120，80）为极大值点，则该点是最大值点，即生产产品 A 120 件，产品 B 80 件时所获得的利润最大.

9. 设生产某种产品的数量与所用两种原料 A、B 的数量 x，y 间有关系式 $P(x, y)=0.005x^2y$. 欲用 150 元购料，已知 A、B 原料的单价分别为 1 元、2 元，问购进两种原料各多少可使生产的数量最多？

解 产品的数量为 $P(x, y)=0.005x^2y$. 限制条件为 $x+2y=150$，依条件极值问题的解法，令 $L(x, y, \lambda)=P(x, y)=0.005x^2y+\lambda(x+2y-150)$.

解方程组$\begin{cases}L_x=0.01xy+\lambda=0\\L_y=0.005x^2+2\lambda=0\\L_\lambda=x+2y-150=0\end{cases}$的前两个方程可得 $x=4y$.

又 $x+2y-150=0$，得唯一的驻点 $x=100$，$y=25$. 根据问题本身的意义以及驻点的唯一性可知，当购进 A 原料数量为 100，B 原料数量为 25 时，可使生产的数量最多.

复习题 7 解答

1. 在“充分”“必要”和“充要”三者中选择一个正确的填入下列空格内.

(1) 函数 $f(x, y)$ 在点 (x, y) 可微分是 $f(x, y)$ 在该点连续的________条件. $f(x, y)$ 在点 (x, y) 连续是 $f(x, y)$ 在该点可微分的________条件.

(2) 函数 $z=f(x, y)$ 在点 (x, y) 的偏导数$\frac{\partial z}{\partial x}$及$\frac{\partial z}{\partial y}$存在是 $f(x, y)$ 在该点可微分的________条件. $z=f(x, y)$ 在点 (x, y) 可微分是函数在该点的偏导数$\frac{\partial z}{\partial x}$及$\frac{\partial z}{\partial y}$存在的________条件.

(3) 函数 $z=f(x, y)$ 在点 (x, y) 的偏导数$\frac{\partial z}{\partial x}$及$\frac{\partial z}{\partial y}$存在且连续是$f(x, y)$在该点可微分的________条件.

(4) 函数 $z=f(x, y)$ 的两个二阶混合偏导数$\frac{\partial^2 z}{\partial x\partial y}$及$\frac{\partial^2 z}{\partial y\partial x}$在区域 D 内连续是这两个二阶混合偏导数在 D 内相等的________条件.

解 (1) 充分，必要；(2) 必要，充分；(3) 必要；(4) 充分.

2. 已知点 (x_0, y_0) 使得 $f_x(x_0, y_0)=0$，$f_y(x_0, y_0)=0$，则 (　　).

A. 点 (x_0, y_0) 是 $f(x, y)$ 的驻点

B. 点 (x_0, y_0) 是 $f(x, y)$ 的极值点

C. 函数 $z=f(x, y)$ 在点 (x_0, y_0) 处连续

D. 点 (x_0, y_0) 是 $f(x, y)$ 的最值点.

解 正确选项为 A.

3. 求下列极限.

(1) $\lim\limits_{\substack{x\to1\\y\to0}}\frac{e^x\cos y}{3x^2+y^2+1}$；　　(2) $\lim\limits_{\substack{x\to0\\y\to0}}\frac{(2+x)\sin(x^2+y^2)}{x^2+y^2}$.

解 (1) $\lim\limits_{\substack{x\to1\\y\to0}}\frac{e^x\cos y}{3x^2+y^2+1}=\frac{e\cdot1}{3+0+1}=\frac{e}{4}$；

(2) $\lim\limits_{\substack{x\to0\\y\to0}}\frac{(2+x)\sin(x^2+y^2)}{x^2+y^2}=\lim\limits_{\substack{x\to0\\y\to0}}(2+x)\cdot\frac{\sin(x^2+y^2)}{x^2+y^2}=2\cdot1=2.$

4. 设函数 $f(x,y)=\begin{cases}(x^2+y^2)\sin\dfrac{1}{x^2+y^2}, & x^2+y^2\neq 0,\\ 0, & x^2+y^2=0,\end{cases}$ 问函数 $f(x,y)$ 在点（0，0）处，偏导数是否存在？

解 根据偏导数的定义有

$$f_x(0,0)=\lim_{\Delta x\to 0}\frac{f(0+\Delta x,0)-f(0,0)}{\Delta x}=\lim_{\Delta x\to 0}\frac{(\Delta x)^2\sin\dfrac{1}{(\Delta x)^2}-0}{\Delta x}$$

$$=\lim_{\Delta x\to 0}\Delta x\sin\frac{1}{(\Delta x)^2}=0\text{（无穷小与有界量的乘积仍为无穷小），}$$

同理 $f_y(0,0)=0$，故 $f(x,y)$ 在点（0，0）处偏导数存在.

5. 求下列函数的二阶偏导数：

（1）$z=\ln(x+y^2)$；　　（2）$z=x\sin(x+y)$.

解 （1）$z_x=\dfrac{1}{x+y^2}$，$z_y=\dfrac{1}{x+y^2}\cdot 2y=\dfrac{2y}{x+y^2}$，$z_{xx}=-\dfrac{1}{(x+y^2)^2}$，$z_{xy}=-\dfrac{2y}{(x+y^2)^2}$，$z_{yy}=\dfrac{2\cdot(x+y^2)-2y\cdot 2y}{(x+y^2)^2}=\dfrac{2(x-y^2)}{(x+y)^2}$.

（2）$z_x=\sin(x+y)+x\cos(x+y)$，$z_y=x\cos(x+y)$，$z_{xx}=\cos(x+y)+\cos(x+y)-x\sin(x+y)=2\cos(x+y)-x\sin(x+y)$，$z_{xy}=\cos(x+y)-x\sin(x+y)$，$z_{yy}=-x\sin(x+y)$.

6. 求函数 $z=\dfrac{y}{x}$ 当 $x=2$，$y=1$，$\Delta x=0.1$，$\Delta y=-0.2$ 时的全增量 Δz 和全微分 $\mathrm{d}z$.

解 $\Delta z=f(2+0.1,1-0.2)-f(2,1)=\dfrac{\frac{4}{5}}{\frac{21}{10}}-\dfrac{1}{2}\approx-0.12$，

$\mathrm{d}z=-\dfrac{y}{x^2}\mathrm{d}x+\dfrac{1}{x}\mathrm{d}y$，则函数在 $x=2$，$y=1$，$\Delta x=0.1$，$\Delta y=-0.2$ 时的全微分为 $\mathrm{d}z=-\dfrac{1}{4}\cdot 0.1+\dfrac{1}{2}\cdot(-0.2)=-\dfrac{1}{8}$.

7. 设函数 $u=x^y$，而 $x=\varphi(t)$，$y=\psi(t)$ 都是可微函数，求 $\dfrac{\mathrm{d}u}{\mathrm{d}t}$.

解 $\dfrac{\mathrm{d}u}{\mathrm{d}t}=\dfrac{\partial u}{\partial x}\dfrac{\mathrm{d}x}{\mathrm{d}t}+\dfrac{\partial u}{\partial y}\dfrac{\mathrm{d}y}{\mathrm{d}t}=yx^{y-1}\cdot\varphi'(t)+x^y\ln x\cdot\psi'(t)=x^{y-1}[y\varphi'(t)+x\ln x\psi'(t)]$.

8. 设 $z=f(u,x,y)$，$u=x\mathrm{e}^y$，其中 f 具有连续的二阶偏导数，求 $\dfrac{\partial^2 z}{\partial x\partial y}$.

解 $\dfrac{\partial z}{\partial x}=f_1'\cdot\mathrm{e}^y+f_2'$，

$$\frac{\partial^2 z}{\partial x \partial y}=\mathrm{e}^y f_1'+\mathrm{e}^y\left(f_{11}''\cdot x\mathrm{e}^y+f_{13}''\right)+\left(f_{21}''\cdot x\mathrm{e}^y+f_{23}''\right)$$
$$=x\mathrm{e}^{2y}f_{11}''+\mathrm{e}^y f_{13}''+x\mathrm{e}^y f_{21}''+f_{23}''+\mathrm{e}^y f_1'.$$

9. 设 $z=f(x, y)$ 是由方程 $xyz+\sqrt{x^2+y^2+z^2}=\sqrt{2}$ 所确定的隐函数，求$\frac{\partial z}{\partial x}$，$\frac{\partial z}{\partial y}$.

解 令 $F(x, y, z)=xyz+\sqrt{x^2+y^2+z^2}-\sqrt{2}$，则 $F_x=yz+\frac{2x}{2\sqrt{x^2+y^2+z^2}}=yz+\frac{x}{\sqrt{x^2+y^2+z^2}}$，同理可得 $F_y=xz+\frac{y}{\sqrt{x^2+y^2+z^2}}$，$F_z=xy+\frac{z}{\sqrt{x^2+y^2+z^2}}$，故

$$\frac{\partial z}{\partial x}=-\frac{F_x}{F_z}=-\frac{yz+\frac{x}{\sqrt{x^2+y^2+z^2}}}{xy+\frac{z}{\sqrt{x^2+y^2+z^2}}}=-\frac{x+yz\sqrt{x^2+y^2+z^2}}{z+xy\sqrt{x^2+y^2+z^2}},$$

$$\frac{\partial z}{\partial y}=-\frac{F_y}{F_z}=-\frac{y+xz\sqrt{x^2+y^2+z^2}}{z+xy\sqrt{x^2+y^2+z^2}}.$$

10. 求函数 $f(x, y)=x^2(2+y^2)+y\ln y$ 的极值.

解 $f_x=2x(2+y^2)$，$f_y=2x^2y+\ln y+1$.

令$\begin{cases}f_x=2x(2+y^2)=0,\\ f_y=2x^2y+\ln y+1=0,\end{cases}$求得驻点$\left(0, \frac{1}{\mathrm{e}}\right)$.

再求出二阶偏导数 $f_{xx}=2(2+y^2)$，$f_{xy}=4xy$，$f_{yy}=2x^2+\frac{1}{y}$.

在点 $\left(0, \frac{1}{\mathrm{e}}\right)$ 处，$AC-B^2=4\mathrm{e}+\frac{2}{\mathrm{e}}>0$，又 $A>0$，所以函数在 $\left(0, \frac{1}{\mathrm{e}}\right)$ 处有极小值 $f\left(0, \frac{1}{\mathrm{e}}\right)=-\frac{1}{\mathrm{e}}$.

11. 某企业在雇用 x 名技术工人，y 名非技术工人时，产品的产量 $Q=-8x^2+12xy-3y^2$. 若企业只能雇用 230 人，那么该雇用多少技术工人，多少非技术工人才能使产量 Q 最大？

解 产量为 $Q=-8x^2+12xy-3y^2$，限制条件为 $x+y=230$，依条件极值问题的解法，解方程组$\begin{cases}L_x=-16x+12y+\lambda=0,\\ L_y=12x-6y+\lambda=0,\\ L_\lambda=x+y-230=0,\end{cases}$ 由前两个方程可得 $14x=9y$.

又 $x+y=230$，得唯一的驻点 $x=90$，$y=140$. 根据问题本身的意义以及驻点的唯一性可知，当雇用 90 名技术工人，140 名非技术工人时能使产量 Q 最大.

本章练习 A

1. 选择题.

(1) 设 $f(x, y)=\frac{xy}{x^2+y^2}$，则下列各式不正确的是（　　）.

A. $f\left(1, \frac{y}{x}\right)=f(x, y)$　　B. $f\left(1, \frac{x}{y}\right)=f(x, y)$

C. $f\left(\frac{1}{x}, \frac{1}{y}\right)=f(x, y)$　　D. $f(x+y, x-y)=f(x, y)$

(2) 若 $\lim\limits_{\substack{y=kx\\x\to 0}} f(x, y)=A$ 对任何 k 都成立，则必有（　　）.

A. $f(x, y)$ 在 (0, 0) 处连续　　B. $f(x, y)$ 在 (0, 0) 处有极限

C. $\lim\limits_{\substack{x\to 0\\y\to 0}} f(x, y)=A$　　D. $\lim\limits_{\substack{x\to 0\\y\to 0}} f(x, y)$ 不一定存在

(3) 函数 $f(x, y)$ 在点 (x_0, y_0) 偏导数存在是 $f(x, y)$ 在该点连续的（　　）.

A. 充分非必要条件　　B. 必要非充分条件

C. 充分必要条件　　D. 既非充分也非必要条件

(4) 设 $z=f(xy, x^2-y^2)$，f 具有二阶连续导数，则 $\frac{\partial^2 z}{\partial y^2}=$（　　）.

A. $x^2 f''_{11}+4xyf''_{12}+4y^2 f''_{22}+2f'_2$　　B. $x^2 f''_{11}+4y^2 f''_{22}-2f'_2$

C. $x^2 f''_{11}-4xyf''_{12}+4y^2 f''_{22}-2f'_2$　　D. $-2f'_2$

2. 填空题.

(1) 设函数 $z=\frac{1}{\ln(x+y)}$，则其定义域为________.

(2) $\lim\limits_{\substack{x\to 0\\y\to 0}}\frac{1-\cos(x^2+y^2)}{(x^2+y^2)e^{x^2+y^2}}=$________.

(3) 设 $f(x, y)=e^{x+y^2}$，则 $\left.\frac{\partial f}{\partial x}\right|_{(0,1)}=$________，$\left.\frac{\partial f}{\partial y}\right|_{(0,1)}=$________.

(4) 设 $z=z(x, y)$ 是由方程 $x+y+z+xyz=0$ 确定的隐函数，则 $\left.\frac{\partial z}{\partial x}\right|_{(0,1)}=$________.

3. 设 $z=x^2\arctan\frac{y}{x}-y^2\arctan\frac{x}{y}$，求 $\frac{\partial^2 z}{\partial x\partial y}$.

4. 设 $u=\frac{z}{x^2+y^2}$，求 $du|_{(1,1,2)}$.

5. 设 $z=xy+\cos t$，$x=e^t$，$y=\sin t$，求 $\frac{dz}{dt}$.

6. 设 $z=xyf\left(\frac{y}{x}\right)$，其中 $f(u)$ 可导，证明 $xz_x+yz_y=2z$.

7. 求函数 $f(x,y)=x^4+y^4-(x+y)$ 的极值.

本章练习 B

1. 选择题.

(1) 在空间直角坐标系中，方程 $x^2+y^2+z^2-2x+4y+4=0$ 表示的二次曲面是（　　）.

A. 平面　　B. 柱面　　C. 圆锥面　　D. 球面

(2) $\lim\limits_{\substack{x\to 0\\ y\to 1}}(1+xy)^{\frac{1}{x}}=$（　　）.

A. 1　　B. 0　　C. ∞　　D. e

(3) 设函数 $f(x,y)=\begin{cases}\dfrac{xy}{x^2+y^2}, & x^2+y^2\neq 0,\\ 0, & x^2+y^2=0,\end{cases}$ 则（　　）.

A. 极限 $\lim\limits_{\substack{x\to 0\\ y\to 0}}f(x,y)$ 存在，但 $f(x,y)$ 在点 (0, 0) 处不连续

B. 极限 $\lim\limits_{\substack{x\to 0\\ y\to 0}}f(x,y)$ 存在，且 $f(x,y)$ 在点 (0, 0) 处连续

C. 极限 $\lim\limits_{\substack{x\to 0\\ y\to 0}}f(x,y)$ 不存在，故 $f(x,y)$ 在点 (0, 0) 处不连续

D. 极限 $\lim\limits_{\substack{x\to 0\\ y\to 0}}f(x,y)$ 不存在，但 $f(x,y)$ 在点 (0, 0) 处连续

(4) 记 $f_{xx}(x_0,y_0)=A$，$f_{xy}(x_0,y_0)=B$，$f_{yy}(x_0,y_0)=C$，那么当 $AC-B^2>0$，$A<0$ 时，函数 $f(x,y)$ 在其驻点 (x_0,y_0) 处取得（　　）.

A. 极小值　　B. 极大值　　C. 无极值　　D. 无法判断

2. 填空题.

(1) 函数 $z=\sqrt{y-x^2}+\sqrt{4-y}$ 的定义域为__________.

(2) 设 $f(x,y)=x+y+(y-1)\arcsin\sqrt{\dfrac{x}{y}}$，则 $f_x(2,1)=$______.

(3) 设 $z=\ln(x+y^2)$，则 $dz\Big|_{\substack{x=1\\ y=0}}=$______.

(4) 设 $z=\dfrac{1}{y}f(xy)$，其中 $f(u)$ 为可导函数，则 $\dfrac{\partial z}{\partial x}=$______.

3. 设 $u=(1+xy)^z$，求 $u_x(1,2,3)$，$u_y(1,2,3)$，$u_z(1,2,3)$.

4. 设 $u=e^{xz}+\sin yz$，其中 z 是由方程 $\cos^2x+\cos^2y+\cos^2z=1$ 所确定的 x，y 的函数，求 $\dfrac{\partial u}{\partial x}$.

5. 设 $x^2+z^2=y\varphi\left(\dfrac{z}{y}\right)$，其中 φ 为可微函数，求 $\dfrac{\partial z}{\partial y}$.

6. 设二元函数 $z=f\left(xy,\dfrac{x}{y}\right)+yg(x+y)$，$f$ 具有二阶连续偏导数，g

具有二阶连续导数，求$\frac{\partial^2 z}{\partial x\partial y}$.

7. 假设某企业在两个相互分割的市场上出售同一种产品，两个市场的需求函数分别是$P_1=18-2Q_1$，$P_2=12-Q_2$，其中P_1和P_2分别表示该产品在两个市场的价格（单位：万元/t），Q_1和Q_2分别表示该产品在两个市场的销售量(需求量，单位：t)，并且该企业生产这种产品的总成本函数是$C=2Q+5$，其中Q表示该产品在两个市场的销售总量，即$Q=Q_1+Q_2$.

(1) 如果该企业实行价格差异策略，试确定两个市场上该产品的销售量和价格，使该企业获得最大利润.

(2) 如果该企业实行价格无差别策略，试确定两个市场上该产品的销售量及其统一的价格，使该企业的总利润最大化，并比较两种价格策略下的总利润大小.

本章练习 A 答案

1. 选择题.

(1) D；　(2) D；　(3) D；　(4) C.

提示：$\frac{\partial z}{\partial y}=f_1'\cdot x+f_2'\cdot(-2y)=xf_1'-2yf_2'$.

$$\frac{\partial^2 z}{\partial y^2}=x[f_{11}''\cdot x+f_{12}''\cdot(-2y)]-2f_2'-2y[f_{21}''\cdot x+f_{22}''\cdot(-2y)]$$
$$=x^2f_{11}''-4xyf_{12}''+4y^2f_{22}''-2f_2'.$$

2. 填空题.

(1) $\{(x,y)\mid x+y>0$ 且 $x+y\neq 1\}$；　(2) 0；

(3) e，2e；　(4) 0.

提示：方程$x+y+z+xyz=0$两边同时对x求偏导得$1+\frac{\partial z}{\partial x}+yz+xy\cdot\frac{\partial z}{\partial x}=0$，即$\frac{\partial z}{\partial x}=-\frac{1+yz}{1+xy}$，又当$x=0$，$y=1$时，代入方程得$z=-1$，故则$\left.\frac{\partial z}{\partial x}\right|_{(0,1)}=0$.

3. **解**　$$\frac{\partial z}{\partial x}=2x\arctan\frac{y}{x}+x^2\frac{1}{1+\left(\frac{y}{x}\right)^2}\cdot\left(-\frac{y}{x^2}\right)-y^2\frac{1}{1+\left(\frac{x}{y}\right)^2}\cdot\left(\frac{1}{y}\right)$$
$$=2x\arctan\frac{y}{x}-\frac{x^2y}{x^2+y^2}-\frac{y^3}{x^2+y^2}$$
$$=2x\arctan\frac{y}{x}-\frac{x^2y+y^3}{x^2+y^2}=2x\arctan\frac{y}{x}-y.$$

$$\frac{\partial^2 z}{\partial x\partial y}=2x\frac{1}{1+\left(\frac{y}{x}\right)^2}\cdot\frac{1}{x}-1=\frac{x^2-y^2}{x^2+y^2}.$$

4. **解** $u_x=-\frac{z}{(x^2+y^2)^2}\cdot 2x=-\frac{2xz}{(x^2+y^2)^2}$，从而$u_x|_{(1,1,2)}=-1$；

$u_y=-\frac{z}{(x^2+y^2)^2}\cdot 2y=-\frac{2yz}{(x^2+y^2)^2}$，从而$u_y|_{(1,1,2)}=-1$；

$u_z=\frac{1}{x^2+y^2}$，从而$u_z|_{(1,1,2)}=\frac{1}{2}$；

$\mathrm{d}u|_{(1,1,2)}=\mathrm{d}x+\mathrm{d}y+\frac{1}{2}\mathrm{d}z$.

5. **解** $\frac{\mathrm{d}z}{\mathrm{d}t}=\frac{\partial z}{\partial x}\cdot\frac{\mathrm{d}x}{\mathrm{d}t}+\frac{\partial z}{\partial y}\cdot\frac{\mathrm{d}y}{\mathrm{d}t}+\frac{\partial z}{\partial t}=y\cdot \mathrm{e}^t+x\cdot\cos t-\sin t$

$=\mathrm{e}^t\sin t+\mathrm{e}^t\cos t-\sin t$.

点拨 $\frac{\mathrm{d}z}{\mathrm{d}t}$是把$z$看成$t$的一元函数而对$t$求导，$\frac{\partial z}{\partial t}$是把$z$看成$x$，$y$，$t$的三元函数而对$t$求偏导.

6. **证** $z_x=yf\left(\frac{y}{x}\right)+xyf'\left(\frac{y}{x}\right)\cdot\left(-\frac{y}{x^2}\right)=yf-\frac{y^2}{x}f'$；

$z_y=xf\left(\frac{y}{x}\right)+xyf'\left(\frac{y}{x}\right)\cdot\frac{1}{x}=xf+yf'$；

$xz_x+yz_y=xyf-y^2f'+xyf+y^2f'=2xyf=2z$.

7. **解** $f_x(x,y)=4x^3-1$，$f_y(x,y)=4y^3-1$，令

$$\begin{cases}f_x(x,y)=4x^3-1,\\ f_y(x,y)=4y^3-1,\end{cases}$$

解得$x=y=\frac{1}{\sqrt[3]{4}}$，所以$\left(\frac{1}{\sqrt[3]{4}},\frac{1}{\sqrt[3]{4}}\right)$是可能的极值点. 又$f_{xx}=12x^2$，$f_{xy}=0$，$f_{yy}=12y^2$. 在$\left(\frac{1}{\sqrt[3]{4}},\frac{1}{\sqrt[3]{4}}\right)$处$A=\frac{6}{\sqrt[3]{2}}$，$B=0$，$C=\frac{6}{\sqrt[3]{2}}$，$AC-B^2>0$，$A>0$，故$\left(\frac{1}{\sqrt[3]{4}},\frac{1}{\sqrt[3]{4}}\right)$为极小值点，且极小值为$f\left(\frac{1}{\sqrt[3]{4}},\frac{1}{\sqrt[3]{4}}\right)=-\frac{3}{2\sqrt[3]{4}}$.

本章练习B答案

1. 选择题.

(1) D. 提示：将原方程配方得$x^2-2x+1+y^2+4y+4+z^2=1+4-4$，即$(x-1)^2+(y+2)^2+z^2=1$，表示球心在(1，-2，0)，半径为1的球面.

(2) D.　(3) C.　(4) B.

2. 填空题.

(1) $\{(x,y)|x^2\leqslant y\leqslant 4\}$；　(2) 1；　(3) $\mathrm{d}x$；　(4) $f'(xy)$.

提示：$\frac{\partial z}{\partial x}=\frac{1}{y}f'(xy)\cdot y=f'(xy)$.

3. **解** $u_x=z(1+xy)^{z-1}\cdot y=yz(1+xy)^{z-1}$，从而 $u_x(1,2,3)=54$；
$u_y=z(1+xy)^{z-1}\cdot x=xz(1+xy)^{z-1}$，从而 $u_y(1,2,3)=27$；
$u_z=(1+xy)^z\ln(1+xy)$，从而 $u_z(1,2,3)=27\ln3$.

4. **解** 由 $u=e^{xz}+\sin(yz)$，可得 $\frac{\partial u}{\partial x}=e^{xz}\cdot z+e^{xz}\cdot x\cdot\frac{\partial z}{\partial x}+\cos(yz)\cdot y\cdot\frac{\partial z}{\partial x}$. 把 z 看成关于 x，y 的函数，在方程 $\cos^2x+\cos^2y+\cos^2z=1$ 两边同时对 x 求偏导，可得 $2\cos x\cdot(-\sin x)+2\cos z\cdot(-\sin z)\cdot\frac{\partial z}{\partial x}=0$，所以 $\frac{\partial z}{\partial x}=-\frac{\sin 2x}{\sin 2z}$，故 $\frac{\partial u}{\partial x}=ze^{xz}-[xe^{xz}+y\cos(yz)]\frac{\sin 2x}{\sin 2z}$.

5. **解** 设 $F(x,y,z)=x^2+z^2-y\varphi\left(\frac{z}{y}\right)$，则

$$F_x=2x;\ F_y=-\varphi\left(\frac{z}{y}\right)-y\varphi'\left(\frac{z}{y}\right)\cdot\left(-\frac{z}{y^2}\right)=-\varphi\left(\frac{z}{y}\right)+\frac{z}{y}\varphi'\left(\frac{z}{y}\right);$$

$$F_z=2z-y\varphi'\left(\frac{z}{y}\right)\cdot\left(\frac{1}{y}\right)=2z-\varphi'\left(\frac{z}{y}\right).$$

所以 $\frac{\partial z}{\partial x}=-\frac{F_x}{F_z}=-\frac{2x}{2z-\varphi'\left(\frac{z}{y}\right)}$，

$$\frac{\partial z}{\partial y}=-\frac{F_y}{F_z}=\frac{\varphi\left(\frac{z}{y}\right)-\frac{z}{y}\varphi'\left(\frac{z}{y}\right)}{2z-\varphi'\left(\frac{z}{y}\right)}=\frac{y\varphi\left(\frac{z}{y}\right)-z\varphi'\left(\frac{z}{y}\right)}{2yz-y\varphi'\left(\frac{z}{y}\right)}.$$

6. **解** $\frac{\partial z}{\partial x}=f_1'\cdot y+f_2'\cdot\frac{1}{y}+yg'\cdot 1=yf_1'+\frac{1}{y}f_2'+yg'$.

$$\begin{aligned}\frac{\partial^2 z}{\partial x\partial y}&=f_1'+y\left[f_{11}''\cdot x+f_{12}''\cdot\left(-\frac{x}{y^2}\right)\right]-\frac{1}{y^2}f_2'+\\&\quad\frac{1}{y}\left[f_{21}''\cdot x+f_{22}''\cdot\left(-\frac{x}{y^2}\right)\right]+g'+yg''\cdot 1\\&=f_1'+xyf_{11}''-\frac{x}{y}f_{12}''-\frac{1}{y^2}f_2'+\frac{x}{y}f_{12}''-\frac{x}{y^3}f_{22}''+g'+yg''\\&=f_1'-\frac{1}{y^2}f_2'+xyf_{11}''-\frac{x}{y^3}f_{22}''+g'+yg''.\end{aligned}$$

7. **解** (1) 根据题意，总利润函数 $L=R-C=P_1Q_1+P_2Q_2-(2Q-5)=-2Q_1^2-Q_2^2+16Q_1+10Q_2-5$. 令 $\frac{\partial L}{\partial Q_1}=-4Q_1+16=0$，$\frac{\partial L}{\partial Q_2}=-2Q_2+10=0$，解得 $Q_1=4$，$Q_2=5$，则 $P_1=10$（万元/t），$P_2=7$（万元/t）.

因为驻点（4，5）唯一，且由实际问题一定存在最大值，故最大值必在驻点处取得，即两个市场上该产品的销售量分别为 4 t 和 5 t，价格分别为 10 万元/t、7 万元/t 时，该企业获得最大利润，最大利润是 $L(4,5)=52$ 万元.

（2）若实行价格无差别策略，则 $P_1=P_2$，于是有约束条件 $2Q_1-Q_2=6$. 因此问题转化为求利润函数 $L=-2Q_1^2-Q_2^2+16Q_1+10Q_2-5$ 在约束条件 $2Q_1-Q_2=6$ 下的最值问题.

构造拉格朗日函数

$$F(Q_1, Q_2, \lambda)=-2Q_1^2-Q_2^2+16Q_1+10Q_2-5+\lambda(2Q_1-Q_2-6).$$

令 $\begin{cases}\dfrac{\partial F}{\partial Q_1}=-4Q_1+16+2\lambda=0, \\ \dfrac{\partial F}{\partial Q_2}=-2Q_2+10-\lambda=0, \\ \dfrac{\partial F}{\partial \lambda}=2Q_1-Q_2-6=0,\end{cases}$ 解得 $Q_1=5$，$Q_2=4$，则 $P_1=P_2=8$.

由驻点唯一及问题的实际意义可知，当两个市场上该产品的销售量分别为 5 t 和 4 t，统一价格为 8 万元/t 时，该企业可获得最大利润，此时最大利润为 $L(5, 4)=49$ 万元. 由上述结果可知，企业实行差别定价所得总利润大于统一价格的总利润.

第 8 章

二重积分

知识结构图

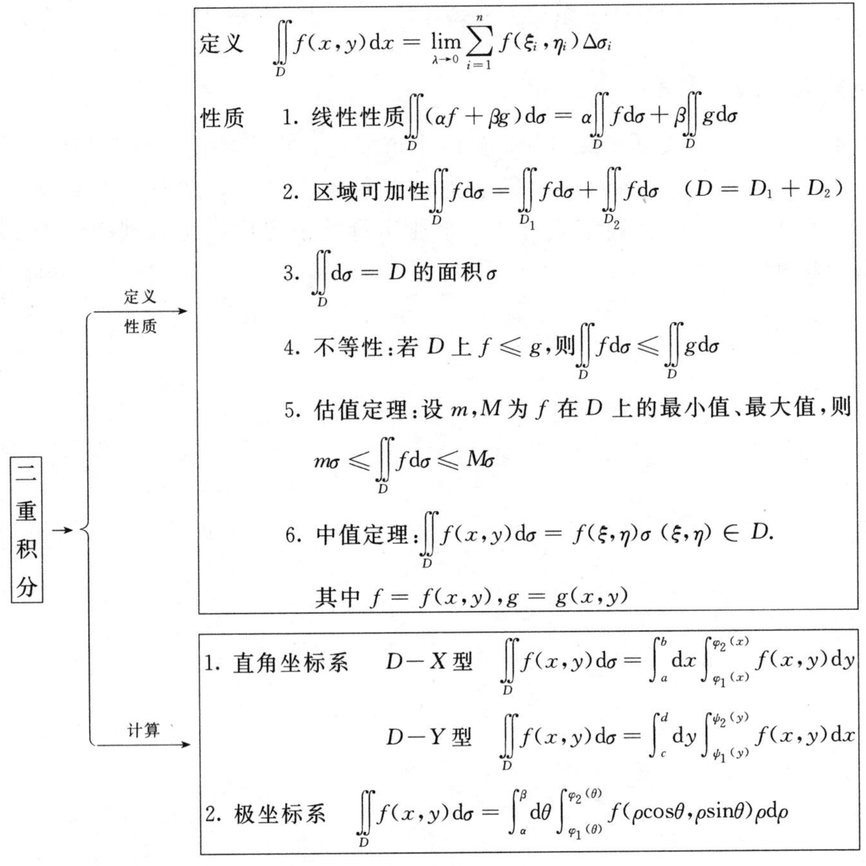

二重积分
定义性质
定义 $\iint\limits_D f(x,y)\mathrm{d}x = \lim\limits_{\lambda\to 0}\sum\limits_{i=1}^{n} f(\xi_i,\eta_i)\Delta\sigma_i$
性质 1. 线性性质 $\iint\limits_D (\alpha f+\beta g)\mathrm{d}\sigma = \alpha\iint\limits_D f\mathrm{d}\sigma + \beta\iint\limits_D g\mathrm{d}\sigma$
2. 区域可加性 $\iint\limits_D f\mathrm{d}\sigma = \iint\limits_{D_1} f\mathrm{d}\sigma + \iint\limits_{D_2} f\mathrm{d}\sigma \quad (D = D_1 + D_2)$
3. $\iint\limits_D \mathrm{d}\sigma = D$ 的面积 σ
4. 不等性:若 D 上 $f \leqslant g$,则 $\iint\limits_D f\mathrm{d}\sigma \leqslant \iint\limits_D g\mathrm{d}\sigma$
5. 估值定理:设 m,M 为 f 在 D 上的最小值、最大值,则
$m\sigma \leqslant \iint\limits_D f\mathrm{d}\sigma \leqslant M\sigma$
6. 中值定理:$\iint\limits_D f(x,y)\mathrm{d}\sigma = f(\xi,\eta)\sigma \ (\xi,\eta)\in D.$
其中 $f = f(x,y), g = g(x,y)$
计算
1. 直角坐标系 $D-X$ 型 $\iint\limits_D f(x,y)\mathrm{d}\sigma = \int_a^b \mathrm{d}x\int_{\varphi_1(x)}^{\varphi_2(x)} f(x,y)\mathrm{d}y$
$D-Y$ 型 $\iint\limits_D f(x,y)\mathrm{d}\sigma = \int_c^d \mathrm{d}y\int_{\psi_1(y)}^{\psi_2(y)} f(x,y)\mathrm{d}x$
2. 极坐标系 $\iint\limits_D f(x,y)\mathrm{d}\sigma = \int_\alpha^\beta \mathrm{d}\theta\int_{\varphi_1(\theta)}^{\varphi_2(\theta)} f(\rho\cos\theta,\rho\sin\theta)\rho\mathrm{d}\rho$

本章学习目标

- 理解二重积分的概念，几何意义；了解二重积分的性质；
- 掌握二重积分的计算方法.

8.1 二重积分的概念与性质

8.1.1 知识点分析

1. 二重积分的概念

二重积分是通过"分割、近似、求和、取极限"的步骤后，得到的一种特殊和式的极限，即

$$\iint_D f(x, y)\mathrm{d}\sigma = \lim_{\lambda \to 0}\sum_{i=1}^{n} f(\xi_i, \eta_i)\Delta\sigma_i.$$

其中，$\Delta\sigma_i$是分割区域 D 为 n 个子区域 $\Delta\sigma_1$，$\Delta\sigma_2$，…，$\Delta\sigma_n$时第 i 个小区域的面积（$i=1$，2，…，n），λ 为所有子区域直径的最大值，$(\xi_i, \eta_i)\in\Delta\sigma_i(i=1, 2, \cdots, n)$，$f(x, y)$ 称为被积函数，$f(x, y)\mathrm{d}\sigma$ 称为被积表达式，$\mathrm{d}\sigma$ 称为面积元素，x，y 称为积分变量，D 称为积分区域，$\sum\limits_{i=1}^{n} f(\xi_i, \eta_i)\Delta\sigma_i$ 称为积分和.

注 (1) 二重积分的值与区域 D 的分法、$(\xi_i, \eta_i)\in\Delta\sigma_i$的取法无关，与被积函数 $f(x, y)$ 和积分区域 D 有关.

(2) 在直角坐标系中面积元素 $\mathrm{d}\sigma = \mathrm{d}x\mathrm{d}y$，即 $\iint\limits_D f(x, y)\mathrm{d}\sigma = \iint\limits_D f(x, y)\mathrm{d}x\mathrm{d}y$.

(3) 可积的条件：若函数 $f(x, y)$ 在有界闭区域 D 上连续，则函数 $f(x, y)$ 在 D 上的二重积分必定存在.

2. 二重积分的几何意义

(1) 若被积函数 $f(x, y)\geqslant 0$，二重积分 $\iint\limits_D f(x, y)\mathrm{d}\sigma$ 的几何意义就是以 D 为底，以曲面 $z=f(x, y)$ 为顶的曲顶柱体的体积.

(2) 若 $f(x, y)\leqslant 0$，曲顶柱体就在 xOy 面的下方，二重积分 $\iint\limits_D f(x, y)\mathrm{d}\sigma$ 的几何意义就是曲顶柱体的体积的负值.

(3) 若 $f(x, y)$ 在 D 上若干区域是正的，其他部分区域是负的，把 xOy 面上方的曲顶柱体体积取成正，xOy 面下方的曲顶柱体体积取成负，则二重积分 $\iint\limits_D f(x, y)\mathrm{d}\sigma$ 的几何意义就是这些部分区域对应的曲顶柱体体积的代数和.

3. 二重积分的性质

性质 1（线性性质） 设 α，β 为常数，则

$$\iint_D [\alpha f(x, y) \pm \beta g(x, y)]\mathrm{d}\sigma = \alpha\iint_D f(x, y)\mathrm{d}\sigma \pm \beta\iint_D g(x, y)\mathrm{d}\sigma.$$

性质 2（积分区域的可加性） 若区域 D 可分为两个不相交的部分区域 D_1，D_2，则

$$\iint_D f(x,y)\mathrm{d}\sigma = \iint_{D_1} f(x,y)\mathrm{d}\sigma + \iint_{D_2} f(x,y)\mathrm{d}\sigma.$$

性质 3 若在 D 上 $f(x,y)\equiv 1$，$S(D)$ 为区域 D 的面积，则 $\iint_D \mathrm{d}\sigma = S(D)$.

性质 4 若在 D 上恒有 $f(x,y)\geqslant g(x,y)$，则 $\iint_D f(x,y)\mathrm{d}\sigma \geqslant \iint_D g(x,y)\mathrm{d}\sigma$.

性质 5（估值定理） 设 M 与 m 分别是 $f(x,y)$ 在有界闭区域 D 上的最大值和最小值，$S(D)$ 是 D 的面积，则 $m\cdot S(D)\leqslant \iint_D f(x,y)\mathrm{d}\sigma \leqslant M\cdot S(D)$.

性质 6（二重积分的中值定理） 设函数 $f(x,y)$ 在有界闭区域 D 上连续，记 $S(D)$ 是 D 的面积，则在 D 上至少存在一点 (ξ,η)，使得 $\iint_D f(x,y)\mathrm{d}\sigma = f(\xi,\eta)\cdot S(D)$.

8.1.2 典例解析

例 1 利用二重积分的几何意义，计算在区域 $D=\{(x,y)\mid x^2+y^2\leqslant 1\}$ 上的二重积分 $\iint_D \sqrt{1-x^2-y^2}\,\mathrm{d}\sigma =$ ________.

解 由二重积分的几何意义可知，$\iint_D \sqrt{1-x^2-y^2}\,\mathrm{d}\sigma = \frac{1}{2}\cdot\frac{4}{3}\pi = \frac{2}{3}\pi$.

点拨 若被积函数 $f(x,y)\geqslant 0$，二重积分 $\iint_D f(x,y)\mathrm{d}\sigma$ 的几何意义就是以 D 为底，以曲面 $z=f(x,y)$ 为顶的曲顶柱体的体积. 上述的积分值就是以 D 为底，以半球面 $z=\sqrt{1-x^2-y^2}$ 为顶的半球体的体积.

例 2 利用二重积分的性质估计积分 $I=\iint_D (x^2+4y^2+1)\mathrm{d}\sigma$ 的值，其中 D：$x^2+y^2\leqslant 4$.

解 因为 $(x,y)\in D$，所以 $1\leqslant x^2+4y^2+1\leqslant 4(x^2+y^2)+1\leqslant 17$，从而 $1\pi\cdot 2^2 = \iint_D 1\mathrm{d}\sigma \leqslant I \leqslant \iint_D 17\mathrm{d}\sigma = 17\pi\cdot 2^2$，即 $4\pi\leqslant I\leqslant 68\pi$.

点拨 利用性质 5，先求被积函数的最大值和最小值即可.

例 3 判定下列积分值的大小.

$$I_1=\iint_D \ln^3(x+y)\mathrm{d}\sigma,\ I_2=\iint_D (x+y)^3\mathrm{d}\sigma,\ I_3=\iint_D \sin^3(x+y)\mathrm{d}\sigma,$$

其中 D 是由直线 $x=0$，$y=0$，$x+y=\frac{1}{2}$ 和 $x+y=1$ 所围成的. 则 I_1，I_2，I_3 之间的大小顺序为（　　）.

A. $I_1<I_2<I_3$　　B. $I_2<I_1<I_3$　　C. $I_1<I_3<I_2$　　D. $I_3<I_2<I_1$

解　在区域 D 上，$\frac{1}{2}\leqslant x+y\leqslant 1$，从而 $\ln^3(x+y)\leqslant 0$，$0<\sin^3(x+y)<(x+y)^3$，由二重积分的性质可知，$\iint\limits_D \ln^3(x+y)\mathrm{d}\sigma<\iint\limits_D \sin^3(x+y)\mathrm{d}\sigma<\iint\limits_D (x+y)^3\mathrm{d}\sigma$，即 $I_1<I_3<I_2$，从而选 C.

点拨　由二重积分的性质 4 可知，只需比较 $\ln^3(x+y)$，$\sin^3(x+y)$，$(x+y)^3$ 三者的大小.

8.1.3　习题详解

1. 比较下列二重积分的大小：

(1) $I_1=\iint\limits_D \ln(x+y)\mathrm{d}\sigma$，$I_2=\iint\limits_D (x+y)^2\mathrm{d}\sigma$，$I_3=\iint\limits_D (x+y)\mathrm{d}\sigma$，其中 D 是由直线 $x=0$，$y=0$，$x+y=\frac{1}{2}$ 和 $x+y=1$ 所围成的.

(2) $I_1=\iint\limits_D \ln(x+y)\mathrm{d}\sigma$，$I_2=\iint\limits_D [\ln(x+y)]^2\mathrm{d}\sigma$，其中 D 由 $x+y=2$，$x=1$ 及 $y=0$ 所围成.

解　(1) 在区域 D 上，$\frac{1}{2}<x+y<1$，故 $\ln(x+y)<(x+y)^2<(x+y)$，所以 $\iint\limits_D \ln(x+y)\mathrm{d}\sigma<\iint\limits_D (x+y)^2\mathrm{d}\sigma<\iint\limits_D (x+y)\mathrm{d}\sigma$，即 $I_3>I_2>I_1$.

(2) 在区域 D 上，$1<x+y<2$，则 $0<\ln(x+y)<1$，故 $\ln(x+y)>[\ln(x+y)]^2$，所以 $I_1>I_2$.

2. 估计下列二重积分的值.

(1) $I=\iint\limits_D xy(x+y+1)\mathrm{d}\sigma$，其中 $D=\{(x,\ y)\,|\,0\leqslant x\leqslant 1,\ 0\leqslant y\leqslant 1\}$；

(2) $I=\iint\limits_D (x+y+1)\mathrm{d}\sigma$，其中 $D=\{(x,\ y)\,|\,0\leqslant x\leqslant 1,\ 0\leqslant y\leqslant 2\}$；

(3) $I=\iint\limits_D (x^2+4y^2+9)\mathrm{d}\sigma$，其中 $D=\{(x,\ y)\,|\,x^2+y^2\leqslant 4\}$.

解　(1) 区域 D 的面积是 1，在 D 上 $0\leqslant xy\leqslant 1$，$1\leqslant x+y+1\leqslant 3$，所以 $0\leqslant xy(x+y+1)\leqslant 3$，由二重积分的性质，则 $0\leqslant\iint\limits_D xy(x+y+1)\mathrm{d}\sigma\leqslant 3$.

(2) 区域 D 的面积是 2，在 D 上 $1\leqslant(x+y+1)\leqslant 4$，由二重积分的性质，

则 $2 \leqslant \iint\limits_D (x+y+1)\mathrm{d}\sigma \leqslant 8$.

(3) 在 D 上，$9 \leqslant (x^2+4y^2+9) \leqslant 4(x^2+y^2)+9=25$，区域 D 的面积是 4π，由二重积分的性质，则 $36\pi \leqslant \iint\limits_D (x^2+4y^2+9)\mathrm{d}\sigma \leqslant 100\pi$.

3. 设 $I_1=\iint\limits_{D_1}(x^2+y^2)^3\mathrm{d}\sigma$，其中 $D_1=\{(x,y)\mid -1\leqslant x\leqslant 1,\ -2\leqslant y\leqslant 2\}$；$I_2=\iint\limits_{D_2}(x^2+y^2)^3\mathrm{d}\sigma$，其中 $D_2=\{(x,y)\mid 0\leqslant x\leqslant 1,\ 0\leqslant y\leqslant 2\}$. 试利用二重积分的几何意义说明 I_1 与 I_2 的关系.

解 积分区域 D_2 的面积是积分区域 D_1 面积的 $\frac{1}{4}$，且 $(x^2+y^2)^3\geqslant 0$，所以由二重积分的几何意义得 $I_1=4I_2$.

4. 根据二重积分的几何意义，确定二重积分 $I=\iint\limits_D \sqrt{a^2-x^2-y^2}\,\mathrm{d}\sigma$ 的值，其中 $D=\{(x,y)\mid x^2+y^2\leqslant a^2,\ x\geqslant 0,\ y\geqslant 0\}$.

解 因为 $I=\iint\limits_D \sqrt{a^2-x^2-y^2}\,\mathrm{d}\sigma$ 表示以积分区域 D 为底，以曲面 $z=\sqrt{a^2-x^2-y^2}$ 为顶的半球体体积的 $\frac{1}{4}$，即 $I=\frac{1}{4}\cdot\frac{1}{2}\cdot\frac{4}{3}\pi a^3=\frac{1}{6}\pi a^3$.

8.2 二重积分的计算

8.2.1 知识点分析

1. 利用直角坐标计算二重积分

(1) X 型积分区域：表示为 $\{(x,y)\mid a\leqslant x\leqslant b,\ \varphi_1(x)\leqslant y\leqslant \varphi_2(x)\}$，其中函数 $\varphi_1(x)$，$\varphi_2(x)$ 在区间 $[a,b]$ 上连续. 这种区域的特点是：用垂直于 x 轴的直线穿过此区域，与该区域的边界相交不多于两个交点，如图 8.1 所示.

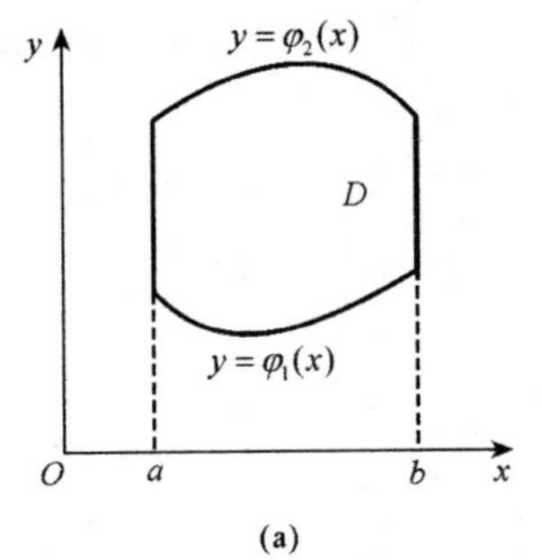

(a)

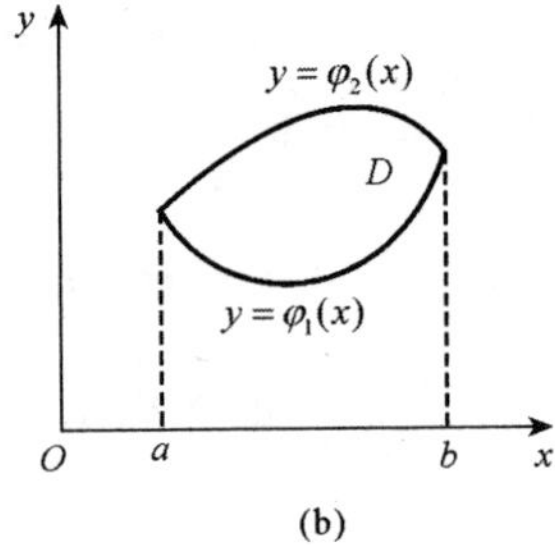

(b)

图 8.1

在X型积分区域上，二重积分化为二次积分：

$$\iint\limits_D f(x,y)\mathrm{d}\sigma=\int_a^b \mathrm{d}x\int_{\varphi_1(x)}^{\varphi_2(x)} f(x,y)\mathrm{d}y(\text{先 } y \text{ 后 } x \text{ 积分}).$$

（2）Y型积分区域：表示为$\{(x,y)\mid c\leqslant y\leqslant d,\psi_1(y)\leqslant x\leqslant\psi_2(y)\}$，其中函数$\psi_1(y)$，$\psi_2(y)$在区间$[c,d]$上连续．这种区域的特点是：用垂直于$y$轴的直线穿过此区域，与该区域的边界相交不多于两个交点，如图8.2所示．

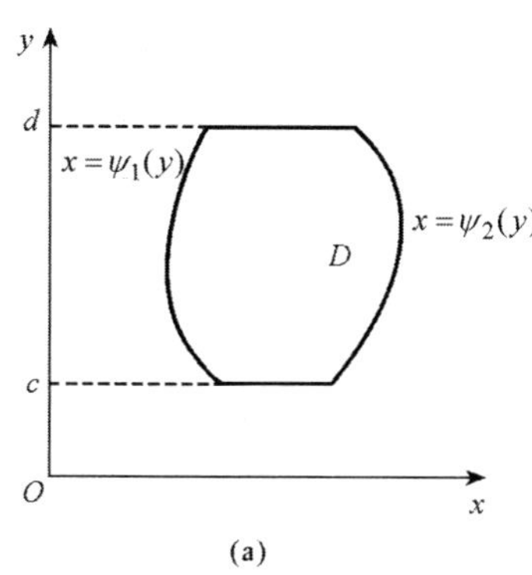

(a)

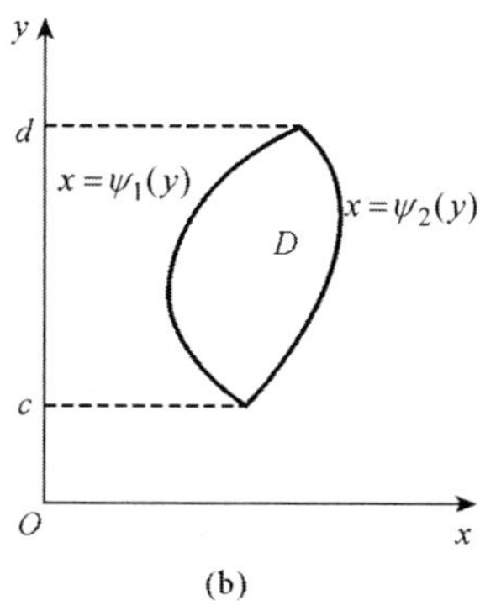

(b)

图8.2

在Y型积分区域上，二重积分化为二次积分：

$$\iint\limits_D f(x,y)\mathrm{d}\sigma=\int_c^d \mathrm{d}y\int_{\psi_1(y)}^{\psi_2(y)} f(x,y)\mathrm{d}x\ (\text{先 } x \text{ 后 } y \text{ 积分}).$$

注　（1）将二重积分化为二次积分，积分区域为X型区域时，要先y后x积分，内层积分由下方边界曲线$\varphi_1(x)$到上方边界曲线$\varphi_2(x)$，外层积分由左到右积分；积分区域为Y型区域时，要先x后y积分，内层积分由左方边界曲线$\psi_1(y)$到右方边界曲线$\psi_2(y)$，外层积分由下到上积分．

（2）若区域既不是X型又不是Y型区域，可以将它分割成若干块X型或Y型区域，分别应用公式，再利用二重积分对积分区域的可加性计算即可．

（3）凡遇到如下形式的积分$\int \mathrm{e}^{\pm x^2}\mathrm{d}x$，$\int \sin x^2\mathrm{d}x$，$\int\frac{\sin x}{x}\mathrm{d}x$，$\int\frac{1}{\ln x}\mathrm{d}x$等等，一定放在外层积分．

2．利用对称性简化计算二重积分

对称性定理：设$f(x,y)$在积分区域D上连续．

（1）积分区域D关于x轴对称，有

$$\iint\limits_D f(x,y)\mathrm{d}\sigma=\begin{cases}2\iint\limits_{D_1} f(x,y)\mathrm{d}\sigma, & f(x,-y)=f(x,y),\\ 0, & f(x,-y)=-f(x,y).\end{cases}$$

其中$D_1=\{(x,y)\mid(x,y)\in D,y\geqslant 0\}$．

（2）积分区域D关于y轴对称，有

$$\iint_D f(x, y)\mathrm{d}\sigma = \begin{cases} 2\iint_{D_2} f(x, y)\mathrm{d}\sigma, & f(-x, y) = f(x, y), \\ 0, & f(-x, y) = -f(x, y). \end{cases}$$

其中 $D_2=\{(x, y) \mid (x, y)\in D, x\geqslant 0\}$.

3. 利用极坐标计算二重积分

直角坐标系和极坐标系之间的转换公式如下：

$$\begin{cases} x=\rho\cos\theta, \\ y=\rho\sin\theta. \end{cases}$$

极坐标系中，面积元素 $\mathrm{d}\sigma=\rho\mathrm{d}\rho\mathrm{d}\theta$，从而

$$\iint_D f(x, y)\mathrm{d}x\mathrm{d}y = \iint_D f(\rho\cos\theta, \rho\sin\theta)\rho\mathrm{d}\rho\mathrm{d}\theta.$$

注 用极坐标计算二重积分要注意三方面的变化.

(1) 积分区域的转化 $D(x, y)\to D(\rho, \theta)$（把 D 的直角坐标系中的边界曲线转化为极坐标曲线）;

(2) 被积函数的转化 $f(x, y)\to f(\rho\cos\theta, \rho\sin\theta)$;

(3) 面积元素的转化 $\mathrm{d}x\mathrm{d}y\to\rho\mathrm{d}\rho\mathrm{d}\theta$.

极坐标系中的二重积分，一般转化成先 ρ 后 θ 二次积分来计算.

(1) 极点在积分区域的外部，如图 8.3 所示.

区域 D 的积分限为 $\alpha\leqslant\theta\leqslant\beta$，$\varphi_1(\theta)\leqslant\rho\leqslant\varphi_2(\theta)$，则

$$\iint_D f(x, y)\mathrm{d}\sigma = \int_\alpha^\beta \mathrm{d}\theta \int_{\varphi_1(\theta)}^{\varphi_2(\theta)} f(\rho\cos\theta, \rho\sin\theta)\rho\mathrm{d}\rho.$$

(2) 极点在积分区域的边界上，如图 8.4 所示.

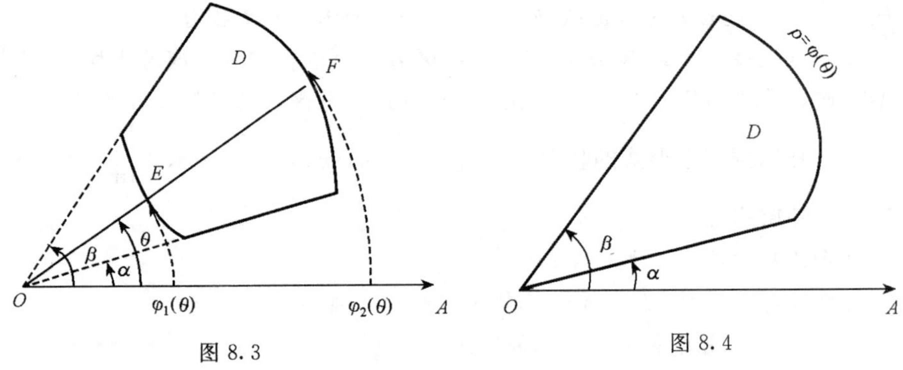

图 8.3　　图 8.4

区域 D 的积分限为 $\alpha\leqslant\theta\leqslant\beta$，$0\leqslant\rho\leqslant\varphi(\theta)$，则

$$\iint_D f(x, y)\mathrm{d}\sigma = \int_\alpha^\beta \mathrm{d}\theta \int_0^{\varphi(\theta)} f(\rho\cos\theta, \rho\sin\theta)\rho\mathrm{d}\rho.$$

(3) 极点在积分区域 D 内部，如图 8.5 所示.

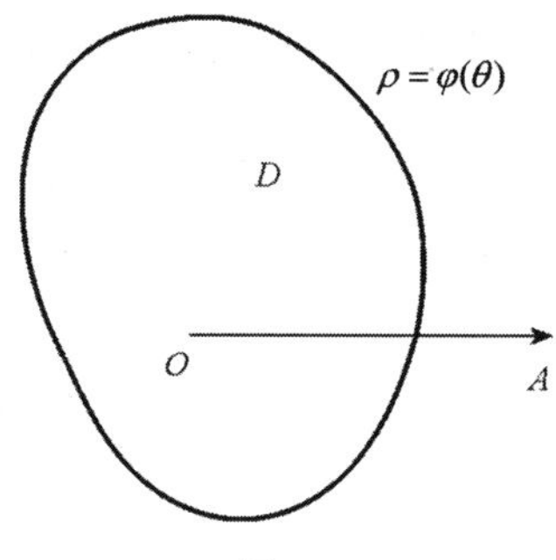

图 8.5

区域 D 的积分限为 $0\leqslant\theta\leqslant 2\pi$，$0\leqslant\rho\leqslant\varphi(\theta)$，则

$$\iint\limits_D f(x,y)\mathrm{d}\sigma=\int_0^{2\pi}\mathrm{d}\theta\int_0^{\varphi(\theta)}f(\rho\cos\theta,\rho\sin\theta)\rho\mathrm{d}\rho.$$

注 积分区域 D 是圆形、扇形、环形区域，或被积函数 $f(x,y)$ 含 x^2+y^2 或 $\dfrac{y}{x}$ 时，则优先考虑用极坐标来计算此二重积分.

8.2.2 典例解析

例 1 设 D 是由直线 $y=1$，$y=x$，$x=-1$ 所围成的闭区域，D_1 是 D 在第一象限的部分，则 $\iint\limits_D(xy+\cos x\sin y)\mathrm{d}x\mathrm{d}y=$（　　）.

A. $2\iint\limits_{D_1}\cos x\sin y\mathrm{d}x\mathrm{d}y$　　B. $2\iint\limits_{D_1}xy\mathrm{d}x\mathrm{d}y$

C. $4\iint\limits_{D_1}(xy+\cos x\sin y)\mathrm{d}x\mathrm{d}y$　　D. 0

解 连接积分区域 D 中 O、C，如图 8.6 所示.

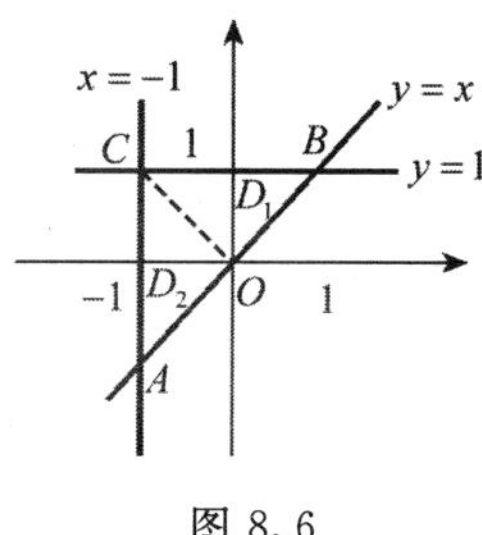

图 8.6

根据二重积分的对称性定理

$$\iint\limits_D(xy+\cos x\sin y)\mathrm{d}x\mathrm{d}y=\iint\limits_D xy\mathrm{d}\sigma+\iint\limits_D\cos x\sin y\mathrm{d}\sigma=0+2\iint\limits_{D_1}\cos x\sin y\mathrm{d}\sigma,$$

故选 A.

例 2 计算二重积分 $I=\iint\limits_{D}2xy\,\mathrm{d}\sigma$，其中 D 是由 $y^2=x$ 及 $y=x-2$ 所围成的闭区域.

解 画出积分区域，如图 8.7 所示，D 既是 X 型区域也是 Y 型区域.

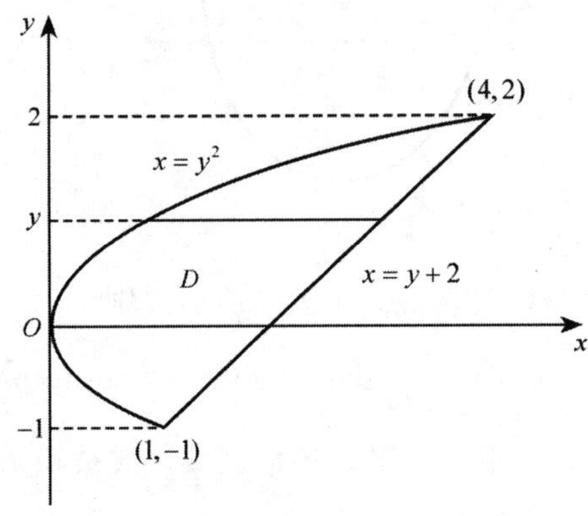

图 8.7

(1) 将积分区域 D 看作 Y 型区域，图 8.7 所示，则 D 表示为

$$D=\{(x,\ y)\mid -1\leqslant y\leqslant 2,\ y^2\leqslant x\leqslant y+2\}.$$

因此 $I=2\int_{-1}^{2}\mathrm{d}y\int_{y^2}^{y+2}xy\,\mathrm{d}x=\int_{-1}^{2}[y(y+2)^2-y^5]\mathrm{d}y=\dfrac{45}{4}.$

(2) 将积分区域 D 看作 X 型区域，则需将 D 分成 D_1 和 D_2 两部分，如图 8.8 所示.

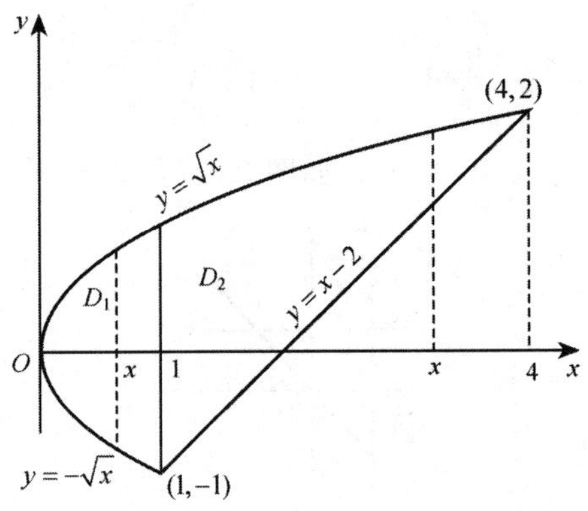

图 8.8

其中 D_1 和 D_2 分别表示为

$$D_1=\left\{(x,\ y)\,\middle|\,0\leqslant x\leqslant 1,\ -\sqrt{x}\leqslant y\leqslant\sqrt{x}\right\};$$

$$D_2=\left\{(x,\ y)\,\middle|\,1\leqslant x\leqslant 4,\ x-2\leqslant y\leqslant\sqrt{x}\right\}.$$

根据积分对积分区域的可加性，有

$$I=\iint\limits_{D_1}2xy\,\mathrm{d}\sigma+\iint\limits_{D_2}2xy\,\mathrm{d}\sigma=2\int_0^1\mathrm{d}x\int_{-\sqrt{x}}^{\sqrt{x}}xy\,\mathrm{d}y+2\int_1^4\mathrm{d}x\int_{x-2}^{\sqrt{x}}xy\,\mathrm{d}y$$

$$=\int_0^1[x^2-x^2]\mathrm{d}x+\int_1^4[x^2-x(x-2)^2]\mathrm{d}x=\frac{45}{4}.$$

点拨 解法（1）比解法（2）简单，为尽可能减少计算量，要考虑积分区域的形状，尽量少分块.

例 3 计算 $\iint\limits_D x\sqrt{y}\,\mathrm{d}\sigma$，其中 D 是由两条抛物线 $y=\sqrt{x}$，$y=x^2$ 所围成的闭区域.

解 区域 D 如图 8.9 所示，D 既是 X 型区域也是 Y 型区域，选择 X 型区域，则

$$\iint\limits_D x\sqrt{y}\,\mathrm{d}\sigma=\int_0^1 x\mathrm{d}x\int_{x^2}^{\sqrt{x}}\sqrt{y}\,\mathrm{d}y=\frac{2}{3}\int_0^1 x(x^{\frac{3}{4}}-x^3)\mathrm{d}x=\frac{6}{55}.$$

例 4 交换二次积分 $\int_0^1\mathrm{d}y\int_{-\sqrt{1-y^2}}^{\sqrt{1-y^2}}f(x,y)\mathrm{d}x$ 的积分次序.

解 二次积分的顺序是先 x 后 y 积分，因此，积分区域是 Y 型 D：$0\leqslant y\leqslant 1$，$-\sqrt{1-y^2}\leqslant x\leqslant\sqrt{1-y^2}$，如图 8.10 所示.

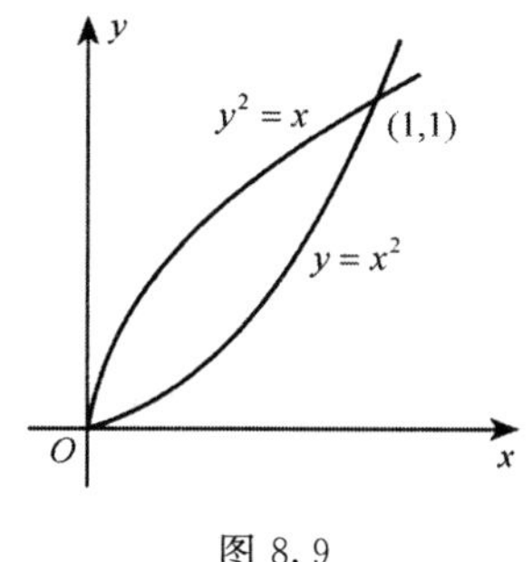

图 8.9

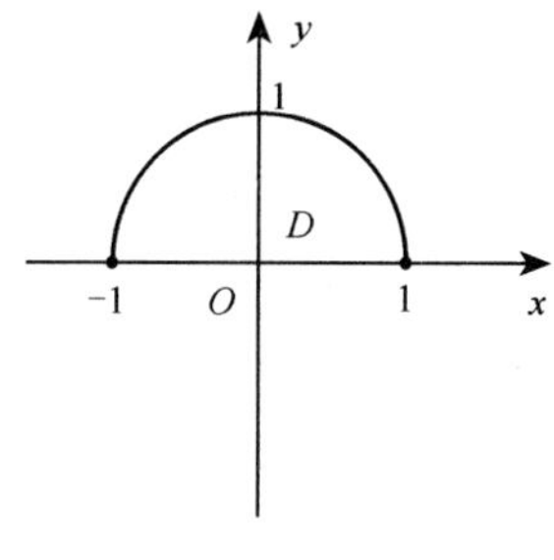

图 8.10

交换次序，先 y 后 x 积分，把区域 D 看成 X 型，可知 D：$-1\leqslant x\leqslant 1$，$0\leqslant y\leqslant\sqrt{1-x^2}$. 因此 $\int_0^1\mathrm{d}y\int_{-\sqrt{1-y^2}}^{\sqrt{1-y^2}}f(x,y)\mathrm{d}x=\int_{-1}^1\mathrm{d}x\int_0^{\sqrt{1-x^2}}f(x,y)\mathrm{d}y$.

点拨 交换积分次序需要将积分区域的类型转换.

例 5 计算二次积分 $\int_0^2\mathrm{d}x\int_x^2\sin y^2\mathrm{d}y$.

解 由于 $\sin y^2$ 的原函数不是初等函数，故先对 y 积分无法积分，只能交换积分次序，积分区域如图 8.11 所示，则

$$\int_0^2\mathrm{d}x\int_x^2\sin y^2\mathrm{d}y=\int_0^2\mathrm{d}y\int_0^y\sin y^2\mathrm{d}x=\int_0^2 y\sin y^2\mathrm{d}x=\frac{1}{2}(1-\cos 4).$$

例 6 计算 $\iint\limits_D\arctan\frac{y}{x}\mathrm{d}\sigma$，其中 D 是由圆周 $x^2+y^2=4$，$x^2+y^2=1$ 及直

线 $y=0$，$y=x$ 所围成的第一象限内的闭区域.

解 区域 D 如图 8.12 所示，选择极坐标计算.

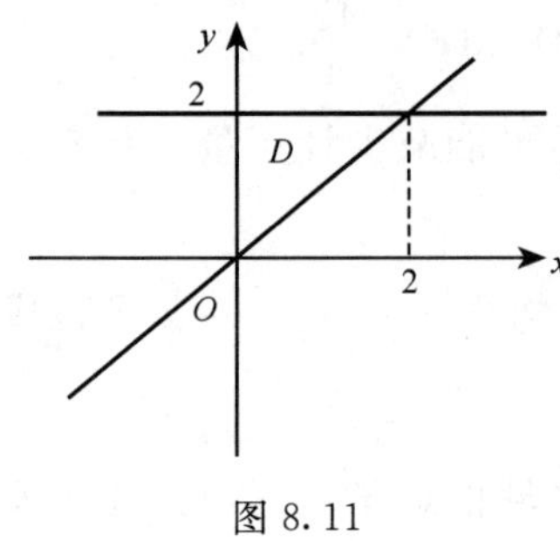

图 8.11

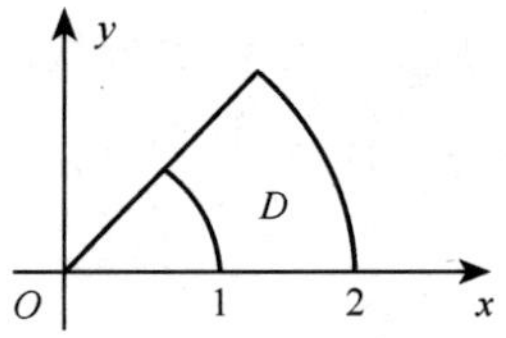

图 8.12

极坐标系下的表示：$0\leqslant\theta\leqslant\frac{\pi}{4}$，$1\leqslant\rho\leqslant2$，面积元素 $d\sigma=\rho d\rho d\theta$，直角坐标和极坐标的转换公式：$x=\rho\cos\theta$，$y=\rho\sin\theta$，$\arctan\frac{y}{x}=\arctan(\tan\theta)=\theta$.

因此，$\iint\limits_D\arctan\frac{y}{x}d\sigma=\iint\limits_D\theta\cdot\rho d\rho d\theta=\int_0^{\frac{\pi}{4}}\theta d\theta\int_1^2\rho d\rho=\left[\frac{1}{2}\theta^2\right]_0^{\frac{\pi}{4}}\cdot\left[\frac{1}{2}\rho^2\right]_1^2=\frac{3\pi^2}{64}$.

例 7 二次积分 $\int_0^{\frac{\pi}{2}}d\theta\int_0^{\cos\theta}f(\rho\cos\theta,\rho\sin\theta)\rho d\rho$ 可以转化成（ ）

A. $\int_0^1dy\int_0^{\sqrt{y-y^2}}f(x,y)dx$ B. $\int_0^1dy\int_0^{\sqrt{1-y^2}}f(x,y)dx$

C. $\int_0^1dx\int_0^1f(x,y)dy$ D. $\int_0^1dx\int_0^{\sqrt{x-x^2}}f(x,y)dy$

解 积分区域在极坐标系中的表示 $0\leqslant\theta\leqslant\frac{\pi}{2}$，$0\leqslant\rho\leqslant\cos\theta$，根据直角坐标系和极坐标系转换关系：$x=\rho\cos\theta$，$y=\rho\sin\theta$，极坐标系中的曲线 $\rho=\cos\theta$ 在直角坐标系中对应曲线 $x^2+y^2=x$，在直角坐标系中如图 8.13 所示. 该积分区域既是 X 型区域也是 Y 型区域，选 X 型区域，表示为 $0\leqslant x\leqslant1$，$0\leqslant y\leqslant\sqrt{x-x^2}$；选 Y 型区域，表示为 $0\leqslant y\leqslant\frac{1}{2}$，$\frac{1}{2}-\sqrt{\frac{1}{4}-y^2}\leqslant x\leqslant\frac{1}{2}+\sqrt{\frac{1}{4}-y^2}$. 由积分限的表示，故选 D.

例 8 计算 $\iint\limits_D|y-x^2|d\sigma$，其中 D：$0\leqslant x\leqslant1$，$0\leqslant y\leqslant1$.

解 曲线 $y=x^2$ 将积分区域 D 分成两部分 D_1，D_2，如图 8.14 所示，则

$$\iint\limits_D|y-x^2|d\sigma=\iint\limits_{D_1}-(y-x^2)d\sigma+\iint\limits_{D_2}(y-x^2)d\sigma$$

$$=\int_0^1dx\int_0^{x^2}(x^2-y)dy+\int_0^1dx\int_{x^2}^1(y-x^2)dy=\frac{11}{30}.$$

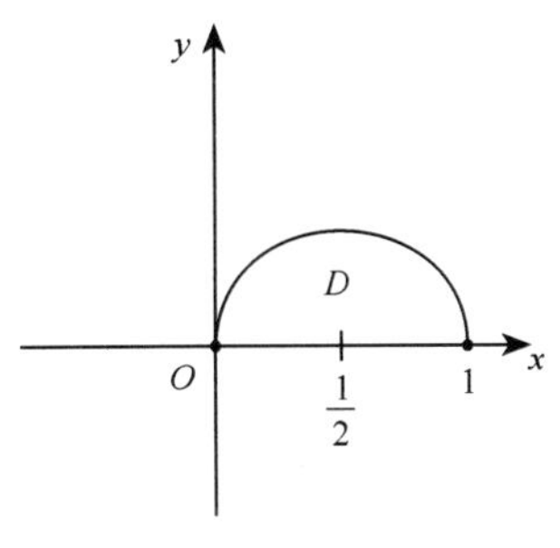

图 8.13

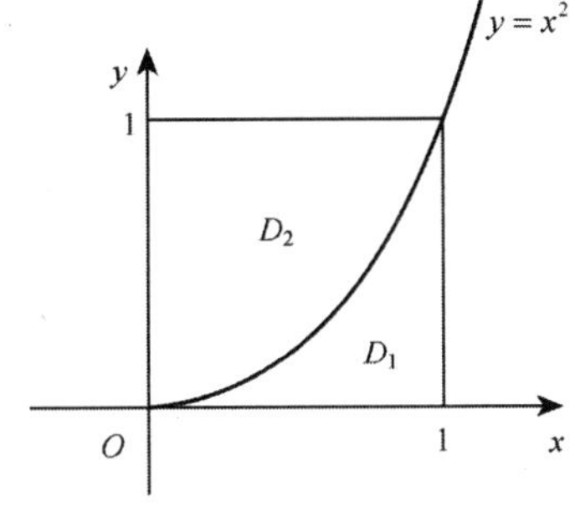

图 8.14

8.2.3 习题详解

1. 交换下列二次积分的积分次序.

(1) $\int_0^1 \mathrm{d}y \int_0^y f(x, y)\mathrm{d}x$；　　(2) $\int_0^2 \mathrm{d}y \int_{y^2}^{2y} f(x, y)\mathrm{d}x$；

(3) $\int_1^{\mathrm{e}} \mathrm{d}x \int_0^{\ln x} f(x, y)\mathrm{d}y$；　　(4) $\int_0^1 \mathrm{d}x \int_0^{x^2} f(x, y)\mathrm{d}y$.

解　(1) 由二次积分的积分限知，积分区域 D：$0 \leqslant y \leqslant 1$，$0 \leqslant x \leqslant y$，如图 8.15 所示，把 D 看成 X 型区域，则 D：$0 \leqslant x \leqslant 1$，$x \leqslant y \leqslant 1$，从而

$$\int_0^1 \mathrm{d}y \int_0^y f(x, y)\mathrm{d}x = \int_0^1 \mathrm{d}x \int_x^1 f(x, y)\mathrm{d}y.$$

(2) 由二次积分的积分限知，积分区域 D：$0 \leqslant y \leqslant 2$，$y^2 \leqslant x \leqslant 2y$，如图 8.16 所示，把 D 看成 X 型区域，则 D：$0 \leqslant x \leqslant 4$，$\frac{1}{2}x \leqslant y \leqslant \sqrt{x}$，从而

$$\int_0^2 \mathrm{d}y \int_{y^2}^{2y} f(x, y)\mathrm{d}x = \int_0^4 \mathrm{d}x \int_{\frac{x}{2}}^{\sqrt{x}} f(x, y)\mathrm{d}y.$$

(3) 由二次积分的积分限知，积分区域 D：$0 \leqslant x \leqslant \mathrm{e}$，$0 \leqslant y \leqslant \ln x$，如图 8.17 所示，把 D 看成 Y 型区域，则 D：$0 \leqslant y \leqslant 1$，$\mathrm{e}^y \leqslant x \leqslant \mathrm{e}$，从而

$$\int_1^{\mathrm{e}} \mathrm{d}x \int_0^{\ln x} f(x, y)\mathrm{d}y = \int_0^1 \mathrm{d}y \int_{\mathrm{e}^y}^{\mathrm{e}} f(x, y)\mathrm{d}x.$$

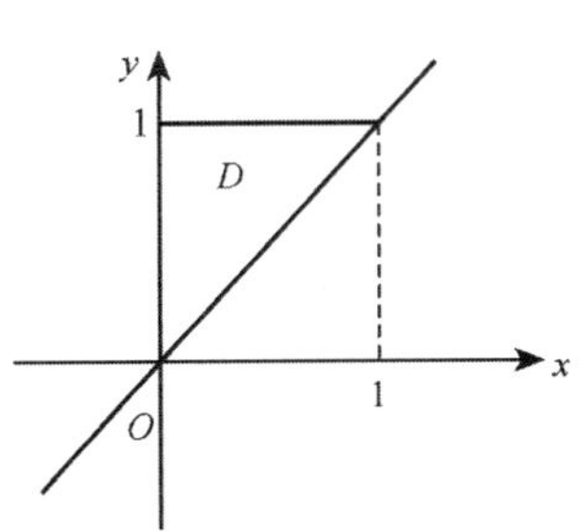

图 8.15

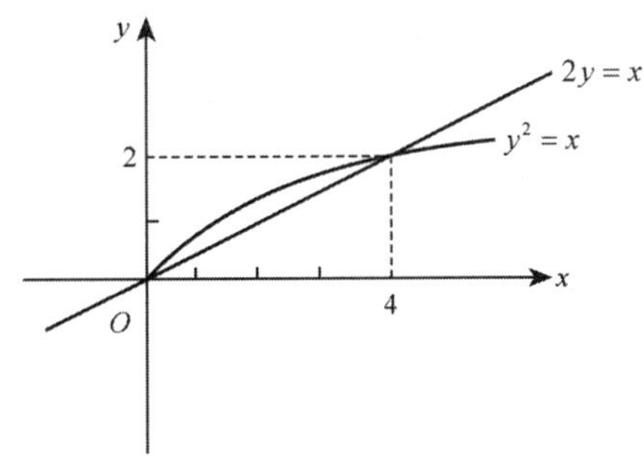

图 8.16

(4) 由二次积分的积分限知，积分区域 D：$0\leqslant x\leqslant 1$，$0\leqslant y\leqslant x^2$，如图 8.18 所示，把 D 看成 Y 型区域，则 D：$0\leqslant y\leqslant 1$，$\sqrt{y}\leqslant x\leqslant 1$，从而

$$\int_0^1 \mathrm{d}x\int_0^{x^2} f(x, y)\mathrm{d}y=\int_0^1 \mathrm{d}y\int_{\sqrt{y}}^1 f(x, y)\mathrm{d}x.$$

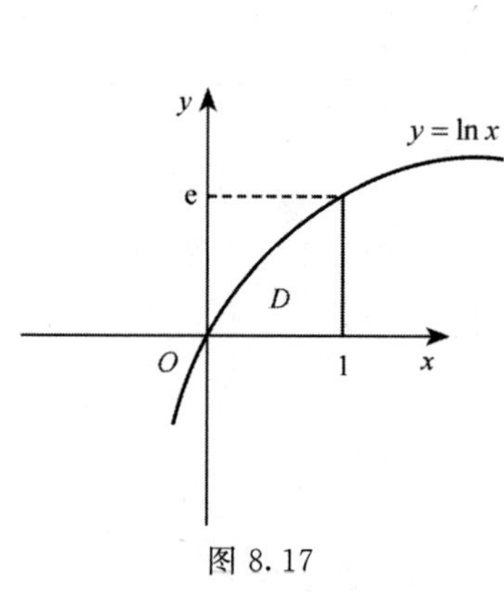

图 8.17

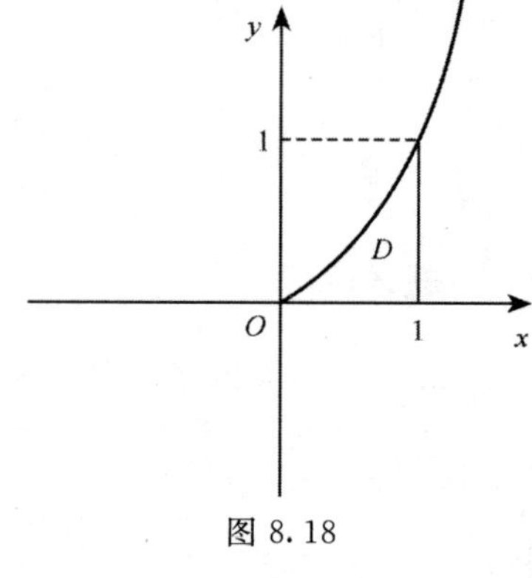

图 8.18

2. 计算下列二重积分.

(1) $\iint\limits_D (x+y)\mathrm{d}\sigma$，其中 D 是由 $y=\dfrac{1}{x}$，$y=2$ 及 $x=2$ 所围成的闭区域；

(2) $\iint\limits_D (3x+2y)\mathrm{d}\sigma$，其中 D 是由两坐标轴及直线 $x+y=2$ 所围成的闭区域；

(3) $\iint\limits_D y\mathrm{d}\sigma$，其中 D 是由 $x^2+y^2\leqslant 1$，$y\geqslant 0$ 确定.

解 (1) 如图 8.19 所示，区域 D 看成 X 型区域：$\dfrac{1}{2}\leqslant x\leqslant 2$，$\dfrac{1}{x}\leqslant y\leqslant 2$，则

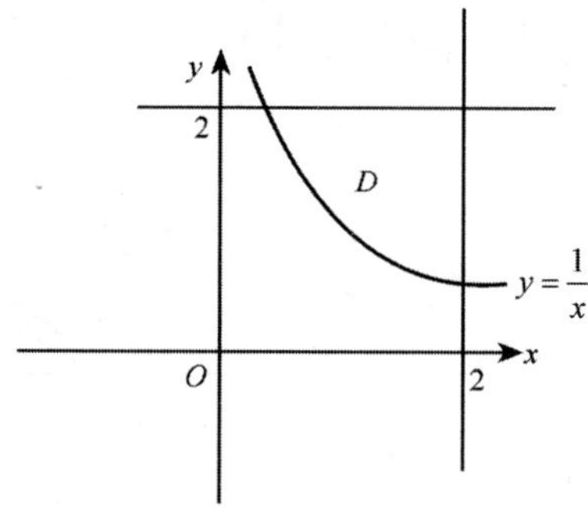

图 8.19

$$\iint_D (x+y)\mathrm{d}\sigma = \int_{\frac{1}{2}}^{2}\mathrm{d}x\int_{\frac{1}{x}}^{2}(x+y)\mathrm{d}y = \int_{\frac{1}{2}}^{2}\left(2x-\frac{1}{2x^2}+1\right)\mathrm{d}x$$
$$=\left[x^2+\frac{1}{2x}+x\right]_{\frac{1}{2}}^{2}=\frac{9}{2}.$$

(2) 如图 8.20 所示，区域 D 看成 X 型区域：$0\leqslant x\leqslant 2$，$0\leqslant y\leqslant 2-x$，则

$$\iint_D (3x+2y)\mathrm{d}\sigma = \int_0^2\mathrm{d}x\int_0^{2-x}(3x+2y)\mathrm{d}y = \int_0^2(-2x^2+2x+4)\mathrm{d}x$$
$$=\left[-\frac{2}{3}x^3+x^2+4x\right]_0^2=\frac{20}{3}.$$

(3) 如图 8.21 所示，选择极坐标，区域 D：$0\leqslant\theta\leqslant\pi$，$0\leqslant\rho\leqslant 1$，则

$$\iint_D y\mathrm{d}\sigma = \iint_D \rho^2\sin\theta\mathrm{d}\rho\mathrm{d}\theta = \int_0^{\pi}\mathrm{d}\theta\int_0^1\rho^2\sin\theta\mathrm{d}\rho = \frac{1}{3}\int_0^{\pi}\sin\theta\mathrm{d}\theta = \left[-\frac{1}{3}\cos\theta\right]_0^{\pi} = \frac{2}{3}.$$

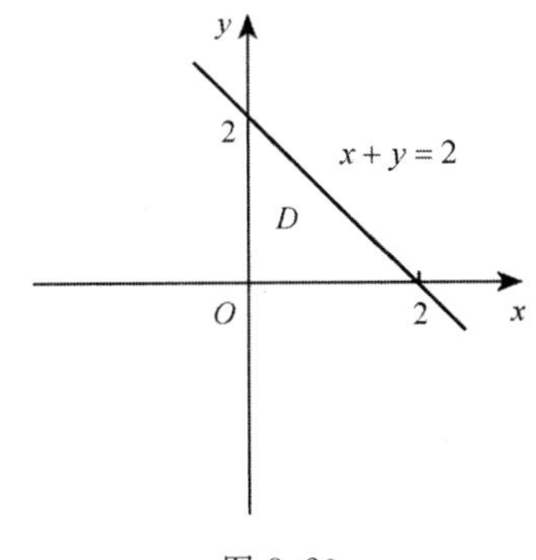

图 8.20

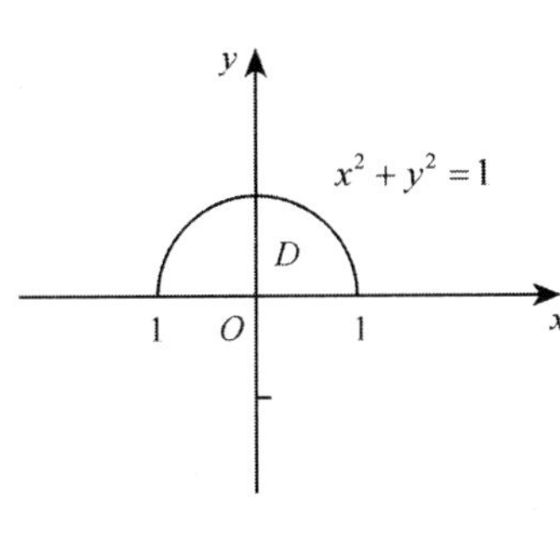

图 8.21

3. 化下列二次积分为极坐标形式的二次积分.

(1) $\int_0^1\mathrm{d}x\int_0^1 f(x,y)\mathrm{d}y$；　　(2) $\int_0^2\mathrm{d}x\int_x^{\sqrt{3}x} f\left(\sqrt{x^2+y^2}\right)\mathrm{d}y$；

(3) $\int_0^1\mathrm{d}x\int_x^{\sqrt{2x-x^2}} f(x,\ y)\mathrm{d}y$；　　(4) $\int_0^1\mathrm{d}y\int_y^{2-y} f(x,\ y)\mathrm{d}x$.

解 (1) 积分区域 D：$0\leqslant x\leqslant 1$，$0\leqslant y\leqslant 1$，如图 8.22 所示，则极坐标下，积分区域 D_1：$0\leqslant\theta\leqslant\frac{\pi}{4}$，$0\leqslant\rho\leqslant\sec\theta$，$D_2$：$\frac{\pi}{4}\leqslant\theta\leqslant\frac{\pi}{2}$，$0\leqslant\rho\leqslant\csc\theta$，则

$$\text{原式}=\int_0^{\frac{\pi}{4}}\mathrm{d}\theta\int_0^{\sec\theta}f(\rho\cos\theta,\ \rho\sin\theta)\rho\mathrm{d}\rho+\int_{\frac{\pi}{4}}^{\frac{\pi}{2}}\mathrm{d}\theta\int_0^{\csc\theta}f(\rho\cos\theta,\ \rho\sin\theta)\rho\mathrm{d}\rho.$$

(2) 积分区域 D：$0\leqslant x\leqslant 2$，$x\leqslant y\leqslant\sqrt{3}x$，如图 8.23 所示，则极坐标下，积分区域 D：$\frac{\pi}{4}\leqslant\theta\leqslant\frac{\pi}{3}$，$0\leqslant\rho\leqslant 2\sec\theta$，则原式 $=\int_{\frac{\pi}{4}}^{\frac{\pi}{3}}\mathrm{d}\theta\int_0^{2\sec\theta}f(\rho)\rho\mathrm{d}\rho$.

(3) 积分区域 D：$0\leqslant x\leqslant 1$，$x\leqslant y\leqslant\sqrt{2x-x^2}$，如图 8.24 所示，则极坐标下，积分区域 D：$\frac{\pi}{4}\leqslant\theta\leqslant\frac{\pi}{2}$，$0\leqslant\rho\leqslant 2\cos\theta$，则

$$原式=\int_{\frac{\pi}{4}}^{\frac{\pi}{2}}d\theta\int_0^{2\cos\theta}f(\rho\cos\theta,\rho\sin\theta)\rho d\rho.$$

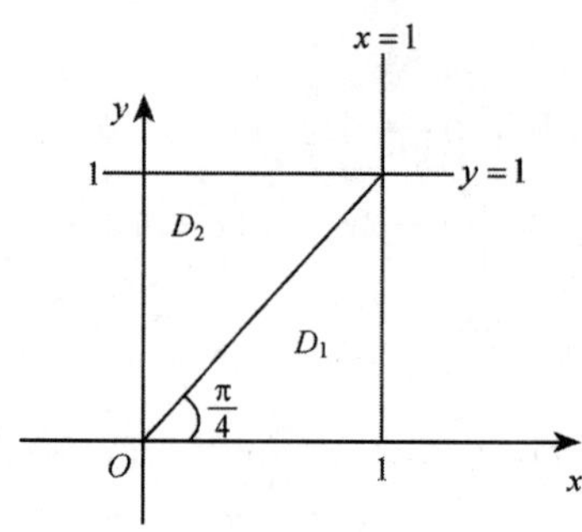

图 8.22

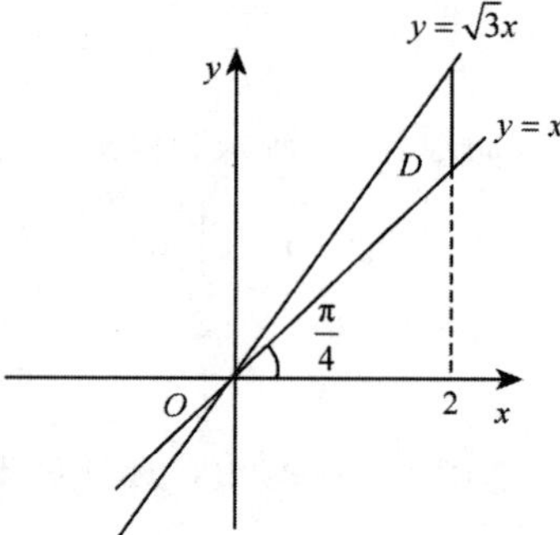

图 8.23

(4) 积分区域 D：$0\leqslant y\leqslant 1$，$y\leqslant x\leqslant 2-y$，如图 8.25 所示，则极坐标下，积分区域 D：$0\leqslant\theta\leqslant\frac{\pi}{4}$，$0\leqslant\rho\leqslant\frac{2}{\sin\theta+\cos\theta}$，则

$$原式=\int_0^{\frac{\pi}{4}}d\theta\int_0^{\frac{2}{\cos\theta+\sin\theta}}f(\rho\cos\theta,\rho\sin\theta)\rho d\rho.$$

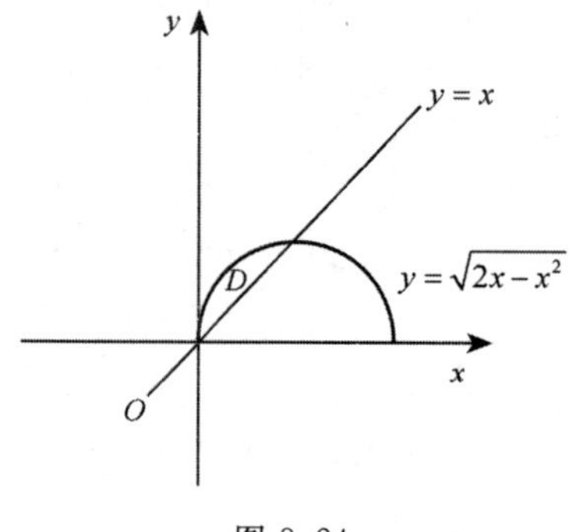

图 8.24

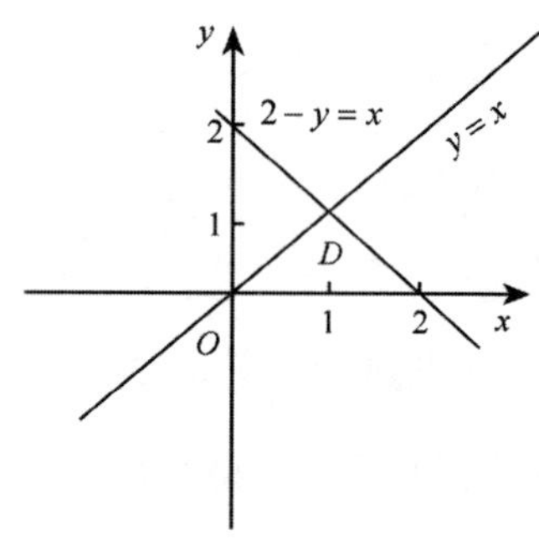

图 8.25

4. 利用极坐标计算下列二重积分.

(1) $\iint\limits_D\ln(1+x^2+y^2)d\sigma$，其中 D 是由圆周 $x^2+y^2=1$ 所围成的闭区域；

(2) $\iint\limits_D\sqrt{x^2+y^2}\,d\sigma$，其中 D 是圆环 $\pi^2\leqslant x^2+y^2\leqslant 4\pi^2$.

解 (1) $\iint\limits_D\ln(1+x^2+y^2)d\sigma=\int_0^{2\pi}d\theta\int_0^1\ln(1+\rho^2)\rho d\rho$

$=2\pi\cdot\frac{1}{2}\int_0^1\ln(1+\rho^2)d(1+\rho^2)\xlongequal{令 t=1+\rho^2}\pi\int_1^2\ln t\,dt$

$=\pi\left(t\ln t\Big|_1^2-\int_1^2 t\,d\ln t\right)=\pi(2\ln 2-1).$

(2) $\iint\limits_D \sqrt{x^2+y^2}\,d\sigma=\int_0^{2\pi}d\theta\int_\pi^{2\pi}\rho^2 d\rho=2\pi\int_\pi^{2\pi}\rho^2 d\rho=2\pi\left[\frac{\rho^3}{3}\right]_\pi^{2\pi}=\frac{14}{3}\pi^4.$

5. 选择适当的坐标计算下列二重积分：

(1) $\iint\limits_D \frac{x^2}{y^2}d\sigma$，其中 D 是由直线 $y=x$，$x=2$ 及曲线 $xy=1$ 所围成的闭区域；

(2) $\iint\limits_D \frac{1}{\sqrt{1-x^2-y^2}}d\sigma$，其中 D 是由 $x^2+y^2\leqslant 1$ 所确定.

解 (1) 如图 8.26 所示，选择直角坐标系计算，积分区域 D：$1\leqslant x\leqslant 2$，$\frac{1}{x}\leqslant y\leqslant x$，则

$$\begin{aligned}\iint\limits_D \frac{x^2}{y^2}d\sigma&=\int_1^2 dx\int_{\frac{1}{x}}^{x}\frac{x^2}{y^2}dy=\int_1^2\left[-\frac{x^2}{y}\right]_{\frac{1}{x}}^{x}dx\\&=\int_1^2(x^3-x)dx\\&=\left[\frac{x^4}{4}-\frac{x^2}{2}\right]_1^2=\frac{9}{4}.\end{aligned}$$

(2) 如图 8.27 所示，选择极坐标系计算，积分区域 D：$0\leqslant\theta\leqslant 2\pi$，$0\leqslant\rho\leqslant 1$，则

$$\begin{aligned}\iint\limits_D \frac{1}{\sqrt{1-x^2-y^2}}d\sigma&=\int_0^{2\pi}d\theta\int_0^1\frac{\rho}{\sqrt{1-\rho^2}}d\rho\\&=2\pi\cdot\left(-\frac{1}{2}\right)\int_0^1\frac{1}{\sqrt{1-\rho^2}}d(1-\rho^2)\\&=-2\pi\sqrt{1-\rho^2}\Big|_0^1=2\pi.\end{aligned}$$

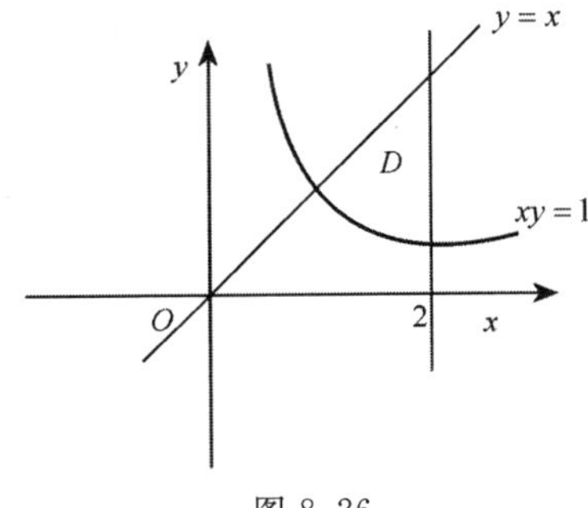

图 8.26

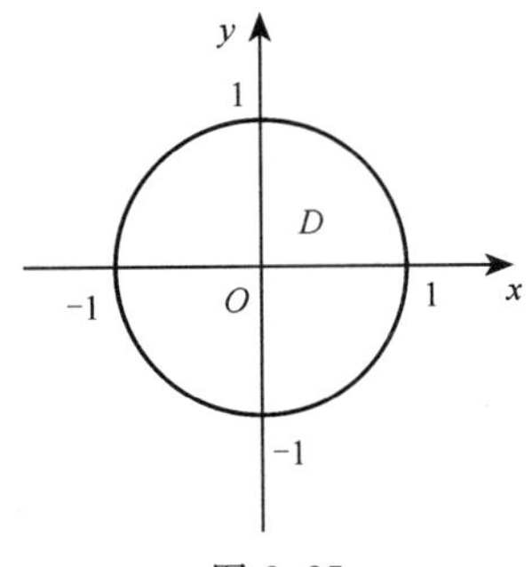

图 8.27

复习题 8 解答

1. 交换下列二次积分的次序.

(1) $\int_0^1 dy\int_0^{\sqrt{y}} f(x,y)dx$；　　(2) $\int_0^4 dx\int_0^{2\sqrt{x}} f(x,y)dy$；

(3) $\int_0^1 dx \int_0^x f(x, y) dy + \int_1^2 dx \int_0^{2-x} f(x, y) dy$.

解 (1) 由二次积分的积分限知，积分区域 D：$0 \leqslant y \leqslant 1$，$0 \leqslant x \leqslant \sqrt{y}$，如图 8.28 所示，把 D 看成 X 型区域，则 D：$0 \leqslant x \leqslant 1$，$x^2 \leqslant y \leqslant 1$，从而，原式 $= \int_0^1 dx \int_{x^2}^1 f(x, y) dy$.

(2) 由二次积分的积分限知，积分区域 D：$0 \leqslant x \leqslant 4$，$0 \leqslant y \leqslant 2\sqrt{x}$，如图 8.29 所示，把 D 看成 Y 型区域，则 D：$0 \leqslant y \leqslant 4$，$\frac{y^2}{4} \leqslant x \leqslant 4$，从而，原式 $= \int_0^4 dy \int_{\frac{y^2}{4}}^4 f(x, y) dx$.

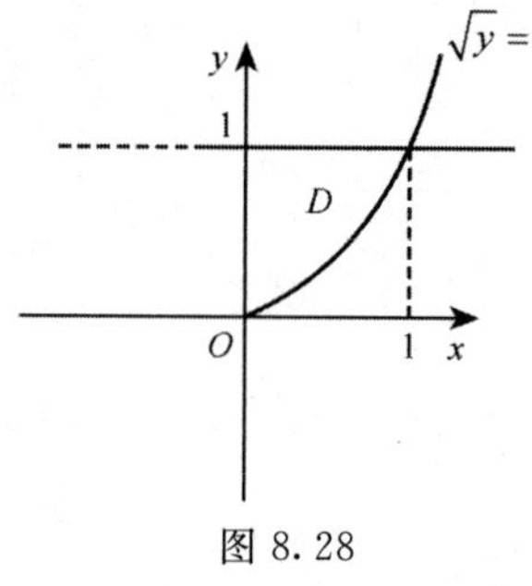

图 8.28

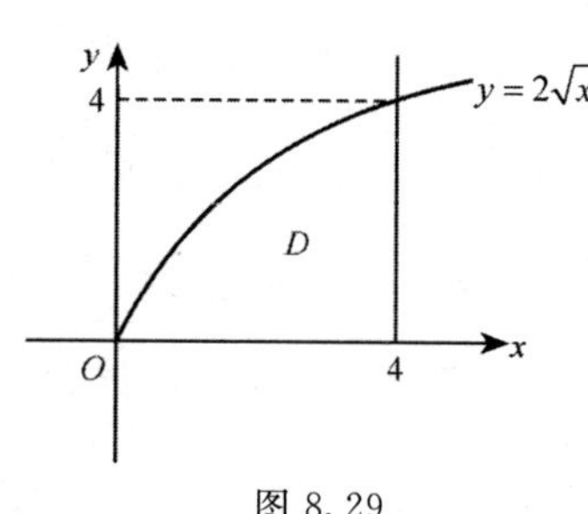

图 8.29

(3) 由二次积分的积分限知，积分区域 D_1：$0 \leqslant x \leqslant 1$，$0 \leqslant y \leqslant x$，$D_2$：$1 \leqslant x \leqslant 2$，$0 \leqslant y \leqslant 2-x$，如图 8.30 所示，把 D 看成 Y 型区域，则 D：$0 \leqslant y \leqslant 1$，$y \leqslant x \leqslant 2-y$，从而，原式 $= \int_0^1 dy \int_y^{2-y} f(x,y) dx$.

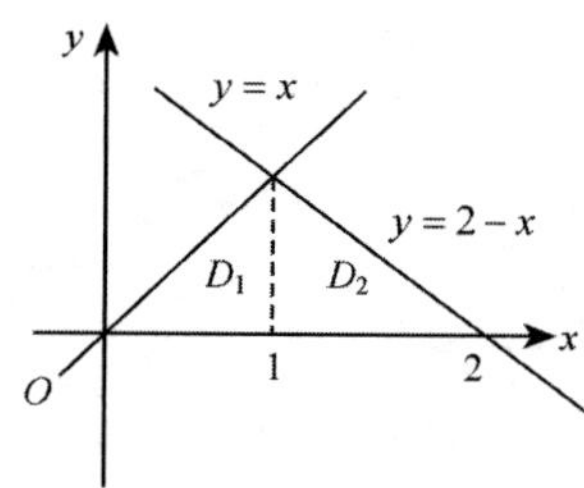

图 8.30

2. 计算下列二重积分.

(1) $\iint\limits_D (6-2x-3y) d\sigma$，其中 D 是顶点分别为 (0, 0)，(3, 0) 和 (0, 2) 的三角形闭区域；

(2) $\iint\limits_D \frac{y}{x^2}\mathrm{d}\sigma$，其中 $D=\{(x, y)\mid 1\leqslant x\leqslant 2, 0\leqslant y\leqslant 1\}$；

(3) $\iint\limits_D \sqrt{R^2-x^2-y^2}\,\mathrm{d}\sigma$，其中 D 是圆周 $x^2+y^2=Rx$ 所围成的闭区域；

(4) $\iint\limits_D (y^2+3x-6y+9)\mathrm{d}\sigma$，其中 $D=\{(x, y)\mid x^2+y^2\leqslant R^2\}$.

解 (1) 如图 8.31 所示，D：$0\leqslant x\leqslant 3$，$0\leqslant y\leqslant -\frac{2x}{3}+2$，

$$\begin{aligned}\iint\limits_D (6-2x-3y)\mathrm{d}\sigma &= \int_0^3 \mathrm{d}x\int_0^{-\frac{2}{3}x+2}(6-2x-3y)\mathrm{d}y\\ &=\int_0^3\left[6y-2xy-\frac{3}{2}y^2\right]_0^{-\frac{2x}{3}+2}\mathrm{d}x\\ &=\int_0^3\left(\frac{2}{3}x^2-4x+6\right)\mathrm{d}x\\ &=\left[\frac{2}{9}x^3-2x^2+6x\right]_0^3=6.\end{aligned}$$

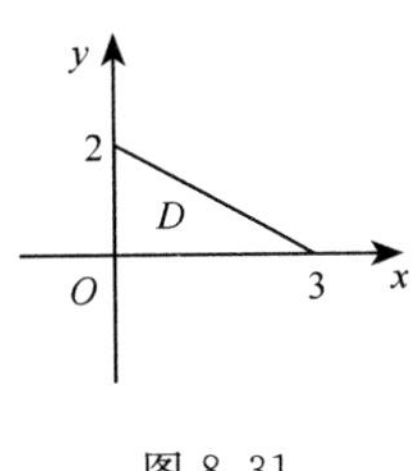

图 8.31

(2) $\iint\limits_D \frac{y}{x^2}\mathrm{d}\sigma=\int_1^2\frac{1}{x^2}\mathrm{d}x\int_0^1 y\mathrm{d}y=\left[-\frac{1}{x}\right]_1^2\cdot\left[\frac{y^2}{2}\right]_0^1=\frac{1}{4}.$

(3) 选择极坐标，如图 8.32 所示，D：$-\frac{\pi}{2}\leqslant\theta\leqslant\frac{\pi}{2}$，$0\leqslant\rho\leqslant R\cos\theta$，

$$\begin{aligned}\iint\limits_D \sqrt{R^2-x^2-y^2}\,\mathrm{d}\sigma &= \int_{-\frac{\pi}{2}}^{\frac{\pi}{2}}\mathrm{d}\theta\int_0^{R\cos\theta}\sqrt{R^2-\rho^2}\,\rho\mathrm{d}\rho\\ &=-\frac{1}{2}\int_{-\frac{\pi}{2}}^{\frac{\pi}{2}}\left[\frac{2}{3}(R^2-\rho^2)^{\frac{3}{2}}\right]_0^{R\cos\theta}\mathrm{d}\theta\\ &=\frac{1}{3}\int_{-\frac{\pi}{2}}^{\frac{\pi}{2}}R^3(1-\sin\theta)\mathrm{d}\theta=\frac{R^3}{3}[\theta+\cos\theta]_{-\frac{\pi}{2}}^{\frac{\pi}{2}}\\ &=\frac{R^3}{3}\left(\pi-\frac{4}{3}\right).\end{aligned}$$

(4) 选择极坐标，如图 8.33 所示，D：$0\leqslant\theta\leqslant 2\pi$，$0\leqslant\rho\leqslant R$，由对称性，

$$\iint\limits_D (y^2+3x-6y+9)\mathrm{d}\sigma=\iint\limits_D 3x\mathrm{d}\sigma+\iint\limits_D (y^2-6y+9)\mathrm{d}\sigma=\iint\limits_D (y^2-6y+9)\mathrm{d}\sigma$$

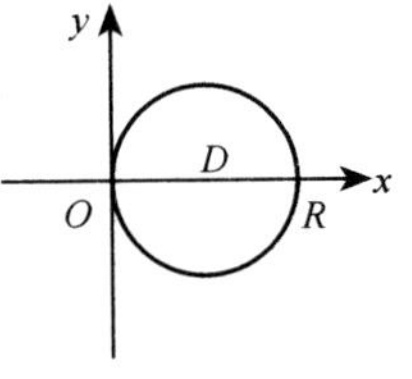

图 8.32

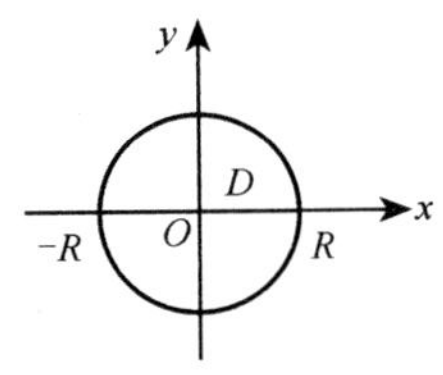

图 8.33

$$= \int_0^{2\pi} d\theta \int_0^R (\rho^2 \sin^2\theta - 6\rho\sin\theta + 9)\rho d\rho$$

$$= \int_0^{2\pi} \left(\frac{1}{4}R^4 \sin^2\theta + \frac{9}{2}R^2\right) d\theta = \frac{\pi R^4}{4} + 9\pi R^2.$$

3. 证明：$\int_a^b (b-x)f(x)dx = \int_a^b dx \int_a^x f(y)dy.$

证 由 $\int_a^b dx \int_a^x f(y)dy$，得积分区域 D：$a\leqslant x\leqslant b$，$a\leqslant y\leqslant x$，如图 8.34 所示，把 D 看成 Y 型区域，则 D：$a\leqslant y\leqslant b$，$y\leqslant x\leqslant b$，

$$\int_a^b dx \int_a^x f(y)dy = \int_a^b dy \int_y^b f(y)dx = \int_a^b f(y)\cdot [x]_y^b dy$$

$$= \int_a^b f(y)(b-y)dy = \int_a^b f(x)(b-x)dx.$$

4. 将下列积分转化成极坐标形式，并计算积分值.

$$I = \int_0^1 dy \int_0^{\sqrt{1-y^2}} \sin(x^2+y^2)dx.$$

解 积分区域 D：$0\leqslant y\leqslant 1$，$0\leqslant x\leqslant \sqrt{1-y^2}$，如图 8.35 所示，极坐标下的积分区域 D：$0\leqslant\theta\leqslant\frac{\pi}{2}$，$0\leqslant\rho\leqslant 1$，$x=\rho\cos\theta$，$y=\rho\sin\theta$，$d\sigma=\rho d\rho d\theta$，从而，

$$I = \int_0^{\frac{\pi}{2}} d\theta \int_0^1 \sin\rho^2 \rho d\rho = \frac{\pi}{2}\cdot\frac{1}{2}\int_0^1 \sin\rho^2 d\rho^2 = \frac{\pi}{4}(1-\cos 1).$$

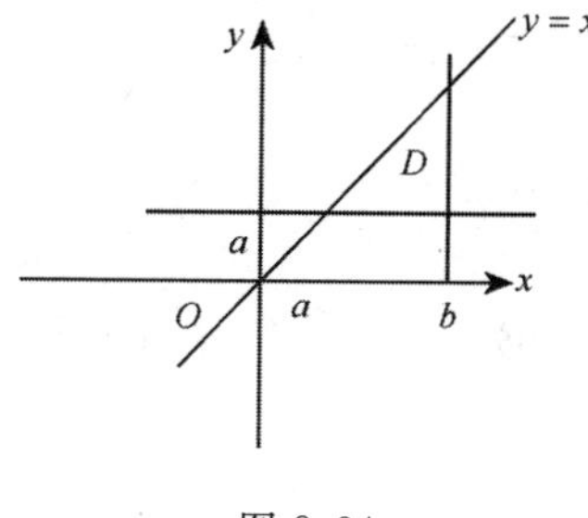

图 8.34

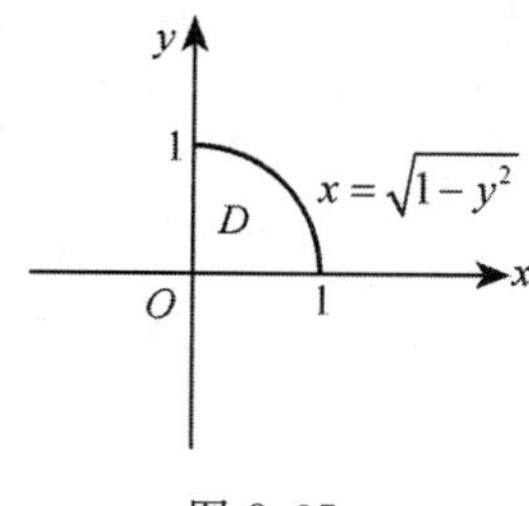

图 8.35

本章练习 A

1. 填空题.

(1) 设 $D=\{(x, y)\mid 0\leqslant x\leqslant 1, 0\leqslant y\leqslant 1\}$，则 $\iint\limits_D 2d\sigma =$ ______.

(2) 若积分区域 D 是由 $x=0$，$x=2$，$y=0$，$y=2$ 围成的矩形区域，则 $\iint\limits_D e^{x+y}dxdy =$ ______.

(3) 交换积分次序 $\int_0^{\frac{1}{4}} dy \int_y^{\sqrt{y}} f(x, y)dx + \int_{\frac{1}{4}}^{\frac{1}{2}} dy \int_y^{\frac{1}{2}} f(x, y)dx =$ ______.

(4) 设 D 为 $x^2+y^2\leqslant a^2$ $(a>0)$ 的上半部分，则二重积分 $\iint\limits_D x\sqrt{x^2+y^2}\,\mathrm{d}\sigma=$ ________.

2. 选择题.

(1) 设区域 $D=\{(x,y)\mid x^2+y^2\leqslant a^2, a>0, y\geqslant 0\}$，则 $\iint\limits_D (x^2+y^2)\mathrm{d}x\mathrm{d}y=$ (　　).

A. $\int_0^{\pi}\mathrm{d}\theta\int_0^a\rho^3\mathrm{d}\rho$　B. $\int_0^{\pi}\mathrm{d}\theta\int_0^a\rho^2\mathrm{d}\rho$　C. $\int_{-\frac{\pi}{2}}^{\frac{\pi}{2}}\mathrm{d}\theta\int_0^a\rho^3\mathrm{d}\rho$　D. $\int_{-\frac{\pi}{2}}^{\frac{\pi}{2}}\mathrm{d}\theta\int_0^a\rho^2\mathrm{d}\rho$

(2) 设 D 是以 $O(0,0)$，$A(1,0)$，$B(1,2)$，$C(0,1)$ 为顶点的梯形所围成的闭区域，则 $\iint\limits_D f(x,y)\mathrm{d}\sigma$ 化成二次积分是 (　　).

A. $\int_0^1\mathrm{d}x\int_1^{1+x}f(x,y)\mathrm{d}y$

B. $\int_0^1\mathrm{d}x\int_1^{2+x}f(x,y)\mathrm{d}y$

C. $\int_0^1\mathrm{d}y\int_0^1 f(x,y)\mathrm{d}x+\int_1^2\mathrm{d}y\int_{y-1}^1 f(x,y)\mathrm{d}x$

D. $\int_0^1\mathrm{d}y\int_0^1 f(x,y)\mathrm{d}x+\int_0^2\mathrm{d}y\int_{y-1}^1 f(x,y)\mathrm{d}x$

(3) 将二重积分 $I=\int_0^a\mathrm{d}x\int_x^{\sqrt{2ax-x^2}}f(x,y)\mathrm{d}y$ 转化为极坐标 (　　).

A. $\int_0^{\frac{\pi}{2}}\mathrm{d}\theta\int_0^{2a\cos\theta}f(\rho\cos\theta,\rho\sin\theta)\rho\mathrm{d}\rho$

B. $\int_{\frac{\pi}{4}}^{\frac{\pi}{2}}\mathrm{d}\theta\int_0^{2a\sin\theta}f(\rho\cos\theta,\rho\sin\theta)\rho\mathrm{d}\rho$

C. $\int_0^{\frac{\pi}{2}}\mathrm{d}\theta\int_0^{2a\sin\theta}f(\rho\cos\theta,\rho\sin\theta)\mathrm{d}\rho$

D. $\int_{\frac{\pi}{4}}^{\frac{\pi}{2}}\mathrm{d}\theta\int_0^{2a\cos\theta}f(\rho\cos\theta,\rho\sin\theta)\rho\mathrm{d}\rho$

3. 计算 $\iint\limits_D y\mathrm{d}x\mathrm{d}y$，其中 D 是由曲线 $y=1-x^2$ 与 $y=x^2-1$ 所围成的区域.

4. 计算 $\int_0^1\mathrm{d}y\int_y^1\dfrac{\sin x}{x}\mathrm{d}x$.

5. 设区域 D 是以 $(0,0)$，$(1,1)$ 和 $(0,1)$ 为顶点的三角形，计算 $\iint\limits_D \mathrm{e}^{-y^2}\mathrm{d}\sigma$.

本章练习 B

1. 填空题.

(1) 把二重积分 $I=\int_0^1 dx\int_{1-x}^{\sqrt{1-x^2}} f(x, y)dy$ 化为极坐标形式，则 $I=$______________.

(2) 设 D 为 $x^2+y^2=1$ 所围成的圆域，则 $\iint\limits_D (2-x^2-y^2)d\sigma=$______________.

(3) 设 $D=\{(x, y)\mid a^2\leqslant x^2+y^2\leqslant b^2, a>0, b>0\}$，用极坐标表示 $\iint\limits_D f(x, y)d\sigma=$______________.

2. 选择题.

(1) 二次积分 $\int_0^{\frac{\pi}{2}} d\theta\int_0^{2\sin\theta} f(\rho\cos\theta, \rho\sin\theta)\rho d\rho$ 可以写成（　　）.

A. $\int_0^1 dx\int_0^{1-\sqrt{1-x^2}} f(x, y)dy$　　B. $\int_0^2 dy\int_0^{1-\sqrt{1-y^2}} f(x, y)dx$

C. $\int_0^2 dy\int_0^{\sqrt{2y-y^2}} f(x, y)dx$　　D. $\int_0^1 dx\int_0^{\sqrt{2x-x^2}} f(x, y)dy$

(2) 设 D：$|x|+|y|\leqslant 1$，D_1 是其在第一象限的区域，则 $\iint\limits_D f(x^2, |y|)d\sigma=$（　　）.

A. $2\iint\limits_{D_1} f(x^2, |y|)d\sigma$　　B. $4\iint\limits_{D_1} f(x^2, |y|)d\sigma$

C. $8\iint\limits_{D_1} f(x^2, |y|)d\sigma$　　D. 0

(3) 设 $f(x, y)$ 连续，且 $f(x,y)=xy+\iint\limits_D f(u, v)dudv$，$D$ 是由 $y=0$，$y=x^2$，$x=1$ 围成，则 $f(x, y)=$（　　）.

A. xy　　B. $2xy$　　C. $xy+\frac{1}{8}$　　D. $xy+1$

3. 计算二重积分 $\iint\limits_D \frac{1}{2+x^2+y^2}d\sigma$，其中 D：$x^2+y^2\leqslant 1$.

4. 计算 $\iint\limits_D |y|e^{|x|}d\sigma$，其中 D：$x^2+y^2\leqslant 1$.

5. 计算 $\iint\limits_D \sin\sqrt{x^2+y^2}\,dxdy$，其中 D 是由 $x^2+y^2=\pi^2$ 和 $x^2+y^2=4\pi^2$ 围成的区域.

本章练习 A 答案

1. 填空题.

(1) 2. (2) $(e^2-1)^2$. 提示：$\iint\limits_D e^{x+y}dxdy=\int_0^2 e^x dx\cdot\int_0^2 e^y dy=(e^2-1)^2$.

(3) $\int_0^{\frac{1}{2}}dx\int_{x^2}^{x}f(x,y)dy$. 提示：积分区域如图 8.36 所示，换成 X 型表示为 $0\leqslant x\leqslant\frac{1}{2}$，$x^2\leqslant y\leqslant x$，所以 $\int_0^{\frac{1}{4}}dy\int_y^{\sqrt{y}}f(x,y)dx+\int_{\frac{1}{4}}^{\frac{1}{2}}dy\int_y^{\frac{1}{2}}f(x,y)dx=\int_0^{\frac{1}{2}}dx\int_{x^2}^{x}f(x,y)dy$.

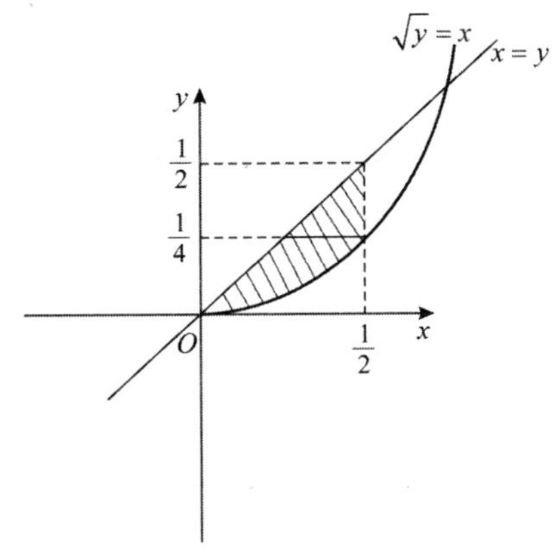

图 8.36

(4) 0. 提示：利用极坐标积分 $\iint\limits_D x\sqrt{x^2+y^2}\,d\sigma=\int_0^{\pi}\cos\theta d\theta\int_0^a\rho^3 d\rho=0$ 或利用对称性计算.

2. 选择题.

(1) A. 提示：极坐标系下的积分区域 $D=\{(\rho,\theta)\mid 0\leqslant\theta\leqslant\pi,0\leqslant\rho\leqslant a\}$.

(2) C. 提示：积分区域如图 8.37 所示，根据积分区域可得结论.

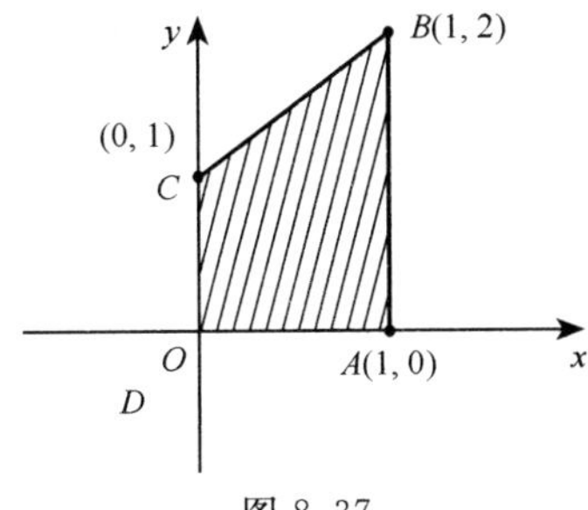

图 8.37

(3) D. 提示：画出积分图，利用直角坐标系和极坐标的转换公式可得.

3. **解** 原式 $=\int_{-1}^{1}\mathrm{d}x\int_{x^2-1}^{1-x^2}y\mathrm{d}y=\int_{-1}^{1}\left[\frac{1}{2}y^2\right]_{x^2-1}^{1-x^2}\mathrm{d}x=\int_{-1}^{1}\frac{1}{2}[(1-x^2)^2-(x^2-1)^2]\mathrm{d}x=0$，或直接用对称性即可.

4. **解** 因为$\frac{\sin x}{x}$的原函数无法用初等函数表示，所以选择 D 为 X 型区域，因此，原式 $=\int_0^1\mathrm{d}x\int_0^x\frac{\sin x}{x}\mathrm{d}y=\int_0^1\sin x\mathrm{d}x=1-\cos 1$.

5. **解** 因为 e^{-y^2} 积不出来，所以选择 D 为 Y 型区域，因此，

$$\begin{aligned}\iint_D\mathrm{e}^{-y^2}\mathrm{d}x\mathrm{d}y&=\int_0^1\mathrm{d}y\int_0^y\mathrm{e}^{-y^2}\mathrm{d}x=\int_0^1 y\mathrm{e}^{-y^2}\mathrm{d}y\\&=\left[-\frac{1}{2}\mathrm{e}^{-y^2}\right]_0^1\\&=\frac{1}{2}(1-\mathrm{e}^{-1}).\end{aligned}$$

本章练习 B 答案

1. 填空题.

(1) $I=\int_0^{\frac{\pi}{2}}\mathrm{d}\theta\int_{\frac{1}{\sin\theta+\cos\theta}}^{1}f(\rho\cos\theta,\rho\sin\theta)\rho\mathrm{d}\rho$. 提示：直角坐标下画出积分区域 D，如图 8.38 所示，用极坐标表示 D：$0\leqslant\theta\leqslant\frac{\pi}{2}$，$\frac{1}{\sin\theta+\cos\theta}\leqslant\rho\leqslant 1$，所以 $I=\int_0^{\frac{\pi}{2}}\mathrm{d}\theta\int_{\frac{1}{\sin\theta+\cos\theta}}^{1}f(\rho\cos\theta,\rho\sin\theta)\rho\mathrm{d}\rho$.

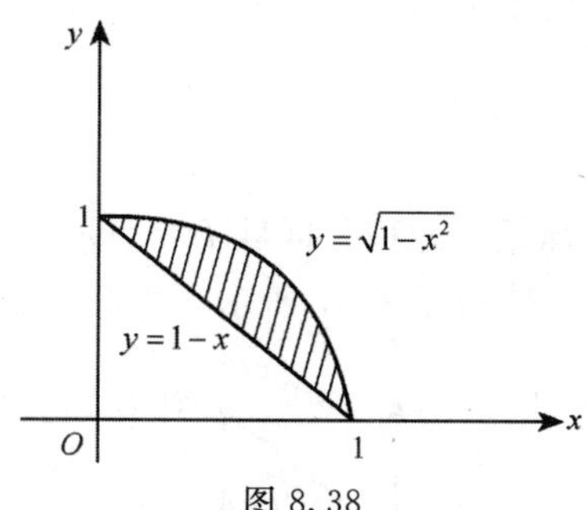

图 8.38

(2) $\frac{3\pi}{2}$. 提示：原式 $=2\pi\int_0^1(2-\rho^2)\mathrm{d}\rho=-\frac{\pi}{2}[(2-\rho^2)^2]_0^1=\frac{3\pi}{2}$.

(3) $\iint_D f(x,y)\mathrm{d}\sigma=\int_0^{2\pi}\mathrm{d}\theta\int_a^b f(\rho\cos\theta,\rho\sin\theta)\rho\mathrm{d}\rho$.

2. 选择题.

(1) C. 提示：积分区域在直角坐标系中如图 8.39 所示，该积分区域既是 X 型区域也是 Y 型区域，选 X 型区域，表示为 $0\leqslant x\leqslant 1$，$1-\sqrt{1-x^2}\leqslant y\leqslant 1+\sqrt{1-x^2}$；选 Y 型区域，表示为 $0\leqslant y\leqslant 2$，$0\leqslant x\leqslant\sqrt{2y-y^2}$.

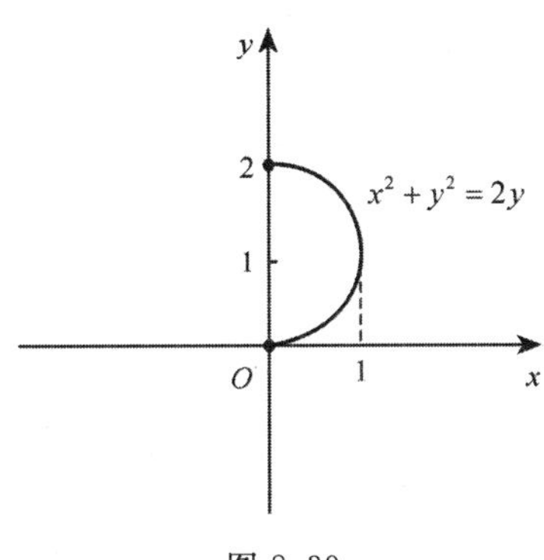

图 8.39

(2) B. 提示：被积函数关于 x，y 都是偶函数，根据对称性可得结论.

(3) C. 提示：在 $f(x, y)=xy+\iint\limits_D f(u, v)\mathrm{d}u\mathrm{d}v$ 两边取积分，得

$$\iint\limits_D f(x, y)\mathrm{d}x\mathrm{d}y=\iint\limits_D xy\mathrm{d}x\mathrm{d}y+\iint\limits_D \mathrm{d}\sigma\cdot\iint\limits_D f(u, v)\mathrm{d}u\mathrm{d}v,\ \iint\limits_D \mathrm{d}\sigma=\int_0^1\mathrm{d}x\int_0^{x^2}\mathrm{d}y=\frac{1}{3},$$

$$\iint\limits_D f(x, y)\mathrm{d}x\mathrm{d}y=\int_0^1 x\mathrm{d}x\int_0^{x^2}y\mathrm{d}y+\frac{1}{3}\iint\limits_D f(x, y)\mathrm{d}x\mathrm{d}y=\frac{1}{12}+\frac{1}{3}\iint\limits_D f(x, y)\mathrm{d}x\mathrm{d}y,$$

所以 $\iint\limits_D f(x, y)\mathrm{d}x\mathrm{d}y=\frac{1}{8}$，故 $f(x, y)=xy+\frac{1}{8}$.

3. **解** 极坐标系下的表示：$0\leqslant\theta\leqslant 2\pi$，$0\leqslant\rho\leqslant 1$，面积元素 $\mathrm{d}\sigma=\rho\mathrm{d}\rho\mathrm{d}\theta$，直角坐标和极坐标的转换公式：$x=\rho\cos\theta$，$y=\rho\sin\theta$，因此，

$$\iint\limits_D \frac{1}{2+x^2+y^2}\mathrm{d}\sigma=\int_0^{2\pi}\mathrm{d}\theta\int_0^1\frac{1}{2+\rho^2}\rho\mathrm{d}\rho=2\pi\cdot\left[\frac{1}{2}\ln(2+\rho^2)\right]_0^1$$
$$=\pi(\ln 3-\ln 2).$$

4. **解** 因为 D 关于 x 轴和 y 轴都对称，而被积函数 $|y|\mathrm{e}^{|x|}$ 关于 x，y 都是偶函数，设 D 在第一象限的区域为 D_1，所以

$$\iint\limits_D |y|\mathrm{e}^{|x|}\mathrm{d}\sigma=4\iint\limits_{D_1} y\mathrm{e}^x\mathrm{d}x\mathrm{d}y=4\int_0^1\mathrm{e}^x\mathrm{d}x\int_0^{\sqrt{1-x^2}}y\mathrm{d}y$$
$$=2\int_0^1(1-x^2)\mathrm{e}^x\mathrm{d}x$$
$$=2(\mathrm{e}-1)-2\int_0^1 x^2\mathrm{e}^x\mathrm{d}x$$

$$= 2(\mathrm{e}-1)-2\mathrm{e}+4\int_0^1 x\mathrm{e}^x\mathrm{d}x = 2.$$

点拨 虽然 D 为圆形区域，但根据被积函数的特点，利用直角坐标系计算更容易.

5. **解** 利用极坐标计算.

$$\text{原式}=\int_0^{2\pi}\mathrm{d}\theta\int_\pi^{2\pi}\rho\sin\rho\mathrm{d}\rho = 2\pi[\rho\cos\rho]_0^{2\pi}+2\pi\int_\pi^{2\pi}\cos\rho\mathrm{d}\rho$$

$$=-6\pi^2+2\pi[\sin\rho]_\pi^{2\pi}=-6\pi^2.$$

第 9 章

无穷级数

知识结构图

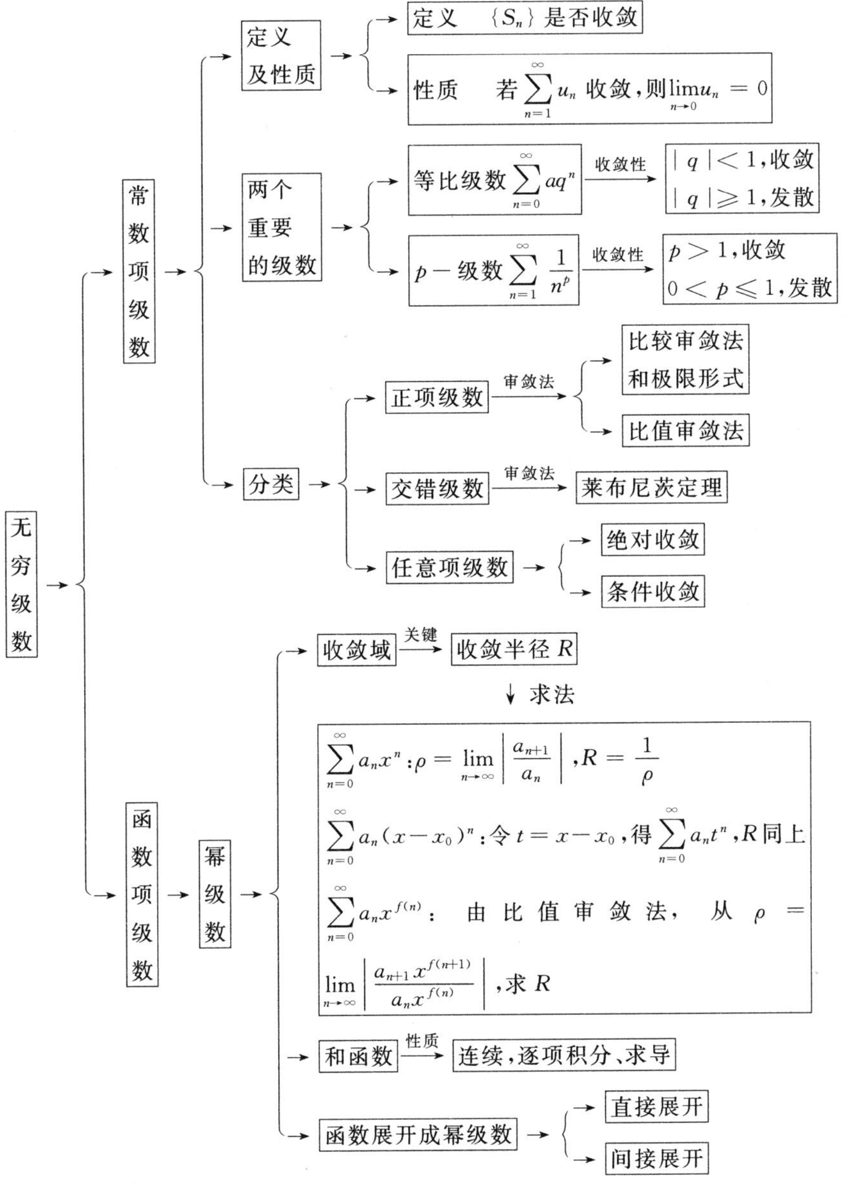

本章学习目标

- 掌握无穷级数收敛与发散的概念，掌握收敛级数的性质；
- 掌握正项级数的审敛法；
- 掌握交错级数收敛性的判断，掌握绝对收敛与条件收敛的定义及任意项级数收敛性的判断；
- 掌握幂级数的收敛域的定义及求法，掌握幂级数的运算及性质.

9.1　常数项级数的概念和性质

9.1.1　知识点分析

1. 常数项级数的概念

(1) 给定一个数列 u_1，u_2，…，u_n，…，把形如 $u_1+u_2+\cdots+u_n+\cdots$ 的表达式叫作（常数项）无穷级数，简称常数项级数或级数，记作 $\sum\limits_{n=1}^{\infty}u_n$，即 $\sum\limits_{n=1}^{\infty}u_n=u_1+u_2+\cdots+u_n+\cdots$，其中第 n 项 u_n 叫作级数的一般项或通项.

(2) 无穷级数 $\sum\limits_{n=1}^{\infty}u_n$ 的前 n 项的和称为该级数的部分和，记为 S_n，即 $S_n=u_1+u_2+\cdots+u_n=\sum\limits_{i=1}^{n}u_i$.

(3) 如果级数 $\sum\limits_{n=1}^{\infty}u_n$ 的部分和数列 $\{S_n\}$ 有极限 S，即 $\lim\limits_{n\to\infty}S_n=S$，则称无穷级数 $\sum\limits_{n=1}^{\infty}u_n$ 收敛，这时极限 S 叫作此级数的和，并写成 $S=\sum\limits_{n=1}^{\infty}u_n=u_1+u_2+\cdots+u_n+\cdots$；如果 $\{S_n\}$ 没有极限，则称无穷级数 $\sum\limits_{n=1}^{\infty}u_n$ 发散. 发散级数没有和.

(4) 当级数收敛时，其部分和 S_n 是级数的和 S 的近似值，它们之间的差值 $r_n=S-S_n=u_{n+1}+u_{n+2}+\cdots$ 叫作级数的余项.

注　级数 $\sum\limits_{n=1}^{\infty}u_n$ 与数列 $\{S_n\}$ 的敛散性相同，且在收敛时，有 $S=\sum\limits_{n=1}^{\infty}u_n=\lim\limits_{n\to\infty}S_n$，即 $\sum\limits_{n=1}^{\infty}u_n=\lim\limits_{n\to\infty}\sum\limits_{i=1}^{n}u_i$.

2. 无穷级数的基本性质

性质 1　若级数 $\sum\limits_{n=1}^{\infty}u_n$ 收敛，且其和为 S，则对任何常数 k，级数 $\sum\limits_{n=1}^{\infty}ku_n$

也收敛，且其和为 kS.

注 当 $k\neq 0$ 时，级数 $\sum_{n=1}^{\infty}u_n$ 与 $\sum_{n=1}^{\infty}ku_n$ 的敛散性相同.

性质2 若级数 $\sum_{n=1}^{\infty}u_n$、$\sum_{n=1}^{\infty}v_n$ 收敛于和 S、W，即 $\sum_{n=1}^{\infty}u_n=S$，$\sum_{n=1}^{\infty}v_n=W$，则级数 $\sum_{n=1}^{\infty}(u_n\pm v_n)$ 也收敛，且其和为 $S\pm W$.

注 (1) 两个收敛级数可以逐项相加或相减，其收敛性不变，但级数和发生改变.

(2) 两个发散的级数逐项相加所得的级数不一定发散，如级数 $\sum_{n=1}^{\infty}n$ 和级数 $\sum_{n=1}^{\infty}(-n)$ 都是发散的，但是它们逐项相加所得的级数却是收敛的.

(3) 若一个级数收敛，另一个级数发散，则逐项相加所得的级数必发散.

(4) 若两个级数逐项相加所得的级数收敛，其中一个级数收敛，则另一个级数必收敛.

性质3 在级数中任意去掉、加上或者改变有限项，不会改变级数的敛散性，但通常情况下，收敛级数的和会发生变化.

性质4 如果级数 $\sum_{n=1}^{\infty}u_n$ 收敛，则对这个级数的项任意加括号之后所得级数仍收敛，且其和不变.

注 (1) 此性质的逆命题不成立，即加括号之后所成的级数收敛，并不能断定加括号前的原级数收敛. 例如，级数 $(1-1)+(1-1)+\cdots+(1-1)+\cdots$ 收敛于零，但是去掉括号之后的级数 $\sum_{n=1}^{\infty}(-1)^{n+1}=1-1+1-1+1-1+\cdots$ 却是发散的.

(2) 此性质的逆否命题成立，即如果加括号后所成的级数发散，则原级数也发散.

性质5（级数收敛的必要条件） 如果级数 $\sum_{n=1}^{\infty}u_n$ 收敛，则当 $n\to\infty$ 时，它的一般项趋于零，即 $\lim_{n\to\infty}u_n=0$.

注 (1) 此性质的逆否命题成立，即如果级数 $\sum_{n=1}^{\infty}u_n$ 的一般项不趋于零（包含 $\lim_{n\to\infty}u_n$ 不存在的情形），则该级数必定发散.

例如，级数 $\sum_{n=1}^{\infty}\frac{2n}{5n+8}$，由于 $\lim_{n\to\infty}u_n=\lim_{n\to\infty}\frac{2n}{5n+8}=\frac{2}{5}\neq 0$，故该级数发散.

(2) 一般常用此性质来判定常数项级数发散.

(3) 级数的一般项趋于零并不是级数收敛的充分条件，有些级数虽然一般项趋于零，但仍然是发散的.

例如，调和级数 $\sum_{n=1}^{\infty}\frac{1}{n}$，显然它的一般项趋于零，即 $\lim_{n\to\infty}u_n=\lim_{n\to\infty}\frac{1}{n}=0$，但它是发散的.

9.1.2 典例解析

例 1 判定级数 $\sum_{n=1}^{\infty}\frac{n^{n+\frac{1}{n}}}{\left(n+\frac{1}{n}\right)^n}$ 的收敛性.

解 由于 $u_n=\frac{n^{n+\frac{1}{n}}}{\left(n+\frac{1}{n}\right)^n}=\frac{\sqrt[n]{n}}{\left(1+\frac{1}{n^2}\right)^n}$，而 $\lim_{n\to+\infty}\sqrt[n]{n}=1$，$\lim_{n\to+\infty}\left(1+\frac{1}{n^2}\right)^n=$ $\lim_{n\to+\infty}\left[\left(1+\frac{1}{n^2}\right)^{n^2}\right]^{\frac{1}{n}}=\mathrm{e}^0=1$，故 $\lim_{n\to\infty}u_n\neq0$，所以原级数发散.

点拨 利用性质 5 可知级数发散.

例 2 求级数 $\sum_{n=1}^{\infty}\frac{1}{n(n+1)(n+2)}$ 的和.

解 $u_n=\frac{1}{n(n+1)(n+2)}=\frac{1}{2}\left[\frac{1}{n(n+1)}-\frac{1}{(n+1)(n+2)}\right]$，故

$$S_n=\frac{1}{2}\left[\left(\frac{1}{1\times2}-\frac{1}{2\times3}\right)+\left(\frac{1}{2\times3}-\frac{1}{3\times4}\right)+\cdots+\left(\frac{1}{n(n+1)}-\frac{1}{(n+1)(n+2)}\right)\right]$$

$$=\frac{1}{2}\left[\frac{1}{2}-\frac{1}{(n+1)(n+2)}\right],$$

所以 $\sum_{n=1}^{\infty}\frac{1}{n(n+1)(n+2)}=\lim_{n\to\infty}S_n=\lim_{n\to\infty}\frac{1}{2}\left[\frac{1}{2}-\frac{1}{(n+1)(n+2)}\right]=\frac{1}{4}$.

点拨 利用“拆项相消”的方法计算部分和.

9.1.3 习题详解

1. 回答下列问题.

(1) 若级数 $\sum_{n=1}^{\infty}u_n$ 发散，k 为一常数，则级数 $\sum_{n=1}^{\infty}ku_n$ 是否发散?

(2) 如果级数 $\sum_{n=1}^{\infty}u_n$ 发散，级数 $\sum_{n=1}^{\infty}v_n$ 收敛，且 λ 为一常数，那么级数 $\sum_{n=1}^{\infty}(u_n-\lambda v_n)$ 收敛还是发散?

(3) 若级数 $\sum_{n=1}^{\infty}(u_n+v_n)$ 收敛，则级数 $\sum_{n=1}^{\infty}u_n$ 与 $\sum_{n=1}^{\infty}v_n$ 是否收敛?

(4) 级数 $\sum_{n=1}^{\infty} u_n$ 的一般项 u_n 趋于零，是该级数收敛的充分条件吗？

(5) 级数 $\sum_{n=1}^{\infty} u_n$ 的一般项 u_n 不趋于零，是该级数发散的充分条件吗？

解 (1) 不一定. 当 $k=0$ 时，级数 $\sum_{n=1}^{\infty} ku_n$ 收敛.

(2) 发散. 反证法，假设 $\sum_{n=1}^{\infty}(u_n-\lambda v_n)$ 收敛，又 $\sum_{n=1}^{\infty}\lambda v_n$ 也收敛，则 $\sum_{n=1}^{\infty} u_n=\sum_{n=1}^{\infty}(u_n-\lambda v_n)+\sum_{n=1}^{\infty}\lambda v_n$ 收敛，与已知矛盾，故 $\sum_{n=1}^{\infty}(u_n-\lambda v_n)$ 发散.

(3) 不一定. 如 $\sum_{n=1}^{\infty} u_n=\sum_{n=1}^{\infty}(-1)^n$，$\sum_{n=1}^{\infty} v_n=\sum_{n=1}^{\infty}(-1)^{n-1}$，$\sum_{n=1}^{\infty}(u_n+v_n)$ 收敛，但 $\sum_{n=1}^{\infty} u_n$ 与 $\sum_{n=1}^{\infty} v_n$ 均发散；又如 $\sum_{n=1}^{\infty} u_n=\sum_{n=1}^{\infty}\left(\frac{1}{2}\right)^n$，$\sum_{n=1}^{\infty} v_n=\sum_{n=1}^{\infty}-\left(\frac{1}{2}\right)^n$，$\sum_{n=1}^{\infty}(u_n+v_n)$ 收敛，且 $\sum_{n=1}^{\infty} u_n$ 与 $\sum_{n=1}^{\infty} v_n$ 均收敛.

(4) 不是. 如 $\sum_{n=1}^{\infty}\frac{1}{n}$，$\frac{1}{n}\to 0\ (n\to\infty)$，但 $\sum_{n=1}^{\infty}\frac{1}{n}$ 发散.

(5) 是. 提示：级数收敛的必要条件的逆否命题成立.

2. 写出下列级数的一般项.

(1) $\frac{1}{2}+\frac{1}{4}+\frac{1}{8}+\cdots$；　　(2) $\frac{2}{1}-\frac{3}{2}+\frac{4}{3}-\frac{5}{4}+\frac{6}{5}+\cdots$；

(3) $\frac{\sqrt{x}}{2}+\frac{x}{2\cdot 4}+\frac{x\sqrt{x}}{2\cdot 4\cdot 6}+\frac{x^2}{2\cdot 4\cdot 6\cdot 8}+\cdots$；

(4) $\frac{x^2}{3}-\frac{x^3}{5}+\frac{x^4}{7}-\frac{x^5}{9}+\cdots$.

解 (1) $\frac{1}{2^n}$；(2) $(-1)^{n+1}\frac{n+1}{n}$；(3) $\frac{x^{\frac{n}{2}}}{(2n)!!}$；(4) $(-1)^{n+1}\frac{x^{n+1}}{2n+1}$.

3. 根据级数收敛与发散定义判定下列级数的收敛性.

(1) $\sum_{n=1}^{\infty}(\sqrt{n+1}-\sqrt{n})$；　　(2) $\sum_{n=1}^{\infty}\frac{1}{(3n-2)(3n+1)}$.

解 (1) $S_n=(\sqrt{2}-\sqrt{1})+(\sqrt{3}-\sqrt{2})+\cdots+(\sqrt{n+1}-\sqrt{n})=\sqrt{n+1}-1$，$\lim\limits_{n\to\infty}S_n=\infty$，故 $\sum_{n=1}^{\infty}(\sqrt{n+1}-\sqrt{n})$ 发散.

(2) $$S_n=\frac{1}{1\cdot 4}+\frac{1}{4\cdot 7}+\frac{1}{7\cdot 10}+\cdots+\frac{1}{(3n-2)(3n+1)}$$
$$=\frac{1}{3}\left[\left(1-\frac{1}{4}\right)+\left(\frac{1}{4}-\frac{1}{7}\right)+\left(\frac{1}{7}-\frac{1}{10}\right)+\left(\frac{1}{3n-2}-\frac{1}{3n+1}\right)\right]$$

$$=\frac{1}{3}\left(1-\frac{1}{3n+1}\right),$$

$\lim\limits_{n\to\infty}S_n=\frac{1}{3}$，故 $\sum\limits_{n=1}^{\infty}\frac{1}{(3n-2)(3n+1)}$ 收敛.

4. 判定下列级数的收敛性.

(1) $\sum\limits_{n=1}^{\infty}(-1)^n\frac{9^n}{8^n}$；　　(2) $\sum\limits_{n=1}^{\infty}\frac{1}{5n}$；

(3) $\sum\limits_{n=1}^{\infty}\frac{1}{\sqrt[n]{a}}\ (a>0)$；　　(4) $\sum\limits_{n=1}^{\infty}\frac{2^n+(-3)^n}{5^n}$；

(5) $\sum\limits_{n=1}^{\infty}\frac{1}{\left(1+\frac{1}{n}\right)^n}$；　　(6) $\sum\limits_{n=1}^{\infty}\sin\frac{n\pi}{6}$.

解　(1) 发散. 因为该级数为等比级数，且 $q=-\frac{8}{9}$，即 $|q|<1$，故级数发散.

(2) 发散. 因为调和级数 $\sum\limits_{n=1}^{\infty}\frac{1}{n}$ 发散，故原级数也发散.

(3) 发散. 因为级数的一般项为 $u_n=\frac{1}{\sqrt[n]{a}}$，且 $\lim\limits_{n\to\infty}u_n=\lim\limits_{n\to\infty}\frac{1}{\sqrt[n]{a}}=\lim\limits_{n\to\infty}a^{-\frac{1}{n}}=1\neq0$，故由级数收敛的必要条件知原级数发散.

(4) 收敛. 因为级数 $\sum\limits_{n=1}^{\infty}\frac{2^n}{5^n}=\sum\limits_{n=1}^{\infty}\left(\frac{2}{5}\right)^n$ 收敛，且级数 $\sum\limits_{n=1}^{\infty}\frac{(-3)^n}{5^n}=\sum\limits_{n=1}^{\infty}\left(-\frac{3}{5}\right)^n$ 也收敛，故由性质可知原级数收敛.

(5) 发散. 因为级数的一般项 $u_n=\frac{1}{\left(1+\frac{1}{n}\right)^n}$，且 $\lim\limits_{n\to\infty}u_n=\lim\limits_{n\to\infty}\frac{1}{\left(1+\frac{1}{n}\right)^n}=\frac{1}{\mathrm{e}}\neq0$，故由级数收敛的必要条件知原级数发散.

(6) 发散. 因为 $a_n=\sin\frac{n\pi}{6}$，令 $b_n=2\sin\frac{\pi}{12}a_n=2\sin\frac{\pi}{12}\sin\frac{n\pi}{6}$，则 $b_n=\cos\left(\frac{n\pi}{6}-\frac{\pi}{12}\right)-\cos\left(\frac{n\pi}{6}+\frac{\pi}{12}\right)=\cos\frac{2n-1}{12}\pi-\cos\frac{2n+1}{12}\pi$，故 $S_n=\sum\limits_{k=1}^{n}b_k$，由于 $\cos\frac{2n+1}{12}\pi$ 当 $n\to+\infty$ 时振荡无极限，所以 $\sum\limits_{n=1}^{\infty}b_n$ 发散，故原级数发散.

5. 将循环小数 0.333333…写成无穷级数形式并用分数表示.

解　$0.333333\cdots=\frac{3}{10}+\frac{3}{10^2}+\frac{3}{10^3}+\cdots+\frac{3}{10^n}+\cdots=3\,\frac{\frac{1}{10}}{1-\frac{1}{10}}=\frac{1}{3}.$

6. 设银行存款的年利率为10%，若以年复利计息，应在银行中一次存入多少资金才能保证从存入之后起，以后每年能从银行提取500万元以支付职工福利直至永远.

解 因为 $\sum_{n=1}^{\infty}\frac{500}{(1+0.1)^n}=5\ 000$，所以应当存入5 000万元.

9.2 正项级数及其审敛法

9.2.1 知识点分析

1. 正项级数的概念

若级数 $\sum_{n=1}^{\infty}u_n$ 的每一项 $u_n\geqslant 0$（$n=1，2，\cdots$），则称该级数为正项级数.

2. 正项级数的审敛法

(1) 正项级数 $\sum_{n=1}^{\infty}u_n$ 收敛的充分必要条件是它的部分和数列 $\{S_n\}$ 有界.

(2) 比较审敛法设 $\sum_{n=1}^{\infty}u_n$ 和 $\sum_{n=1}^{\infty}v_n$ 都是正项级数，且 $u_n\leqslant v_n$（$n=1，2，\cdots$）.

① 若级数 $\sum_{n=1}^{\infty}v_n$ 收敛，则级数 $\sum_{n=1}^{\infty}u_n$ 收敛；

② 若级数 $\sum_{n=1}^{\infty}u_n$ 发散，则级数 $\sum_{n=1}^{\infty}v_n$ 发散.

(3) 比较审敛法的极限形式设 $\sum_{n=1}^{\infty}u_n$ 和 $\sum_{n=1}^{\infty}v_n$ 都是正项级数，且 $\lim\limits_{n\to\infty}\frac{u_n}{v_n}=l$，其中 $0\leqslant l\leqslant+\infty$.

① 若 $0<l<+\infty$，则级数 $\sum_{n=1}^{\infty}u_n$ 和级数 $\sum_{n=1}^{\infty}v_n$ 同时收敛或同时发散；

② 若 $l=0$，且级数 $\sum_{n=1}^{\infty}v_n$ 收敛，则级数 $\sum_{n=1}^{\infty}u_n$ 收敛；

③ 若 $l=+\infty$，且级数 $\sum_{n=1}^{\infty}v_n$ 发散，则级数 $\sum_{n=1}^{\infty}u_n$ 发散.

注 在用比较审敛法以及比较审敛法的极限形式时，需要适当地选取一个已知其收敛性的级数 $\sum_{n=1}^{\infty}v_n$ 作为比较的基准. 常用的基准级数是等比级数和 p 级数，并且可通过使用等价无穷小量的替换得到.

(4) 比值审敛法，达朗贝尔（d'Alembert）判别法. 设 $\sum_{n=1}^{\infty}u_n$ 为正项级数，如果 $\lim\limits_{n\to\infty}\frac{u_{n+1}}{u_n}=\rho$（其中 ρ 允许为 $+\infty$），则

① 当 $\rho<1$ 时，级数收敛；

② 当 $1<\rho\leqslant+\infty$ 时，级数发散；

③ 当 $\rho=1$ 时，级数可能收敛，也可能发散.

注 若 $\rho=1$，此定理将不能用.

(5) 根值审敛法，柯西判别法. 设 $\sum\limits_{n=1}^{\infty}u_n$ 为正项级数，如果 $\lim\limits_{n\to\infty}\sqrt[n]{u_n}=\rho$（其中 ρ 允许为 $+\infty$），则

① 当 $\rho<1$ 时，级数收敛；

② 当 $1<\rho\leqslant+\infty$ 时，级数发散；

③ 当 $\rho=1$ 时，级数可能收敛，也可能发散.

9.2.2 典例解析

例 1 判定下列级数的收敛性.

(1) $\sum\limits_{n=1}^{\infty}\sin\dfrac{\pi}{3^n}$；　　(2) $\sum\limits_{n=1}^{\infty}\dfrac{1}{\sqrt{n(n^2+1)}}$；

(3) $\sum\limits_{n=1}^{\infty}\dfrac{1}{\ln(n+1)}$；　　(4) $\sum\limits_{n=1}^{\infty}\sin\dfrac{1}{n}$.

解 (1) 因为 $\sin\dfrac{\pi}{3^n}<\dfrac{\pi}{3^n}$，而级数 $\sum\limits_{n=1}^{\infty}\dfrac{\pi}{3^n}$（等比级数且公比小于 1）收敛，根据比较审敛法可知，级数 $\sum\limits_{n=1}^{\infty}\sin\dfrac{\pi}{3^n}$ 收敛.

点拨 首先注意比较审敛法只适用于正项级数，所以先判定级数是否为正项级数.

(2) 因为 $\dfrac{1}{\sqrt{n(n^2+1)}}<\dfrac{1}{\sqrt{n\cdot n^2}}=\dfrac{1}{n^{\frac{3}{2}}}$，而级数 $\sum\limits_{n=1}^{\infty}\dfrac{1}{n^{\frac{3}{2}}}$ $\left(p\text{ 级数且 }p=\dfrac{3}{2}>1\right)$ 收敛，根据比较审敛法可知，级数 $\sum\limits_{n=1}^{\infty}\dfrac{1}{\sqrt{n(n^2+1)}}$ 收敛.

(3) 当 $x>0$ 时，有 $x>\ln(1+x)$. 取 x 为自然数 n，则有 $n>\ln(1+n)$，即 $\dfrac{1}{n}<\dfrac{1}{\ln(1+n)}$，而级数 $\sum\limits_{n=1}^{\infty}\dfrac{1}{n}$ 发散，根据比较审敛法可知，级数 $\sum\limits_{n=1}^{\infty}\dfrac{1}{\ln(n+1)}$ 发散.

(4) 因为一般项 $u_n=\sin\dfrac{1}{n}\sim\dfrac{1}{n}$ $(n\to\infty)$，令 $v_n=\dfrac{1}{n}$，故 $\lim\limits_{n\to\infty}\dfrac{u_n}{v_n}=\lim\limits_{n\to\infty}\dfrac{\sin\frac{1}{n}}{\frac{1}{n}}=1$，而级数 $\sum\limits_{n=1}^{\infty}\dfrac{1}{n}$ 发散，根据比较审敛法的极限形式知，级数

$\sum_{n=1}^{\infty}\sin\frac{1}{n}$ 发散.

例 2 判定下列级数的收敛性.

(1) $\sum_{n=1}^{\infty}\frac{n^n}{(n!)^2}$； (2) $\sum_{n=1}^{\infty}\frac{n^3}{3^n}$； (3) $\sum_{n=1}^{\infty}\frac{2^n}{3^{\ln n}}$.

解 (1) 因为 $\lim\limits_{n\to\infty}\frac{u_{n+1}}{u_n}=\lim\limits_{n\to\infty}\frac{\frac{(n+1)^{n+1}}{(n+1)!^2}}{\frac{n^n}{(n!)^2}}=\lim\limits_{n\to\infty}\frac{(n+1)^{n+1}}{(n+1)!^2}\cdot\frac{(n!)^2}{n^n}=$ $\lim\limits_{n\to\infty}\frac{\left(1+\frac{1}{n}\right)^n}{n+1}=0<1$，根据比值审敛法可知，级数 $\sum_{n=1}^{\infty}\frac{n^n}{(n!)^2}$ 收敛.

(2) 因为$\lim\limits_{n\to\infty}\frac{u_{n+1}}{u_n}=\lim\limits_{n\to\infty}\frac{(n+1)^3}{3^{n+1}}\cdot\frac{3^n}{n^3}=\frac{1}{3}<1$，根据比值审敛法可知，级数 $\sum_{n=1}^{\infty}\frac{n^3}{3^n}$ 收敛.

(3) 因为$\lim\limits_{n\to\infty}\sqrt[n]{u_n}=\lim\limits_{n\to\infty}\sqrt[n]{\frac{2^n}{3^{\ln n}}}=\lim\limits_{n\to\infty}\frac{2}{3^{\frac{\ln n}{n}}}=2>1$，根据根值审敛法可知，级数 $\sum_{n=1}^{\infty}\frac{2^n}{3^{\ln n}}$ 发散.

点拨 一般项含有 a^n 或 $n!$ 常常采用比值审敛法.

9.2.3 习题详解

1. 用比较审敛法或其极限形式判定下列级数的收敛性.

(1) $\sum_{n=1}^{\infty}\frac{1}{5^n+3}$； (2) $\sum_{n=1}^{\infty}\frac{1+n}{1+n^2}$； (3) $\sum_{n=1}^{\infty}\sqrt{n+1}\left(1-\cos\frac{\pi}{n}\right)$；

(4) $\sum_{n=1}^{\infty}\frac{1}{n\sqrt[n]{n}}$； (5) $\sum_{n=1}^{\infty}\sin\frac{3\pi}{8^n}$； (6) $\sum_{n=1}^{\infty}\frac{1}{\sqrt{n}}\sin\frac{2}{\sqrt{n}}$.

解 (1) 收敛. 因为$\frac{1}{5^n+3}\leqslant\frac{1}{5^n}$，又 $\sum_{n=1}^{\infty}\frac{1}{5^n}$ 收敛，故由比较审敛法知 $\sum_{n=1}^{\infty}\frac{1}{5^n+3}$ 收敛.

(2) 发散. 因为$\frac{1+n}{1+n^2}\geqslant\frac{1+n}{n+n^2}=\frac{1}{n}$，又 $\sum_{n=1}^{\infty}\frac{1}{n}$ 发散，故由比较审敛法知 $\sum_{n=1}^{\infty}\frac{1+n}{1+n^2}$ 发散.

(3) 收敛. 因为 $u_n=\sqrt{n+1}\left(1-\cos\frac{\pi}{n}\right)\sim\sqrt{n+1}\cdot\frac{1}{2}\left(\frac{\pi}{n}\right)^2$ $(n\to\infty)$，

令 $v_n=\frac{\sqrt{n}}{n^2}$，则 $\lim\limits_{n\to\infty}\frac{u_n}{v_n}=\lim\limits_{n\to\infty}\frac{\sqrt{n+1}\left(1-\cos\frac{\pi}{n}\right)}{\frac{\sqrt{n}}{n^2}}=\lim\limits_{n\to\infty}\frac{\sqrt{n+1}\cdot\frac{1}{2}\left(\frac{\pi}{n}\right)^2}{\frac{\sqrt{n}}{n^2}}=\frac{\pi^2}{2}$，而级数 $\sum\limits_{n=1}^{\infty}\frac{\sqrt{n}}{n^2}=\sum\limits_{n=1}^{\infty}\frac{1}{n^{\frac{3}{2}}}$ 收敛，故根据比较审敛法的极限形式知，级数 $\sum\limits_{n=1}^{\infty}\sqrt{n+1}\left(1-\cos\frac{\pi}{n}\right)$ 收敛.

（4）发散. 因为 $u_n=\frac{1}{n\sqrt[n]{n}}$，令 $v_n=\frac{1}{n}$，则 $\lim\limits_{n\to\infty}\frac{u_n}{v_n}=\lim\limits_{n\to\infty}\frac{\frac{1}{n\sqrt[n]{n}}}{\frac{1}{n}}=\lim\limits_{n\to\infty}\frac{1}{\sqrt[n]{n}}=1$，而级数 $\sum\limits_{n=1}^{\infty}\frac{1}{n}$ 发散，故根据比较审敛法的极限形式知，级数 $\sum\limits_{n=1}^{\infty}\frac{1}{n\sqrt[n]{n}}$ 发散.

（5）收敛. 因为 $\sin\frac{3\pi}{8^n}\leqslant\frac{3\pi}{8^n}$，又 $\sum\limits_{n=1}^{\infty}\frac{3\pi}{8^n}$ 收敛（因为等比级数公比小于1），故由比较审敛法知，级数 $\sum\limits_{n=1}^{\infty}\sin\frac{3\pi}{8^n}$ 收敛.

（6）发散. 因为 $u_n=\frac{1}{\sqrt{n}}\sin\frac{2}{\sqrt{n}}$，令 $v_n=\frac{1}{n}$，则 $\lim\limits_{n\to\infty}\frac{u_n}{v_n}=\lim\limits_{n\to\infty}\frac{\frac{1}{\sqrt{n}}\sin\frac{2}{\sqrt{n}}}{\frac{1}{n}}=\lim\limits_{n\to\infty}\frac{\frac{1}{\sqrt{n}}\cdot\frac{2}{\sqrt{n}}}{\frac{1}{n}}=2$，而级数 $\sum\limits_{n=1}^{\infty}\frac{1}{n}$ 发散，故根据比较审敛法的极限形式知，级数 $\sum\limits_{n=1}^{\infty}\frac{1}{\sqrt{n}}\sin\frac{2}{\sqrt{n}}$ 发散.

2. 用比值审敛法判定下列级数的收敛性.

（1）$\sum\limits_{n=1}^{\infty}\frac{5^n}{n\cdot 3^n}$；（2）$\sum\limits_{n=1}^{\infty}\frac{3^n n!}{n^n}$；（3）$\sum\limits_{n=1}^{\infty}n\tan\frac{\pi}{2^{n+1}}$.

解（1）发散. 因为 $\lim\limits_{n\to\infty}\frac{u_{n+1}}{u_n}=\lim\limits_{n\to\infty}\frac{\frac{5^{n+1}}{(n+1)\cdot 3^{n+1}}}{\frac{5^n}{n\cdot 3^n}}=\frac{5}{3}\lim\limits_{n\to\infty}\frac{n}{n+1}=\frac{5}{3}>1$，故根据比值审敛法可知，级数 $\sum\limits_{n=1}^{\infty}\frac{5^n}{n\cdot 3^n}$ 发散.

（2）发散. 因为 $\lim\limits_{n\to\infty}\frac{u_{n+1}}{u_n}=\lim\limits_{n\to\infty}\frac{\frac{(n+1)!\cdot 3^{n+1}}{(n+1)^{n+1}}}{\frac{n!\cdot 3^n}{n^n}}=\lim\limits_{n\to\infty}\frac{3}{\frac{(n+1)^n}{n^n}}=$

$\lim\limits_{n\to\infty}\dfrac{3}{\left(1+\dfrac{1}{n}\right)^n}=\dfrac{3}{e}>1$，故根据比值审敛法可知，级数 $\sum\limits_{n=1}^{\infty}\dfrac{3^n n!}{n^n}$ 发散.

(3) 收敛. 因为 $\lim\limits_{n\to\infty}\dfrac{u_{n+1}}{u_n}=\lim\limits_{n\to\infty}\dfrac{(n+1)\tan\dfrac{\pi}{2^{n+2}}}{n\tan\dfrac{\pi}{2^{n+1}}}=\lim\limits_{n\to\infty}\dfrac{(n+1)\cdot\dfrac{\pi}{2^{n+2}}}{n\cdot\dfrac{\pi}{2^{n+1}}}=\dfrac{1}{2}<1$，故根据比值审敛法可知，级数 $\sum\limits_{n=1}^{\infty}n\tan\dfrac{\pi}{2^{n+1}}$ 收敛.

3. 用适当的方法判定下列级数的收敛性.

(1) $\sum\limits_{n=1}^{\infty}\sqrt{\dfrac{n+2}{2n+1}}$； (2) $\sum\limits_{n=1}^{\infty}\dfrac{n!}{5^n}$； (3) $\sum\limits_{n=1}^{\infty}\ln\left(\dfrac{n+2^n}{2^n}\right)$；

(4) $\sum\limits_{n=1}^{\infty}\dfrac{n!}{n^n}\sin^2(nx)$； (5) $\sum\limits_{n=1}^{\infty}\dfrac{1}{[\ln(n+1)]^n}$.

解 (1) 发散. 因为 $\sqrt{\dfrac{n+2}{2n+1}}\geqslant\sqrt{\dfrac{n+2}{2n+2}}=\sqrt{\dfrac{1}{2}}$，又 $\sum\limits_{n=1}^{\infty}\sqrt{\dfrac{1}{2}}$ 发散，故根据比较审敛法知，级数 $\sum\limits_{n=1}^{\infty}\sqrt{\dfrac{n+2}{2n+1}}$ 发散.

(2) 发散. 因为 $\lim\limits_{n\to\infty}\dfrac{u_{n+1}}{u_n}=\lim\limits_{n\to\infty}\dfrac{\dfrac{(n+1)!}{5^{n+1}}}{\dfrac{n!}{5^n}}=\lim\limits_{n\to\infty}\dfrac{n+1}{5}=+\infty$，故根据比值审敛法可知，级数 $\sum\limits_{n=1}^{\infty}\dfrac{n!}{5^n}$ 发散.

(3) 收敛. 因为 $u_n=\ln\left(\dfrac{n+2^n}{2^n}\right)=\ln\left(1+\dfrac{n}{2^n}\right)$，令 $v_n=\dfrac{n}{2^n}$，则 $\lim\limits_{n\to\infty}\dfrac{u_n}{v_n}=\lim\limits_{n\to\infty}\dfrac{\ln\left(1+\dfrac{n}{2^n}\right)}{\dfrac{n}{2^n}}=1$，对于级数 $\sum\limits_{n=1}^{\infty}\dfrac{n}{2^n}$，因为 $\lim\limits_{n\to\infty}\dfrac{u_{n+1}}{u_n}=\lim\limits_{n\to\infty}\dfrac{\dfrac{n+1}{2^{n+1}}}{\dfrac{n}{2^n}}=\lim\limits_{n\to\infty}\dfrac{n+1}{2^{n+1}}\cdot\dfrac{2^n}{n}=\dfrac{1}{2}<1$，根据比值审敛法知，级数 $\sum\limits_{n=1}^{\infty}\dfrac{n}{2^n}$ 收敛，再由比较审敛法的极限形式可知，级数 $\sum\limits_{n=1}^{\infty}\ln\left(\dfrac{n+2^n}{2^n}\right)$ 收敛.

(4) 收敛. 由于 $\dfrac{n!}{n^n}\sin^2(nx)\leqslant\dfrac{n!}{n^n}$，对于级数 $\sum\limits_{n=1}^{\infty}\dfrac{n!}{n^n}$，因为 $\lim\limits_{n\to\infty}\dfrac{u_{n+1}}{u_n}=\lim\limits_{n\to\infty}\dfrac{\dfrac{(n+1)!}{(n+1)^{n+1}}}{\dfrac{n!}{n^n}}=\lim\limits_{n\to\infty}\left(\dfrac{n}{n+1}\right)^n=\lim\limits_{n\to\infty}\dfrac{1}{\left(1+\dfrac{1}{n}\right)^n}=\dfrac{1}{e}<1$，根据比值审敛法知，级

数 $\sum\limits_{n=1}^{\infty}\frac{n!}{n^n}$ 收敛. 再由比较审敛法可知，级数 $\sum\limits_{n=1}^{\infty}\frac{n!}{n^n}\sin^2(nx)$ 收敛.

(5) 收敛. 因为 $\lim\limits_{n\to\infty}\sqrt[n]{u_n}=\lim\limits_{n\to\infty}\sqrt[n]{\frac{1}{[\ln(n+1)]^n}}=\lim\limits_{n\to\infty}\frac{1}{\ln(n+1)}=0<1$，故根据根值审敛法可知，级数 $\sum\limits_{n=1}^{\infty}\frac{1}{[\ln(n+1)]^n}$ 收敛.

9.3 任意项级数的绝对收敛与条件收敛

9.3.1 知识点分析

1. 交错级数及其审敛法

(1) 各项正负交替的数项级数称为交错级数. 它的一般形式为 $\sum\limits_{n=1}^{\infty}(-1)^{n-1}u_n=u_1-u_2+u_3-u_4+\cdots$ 或 $\sum\limits_{n=1}^{\infty}(-1)^n u_n=-u_1+u_2-u_3+u_4-\cdots$，其中 $u_n>0$ $(n=1，2，\cdots)$.

(2) 莱布尼茨定理. 如果交错级数. $\sum\limits_{n=1}^{\infty}(-1)^{n-1}u_n$ 满足以下两个条件：

① $u_n\geqslant u_{n+1}$ $(n=1，2，\cdots)$；

② $\lim\limits_{n\to\infty}u_n=0$.

则级数 $\sum\limits_{n=1}^{\infty}(-1)^{n-1}u_n$ 收敛，且其和 $S\leqslant u_1$，其余项 r_n 的绝对值 $|r_n|\leqslant u_{n+1}$.

注 此定理为充分非必要条件.

例如，级数 $1-\frac{1}{2^2}+\frac{1}{3^3}-\frac{1}{4^2}+\cdots+\frac{1}{(2n-1)^3}-\frac{1}{(2n)^2}+\cdots$ 是收敛的，但其一般项 u_n 趋于零 $(n\to\infty)$ 时并不具有单调递减性.

2. 绝对收敛与条件收敛

(1) 如果级数 $\sum\limits_{n=1}^{\infty}u_n$ 各项的绝对值所构成的正项级数 $\sum\limits_{n=1}^{\infty}|u_n|$ 收敛，则称级数 $\sum\limits_{n=1}^{\infty}u_n$ 绝对收敛；如果级数 $\sum\limits_{n=1}^{\infty}u_n$ 收敛，而级数 $\sum\limits_{n=1}^{\infty}|u_n|$ 发散，则称级数 $\sum\limits_{n=1}^{\infty}u_n$ 条件收敛.

(2) 绝对收敛的级数必收敛，即当级数 $\sum\limits_{n=1}^{\infty}|u_n|$ 收敛时，级数 $\sum\limits_{n=1}^{\infty}u_n$ 必收敛.

注 对于任意项级数 $\sum\limits_{n=1}^{\infty}u_n$，如果用正项级数的审敛法判定级数

$\sum\limits_{n=1}^{\infty}|u_n|$ 收敛，则此级数收敛，且为绝对收敛.

（3）若任意项级数 $\sum\limits_{n=1}^{\infty}u_n=u_1+u_2+\cdots+u_n+\cdots$ 满足条件 $\lim\limits_{n\to\infty}\left|\dfrac{u_{n+1}}{u_n}\right|=\rho$（或 $\lim\limits_{n\to\infty}\sqrt[n]{|u_n|}=\rho$），其中 ρ 可以为 $+\infty$，则当 $\rho<1$ 时，级数 $\sum\limits_{n=1}^{\infty}u_n$ 收敛，且为绝对收敛；当 $\rho>1$ 时，级数 $\sum\limits_{n=1}^{\infty}u_n$ 发散.

注　一般来讲，级数 $\sum\limits_{n=1}^{\infty}|u_n|$ 发散，不能判定级数 $\sum\limits_{n=1}^{\infty}u_n$ 也发散. 但是若用比值审敛法或者根值审敛法判定 $\sum\limits_{n=1}^{\infty}|u_n|$ 发散，则 $\sum\limits_{n=1}^{\infty}u_n$ 亦发散.

3. 判定任意项级数的敛散性的步骤

（1）求极限 $\lim\limits_{n\to\infty}u_n$. 若 $\lim\limits_{n\to\infty}u_n\neq0$，则直接判定级数 $\sum\limits_{n=1}^{\infty}u_n$ 发散；若 $\lim\limits_{n\to\infty}u_n=0$，则进行（2）.

（2）判断级数 $\sum\limits_{n=1}^{\infty}|u_n|$ 的敛散性. 若级数 $\sum\limits_{n=1}^{\infty}|u_n|$ 收敛（用正项级数审敛法），则级数 $\sum\limits_{n=1}^{\infty}u_n$ 绝对收敛；若级数 $\sum\limits_{n=1}^{\infty}|u_n|$ 发散（用正项级数审敛法），则进行（3）.

（3）判断级数 $\sum\limits_{n=1}^{\infty}u_n$ 的敛散性. 若级数 $\sum\limits_{n=1}^{\infty}u_n$ 收敛，则级数 $\sum\limits_{n=1}^{\infty}u_n$ 条件收敛.

9.3.2　典例解析

例 1　判定级数 $\sum\limits_{n=1}^{\infty}(-1)^{n-1}\sin\dfrac{1}{n}$ 的收敛性.

解　所给的级数为交错级数，且满足以下条件：

（1）$u_n=\sin\dfrac{1}{n}>u_{n+1}=\sin\dfrac{1}{n+1}$（$n=1, 2, \cdots$）；

（2）$\lim\limits_{n\to\infty}u_n=\lim\limits_{n\to\infty}\sin\dfrac{1}{n}=0$.

因此根据莱布尼茨定理可知，级数 $\sum\limits_{n=1}^{\infty}(-1)^{n-1}\sin\dfrac{1}{n}$ 收敛.

点拨　第一个条件的判定通常有三种方法：①看 u_n-u_{n+1} 是否大于 0；②看 $\dfrac{u_n}{u_{n+1}}$ 是否大于 1；③令 $f(x)=u_n$（将 n 换成 x），看 $f(x)$ 是否单调递减.

例 2 判定级数 $\sum_{n=1}^{\infty}(-1)^{n-1}\frac{n}{3n+1}$ 的收敛性.

解 因为$\lim_{n\to\infty}\frac{n}{3n+1}=\frac{1}{3}\neq 0$，所以$\lim_{n\to\infty}(-1)^{n-1}\frac{n}{3n+1}\neq 0$，故由级数收敛的必要条件知，原级数发散.

例 3 判定级数 $\sum_{n=1}^{\infty}(-1)^{n-1}\frac{1}{\sqrt{n^2+1}}$ 的收敛性. 若收敛，指出其是绝对收敛还是条件收敛.

解 先判断 $\sum_{n=1}^{\infty}\left|(-1)^{n-1}\frac{1}{\sqrt{n^2+1}}\right|$，即 $\sum_{n=1}^{\infty}\frac{1}{\sqrt{n^2+1}}$ 的收敛性.

因为$\lim_{n\to\infty}\frac{\frac{1}{\sqrt{(n+1)^2+1}}}{\frac{1}{n}}=\lim_{n\to\infty}\frac{n}{\sqrt{(n+1)^2+1}}=\lim_{n\to\infty}\frac{1}{\sqrt{(1+\frac{1}{n})^2+\frac{1}{n^2}}}=1$，而调和级数 $\sum_{n=1}^{\infty}\frac{1}{n}$ 发散，故由比较审敛法的极限形式可知，级数 $\sum_{n=1}^{\infty}\frac{1}{\sqrt{n^2+1}}$ 发散，而 $u_n=\frac{1}{\sqrt{n^2+1}}>u_{n+1}=\frac{1}{\sqrt{(n+1)^2+1}}$，且$\lim_{n\to\infty}u_n=\lim_{n\to\infty}\frac{1}{\sqrt{n^2+1}}=0$，故级数 $\sum_{n=1}^{\infty}(-1)^{n-1}\frac{1}{\sqrt{n^2+1}}$ 条件收敛.

例 4 判定级数 $\sum_{n=1}^{\infty}(-1)^{n-1}\frac{1}{n\cdot 2^n}$ 的收敛性. 若收敛，指出其是绝对收敛还是条件收敛.

解 先判断 $\sum_{n=1}^{\infty}\left|(-1)^{n-1}\frac{1}{n\cdot 2^n}\right|$，即 $\sum_{n=1}^{\infty}\frac{1}{n\cdot 2^n}$ 的收敛性，因为 $\lim_{n\to\infty}\frac{\frac{1}{(n+1)\cdot 2^{n+1}}}{\frac{1}{n\cdot 2^n}}=\lim_{n\to\infty}\frac{n\cdot 2^n}{(n+1)\cdot 2^{n+1}}=\frac{1}{2}<1$，而调和级数 $\sum_{n=1}^{\infty}\frac{1}{2^n}$ 收敛（等比级数且公比小于 1），故由比值审敛法可知，级数 $\sum_{n=1}^{\infty}\frac{1}{n\cdot 2^n}$ 收敛，故原级数 $\sum_{n=1}^{\infty}(-1)^{n-1}\frac{1}{n\cdot 2^n}$ 绝对收敛.

9.3.3 习题详解

1. 讨论下列交错级数的收敛性.

(1) $\sum_{n=1}^{\infty}(-1)^n\sqrt{\frac{n}{5n+8}}$；　　(2) $\sum_{n=1}^{\infty}(-1)^{n-1}\sin\frac{1}{2n}$.

解 (1) 发散. 因为$\lim\limits_{n\to\infty}(-1)^n\sqrt{\dfrac{n}{5n+8}}\neq 0$，故 $\sum\limits_{n=1}^{\infty}(-1)^n\sqrt{\dfrac{n}{5n+8}}$ 发散.

(2) 收敛. 令 $u_n=\sin\dfrac{1}{2n}$，则 $u_{n+1}=\sin\dfrac{1}{2(n+1)}$，则有①$u_n=\sin\dfrac{1}{2n}>u_{n+1}=\sin\dfrac{1}{2(n+1)}$；②$\lim\limits_{n\to\infty}u_n=\lim\limits_{n\to\infty}\sin\dfrac{1}{2n}=0$. 根据莱布尼茨定理知，级数 $\sum\limits_{n=1}^{\infty}(-1)^{n-1}\sin\dfrac{1}{2n}$ 收敛.

2. 判定下列级数是否收敛？如果收敛，是绝对收敛还是条件收敛.

(1) $\sum\limits_{n=1}^{\infty}(-1)^{n-1}\dfrac{n}{3^{n-1}}$；　　(2) $\sum\limits_{n=1}^{\infty}(-1)^n\dfrac{3^n n!}{n^n}$；

(3) $\sum\limits_{n=1}^{\infty}\dfrac{1}{n}\sin\dfrac{n\pi}{2}$；　　(4) $\sum\limits_{n=1}^{\infty}\dfrac{x^n}{n!}$；

(5) $\sum\limits_{n=1}^{\infty}(-1)^n\dfrac{n}{2n+1}$.

解 (1) 绝对收敛. 先判断 $\sum\limits_{n=1}^{\infty}\left|(-1)^{n-1}\dfrac{n}{3^{n-1}}\right|$，即 $\sum\limits_{n=1}^{\infty}\dfrac{n}{3^{n-1}}$ 的收敛性，因为$\lim\limits_{n\to\infty}\dfrac{u_{n+1}}{u_n}=\lim\limits_{n\to\infty}\dfrac{\frac{n+1}{3^n}}{\frac{n}{3^{n-1}}}=\lim\limits_{n\to\infty}\dfrac{n+1}{3n}=\dfrac{1}{3}<1$，根据比值审敛法可知，级数 $\sum\limits_{n=1}^{\infty}\dfrac{n}{3^{n-1}}$ 收敛，故级数 $\sum\limits_{n=1}^{\infty}(-1)^{n-1}\dfrac{n}{3^{n-1}}$ 绝对收敛.

(2) 发散. 先判断 $\sum\limits_{n=1}^{\infty}\left|(-1)^{n-1}\dfrac{3^n n!}{n^n}\right|$，即 $\sum\limits_{n=1}^{\infty}\dfrac{3^n n!}{n^n}$ 的收敛性，因为

$$\lim_{n\to\infty}\frac{u_{n+1}}{u_n}=\lim_{n\to\infty}\frac{\frac{(n+1)!\cdot 3^{n+1}}{(n+1)^{n+1}}}{\frac{n!\cdot 3^n}{n^n}}=\lim_{n\to\infty}\frac{3}{\frac{(n+1)^n}{n^n}}=\lim_{n\to\infty}\frac{3}{\left(1+\frac{1}{n}\right)^n}=\frac{3}{\mathrm{e}}>1$$，根据比值审敛法可知，级数 $\sum\limits_{n=1}^{\infty}\dfrac{3^n n!}{n^n}$ 发散，故级数 $\sum\limits_{n=1}^{\infty}(-1)^{n-1}\dfrac{n}{3^{n-1}}$ 发散.

(3) 条件收敛. $\sum\limits_{n=1}^{\infty}\dfrac{1}{n}\sin\dfrac{n\pi}{2}=\sum\limits_{n=1}^{\infty}(-1)^{n-1}\dfrac{1}{2n-1}$，先判断 $\sum\limits_{n=1}^{\infty}\left|(-1)^{n-1}\dfrac{1}{2n-1}\right|$，即 $\sum\limits_{n=1}^{\infty}\dfrac{1}{2n-1}$ 的收敛性，因为$\dfrac{1}{2n-1}\geqslant\dfrac{1}{2n}$，而 $\sum\limits_{n=1}^{\infty}\dfrac{1}{2n}=\dfrac{1}{2}\sum\limits_{n=1}^{\infty}\dfrac{1}{n}$ 发散，根据比较审敛法可知，级数 $\sum\limits_{n=1}^{\infty}\dfrac{1}{2n-1}$ 发散，再判断 $\sum\limits_{n=1}^{\infty}(-1)^{n-1}\dfrac{1}{2n-1}$ 的收敛性，级数 $\sum\limits_{n=1}^{\infty}(-1)^{n-1}\dfrac{1}{2n-1}$ 为交错级数，令 $u_n=$

$\frac{1}{2n-1}$，则 $u_{n+1}=\frac{1}{2n+1}$，则有① $u_n=\frac{1}{2n-1}>u_{n+1}=\frac{1}{2n+1}$；② $\lim\limits_{n\to\infty}u_n=\lim\limits_{n\to\infty}\frac{1}{2n-1}=0$，根据莱布尼茨定理知，级数 $\sum\limits_{n=1}^{\infty}(-1)^{n-1}\frac{1}{2n-1}$ 收敛. 故级数 $\sum\limits_{n=1}^{\infty}\frac{1}{n}\sin\frac{n\pi}{2}$ 为条件收敛.

(4) 绝对收敛. 先判断 $\sum\limits_{n=1}^{\infty}\left|\frac{x^n}{n!}\right|$，即 $\sum\limits_{n=1}^{\infty}\frac{|x|^n}{n!}$ 的收敛性，因为 $\lim\limits_{n\to\infty}\frac{u_{n+1}}{u_n}=\lim\limits_{n\to\infty}\frac{\frac{|x|^{n+1}}{(n+1)!}}{\frac{|x|^n}{n!}}=\lim\limits_{n\to\infty}\frac{|x|}{n+1}=0<1$，根据比值审敛法可知，级数 $\sum\limits_{n=1}^{\infty}\frac{|x|^n}{n!}$ 收敛，故级数 $\sum\limits_{n=1}^{\infty}\frac{x^n}{n!}$ 绝对收敛.

(5) 发散. 因为 $\lim\limits_{n\to\infty}u_n=\lim\limits_{n\to\infty}(-1)^n\frac{n}{2n+1}\neq 0$，故级数 $\sum\limits_{n=1}^{\infty}(-1)^n\frac{n}{2n+1}$ 发散.

9.4 幂级数

9.4.1 知识点分析

1. 函数项级数的概念

(1) 若给定一个定义在区间 I 上的函数列 $u_1(x)$，$u_2(x)$，$u_3(x)$，…，$u_n(x)$，…，则把表达式 $\sum\limits_{n=1}^{\infty}u_n(x)=u_1(x)+u_2(x)+u_3(x)+\cdots+u_n(x)+\cdots$ 称作函数项无穷级数，简称函数项级数.

注 对于区间 I 上的任意一个值 x_0，函数项级数 $\sum\limits_{n=1}^{\infty}u_n(x)$ 成为常数项级数 $\sum\limits_{n=1}^{\infty}u_n(x_0)=u_1(x_0)+u_2(x_0)+\cdots+u_n(x_0)+\cdots$.

(2) 在收敛域内，函数项级数的和是 x 的函数，被称为函数项级数的和函数，通常记为 $S(x)$，即 $S(x)=\sum\limits_{n=1}^{\infty}u_n(x)=u_1(x)+u_2(x)+\cdots+u_n(x)+\cdots$. 前 n 项的部分和记作 $S_n(x)$.

注 ①收敛域上有 $\lim\limits_{n\to\infty}S_n(x)=S(x)$；

②对于一般函数项级数 $\sum\limits_{n=1}^{\infty}u_n(x)$ 的敛散性判别，往往采用把 x 看成常数，先讨论 $\sum\limits_{n=1}^{\infty}|u_n(x)|$ 的敛散性，再讨论端点处的敛散性的方法.

2. 幂级数及其收敛域

(1) 形如 $\sum_{n=0}^{\infty} a_n x^n = a_0 + a_1 x + a_2 x^2 + \cdots + a_n x^n + \cdots$ 或者 $\sum_{n=0}^{\infty} a_n (x-x_0)^n = a_0 + a_1(x-x_0) + a_2(x-x_0)^2 + \cdots + a_n(x-x_0)^n + \cdots$ 的函数项级数称为幂级数，其中常数 a_0，a_1，a_2，…，a_n，…称为幂级数的系数.

(2) 阿贝尔（Abel）定理. 若幂级数 $\sum_{n=0}^{\infty} a_n x^n$ 在 $x=x_0$（$x_0 \neq 0$）处收敛，则适合不等式$|x|<|x_0|$的一切 x，幂级数 $\sum_{n=0}^{\infty} a_n x^n$ 都绝对收敛；反之，若幂级数 $\sum_{n=0}^{\infty} a_n x^n$ 在 $x=x_0$ 处发散，则适合不等式$|x|>|x_0|$的一切 x，幂级数 $\sum_{n=0}^{\infty} a_n x^n$ 都发散.

(3) 给定幂级数 $\sum_{n=0}^{\infty} a_n x^n$，如果其相邻两项的系数 a_n，a_{n+1} 满足 $\lim_{n\to\infty}\left|\frac{a_{n+1}}{a_n}\right|=\rho$，则幂级数的收敛半径

$$R=\begin{cases}\frac{1}{\rho}, & 0<\rho<+\infty,\\ +\infty, & \rho=0,\\ 0, & \rho=+\infty.\end{cases}$$

3. 幂级数的运算及其性质

性质 1 幂级数 $\sum_{n=0}^{\infty} a_n x^n$ 的和函数 $S(x)$ 在其收敛域 I 上连续.

性质 2 幂级数 $\sum_{n=0}^{\infty} a_n x^n$ 的和函数 $S(x)$ 在其收敛域 I 上可积，并有逐项积分公式 $\int_0^x S(x)\mathrm{d}x = \int_0^x \left(\sum_{n=0}^{\infty} a_n x^n\right)\mathrm{d}x = \sum_{n=0}^{\infty}\int_0^x a_n x^n \mathrm{d}x = \sum_{n=0}^{\infty}\frac{a_n}{n+1}x^{n+1}$ $(x\in I)$，逐项积分后所得的幂级数与原幂级数有相同的收敛半径.

性质 3 幂级数 $\sum_{n=0}^{\infty} a_n x^n$ 的和函数 $S(x)$ 在其收敛区间 $(-R, R)$ 内可导，并有逐项求导公式 $S'(x) = \left(\sum_{n=0}^{\infty} a_n x^n\right)' = \sum_{n=0}^{\infty}(a_n x^n)' = \sum_{n=1}^{\infty} n a_n x^{n-1}$ $(|x|<R)$，逐项求导后所得的幂级数与原幂级数有相同的收敛半径.

9.4.2 典例解析

例 1 求级数 $\sum_{n=1}^{\infty}\frac{2^n}{n}(x-1)^n$ 的收敛域.

解 令 $x-1=t$，原级数变为 $\sum\limits_{n=1}^{\infty}\frac{2^n}{n}t^n$．先求 $\sum\limits_{n=1}^{\infty}\frac{2^n}{n}t^n$ 的收敛域，$\rho=\lim\limits_{n\to\infty}\left|\frac{a_{n+1}}{a_n}\right|=\lim\limits_{n\to\infty}\left|\frac{\frac{2^{n+1}}{n+1}}{\frac{2^n}{n}}\right|=2$，所以 $\sum\limits_{n=1}^{\infty}\frac{2^n}{n}t^n$ 的收敛半径 $R=\frac{1}{\rho}=\frac{1}{2}$，其收敛区间是 $\left(-\frac{1}{2},\ \frac{1}{2}\right)$．$x=\frac{1}{2}$ 时，级数为调和级数 $\sum\limits_{n=1}^{\infty}\frac{1}{n}$，发散；$x=-\frac{1}{2}$ 时，级数为交错级数 $\sum\limits_{n=1}^{\infty}(-1)^n\frac{1}{n}$，由莱布尼茨定理可知其收敛，故 $\sum\limits_{n=1}^{\infty}\frac{2^n}{n}t^n$ 的收敛域为 $\left[-\frac{1}{2},\ \frac{1}{2}\right)$，从而原级数的收敛域为 $\left[\frac{1}{2},\ \frac{3}{2}\right)$．

例 2 求下列幂级数的收敛半径与收敛域．

(1) $\sum\limits_{n=1}^{\infty}\frac{(-1)^n x^n}{n^2}$；　　(2) $\sum\limits_{n=1}^{\infty}\frac{x^n}{5^n\cdot n!}$．

解 (1) 因为 $\rho=\lim\limits_{n\to\infty}\left|\frac{a_{n+1}}{a_n}\right|=\lim\limits_{n\to\infty}\left|\frac{\frac{(-1)^{n+1}}{(n+1)^2}}{\frac{(-1)^n}{n^2}}\right|=1$，所以幂级数的收敛半径 $R=\frac{1}{\rho}=1$，其收敛区间是 $(-1,\ 1)$．

当 $x=-1$ 时，级数 $\sum\limits_{n=1}^{\infty}\frac{(-1)^n x^n}{n^2}$ 为 p—级数 $\sum\limits_{n=1}^{\infty}\frac{1}{n^2}$，此级数收敛；

当 $x=1$ 时，级数 $\sum\limits_{n=1}^{\infty}\frac{(-1)^n x^n}{n^2}$ 为交错级数 $\sum\limits_{n=1}^{\infty}\frac{(-1)^n}{n^2}$，此级数收敛．因此，收敛域为 $[-1,\ 1]$．

点拨 先求收敛半径，根据收敛半径求出收敛区间，再判定端点处的收敛性，从而得出收敛域．

(2) 因为 $\rho=\lim\limits_{n\to\infty}\left|\frac{a_{n+1}}{a_n}\right|=\lim\limits_{n\to\infty}\left|\frac{\frac{1}{5^{n+1}\cdot(n+1)!}}{\frac{1}{5^n\cdot n!}}\right|=\lim\limits_{n\to\infty}\left|\frac{1}{5\cdot(n+1)}\right|=0$，所以幂级数的收敛半径 $R=+\infty$，其收敛区间是 $(-\infty,\ \infty)$，因此，收敛域为 $(-\infty,\ \infty)$．

9.4.3 习题详解

1. 求下列幂级数的收敛域．

(1) $\sum\limits_{n=1}^{\infty}\frac{x^n}{n\cdot 3^n}$；　　(2) $\sum\limits_{n=1}^{\infty}\frac{n!}{2n+1}x^n$；

(3) $\sum_{n=1}^{\infty}\frac{(x-5)^n}{\sqrt{n}}$； (4) $\sum_{n=1}^{\infty}\frac{(-1)^n x^n}{n}$；

(5) $\sum_{n=1}^{\infty}(-1)^{n-1}\frac{x^{2n+1}}{2n+1}$； (6) $\sum_{n=2}^{\infty}\frac{(-1)^n}{4^n(2n+1)}(x-1)^{2n}$.

解 (1) 因为 $\rho=\lim_{n\to\infty}\left|\frac{a_{n+1}}{a_n}\right|=\lim_{n\to\infty}\left|\frac{\frac{1}{(n+1)\cdot 3^{n+1}}}{\frac{1}{n\cdot 3^n}}\right|=\lim_{n\to\infty}\frac{1}{3}\frac{n}{n+!}=\frac{1}{3}$，所以幂级数的收敛半径 $R=\frac{1}{\rho}=5$，其收敛区间是 $(-3,\ 3)$. 当 $x=-3$ 时，级数为交错级数 $\sum_{n=1}^{\infty}\frac{(-3)^n}{n\cdot 3^n}=\sum_{n=1}^{\infty}(-1)^n\frac{1}{n}$，由莱布尼茨定理知，此级数收敛；当 $x=3$ 时，级数为调和级数 $\sum_{n=1}^{\infty}\frac{3^n}{n\cdot 3^n}=\sum_{n=1}^{\infty}\frac{1}{n}$，此级数发散. 因此，收敛域为 $[-3,\ 3)$.

(2) 因为 $\rho=\lim_{n\to\infty}\left|\frac{a_{n+1}}{a_n}\right|=\lim_{n\to\infty}\left|\frac{\frac{(n+1)!}{2n+3}}{\frac{n!}{2n+1}}\right|=\lim_{n\to\infty}(n+1)\frac{2n+1}{2n+3}=+\infty$，所以幂级数的收敛半径 $R=0$，故幂级数仅在 $x=0$ 处收敛.

(3) 令 $t=x-5$，则上述级数变为 $\sum_{n=1}^{\infty}\frac{1}{\sqrt{n}}t^n$. 因为 $\rho=\lim_{n\to\infty}\left|\frac{a_{n+1}}{a_n}\right|=\lim_{n\to\infty}\frac{\frac{1}{\sqrt{n+1}}}{\frac{1}{\sqrt{n}}}=1$，所以级数 $\sum_{n=1}^{\infty}\frac{1}{\sqrt{n}}t^n$ 的收敛半径 $R=1$. 收敛区间 $|t|<1$，即 $4<x<6$. 当 $x=4$ 时，级数为 $\sum_{n=0}^{\infty}\frac{(-1)^n}{\sqrt{n}}$，此级数收敛（莱布尼茨定理）；当 $x=6$ 时，此时级数为 $\sum_{n=1}^{\infty}\frac{1}{n}$，此级数发散. 因此原级数的收敛域为 $[4,\ 6)$.

(4) 因为 $\rho=\lim_{n\to\infty}\left|\frac{a_{n+1}}{a_n}\right|=\lim_{n\to\infty}\left|\frac{\frac{1}{(n+1)}}{\frac{1}{n}}\right|=1$，所以幂级数的收敛半径 $R=\frac{1}{\rho}=1$，其收敛区间是 $(-1,\ 1)$. 当 $x=-1$ 时，级数为调和级数 $\sum_{n=0}^{\infty}\frac{1}{n}$，此级数发散；当 $x=1$ 时，级数为 $\sum_{n=0}^{\infty}\frac{(-1)^n}{n}$，此级数收敛（莱布尼茨定理）. 因此，收敛域为 $(-1,\ 1]$.

(5) 此级数缺少偶次幂的项，不能直接应用课本定理 9.4.2. 这里根据比

值审敛法来求收敛半径：$\lim\limits_{n\to\infty}\left|\dfrac{\dfrac{1}{2n+3}x^{2n+3}}{\dfrac{1}{2n+1}x^{2n+1}}\right|=\lim\limits_{n\to\infty}x^2=x^2$，当 $x^2<1$，即 $|x|<1$ 时，级数收敛；当 $x^2>1$，即 $|x|>1$ 时，级数发散. 所以收敛半径 $R=1$.

当 $x=-1$ 时，级数为 $\sum\limits_{n=1}^{\infty}(-1)^n\dfrac{1}{2n+1}$，次级数收敛（莱布尼茨定理），当 $x=-1$ 时，级数为 $\sum\limits_{n=1}^{\infty}(-1)^{n-1}\dfrac{1}{2n+1}$，次级数收敛（莱布尼茨定理），因此原级数的收敛域为 $[-1,1]$.

（6）直接利用比值审敛法，$\lim\limits_{n\to\infty}\left|\dfrac{\dfrac{(x-1)^{2n+2}}{4^{n+1}\cdot(2n+3)}}{\dfrac{(x-1)^{2n}}{4^n\cdot(2n+1)}}\right|=\lim\limits_{n\to\infty}\dfrac{1}{4}(x-1)^2=\dfrac{1}{4}(x-1)^2$，当 $\dfrac{1}{4}(x-1)^2<1$，即 $-1<x<3$ 时，级数收敛；当 $\dfrac{1}{4}(x-1)^2>1$，即 $x>3$ 或者 $x<-1$ 时，级数发散. 所以原级数的收敛区间为 $(-1,3)$. 当 $x=-1$ 或 $x=3$ 时，级数均为 $\sum\limits_{n=0}^{\infty}\dfrac{(-1)^n}{2n+1}$，此级数收敛（莱布尼茨定理），因此原级数的收敛域为 $[-1,3]$.

2. 利用逐项求导或逐项积分，求下列幂级数的和函数.

（1）$\sum\limits_{n=1}^{\infty}nx^{n-1}$；　　（2）$\sum\limits_{n=1}^{\infty}\dfrac{x^{n-1}}{n\cdot 2^{n-1}}$；

（3）$\sum\limits_{n=0}^{\infty}(n+1)(n+2)x^n$.

解　（1）幂级数只有在收敛域中才有和函数，故先求收敛域. 由 $\rho=\lim\limits_{n\to\infty}\left|\dfrac{a_{n+1}}{a_n}\right|=\lim\limits_{n\to\infty}\dfrac{n+1}{n}=1$，得收敛半径 $R=1$，收敛区间为 $(-1,1)$. 当 $x=-1$ 时，级数为 $\sum\limits_{n=1}^{\infty}(-1)^{n-1}n$，此级数发散；当 $x=1$ 时，级数为 $\sum\limits_{n=1}^{\infty}n$，此级数发散. 因此原级数的收敛域为 $(-1,1)$. 在收敛域 $(-1,1)$ 上，设和函数 $S(x)=\sum\limits_{n=1}^{\infty}nx^{n-1}$，于是 $\int_0^x S(x)\mathrm{d}x=\int_0^x(\sum\limits_{n=1}^{\infty}nx^{n-1})\mathrm{d}x=\sum\limits_{n=1}^{\infty}\int_0^x nx^{n-1}\mathrm{d}x=\sum\limits_{n=1}^{\infty}x^n=\dfrac{x}{1-x}(x\in(-1,1))$. 故 $S(x)=\left(\int_0^x S(x)\mathrm{d}x\right)'=\left(\dfrac{x}{1-x}\right)'=\dfrac{1}{(1-x)^2}\ (-1<x<1)$.

（2）幂级数只有在收敛域中才有和函数，故先求收敛域.

由 $\rho=\lim\limits_{n\to\infty}\left|\dfrac{a_{n+1}}{a_n}\right|=\lim\limits_{n\to\infty}\dfrac{\dfrac{1}{(n+1)\cdot 2^n}}{\dfrac{1}{n\cdot 2^{n-1}}}=\dfrac{1}{2}$，得收敛半径 $R=\dfrac{1}{2}$，收敛区间为 $(-2,\ 2)$.

当 $x=-2$ 时，级数为交错级数 $\sum\limits_{n=1}^{\infty}\dfrac{(-1)^{n-1}}{n}$，此级数收敛（莱布尼茨定理）；

当 $x=2$ 时，级数为调和级数 $\sum\limits_{n=1}^{\infty}\dfrac{1}{n}$，此级数发散. 因此原级数的收敛域为 $[-2,\ 2)$. 在收敛域 $[-2,\ 2)$ 上，设和函数 $S(x)=\sum\limits_{n=1}^{\infty}\dfrac{x^{n-1}}{n\cdot 2^{n-1}}=\sum\limits_{n=1}^{\infty}\dfrac{\left(\dfrac{x}{2}\right)^{n-1}}{n}$，于是 $xS(x)=2\sum\limits_{n=1}^{\infty}\dfrac{\left(\dfrac{x}{2}\right)^{n}}{n}$. 利用性质 9.4.3，得 $(xS(x))'=\left(2\sum\limits_{n=1}^{\infty}\dfrac{\left(\dfrac{x}{2}\right)^{n}}{n}\right)'=\sum\limits_{n=0}^{\infty}\left(\dfrac{x}{2}\right)^{n-1}=\dfrac{1}{1-\dfrac{x}{2}}=\dfrac{2}{2-x}(x\in[-2,\ 2))$，对上式从 0 到 x 积分，得 $\int_0^x(xS(x))'\mathrm{d}x=xS(x)=\int_0^x\dfrac{2}{2-x}\mathrm{d}x=2\ln\left(\dfrac{2}{2-x}\right)\ (-2\leqslant x<2)$. 于是，当 $x\neq 0$ 时，有 $S(x)=\dfrac{2}{x}\ln\left(\dfrac{2}{2-x}\right)\ (-2\leqslant x<2)$. 而将 $x=0$ 代入 $S(x)=\sum\limits_{n=1}^{\infty}\dfrac{x^{n-1}}{n\cdot 2^{n-1}}$ 可得 $S(0)=1$，故

$$S(x)=\begin{cases}\dfrac{2}{x}\ln\left(\dfrac{2}{2-x}\right), & x\in[-2,\ 0)\cup(0,\ 2),\\ 1, & x=0.\end{cases}$$

(3) 幂级数只有在收敛域中才有和函数，故先求收敛域.

由 $\rho=\lim\limits_{n\to\infty}\left|\dfrac{a_{n+1}}{a_n}\right|=\lim\limits_{n\to\infty}\dfrac{(n+2)(n+3)}{(n+1)(n+2)}=1$，得收敛半径 $R=1$，收敛区间为 $(-1,\ 1)$.

当 $x=-1$ 时，级数为 $\sum\limits_{n=0}^{\infty}(-1)^n(n+1)(n+2)$，此级数发散；

当 $x=1$ 时，级数成为 $\sum\limits_{n=0}^{\infty}(n+1)(n+2)$，此级数发散.

因此原级数的收敛域为 $(-1,\ 1)$. 在收敛域 $(-1,\ 1)$ 上，设和函数 $S(x)=\sum\limits_{n=0}^{\infty}(n+1)(n+2)x^n$，于是 $\int_0^x S(x)\mathrm{d}x=\int_0^x\left(\sum\limits_{n=0}^{\infty}(n+1)(n+2)x^n\right)\mathrm{d}x$

$= \sum_{n=1}^{\infty}\int_0^x (n+1)(n+2)x^n \mathrm{d}x = \sum_{n=0}^{\infty}(n+2)x^{n+1}$，记 $S_1(x) = \sum_{n=0}^{\infty}(n+2)x^{n+1}$，于是 $\int_0^x S_1(x)\mathrm{d}x = \sum_{n=0}^{\infty}\int_0^x (n+2)x^{n+1}\mathrm{d}x = \int_0^x\left(\sum_{n=0}^{\infty}(n+2)x^{n+1}\right)\mathrm{d}x = \sum_{n=0}^{\infty}x^{n+2} = \frac{x^2}{1-x}(x\in(-1,1))$. 故 $S(x) = \left(\int_0^x S(x)\mathrm{d}x\right)' = (S_1(x))' = \left(\int_0^x S_1(x)\mathrm{d}x\right)'' = \left(\frac{x^2}{1-x}\right)'' = \left(\frac{2x-x^2}{(1-x)^2}\right)' = \frac{2}{(1-x)^3}\ (-1<x<1)$.

9.5 函数展开成幂级数

9.5.1 知识点分析

1. 泰勒级数与麦克劳林级数

(1) 泰勒定理. 如果函数 $f(x)$ 在含有 x_0 的某个开区间 (a,b) 具有直到 $(n+1)$ 阶的导数，则对任意 $x\in(a,b)$，有 $f(x)=f(x_0)+f'(x_0)(x-x_0)+\frac{f''(x_0)}{2!}(x-x_0)^2+\cdots+\frac{f^{(n)}(x_0)}{n!}(x-x_0)^n+R_n(x)$，其中 $R_n(x)=\frac{f^{(n+1)}(\xi)}{(n+1)!}(x-x_0)^{n+1}$，这里的 ξ 是介于 x_0 与 x 之间的某个值. 此公式称为按 $(x-x_0)$ 的幂展开的 n 阶泰勒公式，其中 $R_n(x)$ 称为拉格朗日型余项.

(2) 称级数 $f(x_0)+f'(x_0)(x-x_0)+\frac{f''(x_0)}{2!}(x-x_0)^2+\cdots+\frac{f^{(n)}(x_0)}{n!}\cdot(x-x_0)^n+\cdots$ 为 $f(x)$ 在点 x_0 处的泰勒级数. 而 $f(x)=\sum_{n=0}^{\infty}\frac{f^{(n)}(x_0)}{n!}(x-x_0)^n, x\in U(x_0)$，叫作函数 $f(x)$ 在 x_0 处的泰勒展开式.

(3) 取 $x_0=0$，泰勒级数即为麦克劳林级数 $\sum_{n=0}^{\infty}\frac{f^{(n)}(0)}{n!}x^n = f(0)+f'(0)x+\frac{f''(0)}{2!}x^2+\cdots+\frac{f^{(n)}(0)}{n!}x^n+\cdots$.

注 函数 $f(x)$ 的泰勒级数与其泰勒展开式不是同一概念，$f(x)$ 的泰勒级数未必收敛于 $f(x)$，而 $f(x)$ 的泰勒展开式一定收敛于 $f(x)$.

2. 直接展开与间接展开

(1) 直接展开法. 即把函数 $f(x)$ 展开成 x 的幂级数的步骤：

① 求出 $f(x)$ 的各阶导数；

② 求出 $f(x)$ 及其各阶导数在 $x=0$ 处的值；

③ 写出幂级数 $f(0)+f'(0)x+\frac{f''(0)}{2!}x^2+\cdots+\frac{f^{(n)}(0)}{n!}x^n+\cdots$，并求出收敛半径；

④ 考察当 $x\in(-R, R)$ 时，余项 $R_n(x)=\dfrac{f^{(n+1)}(\theta x)}{(n+1)!}x^{n+1}$ $(0<\theta<1)$ 极限是否为零，若 $\lim\limits_{n\to\infty}R_n(x)=0$，则有 $f(x)=f(0)+f'(0)x+\dfrac{f''(0)}{2!}x^2+\cdots+\dfrac{f^{(n)}(0)}{n!}x^n+\cdots, x\in(-R, R)$.

注 求出函数的展开式后，一定要说明相应的展开区间.

补充：$\sqrt{1+x}=1+\dfrac{1}{2}x-\dfrac{1}{2\cdot 4}x^2+\dfrac{1\cdot 3}{2\cdot 4\cdot 6}x^3-\dfrac{1\cdot 3\cdot 5}{2\cdot 4\cdot 6\cdot 8}x^4+\cdots$ $(-1\leqslant x\leqslant 1)$；

$$\frac{1}{\sqrt{1+x}}=1-\frac{1}{2}x+\frac{1\cdot 3}{2\cdot 4}x^2-\frac{1\cdot 3\cdot 5}{2\cdot 4\cdot 6}x^3+\frac{1\cdot 3\cdot 5\cdot 7}{2\cdot 4\cdot 6\cdot 8}x^4-\cdots\ (-1<x\leqslant 1).$$

(2) 间接展开法，就是利用一些已知函数的幂级数展开式，通过幂级数的运算（如四则运算、逐项求导、逐项积分等）以及变量代换等，获得所求函数的幂级数展开式.

3. 常见的几个函数的幂级数展开式

$$e^x=\sum_{n=0}^{\infty}\frac{1}{n!}x^n\ (-\infty<x<+\infty);$$

$$\sin x=\sum_{n=0}^{\infty}(-1)^n\frac{x^{2n+1}}{(2n+1)!}\ (-\infty<x<+\infty);$$

$$\cos x=\sum_{n=0}^{\infty}(-1)^n\frac{x^{2n}}{(2n)!}\ (-\infty<x<+\infty);$$

$$\frac{1}{1+x}=\sum_{n=0}^{\infty}(-1)^n x^n\ (-1<x<1);$$

$$\ln(1+x)=\sum_{n=0}^{\infty}\frac{(-1)^n}{n+1}x^{n+1}=\sum_{n=1}^{\infty}\frac{(-1)^{n-1}}{n}x^n\ (-1<x\leqslant 1).$$

9.5.2 典例解析

例 1 将函数 $f(x)=\sin^2 x$ 展开成 x 的幂级数.

解 由于 $\sin^2 x=\dfrac{1-\cos 2x}{2}$，所以 $\sin^2 x=\dfrac{1}{2}\left[1-\sum\limits_{n=0}^{\infty}\dfrac{(-1)^n(2x)^{2n}}{(2n)!}\right]$，$x\in(-\infty, +\infty)$.

例 2 将函数 $f(x)=\dfrac{1}{x^2-x-6}$ 展开成 $x-1$ 的幂级数.

解 由于

$$\frac{1}{x^2-x-6}=\frac{1}{(x-3)(x+2)}=\frac{1}{5}\left(\frac{1}{x-3}-\frac{1}{x+2}\right)$$
$$=\frac{1}{5}\left[\frac{1}{-2+(x-1)}-\frac{1}{3+(x-1)}\right]$$

$$=-\frac{1}{10}\sum_{n=0}^{\infty}\left(\frac{x-1}{2}\right)^n-\frac{1}{15}\sum_{n=0}^{\infty}(-1)^n\left(\frac{x-1}{3}\right)^n$$
$$=\sum_{n=0}^{\infty}\left[-\frac{1}{10\cdot 2^n}-\frac{(-1)^n}{15\cdot 3^n}\right](x-1)^n,$$

上述级数中两项的展开区间分别为$\left|\frac{x-1}{2}\right|<1$和$\left|\frac{x-1}{3}\right|<1$，应取其小者，故展开区间为$|x-1|<2$，即$-1<x<3$.

点拨 这两道题均采用间接展开法，直接法需要求出$f(x)$在$x=x_0$的各阶导数，还要验证余项的极限是否为零，一般计算量比较大，所以相比较而言使用间接展开法计算比较简单.

9.5.3 习题详解

1. 将下列函数展开成x的幂级数，并求展开式成立的区间.

(1) a^x； (2) $\frac{1}{3-x}$；

(3) $\ln\sqrt{\frac{1+x}{1-x}}$； (4) $\frac{x}{1+x^2}$.

解 (1) $f(x)=a^x$，$f'(x)=a^x\ln a$，$f''(x)=a^x\ln^2 a$，…，$f^{(n)}(x)=a^x\ln^n a$，…，$f(0)=1$，$f'(0)=\ln a$，$f''(0)=\ln^2 a$，…，$f^{(n)}(0)=\ln^n a$，…得到幂级数为$1+(\ln a)x+\frac{(\ln a)^2}{2!}x^2+\cdots+\frac{(\ln a)^n}{n!}x^n+\cdots$，其收敛半径$R=+\infty$，故$a^x=\sum_{n=0}^{\infty}\frac{(\ln a)^n}{n!}x^n\ (-\infty<x<+\infty)$.

(2) $\frac{1}{3-x}=\frac{1}{3}\frac{1}{1-\frac{x}{3}}=\frac{1}{3}\sum_{n=0}^{\infty}\left(\frac{x}{3}\right)^n=\sum_{n=0}^{\infty}\frac{x^n}{3^{n+1}}$，收敛区间为$-1<\frac{x}{3}<1$，即$-3<x<3$，故$\frac{1}{3-x}=\sum_{n=0}^{\infty}\frac{x^n}{3^{n+1}}\ (-3<x<3)$.

(3) $\ln\sqrt{\frac{1+x}{1-x}}=\frac{1}{2}[\ln(1+x)-\ln(1-x)]$，其中，将公式$\ln(1+x)=\sum_{n=0}^{\infty}\frac{(-1)^n}{n+1}x^{n+1}=\sum_{n=1}^{\infty}\frac{(-1)^{n-1}}{n}x^n$中的$x$换成$-x$，可得$\ln(1-x)=-\sum_{n=1}^{\infty}\frac{1}{n}x^n$，故$\ln\sqrt{\frac{1+x}{1-x}}=\frac{1}{2}[\ln(1+x)-\ln(1-x)]=\frac{1}{2}\left[\sum_{n=1}^{\infty}\frac{(-1)^{n-1}}{n}x^n+\sum_{n=1}^{\infty}\frac{1}{n}x^n\right]=\sum_{n=0}^{\infty}\frac{x^{2n+1}}{2n+1}$，故$\ln\sqrt{\frac{1+x}{1-x}}=\sum_{n=0}^{\infty}\frac{x^{2n+1}}{2n+1}\ (-1<x<1)$.

(4) $\frac{x}{1+x^2}=x-x^3+x^5-x^7+\cdots=\sum_{n=0}^{\infty}(-1)^n x^{2n+1}$，收敛区间为$x^2<1$，

即$-1<x<1$，故 $\frac{x}{1+x^2}=\sum_{n=0}^{\infty}(-1)^n x^{2n+1}\ (-1<x<1)$.

2. 将函数 $f(x)=\cos x$ 展开成 $x+\frac{\pi}{3}$ 的幂级数.

解 $\cos x=\cos\left(x+\frac{\pi}{3}-\frac{\pi}{3}\right)=\frac{1}{2}\cos\left(x+\frac{\pi}{3}\right)+\frac{\sqrt{3}}{2}\sin\left(x+\frac{\pi}{3}\right)$，将公式 $\cos x=\sum_{n=0}^{\infty}(-1)^n\frac{x^{2n}}{(2n)!}\ (-\infty<x<+\infty)$ 中的 x 换成 $x+\frac{\pi}{3}$ 可得 $\cos\left(x+\frac{\pi}{3}\right)=\sum_{n=0}^{\infty}(-1)^n\frac{\left(x+\frac{\pi}{3}\right)^{2n}}{(2n)!}$. 将公式 $\sin x=\sum_{n=0}^{\infty}(-1)^n\frac{x^{2n+1}}{(2n+1)!}(-\infty<x<+\infty)$ 中的 x 换成 $x+\frac{\pi}{3}$ 可得 $\sin\left(x+\frac{\pi}{3}\right)=\sum_{n=0}^{\infty}(-1)^n\frac{\left(x+\frac{\pi}{3}\right)^{2n+1}}{(2n+1)!}$，故 $\cos x=\frac{1}{2}\sum_{n=0}^{\infty}(-1)^n\left[\frac{1}{(2n)!}\left(x+\frac{\pi}{3}\right)^{2n}+\frac{\sqrt{3}}{(2n+1)!}\left(x+\frac{\pi}{3}\right)^{2n+1}\right](-\infty<x<+\infty)$.

3. 将函数 $f(x)=\frac{1}{x^2+3x+2}$ 展开成 $x+4$ 的幂级数.

解 $f(x)=\frac{1}{x^2+3x+2}=\frac{1}{(x+1)(x+2)}=\frac{1}{x+1}-\frac{1}{x+2}$；

$$\frac{1}{x+1}=\frac{1}{x+4-3}=-\frac{1}{3-(x+4)}=-\frac{1}{3}\frac{1}{1-\left(\frac{x+4}{3}\right)}$$

$$=-\frac{1}{3}\sum_{n=0}^{\infty}\left(\frac{x+4}{3}\right)^n,\ x\in(-7,-1);$$

$$\frac{1}{x+2}=\frac{1}{x+4-2}=-\frac{1}{2}\frac{1}{1-\frac{x+4}{2}}=-\frac{1}{2}\sum_{n=0}^{\infty}\left(\frac{x+4}{2}\right)^n,\ x\in(-6,-2);$$

$$\text{故 } f(x)=\frac{1}{x^2+3x+2}=-\sum_{n=0}^{\infty}\frac{1}{3}\left(\frac{x+4}{3}\right)^n+\frac{1}{2}\sum_{n=0}^{\infty}\left(\frac{x+4}{2}\right)^n$$

$$=\sum_{n=0}^{\infty}\left(\frac{1}{2^{n+1}}-\frac{1}{3^{n+1}}\right)(x+4)^n,\ x\in(-6,-2).$$

复习题 9 解答

1. 选择题.

(1) 下列说法正确的是（　　）.

A. 如果 $\{u_n\}$ 收敛，则 $\sum_{n=1}^{\infty}u_n$ 收敛

B. 如果 $\lim_{n\to\infty}u_n=0$，则 $\sum_{n=1}^{\infty}u_n$ 收敛

C. 如果 $\sum_{n=1}^{\infty} u_n$ 收敛，则 $\{u_n\}$ 收敛

D. 以上说法都不对

(2) 设级数 $\sum_{n=1}^{\infty} u_n$ 收敛，则以下级数必定收敛的是（　　）.

A. $\sum_{n=1}^{\infty} \frac{1}{u_n}$　　B. $\sum_{n=1}^{\infty} u_n^{\ 2}$　　C. $\sum_{n=1}^{\infty} (-1)^n u_n$　　D. $\sum_{n=1}^{\infty} (u_n + u_{n+1})$

(3) 如果 $\sum_{n=1}^{\infty} a_n(x-1)^n$ 在 $x=-1$ 处收敛，则此级数在 $x=2$ 处（　　）.

A. 条件收敛　　B. 绝对收敛

C. 发散　　D. 敛散性不能确定

解　(1) C. 提示：A 错误，如 $u_n = \frac{1}{n} \to 0$ $(n\to\infty)$，但 $\sum_{n=1}^{\infty} \frac{1}{n}$ 发散；B 错误，例子同 A.

(2) D. 提示：A 不一定，如 $\sum_{n=1}^{\infty} \frac{1}{n^2}$ 收敛，但 $\sum_{n=1}^{\infty} n^2$ 发散；B 不一定，如 $\sum_{n=1}^{\infty} (-1)^n \frac{1}{\sqrt{n}}$ 收敛（莱布尼茨定理），但 $\sum_{n=1}^{\infty} \frac{1}{n}$ 发散；C 不一定，如 $\sum_{n=1}^{\infty} (-1)^n \frac{1}{n}$ 收敛（莱布尼茨定理），但 $\sum_{n=1}^{\infty} (-1)^n(-1)^n \frac{1}{n} = \sum_{n=1}^{\infty} \frac{1}{n}$ 发散.

(3) B. 提示：$\sum_{n=1}^{\infty} a_n(x-1)^n$ 在 $x=-1$ 处收敛，即 $\sum_{n=1}^{\infty} a_n t^n$ 在 $t=-2$ 处收敛，由阿贝尔定理知 $\sum_{n=1}^{\infty} a_n(x-1)^n$ 的绝对收敛区间为 $-2<x-1<2$，即 $-1<x<3$，而 $x=2$ 在此区间内，故此级数在 $x=2$ 处绝对收敛.

2. 判断下列级数的收敛性.

(1) $\sum_{n=1}^{\infty} \ln\left(1+\frac{1}{n^{\frac{3}{2}}}\right)$；　　(2) $\sum_{n=1}^{\infty} \frac{(n!)^2}{2n^2}$；

(3) $\sum_{n=1}^{\infty} \frac{1}{n}(\sqrt{n+1}-\sqrt{n-1})$；　　(4) $\sum_{n=1}^{\infty} \frac{3^n}{n!}\cos^2\frac{n\pi}{3}$.

解　(1) 收敛. $u_n = \ln\left(1+\frac{1}{n^{\frac{3}{2}}}\right)$，令 $v_n = \frac{1}{n^{\frac{3}{2}}}$，则 $\lim_{n\to\infty}\frac{u_n}{v_n} = \lim_{n\to\infty}\frac{\ln\left(1+\frac{1}{n^{\frac{3}{2}}}\right)}{\frac{1}{n^{\frac{3}{2}}}} = 1$，而级数 $\sum_{n=1}^{\infty} \frac{1}{n^{\frac{3}{2}}}$ 收敛，根据比较审敛法的极限形式知，级数 $\sum_{n=1}^{\infty} \ln\left(1+\frac{1}{n^{\frac{3}{2}}}\right)$ 收敛.

(2) 发散. 因为$\lim\limits_{n\to\infty}\dfrac{u_{n+1}}{u_n}=\lim\limits_{n\to\infty}\dfrac{\dfrac{((n+1)!)^2}{2(n+1)^2}}{\dfrac{(n!)^2}{2n^2}}=\lim\limits_{n\to\infty}n^2=+\infty$，根据比值审敛法可知，级数$\sum\limits_{n=1}^{\infty}\dfrac{(n!)^2}{2n^2}$发散.

(3) 收敛. 因为

$$\frac{1}{n}(\sqrt{n+1}-\sqrt{n-1})=\frac{(\sqrt{n+1}-\sqrt{n-1})(\sqrt{n+1}+\sqrt{n-1})}{n(\sqrt{n+1}+\sqrt{n-1})}$$

$$=\frac{2}{n(\sqrt{n+1}+\sqrt{n-1})}\leqslant\frac{2}{n\sqrt{n+1}}<\frac{2}{n\sqrt{n}}=\frac{2}{n^{\frac{3}{2}}},$$

又$\sum\limits_{n=1}^{\infty}\dfrac{2}{n^{\frac{3}{2}}}=2\sum\limits_{n=1}^{\infty}\dfrac{1}{n^{\frac{3}{2}}}$收敛（$p$－级数，$p>1$），故由比较审敛法知$\sum\limits_{n=1}^{\infty}\dfrac{1}{n}(\sqrt{n+1}-\sqrt{n-1})$收敛.

(4) 收敛. 由于$\dfrac{3^n}{n!}\cos^2\dfrac{n\pi}{3}\leqslant\dfrac{3^n}{n!}$，对于级数$\sum\limits_{n=1}^{\infty}\dfrac{3^n}{n!}$，因为$\lim\limits_{n\to\infty}\dfrac{u_{n+1}}{u_n}=\lim\limits_{n\to\infty}\dfrac{\dfrac{3^{n+1}}{(n+1)!}}{\dfrac{3^n}{n!}}=\lim\limits_{n\to\infty}\dfrac{3}{n+1}=0<1$，根据比值审敛法知，级数$\sum\limits_{n=1}^{\infty}\dfrac{3^n}{n!}$收敛. 再由比较审敛法可知，级数$\sum\limits_{n=1}^{\infty}\dfrac{3^n}{n!}\cos^2\dfrac{n\pi}{3}$收敛.

3. 判断下列级数的收敛性，若收敛，指出是条件收敛还是绝对收敛.

(1) $\sum\limits_{n=1}^{\infty}\dfrac{\cos(n\pi)}{n}$；　　(2) $\sum\limits_{n=1}^{\infty}(-1)^{n-1}\dfrac{\sqrt{n}}{n+100}$；

(3) $\sum\limits_{n=1}^{\infty}\dfrac{(-1)^n}{\sqrt{n}(n+2)}$；　　(4) $\sum\limits_{n=1}^{\infty}(-1)^n\dfrac{\ln n}{n}$.

解 (1) 条件收敛. 因为$\sum\limits_{n=1}^{\infty}\dfrac{\cos(n\pi)}{n}=\sum\limits_{n=1}^{\infty}(-1)^n\dfrac{1}{n}$为交错级数，此级数收敛（莱布尼茨定理）；而$\sum\limits_{n=1}^{\infty}\left|(-1)^n\dfrac{1}{n}\right|=\sum\limits_{n=1}^{\infty}\dfrac{1}{n}$为调和级数，此级数发散. 综上所述，原级数条件收敛.

(2) 条件收敛. 先判断$\sum\limits_{n=1}^{\infty}\left|(-1)^{n-1}\dfrac{\sqrt{n}}{n+100}\right|$，即$\sum\limits_{n=1}^{\infty}\dfrac{\sqrt{n}}{n+100}$的收敛性，因为$\lim\limits_{n\to\infty}\dfrac{\dfrac{\sqrt{n}}{n+100}}{\dfrac{1}{n}}=\lim\limits_{n\to\infty}\sqrt{n}=+\infty$，而级数$\sum\limits_{n=1}^{\infty}\dfrac{1}{n}$发散，根据比较审敛法的极限

形式知，级数 $\sum_{n=1}^{\infty}\frac{\sqrt{n}}{n+100}$ 发散，再判断 $\sum_{n=1}^{\infty}(-1)^{n-1}\frac{\sqrt{n}}{n+100}$ 的收敛性，所给级数 $\sum_{n=1}^{\infty}(-1)^{n-1}\frac{\sqrt{n}}{n+100}$ 为交错级数，令 $u_n=\frac{\sqrt{n}}{n+100}$，则 $u_{n+1}=\frac{\sqrt{n+1}}{n+1+100}$，但数列 $\{u_n\}$ 的单调性不易直接判定. 故借助函数 $f(x)=\frac{\sqrt{x}}{(x+100)}$ $(x\geqslant 101)$，有 $f'(x)=-\frac{x-100}{2\sqrt{x}\ (x+100)^2}<0$，这说明当 $x\geqslant 101$ 时函数 $f(x)$ 单调递减，则有①$u_n=\frac{\sqrt{n}}{n+100}>u_{n+1}=\frac{\sqrt{n+1}}{n+1+100}$；②$\lim\limits_{n\to\infty}u_n=\lim\limits_{n\to\infty}\frac{\sqrt{n}}{n+100}=0$. 根据莱布尼茨定理知，级数 $\sum_{n=1}^{\infty}(-1)^{n-1}\frac{\sqrt{n}}{n+100}$ 收敛. 故级数 $\sum_{n=1}^{\infty}(-1)^{n-1}\frac{\sqrt{n}}{n+100}$ 为条件收敛.

(3) 绝对收敛. 先判断 $\sum_{n=1}^{\infty}\left|\frac{(-1)^n}{\sqrt{n}(n+2)}\right|$，即 $\sum_{n=1}^{\infty}\frac{1}{\sqrt{n}(n+2)}$ 的收敛性，因为 $\frac{1}{\sqrt{n}\ (n+2)}\leqslant\frac{1}{n^{\frac{3}{2}}}$，而 $\sum_{n=1}^{\infty}\frac{1}{n^{\frac{3}{2}}}$ 收敛，根据比较审敛法可知，级数 $\sum_{n=1}^{\infty}\frac{1}{\sqrt{n}(n+2)}$ 收敛，故级数 $\sum_{n=1}^{\infty}\frac{(-1)^n}{\sqrt{n}(n+2)}$ 为绝对收敛.

(4) 条件收敛. 先判断 $\sum_{n=1}^{\infty}\left|(-1)^n\frac{\ln n}{n}\right|$，即 $\sum_{n=1}^{\infty}\frac{\ln n}{n}$ 的收敛性，因为

$$\lim_{n\to\infty}\frac{\frac{\ln n}{n}}{\frac{1}{n}}=\lim_{n\to\infty}\ln n=+\infty$$

，而级数 $\sum_{n=1}^{\infty}\frac{1}{n}$ 发散，根据比较审敛法的极限形式知，级数 $\sum_{n=1}^{\infty}\frac{\ln n}{n}$ 发散，再判断 $\sum_{n=1}^{\infty}(-1)^n\frac{\ln n}{n}$ 的收敛性，所给级数 $\sum_{n=1}^{\infty}(-1)^n\frac{\ln n}{n}$ 为交错级数，令 $u_n=\frac{\ln n}{n}$，则 $u_{n+1}=\frac{\ln(n+1)}{n+1}$，但数列 $\{u_n\}$ 的单调性不易直接判定，故借助函数 $f(x)=\frac{\ln x}{x}$ $(x\geqslant 3)$，有 $f'(x)=\frac{1-\ln x}{x^2}<0$，这说明当 $x\geqslant 3$ 时函数 $f(x)$ 单调递减，则有：①$u_n=\frac{\ln n}{n}>u_{n+1}=\frac{\ln(n+1)}{n+1}$；②$\lim\limits_{n\to\infty}u_n=\lim\limits_{n\to\infty}\frac{\ln n}{n}=0$. 根据莱布尼茨定理知，级数 $\sum_{n=1}^{\infty}(-1)^n\frac{\ln n}{n}$ 收敛. 故级数 $\sum_{n=1}^{\infty}(-1)^n\frac{\ln n}{n}$ 为条件收敛.

4. 求下列幂级数的收敛域.

(1) $\sum\limits_{n=1}^{\infty}(-1)^n\dfrac{2^n}{\sqrt{n}}x^n$； (2) $\sum\limits_{n=1}^{\infty}\dfrac{2n}{n^2+1}x^n$；

(3) $\sum\limits_{n=1}^{\infty}\dfrac{x^{2n+1}}{3^n}$； (4) $\sum\limits_{n=1}^{\infty}n(x-1)^n$.

解 (1) 因为 $\rho=\lim\limits_{n\to\infty}\left|\dfrac{a_{n+1}}{a_n}\right|=\lim\limits_{n\to\infty}\left|\dfrac{\frac{2^{n+1}}{\sqrt{n+1}}}{\frac{2^n}{\sqrt{n}}}\right|=\lim\limits_{n\to\infty}2\sqrt{\dfrac{n}{n+1}}=2$，所以幂级数的收敛半径 $R=\dfrac{1}{\rho}=\dfrac{1}{2}$，其收敛区间是 $\left(-\dfrac{1}{2},\ \dfrac{1}{2}\right)$. 当 $x=-\dfrac{1}{2}$时，级数为 p—级数 $\sum\limits_{n=1}^{\infty}\dfrac{1}{\sqrt{n}}$，此级数发散；当 $x=\dfrac{1}{2}$时，级数为交错级数 $\sum\limits_{n=1}^{\infty}(-1)^n\dfrac{1}{\sqrt{n}}$，由莱布尼茨定理知此级数收敛. 因此，原级数收敛域为 $\left(-\dfrac{1}{2},\ \dfrac{1}{2}\right]$.

(2) 因为 $\rho=\lim\limits_{n\to\infty}\left|\dfrac{a_{n+1}}{a_n}\right|=\lim\limits_{n\to\infty}\left|\dfrac{\frac{2(n+1)}{(n+1)^2+1}}{\frac{2n}{n^2+1}}\right|=\lim\limits_{n\to\infty}\dfrac{2n+2}{n^2+2n+2}\cdot\dfrac{n^2+1}{2n}=1$，所以幂级数的收敛半径 $R=1$，其收敛区间是 $(-1,\ 1)$. 当 $x=-1$ 时，级数为交错级数 $\sum\limits_{n=1}^{\infty}(-1)^n\dfrac{2n}{n^2+1}$，由莱布尼茨定理知此级数收敛；当 $x=1$ 时，级数为 $\sum\limits_{n=1}^{\infty}\dfrac{2n}{n^2+1}$，因为$\dfrac{2n}{n^2+1}\geqslant\dfrac{2n}{n^2+n}=\dfrac{2}{n+1}$，故 $\sum\limits_{n=1}^{\infty}\dfrac{2}{n+1}$ 发散，由比较审敛法知 $\sum\limits_{n=1}^{\infty}\dfrac{2n}{n^2+1}$ 发散. 因此，原级数收敛域为 $[-1,\ 1)$.

(3) 此级数缺少偶次幂的项，不能直接应用定理 9.4.2. 这里根据比值审敛法来求收敛半径：$\lim\limits_{n\to\infty}\left|\dfrac{\frac{x^{2n+3}}{3^{n+1}}}{\frac{x^{2n+1}}{3^n}}\right|=\lim\limits_{n\to\infty}\dfrac{x^2}{3}=\dfrac{x^2}{3}$，当$\dfrac{x^2}{3}<1$，即 $|x|<\sqrt{3}$时，级数收敛；当 $x^2>3$，即 $|x|>3$ 时，级数发散. 所以收敛半径 $R=\sqrt{3}$. 当 $x=-\sqrt{3}$时，级数为 $\sum\limits_{n=1}^{\infty}-\sqrt{3}$，此级数发散；当 $x=\sqrt{3}$时，级数为 $\sum\limits_{n=1}^{\infty}\sqrt{3}$，此级数发散. 因此原级数的收敛域为 $(-\sqrt{3},\ \sqrt{3})$.

(4) 令 $t=x-1$，则上述级数变为 $\sum\limits_{n=1}^{\infty}nt^n$. 因为 $\rho=\lim\limits_{n\to\infty}\left|\dfrac{a_{n+1}}{a_n}\right|=\lim\limits_{n\to\infty}\dfrac{n+1}{n}=1$，所以级数 $\sum\limits_{n=1}^{\infty}nt^n$ 的收敛半径 $R=1$. 收敛区间 $|t|<1$，即 $|x-1|<1$，$0<x<2$.

当 $x=0$ 时，级数成为 $\sum\limits_{n=1}^{\infty}(-1)^n n$，级数发散；当 $x=2$ 时，级数成为 $\sum\limits_{n=1}^{\infty} n$，级数发散. 因此原级数的收敛域为 $(0, 2)$.

5. 将下列函数展开成 x 的幂级数.

(1) xe^{-x^2}；　　　　　(2) $\ln(x+\sqrt{x^2+1})$.

解 (1) $e^x=\sum\limits_{n=0}^{\infty}\frac{x^n}{n!}$，$x\in(-\infty, +\infty)$，将 x 换成 $-x^2$ 得 $e^{-x^2}=\sum\limits_{n=0}^{\infty}(-1)^n\frac{x^{2n}}{n!}$，故 $xe^{-x^2}=\sum\limits_{n=0}^{\infty}(-1)^n\frac{x^{2n+1}}{n!}$，$(-\infty<x<+\infty)$.

(2)
$$\begin{aligned}(\ln(x+\sqrt{x^2+1}))' &= \frac{1}{\sqrt{x^2+1}}=(1+x^2)^{-\frac{1}{2}}\\ &=\sum_{n=0}^{\infty}\frac{\left(-\frac{1}{2}\right)\left(-\frac{3}{2}\right)\cdots\left(-\frac{2n-1}{2}\right)}{n!}x^{2n}\\ &=\sum_{n=0}^{\infty}\frac{(-1)^n(2n-1)!!}{2^n n!}x^{2n}.\end{aligned}$$

故 $\ln(x+\sqrt{x^2+1})=\sum\limits_{n=1}^{\infty}(-1)^n\frac{(2n-1)!!}{2^n n!}\cdot\frac{x^{2n+1}}{2n+1}$ $(-1<x<1)$.

6. 将函数 $f(x)=\frac{1}{x^2}$ 展开成 $x-3$ 的幂级数，并指出其成立的范围.

解 $f(x)=\frac{1}{x^2}=\frac{1}{(x-3+3)^2}=\frac{1}{9\left(1+\frac{x-3}{3}\right)^2}$，在 $(1+x)^m$ 的展开式中，令 $m=-2$，把 x 换成 $\frac{x-3}{3}$，即得

$$\frac{1}{\left(1+\frac{x-3}{3}\right)^2}=\left(1+\frac{x-3}{3}\right)^{-2}=1+(-2)\cdot\frac{x-3}{3}+\frac{1}{2!}(-2)(-3)\left(\frac{x-3}{3}\right)^2+\cdots+\frac{1}{n!}(-2)(-3)(-2-n+1)\left(\frac{x-3}{3}\right)^n+\cdots=1-\cdot\frac{2(x-3)}{3}+3\left(\frac{x-3}{3}\right)^2+\cdots+(-1)^{n+1}n\left(\frac{x-3}{3}\right)^n+\cdots=1+\sum_{n=1}^{\infty}(-1)^n\frac{n+1}{3^n}(x-3)^n.$$

收敛区间为 $-1<\frac{x-3}{3}<1$，即 $0<x<6$，故

$$\begin{aligned}\frac{1}{x^2}&=\frac{1}{9}\left[1+\sum_{n=1}^{\infty}(-1)^n\frac{n+1}{3^n}(x-3)^n\right]\\ &=\sum_{n=1}^{\infty}(-1)^{n+1}\frac{n}{3^{n+1}}(x-3)^{n-1}\ (0<x<6).\end{aligned}$$

本章练习 A

1. 填空题.

(1) 部分和数列 $\{S_n\}$ 有界是正项级数 $\sum_{n=1}^{\infty} u_n$ 收敛的________条件.

(2) 若正项级数 $\sum_{n=1}^{\infty} u_n$ 收敛，则 $\sum_{n=1}^{\infty} \frac{\sqrt{u_n}}{n}$ 必定________.

(3) 交错 p 级数 $\sum_{n=1}^{\infty} (-1)^n \frac{1}{n^p}$ ($p > 0$)，当 p 满足范围________，级数绝对收敛.

(4) 级数 $\sum_{n=1}^{\infty} \left[\left(\frac{2}{5}\right)^n + \frac{1}{\sqrt[3]{n^2}}\right]$________.（填收敛或发散）

(5) 设幂级数 $\sum_{n=0}^{\infty} a_n (x-1)^n$ 在 $x=-2$ 处条件收敛，则该幂级数的收敛半径为________.

2. 选择题.

(1) 设级数 $\sum_{n=1}^{\infty} u_n$ 收敛，则级数 $\sum_{n=1}^{\infty} u_n^2$ (　　).

A. 一定绝对收敛　　B. 一定条件收敛

C. 一定发散　　D. 可能收敛也可能发散

(2) 若级数 $\sum_{n=1}^{\infty} u_n$ 收敛于 S，则级数 $\sum_{n=1}^{\infty} (u_n + u_{n+1})$ (　　).

A. 收敛于 $2S$　　B. 收敛于 $2S+u_1$

C. 收敛于 $2S-u_1$　　D. 发散

(3) 级数 $\sum_{n=1}^{\infty} \frac{\sin nx}{n!}$ ($x \neq 0$) (　　).

A. 发散　　B. 绝对收敛　　C. 条件收敛　　D. 可能收敛也可能发散

(4) 下列级数为条件收敛的是 (　　).

A. $\sum_{n=1}^{\infty} (-1)^n \frac{n}{n+1}$　　B. $\sum_{n=1}^{\infty} (-1)^n \sqrt{n}$

C. $\sum_{n=1}^{\infty} (-1)^n \frac{1}{n^2}$　　D. $\sum_{n=1}^{\infty} (-1)^n \frac{1}{\sqrt{n}}$

(5) 设级数 $\sum_{n=1}^{\infty} u_n^2$ 收敛，则级数 $\sum_{n=1}^{\infty} \left|\frac{u_n}{n}\right|$ (　　).

A. 发散　　B. 收敛

C. 可能收敛，也可能收敛　　D. 无法判断

3. 判定下列级数的收敛性.

(1) $\sum\limits_{n=1}^{\infty}\dfrac{1}{\sqrt{(2n-1)(2n+1)}}$；　　(2) $\sum\limits_{n=1}^{\infty}\dfrac{n\cos^2\dfrac{n\pi}{3}}{2^n}$.

4. 判断下列级数的收敛性，若收敛，是条件收敛还是绝对收敛？

(1) $\sum\limits_{n=1}^{\infty}(-1)^n\dfrac{\sin n}{3^n}$；　　(2) $\sum\limits_{n=1}^{\infty}(-1)^{n-1}\ln\left(1+\dfrac{1}{\sqrt{n}}\right)$.

5. 求幂级数 $\sum\limits_{n=1}^{\infty}\dfrac{x^n}{n\cdot 4^n}$ 的收敛域.

6. 求幂级数 $\sum\limits_{n=1}^{\infty}\dfrac{(x-1)^n}{n\cdot 2^n}$ 的收敛域，并求和函数.

7. 将函数 $f(x)=\cos x$ 展开为 $x+\dfrac{\pi}{3}$ 的幂级数.

本章练习 B

1. 填空题.

(1) $\sum\limits_{n=1}^{\infty}(-1)^n\dfrac{1}{n^p}$ 收敛，则 p 的范围是______.

(2) 若级数 $\sum\limits_{n=1}^{\infty}u_n$ 条件收敛，则 $\sum\limits_{n=1}^{\infty}u_n$ 必定______.（填收敛或发散）.

(3) 幂级数 $\sum\limits_{n=1}^{\infty}a_nx^n$ 的收敛半径为 3，则幂级数 $\sum\limits_{n=1}^{\infty}na_n(x-1)^{n+1}$ 的收敛区间为______.

(4) 幂级数 $\sum\limits_{n=0}^{\infty}x^{2n}$ 的和函数为______.

(5) 函数 $f(x)=\ln(1+x)$ 的幂级数展开式为______.

2. 选择题.

(1) 设正项级数 $\sum\limits_{n=1}^{\infty}u_n$ 收敛，则级数（　　）收敛.

A. $\sum\limits_{n=1}^{\infty}\dfrac{1}{\sqrt{u_n}}$　　B. $\sum\limits_{n=1}^{\infty}\dfrac{1}{u_n}$　　C. $\sum\limits_{n=1}^{\infty}(-1)^nu_n$　　D. $\sum\limits_{n=1}^{\infty}nu_n$

(2) 设幂级数 $\sum\limits_{n=1}^{\infty}(-1)^na_n2^n$,则级数 $\sum\limits_{n=1}^{\infty}a_n$（　　）.

A. 一定条件收敛　　B. 一定绝对收敛

C. 一定发散　　D. 可能收敛也可能发散

(3) 若级数 $\sum\limits_{n=1}^{\infty}a_n{}^2$，$\sum\limits_{n=1}^{\infty}b_n{}^2$ 都收敛，则级数 $\sum\limits_{n=1}^{\infty}a_nb_n$（　　）.

A. 一定条件收敛　　B. 一定绝对收敛

C. 一定发散　　D. 可能收敛也可能发散

(4) 函数项级数 $\sum_{n=1}^{\infty}\frac{\sqrt{n}}{(x-2)^n}$ 的收敛域是（　　）.

A. $x>1$　　B. $x<1$　　C. $x<1$ 或 $x>3$　　D. $1<x<3$

(5) 设 $\lambda>0$，$a_n>0$ $(n=1,2,\cdots)$，且级数 $\sum_{n=1}^{\infty}a_n$ 收敛，则级数 $\sum_{n=1}^{\infty}(-1)^n\sqrt{\frac{a_n}{n^2+\lambda}}$（　　）.

A. 发散　　B. 条件收敛

C. 绝对收敛　　D. 是否收敛与 λ 的取值有关

3. 判断下列级数的收敛性.

(1) $\sum_{n=1}^{\infty}\frac{1}{\sqrt{n}}\sin\frac{2}{\sqrt{n}}$；　(2) $\sum_{n=1}^{\infty}\frac{3^n}{n\cdot 2^n}$；　(3) $\sum_{n=1}^{\infty}\ln\left(\frac{n+2^n}{2^n}\right)$.

4. 判断下列级数的收敛性，若收敛，条件收敛还是绝对收敛？

(1) $\sum_{n=1}^{\infty}(-1)^n(\sqrt{n+1}-\sqrt{n})$；　(2) $\sum_{n=1}^{\infty}\frac{(-1)^{n-1}}{\sqrt{n}}\ln\frac{n+1}{n}$.

5. 求幂级数 $\sum_{n=1}^{\infty}(-1)^n\frac{x^n}{5^n\sqrt{n+1}}$ 的收敛域.

6. 求幂级数 $\sum_{n=1}^{\infty}(-1)^{n-1}\frac{2n+1}{n}x^{2n}$ 的收敛域及和函数.

7. 将函数 $f(x)=\frac{1}{x^2+3x+2}$ 展开为 $x+4$ 的幂级数.

本章练习 A 答案

1. 填空题.

解 (1) 充要条件.

(2) 收敛. 提示：因为 $\frac{\sqrt{u_n}}{n}\leqslant\frac{1}{2}\left(u_n+\frac{1}{n^2}\right)$，由 $\sum_{n=1}^{\infty}u_n$ 收敛，$\sum_{n=1}^{\infty}\frac{1}{n^2}$ 收敛，可得 $\sum_{n=1}^{\infty}\frac{\sqrt{u_n}}{n}$ 收敛.

(3) $p>1$. 提示：因为 $p>1$ 时 $\sum_{n=1}^{\infty}\left|(-1)^n\frac{1}{n^p}\right|=\sum_{n=1}^{\infty}\frac{1}{n^p}$ 为 p 级数且收敛，故级数 $\sum_{n=1}^{\infty}(-1)^n\frac{1}{n^p}$ 绝对收敛.

(4) 发散. 提示：因为级数 $\sum_{n=1}^{\infty}\left(\frac{2}{5}\right)^n$ 收敛，$\sum_{n=1}^{\infty}\frac{1}{\sqrt[3]{n^2}}$ 发散，故原级数发散.

(5) 3. 提示：由阿贝尔定理知只有在 $|x-1|=R$ 处才可能条件收敛，故 $R=|x-1|=|-2-1|=3$.

2. 选择题.

解 (1) D. 提示：如 $\sum\limits_{n=1}^{\infty}\dfrac{(-1)^n}{\sqrt{n}}$，$u_n^2=\dfrac{1}{n}$.

(2) C. 提示：$\sum\limits_{n=1}^{\infty}u_n=S\Rightarrow\sum\limits_{n=1}^{\infty}u_{n+1}=\left(\sum\limits_{n=1}^{\infty}u_n\right)-u_1=S-u_1$，因此 $\sum\limits_{n=1}^{\infty}(u_n+u_{n+1})=2S-u_1$.

(3) B. 提示：因为 $\left|\dfrac{\sin nx}{n!}\right|\leqslant\dfrac{1}{n!}$，而 $\sum\limits_{n=1}^{\infty}\dfrac{1}{n!}$ 收敛（比值审敛法），故由比较审敛法知 $\sum\limits_{n=1}^{\infty}\left|\dfrac{\sin nx}{n!}\right|$ 收敛，故原级数绝对收敛.

(4) D. 提示：A. 级数发散，因为 $\lim\limits_{n\to\infty}u_n=\lim\limits_{n\to\infty}(-1)^n\dfrac{n}{n+1}\neq0$；B. 级数 $\lim\limits_{n\to\infty}u_n=\lim\limits_{n\to\infty}(-1)^n\sqrt{n}\neq0$. C. 级数绝对收敛. 因为 $\sum\limits_{n=1}^{\infty}\left|(-1)^n\dfrac{1}{n^2}\right|=\sum\limits_{n=1}^{\infty}\dfrac{1}{n^2}$ 收敛.

(5) B. 提示：因为 $\left|\dfrac{u_n}{n}\right|=\sqrt{\left(\dfrac{u_n}{n}\right)^2}=\sqrt{u_n^2\cdot\dfrac{1}{n^2}}\leqslant\dfrac{u_n^2}{2}+\dfrac{1}{2n^2}$，而 $\sum\limits_{n=1}^{\infty}\dfrac{u_n^2}{2}$ 和 $\sum\limits_{n=1}^{\infty}\dfrac{1}{2n^2}$ 均收敛，故由比较审敛法知 $\sum\limits_{n=1}^{\infty}\left|\dfrac{u_n}{n}\right|$ 收敛.

3. **解** (1) 因为 $\lim\limits_{n\to\infty}\dfrac{\dfrac{1}{\sqrt{(2n-1)(2n+1)}}}{\dfrac{1}{n}}=\dfrac{1}{2}>0$，而且 $\sum\limits_{n=1}^{\infty}\dfrac{1}{n}$ 发散，由比较审敛法的极限形式知原级数发散.

(2) 因为 $\dfrac{n\cos^2\dfrac{n\pi}{3}}{2^n}\leqslant\dfrac{n}{2^n}$，而 $\sum\limits_{n=1}^{\infty}\dfrac{n}{2^n}$ 收敛（因为 $\lim\limits_{n\to\infty}\dfrac{\dfrac{n+1}{2^{n+1}}}{\dfrac{n}{2^n}}=\lim\limits_{n\to\infty}\dfrac{n+1}{2n}=\dfrac{1}{2}<1$，所以由比值审敛法知该级数收敛）故由比较审敛法知原级数收敛.

4. **解** (1) 记 $u_n=\left|\dfrac{(-1)^n}{3^n}\sin n\right|=\dfrac{|\sin n|}{3^n}<\dfrac{1}{3^n}$，因为 $\sum\limits_{n=1}^{\infty}\dfrac{1}{3^n}$ 收敛，由比较审敛法知 $\sum\limits_{n=1}^{\infty}u_n$ 收敛，所以原级数绝对收敛.

(2) 设 $u_n=(-1)^{n-1}\ln\left(1+\dfrac{1}{\sqrt{n}}\right)$，$|u_n|=\ln\left(1+\dfrac{1}{\sqrt{n}}\right)$，而 $\lim\limits_{n\to\infty}\dfrac{|u_n|}{\dfrac{1}{\sqrt{n}}}=$

$\lim\limits_{n\to\infty}\dfrac{\ln\left(1+\dfrac{1}{\sqrt{n}}\right)}{\dfrac{1}{\sqrt{n}}}=1$，因 $\sum\limits_{n=1}^{\infty}\dfrac{1}{\sqrt{n}}$ 发散，所以由比较审敛法知 $\sum\limits_{n=1}^{\infty}|u_n|$ 发散；再判断 $\sum\limits_{n=1}^{\infty}(-1)^{n-1}\ln\left(1+\dfrac{1}{\sqrt{n}}\right)$ 的收敛性，级数 $\sum\limits_{n=1}^{\infty}(-1)^{n-1}\ln\left(1+\dfrac{1}{\sqrt{n}}\right)$ 为交错级数，令 $u_n=\ln\left(1+\dfrac{1}{\sqrt{n}}\right)$，则 $u_{n+1}=\ln\left(1+\dfrac{1}{\sqrt{n+1}}\right)$，显然 $u_n>u_{n+1}$. 又 $\lim\limits_{n\to\infty}u_n=\lim\limits_{n\to\infty}\ln\left(1+\dfrac{1}{\sqrt{n}}\right)=0$. 根据莱布尼茨定理知，级数 $\sum\limits_{n=1}^{\infty}(-1)^{n-1}\ln\left(1+\dfrac{1}{\sqrt{n}}\right)$ 收敛. 故级数 $\sum\limits_{n=1}^{\infty}(-1)^{n-1}\ln\left(1+\dfrac{1}{\sqrt{n}}\right)$ 为条件收敛.

5. **解** $\rho=\lim\limits_{n\to\infty}\left|\dfrac{a_{n+1}}{a_n}\right|=\lim\limits_{n\to\infty}\left|\dfrac{\dfrac{1}{(n+1)\cdot 4^{n+1}}}{\dfrac{1}{n\cdot 4^n}}\right|=\dfrac{1}{4}$，所以 $R=4$，收敛区间为 $(-4, 4)$，当 $x=-4$ 时，原级数变为 $\sum\limits_{n=1}^{\infty}\dfrac{(-1)^n}{n}$，收敛；当 $x=4$ 时，原级数变为 $\sum\limits_{n=1}^{\infty}\dfrac{1}{n}$，发散. 综上，所求收敛域为 $[-4, 4)$.

6. **解** 令 $x-1=t$，级数变为 $\sum\limits_{n=1}^{\infty}\dfrac{t^n}{n\cdot 2^n}$. $\rho=\lim\limits_{n\to\infty}\dfrac{|a_{n+1}|}{|a_n|}=\lim\limits_{n\to\infty}\dfrac{n\cdot 2^n}{(n+1)\cdot 2^{n+1}}=\dfrac{1}{2}$，故 $R=2$. 由 $|x-1|<2$，解得 $-1<x<3$. 当 $x=-1$ 时，原级数变为 $\sum\limits_{n=1}^{\infty}\dfrac{(-1)^n}{n}$，收敛. 当 $x=3$ 时，原级数变为 $\sum\limits_{n=1}^{\infty}\dfrac{1}{n}$，发散. 因此收敛域为 $[-1, 3)$. 设 $S(x)=\sum\limits_{n=1}^{\infty}\dfrac{(x-1)^n}{n\cdot 2^n}$，则 $S(x)=\int_1^x S'(x)\mathrm{d}x=\int_1^x\sum\limits_{n=1}^{\infty}\dfrac{1}{2^n}(x-1)^{n-1}\mathrm{d}x=\int_1^x\dfrac{1}{3-x}\mathrm{d}x=\ln 2-\ln(3-x)$，于是 $S(x)=\ln 2-\ln(3-x)$ $(-1\leqslant x<3)$.

7. **解** $\cos x=\cos\left(x+\dfrac{\pi}{3}-\dfrac{\pi}{3}\right)=\cos\left(x+\dfrac{\pi}{3}\right)\cdot\dfrac{1}{2}+\sin\left(x+\dfrac{\pi}{3}\right)\cdot\dfrac{\sqrt{3}}{2}$

$$=\frac{1}{2}\sum_{n=0}^{\infty}(-1)^n\left[\frac{\left(x+\frac{\pi}{3}\right)^{2n}}{(2n)!}+\sqrt{3}\frac{\left(x+\frac{\pi}{3}\right)^{2n+1}}{(2n+1)!}\right].$$

本章练习 B 答案

1. 填空题.

解 (1) $p>0$. (2) 收敛. 提示：根据条件收敛的定义.

(3) $(-2, 4)$. 提示：因为 $\sum_{n=1}^{\infty} na_n(x-1)^{n+1}$ 与 $\sum_{n=1}^{\infty} a_n x^n$ 有相同的收敛半径，故其收敛区间 $|x-1|<3$，即 $-2<x<4$.

(4) $\dfrac{1}{1-x^2}$ $(-1<x<1)$. 提示：$\sum_{n=0}^{\infty} x^{2n} = 1 + x^2 + x^4 + \cdots = \dfrac{1}{1-x^2}$.

(5) $\sum_{n=0}^{\infty}(-1)^n \dfrac{x^{n+1}}{n+1}$ $(-1 < x \leqslant 1)$.

2. 选择题.

解 (1) C. 提示：A. 不一定，如 $\sum_{n=1}^{\infty} \dfrac{1}{n^2}$ 收敛，但 $\sum_{n=1}^{\infty} \dfrac{1}{n}$ 发散；B. 不一定，如 $\sum_{n=1}^{\infty} \dfrac{1}{n^2}$ 收敛，但 $\sum_{n=1}^{\infty} n^2$ 发散；D. 也不一定，如 $\sum_{n=1}^{\infty} \dfrac{1}{n^2}$ 收敛，但 $\sum_{n=1}^{\infty} n \dfrac{1}{n^2} = \sum_{n=1}^{\infty} \dfrac{1}{n}$ 发散.

(2) B. 提示：根据题意知级数 $\sum_{n=1}^{\infty} a_n x^n$ 在 $x=-2$ 处收敛，由阿贝尔定理知级数在区间 $(-2, 2)$ 内一定绝对收敛，而级数 $\sum_{n=1}^{\infty} a_n$ 可以看作 $\sum_{n=1}^{\infty} a_n x^n$ 在 $x=1$ 的级数，故级数 $\sum_{n=1}^{\infty} a_n$ 绝对收敛.

(3) B. 提示：$a_n b_n \leqslant \dfrac{1}{2}(a_n^2 + b_n^2)$，而 $\sum_{n=1}^{\infty} a_n^2$，$\sum_{n=1}^{\infty} b_n^2$ 都收敛，则级数 $\sum_{n=1}^{\infty} a_n b_n$ 绝对收敛.

(4) C. 提示：利用比值审敛法.

(5) C. 提示：因为 $\sqrt{\dfrac{a_n}{n^2+\lambda}} \leqslant \dfrac{1}{2}\left(a_n + \dfrac{1}{n^2+\lambda}\right)$，而 $\sum_{n=1}^{\infty} a_n$ 收敛，又 $\dfrac{1}{n^2+\lambda} \leqslant \dfrac{1}{n^2}$，因 $\sum_{n=1}^{\infty} \dfrac{1}{n^2}$ 收敛，又由比较审敛法知 $\sum_{n=1}^{\infty} \dfrac{1}{n^2+\lambda}$ 收敛，故 $\sum_{n=1}^{\infty} \left|(-1)^n \sqrt{\dfrac{a_n}{n^2+\lambda}}\right|$ 收敛，故原级数绝对收敛.

3. **解** (1) $\lim\limits_{n\to\infty} \dfrac{\frac{1}{\sqrt{n}} \sin \frac{2}{\sqrt{n}}}{\frac{2}{n}} = \lim\limits_{n\to\infty} \dfrac{\sin \frac{2}{\sqrt{n}}}{\frac{2}{\sqrt{n}}} = 1$，而级数 $\sum_{n=1}^{\infty} \dfrac{2}{n}$ 发散，因此

$\sum_{n=1}^{\infty}\frac{1}{\sqrt{n}}\sin\frac{2}{\sqrt{n}}$ 发散.

(2) $\lim_{n\to\infty}\frac{\frac{3^{n+1}}{(n+1)\cdot 2^{n+1}}}{\frac{3^n}{n\cdot 2^n}}=\lim_{n\to\infty}\frac{n\cdot 3}{(n+1)\cdot 2}=\frac{3}{2}>1$，由比值审敛法知该级数发散.

(3) $\lim_{n\to\infty}\frac{\ln\left(\frac{n+2^n}{2^n}\right)}{\frac{n}{2^n}}=1$，因为 $\lim_{n\to\infty}\frac{\frac{n+1}{2^{n+1}}}{\frac{n}{2^n}}=\lim_{n\to\infty}\frac{1}{2}\frac{n+1}{n}=\frac{1}{2}<1$，由比值审敛法知 $\sum_{n=1}^{\infty}\frac{n}{2^n}$ 收敛，所以 $\sum_{n=1}^{\infty}\ln\left(\frac{n+2^n}{2^n}\right)$ 收敛.

4. **解** (1) 设 $u_n=(-1)^n(\sqrt{n+1}-\sqrt{n})$，$|u_n|=(\sqrt{n+1}-\sqrt{n})=\frac{1}{\sqrt{n+1}+\sqrt{n}}>\frac{1}{2\sqrt{n+1}}$，而 $\sum_{n=1}^{\infty}\frac{1}{2\sqrt{n+1}}$ 发散，因此原级数不绝对收敛. 又因为 $\sqrt{n+1}-\sqrt{n}=\frac{1}{\sqrt{n+1}+\sqrt{n}}>\frac{1}{\sqrt{n}+\sqrt{n-1}}$，$\lim_{n\to\infty}\sqrt{n+1}-\sqrt{n}=\lim_{n\to\infty}\frac{1}{\sqrt{n}+\sqrt{n-1}}=0$，由莱布尼茨判别法知 $\sum_{n=1}^{\infty}(-1)^n(\sqrt{n+1}-\sqrt{n})$ 条件收敛.

(2) 设 $u_n=\frac{(-1)^{n-1}}{\sqrt{n}}\ln\frac{n+1}{n}$，$|u_n|=\frac{1}{\sqrt{n}}\ln\frac{n+1}{n}$，而 $\lim_{n\to\infty}\frac{|u_n|}{\frac{1}{n^{\frac{3}{2}}}}=\lim_{n\to\infty}\frac{\frac{1}{\sqrt{n}}\ln\frac{n+1}{n}}{\frac{1}{n^{\frac{3}{2}}}}=1$，$\sum_{n=1}^{\infty}\frac{1}{n^{\frac{3}{2}}}$ 收敛，所以 $\sum_{n=1}^{\infty}|u_n|$ 收敛，所以 $\sum_{n=1}^{\infty}\frac{(-1)^{n-1}}{\sqrt{n}}\ln\frac{n+1}{n}$ 绝对收敛.

5. **解** $R=\lim_{n\to\infty}\frac{\frac{1}{5^n\sqrt{n+1}}}{\frac{1}{5^{n+1}\sqrt{n+2}}}=5$，所以收敛半径为 5，$x=5$ 时，级数 $\sum_{n=1}^{\infty}\frac{(-1)^n}{\sqrt{n+1}}$ 收敛，$x=-5$ 时，级数 $\sum_{n=1}^{\infty}\frac{1}{\sqrt{n+1}}$ 发散，所以该幂级数的收敛域为 $(-5, 5]$.

6. **解** 由比值审敛法，$\lim_{n\to\infty}\left|\frac{(-1)^n\frac{2n+3}{n+1}x^{2(n+1)}}{(-1)^{n-1}\frac{2n+1}{n}x^{2n}}\right|=x^2<1$，知 $|x|<1$，原级数绝对收敛. 当 $x=1$ 时，原级数为 $\sum_{n=1}^{\infty}(-1)^{n-1}\frac{2n+1}{n}$，因为 $\lim_{n\to\infty}(-1)^{n-1}\frac{2n+1}{n}$

不存在，所以级数发散；当 $x=-1$ 时，原级数为 $\sum_{n=1}^{\infty}(-1)^{n-1}\frac{2n+1}{n}$，同理级数发散. 所以原级数收敛域为（$-1$，1）. 设 $S(x)=\sum_{n=1}^{\infty}(-1)^{n-1}\frac{2n+1}{n}x^{2n}$，则 $S(x)=2\sum_{n=1}^{\infty}(-1)^{n-1}x^{2n}+\sum_{n=1}^{\infty}(-1)^{n-1}\frac{x^{2n}}{n}=2x^2\sum_{n=0}^{\infty}(-1)^n x^{2n}+\sum_{n=1}^{\infty}(-1)^{n-1}\frac{x^{2n}}{n}=\frac{2x^2}{1+x^2}+\ln(1+x^2)$.

7. **解** $f(x)=\frac{1}{x^2+3x+2}=\frac{1}{(x+1)(x+2)}=\frac{1}{x+1}-\frac{1}{x+2}$

$$=-\frac{1}{3}\frac{1}{1-\frac{x+4}{3}}+\frac{1}{2}\frac{1}{1-\frac{x+4}{2}},$$

而 $-\frac{1}{3}\frac{1}{1-\frac{x+4}{3}}=-\frac{1}{3}\sum_{n=0}^{\infty}\left(\frac{x+4}{3}\right)^n=-\sum_{n=0}^{\infty}\frac{1}{3^{n+1}}(x+4)^n\ (-7<x<-1)$,

$\frac{1}{2}\frac{1}{1-\frac{x+4}{2}}=\frac{1}{2}\sum_{n=0}^{\infty}\left(\frac{x+4}{2}\right)^n=\sum_{n=0}^{\infty}\frac{1}{2^{n+1}}(x+4)^n\ (-6<x<-2)$，所以 $f(x)=\sum_{n=0}^{\infty}\left(\frac{1}{2^{n+1}}-\frac{1}{3^{n+1}}\right)(x+4)^n\ (-6<x<-2)$.